• 高等院校生命科学野外实习指导系列 •

Guidelines for the Key to the Seed Plants of Heishiding of Guangdong Province

广东黑石顶种子植物检索指南

刘蔚秋　石祥刚　周仁超　刘　莹　等◎编著
凡　强　廖文波　叶华谷　叶创兴

中山大学出版社
·广州·

版权所有　翻印必究

图书在版编目（CIP）数据

广东黑石顶种子植物检索指南/刘蔚秋，石祥刚，周仁超，刘莹，凡强，廖文波，叶华谷，叶创兴编著 .—广州：中山大学出版社，2018.5

ISBN 978－7－306－06089－1

Ⅰ. ①广… Ⅱ. ①刘… ②石… ③周… ④刘… ⑤凡… ⑥廖… ⑦叶… ⑧叶… Ⅲ. ①种子植物—目录索引—封开县—指南 Ⅳ. ①Q949.408－62

中国版本图书馆 CIP 数据核字（2017）第 144312 号

出 版 人：徐　劲
策划编辑：周建华
责任编辑：吕肖剑　王　琦
封面设计：曾　斌
责任校对：王　璞
责任技编：何雅涛
出版发行：中山大学出版社
电　　话：编辑部 020－84111996，84113349，84111997，84110779
　　　　　发行部 020－84111998，84111981，84111160
地　　址：广州市新港西路 135 号
邮　　编：510275　　　　传　　真：020－84036565
网　　址：http://www.zsup.com.cn　　E-mail：zdcbs@mail.sysu.edu.cn
印 刷 者：佛山市浩文彩色印刷有限公司
规　　格：787mm×1092mm　1/16　20.75 印张　625 千字
版次印次：2018 年 5 月第 1 版　2018 年 5 月第 1 次印刷
定　　价：60.00 元

如发现本书因印装质量影响阅读，请与出版社发行部联系调换

彩图1 黑石顶山顶灌丛景观（主峰黑石顶，海拔927米）

彩图2 黑石顶山顶矮林灌丛

◀彩图3 阿丁枫
Altingia chinensis

▶彩图4 白桂木
Artocarpus hypargyreus

◀彩图5 半枫荷
Semiliquidambar cathayensis

▲彩图6 黄杞
Engelhardtia roxburghiana

▲彩图7 金叶含笑（花叶）
Michelia foveolata

▲彩图8 金叶含笑（树干）
Michelia foveolata

▲彩图9 水田七
Tacca plantaginea

本书编委会

主要编著者：刘蔚秋　石祥刚　周仁超　刘　莹　凡　强　廖文波　叶华谷　叶创兴
　　　　　　施苏华　李春妹　辛国荣　王　蕾　陈素芳　叶伟男　黄椰林　黎运钦
　　　　　　唐　恬　赵万义　许可旺　王龙远　冯慧喆　阴倩怡　黄翠莹　张记军
　　　　　　谭维政　刘忠成　李钱鱼　孙丽静　任绪瑞　丁巧玲　杨　平　叶　矾
策划协调：张　雁　项　辉　陆勇军　廖文波
审　　校：廖文波　叶华谷

前　言

　　封开黑石顶是一个条件良好的实习基地。黑石顶自然保护区始建于1979年，当时为广东肇庆"市级自然保护区"，1996年升级为广东"省级自然保护区"。1985年，受国家教育部委托，张宏达教授带领一批国内生态学专家在南亚热带地区广泛考察，包括肇庆鼎湖山、龙门南昆山、增城罗浮山、惠东古田、封开黑石顶等。考察结论认为，黑石顶位于南岭南麓，背靠云开大山，属南亚热带湿润性季风气候，在生物地理上处于东西交界和南北过渡区，并且北回归线正好从中部穿过，植被保存良好，面积较大，植物群落除在中国亚热带占优势的樟科、壳斗科外，黑石顶亦以木兰科、金缕梅科、山茶科的优势群落为其地带性特征。木兰科以西南为分布中心，金缕梅科以华东、华南为中心，山茶科以华南、西南、华中为中心，黑石顶所在的南亚热带区域正是其交汇区，地理位置尤其特殊。因此，张宏达教授在建立热带亚热带森林生态系统实验中心（简称"实验中心"或"黑石顶站"）后，欣然赋诗一首，内容贴切，形象生动。诗云：

黑石顶赞

　　莽莽林海覆回归，一塔穿云镇石崖。混沌初民拟马坝，秦皇建制属封开。
　　树木有缘集南北，区系无界隔东西。环球栉比皆荒漠，独留绿岛映朝晖。

张宏达，1987年10月

　　依托黑石顶自然保护区，实验中心于1987年落成。随即开始了一系列的本底调查和生态学研究，包括地质地貌、土壤、气候、水文、植被、生物多样性等。目前为止，已报道藻类9科28属126种、大型真菌31科70属138种、苔藓植物34科59属80多种、蕨类植物32科71属160种、种子植物181科620属1 502种；昆虫15目118科670属988种、两栖类7科11属21种、鸟类15目33科136种、兽类6目13科44种。黑石顶站建立后，中山大学研究生施苏华在此开展硕士论文工作，对黑石顶的维管植物区系进行了全面采集和研究。此后，陆续有多位硕士研究生和博士研究生在此开展论文研究，极大地促进了基地的本底调查工作。

　　早在实验中心落成之前的1985年，中山大学植物学专业学生就开始在此实习。早期的实习工作由张宏达教授亲自带队，还有王伯荪、张超常、丘华兴、刘兰芳、黄云晖、缪汝槐、李植华、钟恒、叶创兴等前辈。我们这一代人自1993年起陆续参与了黑石顶的实习和研究实践，开始时是做助教，后来做实习指导教师。近20年来，在叶创兴教授的主持下，实习一直得到顺利开展，2000年以后高校扩大招生，生物学实习的队伍也持续扩大，在暑期需要分为两个批次才能完成实习。再后来，最多时共240～300人参加实习，因此，黑石顶基地再也容纳不下那么多学生，开始在珠海校区、黑石顶基地分流实习。2012年生物学专业自珠海调整回广州后，考虑到教学设施、环境资源的不足，实习开始在黑石顶、大亚湾和珠海基地进行。1993—2006年，实习教师除叶创兴老师外，还有戴水连、李筱菊、廖文波、刘蔚秋，植物学实验室技术员黄伟结等。2006年后，又有年轻教师刘莹、石祥刚、凡强、辛国荣、唐恬、周仁超、黎运钦等陆续加盟。在前辈教师的指导下，植物学实习一直开展良好，并形成一套行之有效的教学、考核方案。

　　早年的黑石顶实习，主要参考书有《中国高等植物图鉴》（5册，加补编2册），以及《生态科学》杂志1987年1～2期合刊本，载有"黑石顶维管植物名录""黑石顶植被与植物区系"以及相关生物资源的报道。稍后《广东植物志》《中国高等植物》陆续出版成为实习参考书。自2007年开始，教育部、广东省教育厅呼吁加强高等学校野外生物学教学、加强校外实习基地建设及加强本科生综合素质教育。因此，在生命科学学院的支持下，由徐润林、廖文波组织生物学实习教师编写《华南生物学野外实习指导》，该书适合珠海和黑石顶及华南地区的兄弟院校开展教学及科研用，并于 2012 年由高等教育出版社出版。2014 年，在余世孝教授的组织下，申报高等学校野外实习教学示范基地获得批准，得到了国家基金委的重点资助，陆续出版了数本黑石顶实习基地教材和教学参考书，如由徐润林、廖文波重新修订出版了《黑石顶生物学实习指导》(2014)，由石祥刚、叶创兴编著出版了《黑石顶种子植物图谱》(2014)，由刘蔚秋、石祥刚编著出版《黑石顶苔藓蕨类植物图谱》(2015)，由王英永、刘阳编著出版《黑石顶鸟类图谱》(2015)，以及由张兵兰、庞虹编著出版《黑石顶昆虫图谱》。期间，在陆勇军教授的主持下，黑石顶基地也获批教育部——中山大学黑石顶校外素质教育基地、广东省中山大学黑石顶校外素质教育基地，陆续加强了基地实习课程研究和教材建设，除以上教材外，还由李方出版了《黑石顶真菌图谱》。本次《黑石顶种子植物检索实习指南》，也是在该项目及学院教学经费的支持下，由植物学课程组各位教师共同编写完成的。

野外实习教学与课堂教学是一脉相承的，所谓百闻不如一见。黑石顶野外实习，仍将通过多种途径，进一步完善图谱教材，可视教材。黑石顶实习计划中的教材还包括《黑石顶植物学野外实习图解》、《黑石顶植物学野外实习指导》（英文版），以及相应的动物学、昆虫学实习指导英文版。自 2012 年开始，中山大学黑石顶基地陆续对外开放。2012 年开始接纳俄罗斯莫斯科大学师生前来参加实习，至今已举行 5 届，每年分别有 5～16 名俄罗斯师生抵达基地实习；2014 年，在国家实习示范基地的资助下，国内多家兄弟院校申请参加余世孝教授组织的黑石顶生物学开放实习，包括兰州大学、南开大学、云南大学、海南师范大学、东北师范大学、香港中文大学等。2015 年，在教育部、广东省野外素质教育基地的资助下，又有省内多家高校前来参加实习，如华南师范大学、南方医科大学、韶关学院、广州大学等院校。可以预期，随着基地加大开放力度，也必将促进校际间师生的广泛交流，促进教学质量的提高。

本书《广东黑石顶种子植物检索指南》的编写始于 2003 年，因种种原因当时未能编写完成。本次针对黑石顶全部种子植物共 1 502 种，除作为实习参考外，也适用于区域分类检索研究使用。其中，第 1 章由刘蔚秋、石祥刚编写，第 1 章 1.6 植物区系由廖文波、刘蔚秋编写，第 2 章由廖文波、刘蔚秋、叶华谷编写，第 3 章中裸子植物、单子叶植物部分由石祥刚、叶创兴编写，被子植物部分（按科的拉丁字母顺序）分别由刘莹（A–C）、凡强（C–G）、周仁超（G–M）、刘蔚秋（M–R）、廖文波（S–V）编写。科的概念，参考 APGIV 系统，科的排列为方便查阅，按拉丁文字母排序，科内属、种亦按拉丁文学字母排序。全书由刘蔚秋、石祥刚、廖文波总组稿，由廖文波、叶华谷审校。珠海校区黎运钦老师在第一期（2003—2006 年）编写时，参加了部分科属的资料收集工作。辛国荣、唐恬、叶伟男、黄椰林、李春妹等老师也参与了教学实习和前期组织筹备工作，进修教师李钱鱼、孙丽静参加审校工作，研究生王龙远、冯慧喆、丁巧玲、赵万义、许可旺、黄翠莹、阴倩怡、张记军、任绪瑞、谭维政等参与了各科检索表资料的收集和物种地理分布数据的核校。首都师范大学王蕾副教授，研究生刘忠成、张记军也参与了分科、分属、分种数据的核校。于此，对各位的大力支持表示衷心的感谢。

本次编著出版得到了教育部、广东省野外素质教育基地项目的资助，同时还得到了 2014—2016 年度广东省本科教学改革工程项目的资助。

编著者

2016 年 6 月 16 日

目　　录

第1章　黑石顶地区的自然地理环境／1
　　第1节　地质地貌／1
　　第2节　土壤／1
　　第3节　气候／1
　　第4节　水文／1
　　第5节　植被／2
　　第6节　植物区系／3
　　　　1. 蕨类植物区系／3
　　　　2. 种子植物区系／3

第2章　黑石顶种子植物分科检索表／6

第3章　黑石顶种子植物各科分属分种检索表（各论）[①]／26
　　第1节　裸子植物门 Gymnospermae／26
- 1. 南洋杉科 Araucariaceae／26
- 2. 三尖杉科 Cephalotaxaceae／26
- 3. 柏科 Cupressaceae／26
- 4. 苏铁科 Cycadaceae／27
- 5. 麻黄科 Ephedraceae／27
- 6. 银杏科 Ginkgoaceae／27
- 7. 买麻藤科 Gnetaceae／27
- 8. 松科 Pinaceae／28
- 9. 罗汉松科 Podocarpaceae／28
- 10. 红豆杉科 Taxaceae／28
- 11. 杉科 Taxodiaceae／29

　　第2节　被子植物门 Angiospermae／29
- 1. 爵床科 Acanthaceae／29
- 2. 槭树科 Aceraceae／31
- 3. 猕猴桃科 Actinidiaceae／31
- 4. 八角枫科 Alangiaceae／32
- 5. 泽泻科 Alismataceae／33
- 6. 阿丁枫科 Altingiaceae／33
- 7. 苋科 Amaranthaceae／33
- 8. 石蒜科 Amaryllidaceae／35
- 9. 漆树科 Anacardiaceae／35
- 10. 钩枝藤科 Ancistrocladaceae／36
- 11. 番荔枝科 Annonaceae／36
- 12. 夹竹桃科 Apocynaceae／38
- 13. 冬青科 Aquifoliaceae／40
- 14. 天南星科 Araceae／43
- 15. 五加科 Araliaceae／44
- 16. 棕榈科 Arecaceae／46
- 17. 马兜铃科 Aristolochiaceae／47
- 18. 萝藦科 Asclepiadaceae／48
- 19. 天门冬科 Asparagaceae／51
- 20. 菊科 Asteraceae／51
- 21. 蛇菰科 Balanophoraceae／63
- 22. 凤仙花科 Balsaminaceae／63
- 23. 落葵科 Basellaceae／64
- 24. 秋海棠科 Begoniaceae／64
- 25. 小檗科 Berberidaceae／64
- 26. 桦木科 Betulaceae／65
- 27. 木棉科 Bombacaceae／65
- 28. 紫草科 Boraginaceae／65

[①] 科的排序按照拉丁名顺序排列。

- 29. 伯乐树科 Bretschneideraceae / 66
- 30. 水玉簪科 Burmanniaceae / 66
- 31. 橄榄科 Burseraceae / 66
- 32. 黄杨科 Buxaceae / 67
- 33. 桔梗科 Campanulaceae / 67
- 34. 美人蕉科 Cannaceae / 68
- 35. 山柑科 Capparaceae / 68
- 36. 忍冬科 Caprifoliaceae / 69
- 37. 番木瓜科 Caricaceae / 71
- 38. 石竹科 Caryophyllaceae / 71
- 39. 木麻黄科 Casuarinaceae / 72
- 40. 卫矛科 Celastraceae / 72
- 41. 藜科 Chenopodiaceae / 74
- 42. 金粟兰科 Chloranthaceae / 74
- 43. 白花菜科 Cleomeae / 75
- 44. 桤叶树科 Clethraceae / 75
- 45. 使君子科 Combretaceae / 75
- 46. 鸭跖草科 Commelinaceae / 75
- 47. 牛栓藤科 Connaraceae / 77
- 48. 旋花科 Convolvulaceae / 77
- 49. 山茱萸科 Cornaceae / 79
- 50. 白玉簪科 Corsiaceae / 80
- 51. 景天科 Crassulaceae / 80
- 52. 十字花科 Cruciferae / 80
- 53. 葫芦科 Cucurbitaceae / 81
- 54. 莎草科 Cyperaceae / 83
- 55. 交让木科 Daphniphyllaceae / 91
- 56. 毒鼠子科 Dichapetalaceae / 91
- 57. 五桠果科 Dilleniaceae / 92
- 58. 薯蓣科 Dioscoreaceae / 92
- 59. 茅膏菜科 Droseraceae / 93
- 60. 柿树科 Ebenaceae / 93
- 61. 胡颓子科 Elaeagnaceae / 94
- 62. 杜英科 Elaeocarpaceae / 95
- 63. 沟繁缕科 Elatinaceae / 96
- 64. 杜鹃花科 Ericaceae / 96
- 65. 谷精草科 Eriocaulaceae / 98
- 66. 赤苍藤科 Erythropalaceae / 99
- 67. 古柯科 Erythroxylaceae / 99
- 68. 鼠刺科 Escalloniaceae / 99
- 69. 大戟科 Euphorbiaceae / 100
- 70. 豆科 Fabaceae / 109
- Ⅰ. 苏木亚科 Caesalpiniaceae / 109
- Ⅱ. 含羞草亚科 Mimosaceae / 112
- Ⅲ. 蝶形花亚科 Papilionoideae / 114
- 71. 壳斗科 Fagaceae / 124
- 72. 大风子科 Flacourtiaceae / 129
- 73. 龙胆科 Gentianaceae / 129
- 74. 牻牛儿苗科 Geraniaceae / 130
- 75. 苦苣苔科 Gesneriaceae / 130
- 76. 茶藨子科 Grossulariaceae / 132
- 77. 藤黄科 Guttiferae / 132
- 78. 小二仙草科 Haloragaceae / 133
- 79. 金缕梅科 Hamamelidaceae / 133
- 80. 莲叶桐科 Hernandiaceae / 135
- 81. 翅子藤科 Hippocrateaceae / 136
- 82. 绣球花科 Hydrangeaceae / 136
- 83. 水鳖科 Hydrocharitaceae / 138
- 84. 田基麻科 Hydrophyllaceae / 138
- 85. 金丝桃科 Hypericaceae / 138
- 86. 仙茅科 Hypoxidaceae / 138
- 87. 茶茱萸科 Icacinaceae / 139
- 88. 八角科 Illiciaceae / 139
- 89. 鸢尾科 Iridaceae / 140
- 90. 粘木科 Ixonanthaceae / 140
- 91. 胡桃科 Juglandaceae / 140
- 92. 灯心草科 Juncaceae / 141
- 93. 唇形科 Labiatae / 141
- 94. 木通科 Lardizabalaceae / 149
- 95. 樟科 Lauraceae / 151
- 96. 狸藻科 Lentibulariaceae / 158
- 97. 百合科 Liliaceae / 158
- 98. 半边莲科 Lobeliaceae / 161
- 99. 马钱科 Loganiaceae / 161
- 100. 桑寄生科 Loranthaceae / 163
- 101. 千屈菜科 Lythraceae / 166
- 102. 木兰科 Magnoliaceae / 166
- 103. 金虎尾科 Malpighiaceae / 168
- 104. 锦葵科 Malvaceae / 168
- 105. 竹芋科 Marantaceae / 169
- 106. 藜芦科 Melanthiaceae / 170
- 107. 野牡丹科 Melastomataceae / 170
- 108. 楝科 Meliaceae / 177
- 109. 防己科 Menispermaceae / 178

- 110. 粟米草科 Molluginaceae / 182
- 111. 桑科 Moraceae / 182
- 112. 芭蕉科 Musaceae / 187
- 113. 杨梅科 Myricaceae / 188
- 114. 肉豆蔻科 Myristicaceae / 188
- 115. 桃金娘科 Myrtaceae / 188
- 116. 紫金牛科 Myrsinaceae / 190
- 117. 紫茉莉科 Nyctaginaceae / 195
- 118. 蓝果树科 Nyssaceae / 195
- 119. 金莲木科 Ochnaceae / 195
- 120. 铁青树科 Olacaceae / 196
- 121. 木犀科 Oleaceae / 196
- 122. 柳叶菜科 Onagraceae / 198
- 123. 山柚子科 Opiliaceae / 198
- 124. 兰科 Orchidaceae / 199
- 125. 列当科 Orobanchaceae / 205
- 126. 酢浆草科 Oxalidaceae / 206
- 127. 小盘木科 Pandaceae / 206
- 128. 露兜树科 Pandanaceae / 206
- 129. 罂粟科 Papaveraceae / 207
- 130. 西番莲科 Passifloraceae / 207
- 131. 泡桐科 Paulowniaceae / 207
- 132. 五列木科 Pentaphylacaceae / 207
- 133. 商陆科 Phytolaccaeae / 208
- 134. 透骨草科 Phrymaceae / 208
- 135. 胡椒科 Piperaceae / 208
- 136. 海桐花科 Pittosporaceae / 209
- 137. 车前草科 Plantaginaceae / 209
- 138. 禾本科 Poaceae / 210
- 139. 远志科 Polygalaceae / 222
- 140. 蓼科 Polygonaceae / 223
- 141. 雨久花科 Pontederiaceae / 225
- 142. 马齿苋科 Portulacaceae / 225
- 143. 眼子菜科 Potamogetonaceae / 226
- 144. 报春花科 Primulaceae / 226
- 145. 山龙眼科 Proteaceae / 227
- 146. 毛茛科 Ranunculaceae / 227
- 147. 鼠李科 Rhamnaceae / 229
- 148. 红树科 Rhizophoraceae / 231
- 149. 马尾树科 Rhoiptelleaceae / 231
- 150. 蔷薇科 Rosaceae / 231
- 151. 茜草科 Rubiaceae / 238
- 152. 芸香科 Rutaceae / 248
- 153. 清风藤科 Sabiaceae / 251
- 154. 杨柳科 Salicaceae / 252
- 155. 天料木科 Samydaceae / 252
- 156. 檀香科 Santalaceae / 253
- 157. 无患子科 Sapindaceae / 253
- 158. 山榄科 Sapotaceae / 254
- 159. 大血藤科 Sargentodoxaceae / 255
- 160. 水东哥科 Saurauiaceae / 256
- 161. 三白草科 Saururaceae / 256
- 162. 虎耳草科 Saxifragaceae / 256
- 163. 五味子科 Schisandraceae / 256
- 164. 玄参科 Scrophulariaceae / 257
- 165. 苦木科 Simaroubaceae / 260
- 166. 菝葜科 Smilacaceae / 260
- 167. 茄科 Solanaceae / 261
- 168. 黑三棱科 Sparganiaceae / 261
- 169. 旌节花科 Stachyuraceae / 261
- 170. 省沽油科 Staphyleaceae / 261
- 171. 百部科 Stemonaceae / 262
- 172. 梧桐科 Sterculiaceae / 263
- 173. 安息香科 Styracaceae / 264
- 174. 山矾科 Symplocaceae / 265
- 175. 蒟蒻薯科 Taccaceae / 268
- 176. 山茶科 Theaceae / 268
- 177. 瑞香科 Thymelaeaceae / 276
- 178. 椴树科 Tiliaceae / 276
- 179. 香蒲科 Typhaceae / 277
- 180. 榆科 Ulmaceae / 277
- 181. 伞形科 Umbelliferae / 279
- 182. 荨麻科 Urticaceae / 280
- 183. 越橘科 Vacciniaceae / 283
- 184. 败酱科 Valerianaceae / 284
- 185. 马鞭草科 Verbenaceae / 284
- 186. 堇菜科 Violaceae / 288
- 187. 葡萄科 Vitaceae / 289
- 188. 黄眼草科 Xyridaceae / 291
- 189. 姜科 Zingiberaceae / 291

第1章　黑石顶地区的自然地理环境

广东省封开县黑石顶省级自然保护区位于广东省西北部，面积约 40 km^2，地理位置为北纬 23°25′15″～23°30′02″，东经 111°49′09″～111°55′01″，北回归线正好从中部穿过。全球环南北回归线地区，大多为荒漠或海洋，相比之下，中国北回归线地区分布有特征性的季风常绿阔叶林，被称为"北回归线上的绿洲"。

第1节　地质地貌

黑石顶地区属于云开山系黄冈山脉的一部分，在地质构造上为泥盆纪、寒武纪的变质沙岩、片麻岩，石炭纪的石灰岩、加里东期和燕山期的花岗岩等，有华南最古老的震旦纪地层。自侏罗纪以来，云开山地就一直未再被海水浸没，成为动植物区系发育的"天堂"。

黑石顶地区的基底岩石以泥盆纪岩浆岩中的花岗岩为主，在南沙涌一带的局部地区地表覆盖有沉积岩层，主要为砂页岩。保护区内地形起伏相对较大，属低山山地地貌，整个地势表现为东南高西北低，最高峰黑石顶海拔 927 m，除由坚硬的花岗岩形成的黑石顶及附近几座山峰的海拔在 800 m 以上外，保护区内的其他地区海拔高度一般为 150～700 m。从地形外貌看，黑石顶地区由花岗岩形成的低山形态较完整，但低山周围的丘陵多较破碎，沟谷切割明显，而丘顶和山谷相对平缓，砂页岩构成的丘陵则地势陡峻，多陡崖和深谷，山体形态尖锐。

第2节　土　　壤

黑石顶保护区的土壤在低海拔地区为砖红壤，其中海拔 300～750 m 为红壤，750～880 m 为山地黄壤，880 m 以上为山地草甸土。刘洪杰（1999）采用发生学土壤分类方法对黑石顶土壤进行了重新分类，认为保护区发育的典型土壤应属富铁土，广泛分布于 200～900 m 的海拔范围内，其中海拔较低、坡度较缓的丘陵地带为粘化湿润富铁土，而在山丘顶部、鞍部及较陡的区域多发育形成简育湿润富铁土，在海拔较高的低山凹坡和植被发育较好的部位则多为常湿富铁地。另一类广泛分布的土壤为雏形土，这是一类成土作用较浅，相对较年轻的土壤，主要分布于山脊、丘顶以及凸坡和陡坡等地形部位。潜育土主要在沟谷沿溪流呈条带状分布，面积不大。新成土仅见于保护区内宽谷谷底，主要为河流冲积新成土和人类活动形成的新成土。

第3节　气　　候

黑石顶的气候属于南亚热带湿润季风气候，温暖湿润，年均相对湿度达 80% 以上。根据黑石顶气象自动站 2004—2014 年的气象数据，保护区年平均气温 19.4℃，最冷月为 1 月，月均温 9.5℃，极低温可达 -3.2℃，最热月为 7 月，月均温 26.5℃，极高温达 36.9℃，年均降雨量 1 532.8 mm，降雨主要集中于 4～9 月。更早些时期的记录是 0℃ 以上年积温达 7 146.6℃，≥10℃ 的年积温 6 500～6 800℃；无霜期 297 天。

第4节　水　　文

黑石顶保护区内溪流众多，水流以不同的方向从么奶冲、上龙冲、黑石河、冷水槽、石梅坑、马辽河等汇入渔涝河，进而流入贺江。

第5节 植 被

黑石顶保护区气候温暖湿润，降雨丰富，植被保护较好，森林覆盖率达95.5%以上。黑石顶的植被以南亚热带常绿阔叶林为主，主要分布于保护区的东南部。群落中的主要优势科有樟科、壳斗科、木兰科、金缕梅科、山茶科、杜英科、桑科、冬青科等，另外还有不少热带性科属如番荔枝科、茜草科、大戟科、紫金牛科等。群落物种多样性高，常有多个优势种，或建群种和优势种不易识别。群落外貌常绿，季相变化不明显，落叶种类极少，主要出现于较高海拔区。群落内木质藤本植物较为常见。

保护区内整体高差不大，垂直分布规律不明显，总体上在海拔300 m以下为南亚热带沟谷季风常绿阔叶林或南亚热带低地常绿阔叶林；300～650 m为南亚热带低山常绿阔叶林；650～800 m为南亚热带山地常绿阔叶林；海拔800米以上多为南亚热带山地常绿阔叶矮林和山顶灌草丛。

南亚热带低地常绿阔叶林上层乔木除壳斗科、樟科、山茶科外，还有大戟科、桑科、桃金娘科、梧桐科等为主，群落结构复杂，具有较明显的雨林景观。但是，由于受人为干扰严重，此类植被目前面积很小且残缺。主要优势属以锥属 Castanopsis、柯属 Lithocarpus、厚壳桂 Cryptocarya chinensis、黄果厚壳桂 Cryptocarya concinna、粘木 Ixonanthes chinensis、柃属 Eurya、蒲桃属 Syzygium 等为主。

南亚热带低山常绿阔叶林是黑石顶最典型的植被类型，分布面积最大，植被保存较好。群落上层以米椎 Castanopsis carlesii、水栗 Castanopsis nigrescens、阿丁枫 Altingia chinensis、小叶胭脂 Artocarpus styacifolius 和粘木 Ixonanthes chinensis 等为代表，群落结构较复杂，上层乔木高度常在20 m以上。下层乔木则常以樟科和壳斗科的种类如黄果厚壳桂 Cryptocarya concinna、陈氏钓樟 Litsea subcoriacea、硬壳柯 Lithocarpus hancei、吊皮椎 Castanopsis kawakamii、罗浮栲 Castanopsis fabri、绒润楠 Machilus velutina、福建青冈 Quercus chungii 等较常见。灌木层以华南省藤 Calamus rhabdocladus 最为常见。其他常见种包括罗伞 Ardisia quinquegona、九节 Psychotria rubra 等。草本层一般较稀疏，常以蕨类植物如乌毛蕨 Blechnum orientale、芒萁 Dicranopteris dichotoma、金毛狗 Cibotium barometz 等为主，其他常见的有华山姜 Alpinia chinensis、剑叶耳草 Hedyotis lancea、虎舌红 Ardisia mamillata 等。层间藤本植物常较发达，主要种类有瓜馥木 Fissistigma oldhamii、红叶藤 Rourea microphyllum、鸡血藤 Millettia reticulate 以及华南云实 Caesalpinia crista 等。

南亚热带山地常绿阔叶林主要分布于黑石顶、八四八及天堂顶附近，但由于遭受1976年的风雪伤害，故群落中倒木较多，郁闭度较低。群落上层乔木高度在15～25 m之间，主要种类亦为阿丁枫、米椎、水栗等，但部分群落的上层乔木中金叶含笑 Michelia foveolata、毛桃木莲 Manglietia moto、马蹄荷 Exbuchlandia tonkinensis 等亦可占据优势。有些群落中的乔木可分成两层，下层乔木的种类包括阿丁枫、岭南槭 Acer tutcheri、红鳞蒲桃 Syzygium hancei、金叶含笑、光叶红豆 Ormosia glaberrima 等，也有些群落乔木仅一层。此类型群落的灌木层常以苦竹 Sinobambusa sp. 占优势，草本层亦以蕨类植物为主。

南亚热带山地常绿阔叶矮林的分布面积很少，仅见于黑石顶、八四八山顶地段，由于海拔相对较高，风大，导致树木低矮，分枝多而密集，群落高约6～7 m。乔木层以阿丁枫、网脉山龙眼 Helicia reticulata、黄杞 Engelhardtia roxburghiana、老鼠矢 Symplocos stellaris 等占优势，灌木层亦以苦竹为主，草本稀疏。

在保护区还分布有次生性的马尾松 Pinus massoniana 林、杉木 Cunninghamia lanceolata 林、南亚热带针阔叶混交林以及桃金娘 Rhomyrtus tomentosa 灌丛和禾草草丛等。马尾松林主要分布于保护区的北部，群落层次分明，结构简单，分为乔木、灌木和草本三层，乔木层以马尾松占绝对优势，灌木层种类丰富且常为阳生性种类，草本层覆盖度大。杉木林主要分布于保护区管理处至保护区旧址附近，亦分乔木、灌木和草本三层，乔木层以杉木为优势种，林下灌木和草本种类丰富。针阔叶混交林则在保护区的分布较广，主要分布于保护区的西北部，群落中除马尾松为优势种外，阔叶树种如荷树 Schima superba、阿丁枫、水栗、米椎等在群落中亦占有重要地位。

在 850~900 m，主要为灌丛、草丛。以杜鹃花科、乌饭树科、桃金娘科、莎草科、禾本科、茜草科、唇形花科等为主要成分。桃金娘灌丛主要分布于山顶、山脊等处，灌丛高 1.5 m 左右，以桃金娘占绝对优势，其次为岗松 Baekea frutescens、鼠刺 Itea chinensis 等。禾草草丛主要分布于沟边、路旁等处，群落高度约 1~1.5 m，以芒草 Miscanthus sinensis、黑莎草 Gahnia tristis、芦竹 Arundo donax 和淡竹叶 Lophantherum gracile 等较常见。

第 6 节　植物区系

黑石顶自然保护区属南亚热带季风气候区，地处南岭山脉南麓西段，植物区系非常特殊，著名植物学家张宏达教授（1987）以"树木有缘集南北，区系无界隔东西"总结之很贴切。黑石顶是各类热带成分、温带成分的交汇地和过渡区。根据施苏华教授（1987）的研究，黑石顶共有野生维管植物 213 科 691 属 1 662 种。从地理成分和区系性质看，黑石顶植物区系有下列主要特征。

1. 蕨类植物区系

蕨类植物蕨类 32 科 71 属 160 种，含有丰富的热带成分，如桫椤 Alsophila podophylla、粗齿桫椤 Alsophila denticulata、黑桫椤 Alsophila podophylla、槲蕨 Drynaria roosii、崖姜蕨 Pseudodrynaria coronans、蛇足石杉 Huperzia serrata、马尾杉 Phlegmariurus phlegmaria、狗脊蕨 Woodwardia japonica、东方狗脊蕨 Woodwardia orientalis、金毛狗 Cibotium barometz、抱石莲 Lepidogrammitis drymoglossoides、攀援星蕨 Microsorium buergerianum 等均为特征种。存有许多古老的孑遗种，如苏铁蕨 Brainia insignis、瓶尔小草 Ophioglossum vulgatum、狭叶紫萁 Osmunda angustifolia、华南紫萁 Osmunda vachellii 等。中国特有种主要有：福建观音座莲 Angiopteris fokiensis、中华复叶耳蕨 Arachniodes chinensis、抱石莲 Lepidogrammitis drymoglossoides、翠云草 Selaginella uncinata、戟叶圣蕨 Dictyocline sagittifolia 等。

2. 种子植物区系

种子植物 181 科 620 属 1 502 种，包括野生裸子植物 6 科 7 属 9 种，被子植物 175 科 613 属 1 493 种。种子植物区系的特征简述如下。

（1）以丰富的中国亚热带特征科为代表。如木兰科、金缕梅科、樟科、壳斗科、猕猴桃科、桑科、粘木科、山茶科等在该区域森林植被中占优势，是植物区系和植被的表征科。黑石顶地处热带北缘，含有很丰富的热带过渡成分，如茜草科、大戟科、野牡丹科、紫金牛科、豆科、芸香科、橄榄科、兰科等。温带、亚热带山地性质的蔷薇科、野茉莉科、桑寄生科、鼠李科、忍冬科、防己科等，在森林植被亦相当丰富。

（2）属的地理成分以热带性属占优势，共 435 属，占非世界属总数的 75%；温带性属 145 属，占非世界属总数的 25%；广布属为 40 属。热带性较强的属包括青藤属 Illigera、竹节树属 Carallia、假鹰爪属 Desmos、水锦树属 Wendlandia、金莲木属 Ochna、清风藤属 Meliosma、琼楠属 Beilschmiedia、厚壳桂属 Cryptocarya、买麻藤属 Gnetum 等。

（3）典型的北回归线两侧地区特征属，大约 17 属，如木瓜红属 Rehderodendron、山茉莉属

Huodendron、赤杨叶属 *Alniphyllum*、福建柏属 *Fokienia*、假木荷属 *Craibiodendron*、大节竹属 *Indosasa*、杜仲藤属 *Parabarium*、秀柱花属 *Eustigma*、壳菜果属 *Mytilaria*、横蒴苣苔属 *Beccarinda*、天星藤属 *Graphistemma*、观光木属 *Tsoongiodendron*、折柄茶属 *Hartia*、铁榄属 *Sinosideroxylon*、仪花属 *Lysidice*、黄梨木属 *Boniodendron*、穗花杉属 *Amentotaxus* 等。另有16属向南分布至马来西亚地区，如独蒜兰属 *Pleione*、肉穗草属 *Sarcopyramis*、大苞寄生属 *Tolypanthus*、幌伞枫属 *Heteropanax*、重寄生属 *Phacellaria*、罗汉果属 *Siraitia*、钟花草属 *Codonacanthus*、重阳木属 *Bischofia*、梭罗树属 *Reevesia*、马蹄荷属 *Exbucklandia*、木荷属 *Schima*、蕈树属 *Altingia*、金钱豹属 *Campanumoea*、锦香草属 *Phyllagathis* 等。而山茉莉属 *Huodendron*、壳菜果属、金莲木属、天星藤属大致以南岭南麓为北界。

（4）中国特有属11属，如通脱木属 *Tetrapanax*、驼峰藤属 *Merrillanthus*、伯乐树属 *Bretschneidera*、马铃苣苔属 *Oreocharis*、箬竹属 *Indocalamus*、半枫荷属 *Semiliquidambar*、斜萼草属 *Loxocalyx*、大血藤属 *Sargentodoxa*、辛木属 *Sinia*、杉木属 *Cunninghamia*、石笔木属 *Tutcheria* 等。相应地，东亚特有属42属，包括霜柱花属 *Keiskea*、化香树属 *Platycarya*、泡桐属 *Paulownia*、钻地风属 *Schizophragma*、梭果爵床属 *Championella*、半夏属 *Pinellia*、枳椇属 *Hovenia*、野鸦椿属 *Euscaphis* 等分布至日本；而双蝴蝶属 *Tripterospermum*、筒冠花属 *Siphocranion*、开口箭属 *Tupistra*、舌喙兰属 *Hemipilia*、八角莲属 *Dysosma*、八月瓜属 *Holboellia*、射干属 *Belamcanda*、冠盖藤属 *Pileostegia*、吊石苣苔属 *Lysionotus* 等分布喜玛拉雅地区。另外，种子植物有中国特有种329种。

（5）位于南岭南麓，仍然含有丰富的温带、亚热带山地成分，约145属，如松属 *Pinus*、细辛属 *Asarum*、槭树属 *Acer*、白蜡树属 *Fraxinus*、黄精属 *Polygonatum*、百合属 *Lilium*、柏属 *Cupressus*、杜鹃花属 *Rhododendron*、胡颓子属 *Elaeagnus*、栗属 *Castanea*、栎属 *Quercus*、玉凤花属 *Habenaria*、舌唇兰属 *Platanthera*、李属 *Prunus*、桑属 *Morus*、蔷薇属、火棘属 *Ryrancantha* 等，部分属以南岭南麓为极限，如苹果属 *Malus*、花楸属 *Sorbus*、桦木属 *Betula*、忍冬属 *Lonicera*、木犀属 *Olea* 等。

（6）各类珍稀濒危重点保护植物共80多种。如穗花杉 *Amentotaxus argotaenia*、杉木 *Cunninghamia lanceolata*、柏木 *Cupressus funebris*、福建柏 *Fokienia hodginsii*、马尾松 *Pinus massoniana*、观光木 *Tsoongiodendron odorum*、白桂木 *Artocarpus hypargyreus*、伯乐树 *Bretschneidera sinensis*、缘毛红豆 *Ormosia howii*、南岭黄檀 *Dalbergia balansae*、罗浮梭罗 *Reevesia lofouensis*、吊皮锥 *Castanopsis kawakamii*、天竺桂 *Cinnamomum japonicum*、隐脉琼楠 *Beilschmiedia obscurinervia*、大苞白山茶 *Camellia granthamiana*、茶 *Camellia sinensis*、落瓣短柱茶 *Camellia kissi*、花榈木 *Ormosia henryi*、格木 *Erythrophleum fordii*、龙眼 *Dimocarpus longan*、紫荆木 *Madhuca pasquieri*、海南紫荆木 *Madhuca hainanensis*、半枫荷 *Semiliquidambar cathayensis*、巴戟天 *Morinda officinalis*、山橘 *Fortunella hindsii*、驼峰藤 *Merrillanthus hainanensis*、美丽猕猴桃 *Actinidia melliana*、华南猕猴桃 *Actinidia glaucophylla*、长叶猕猴桃 *Actinidia hemsleyana*、毛花猕猴桃 *Actinidia eriantha*、阔叶猕猴桃 *Actinidia latifolia*、黄毛猕猴桃 *Actinidia fulvicoma*、七叶一枝花 *Paris polyphylla*、大序隔距兰 *Cleisostoma paniculatum*、竹叶兰 *Arundina graminifolia*、心叶球柄兰 *Mischobulbum cordifolium*、车前虾脊兰 *Calanthe plantaginea*、石仙桃 *Pholidota chinensis*、苞舌兰 *Spathoglottis pubescens*、长叶苞叶兰 *Brachycorythis henryi*、少花虾脊兰 *Calanthe delavayi*、绒叶斑叶兰 *Goodyera velutina*、半柱毛兰 *Eria corneri*、密花虾脊兰 *Calanthe densiflora*、密花舌唇兰 *Platanthera hologlottis*、寄树兰 *Robiquetia succisa*、流苏贝母兰 *Coelogyne fimbriata*、黄花美冠兰 *Eulophia flava*、金线兰 *Anoectochilus roxburghii*、独蒜兰 *Pleione bulbocodioides*、见血青 *Liparis nervosa*、短穗竹茎兰 *Tropidia curculigoides*、黄花羊耳蒜 *Liparis luteola*、高斑叶兰 *Goodyera procera*、毛唇独蒜兰 *Pleione hookeriana* 等。

参考文献

［1］王伯荪，刘雄恩．黑石顶自然保护区的植被特点［J］．生态科学，1987，1-2合刊：1-18．

［2］余世孝，李勇，王永繁，周灿芳. 黑石顶自然保护区植被分类系统与数字植被图 I. 植被型与群系的分布［J］. 中山大学学报（自然科学版），2000，39（2）：61-66.

［3］李勇，余世孝，练琚蕍，周灿芳，王永繁. 广东黑石顶自然保护区植被分类系统与数字植被图 II. 群丛的分布［J］. 热带亚热带植物学报，2000，8（2）：147-156.

［4］刘洪杰. 黑石顶自然保护区的自然地理背景及土壤类型与分布［J］. 华南师范大学学报（自然科学版），1999（1）：87-91.

［5］韦星伟. 黑石顶自然保护区森林简介［J］. 广东林业科技，1981，5：20-21.

第 2 章　黑石顶种子植物分科检索表①

1. 胚珠裸露，不包于子房内；种子裸露，不包于果实内（裸子植物门 Gymnospermae）。
    2. 花无假花被，胚珠无细长的珠被管。
        3. 叶羽状深裂，集生于常不分枝的树干顶部或块状茎上 ………… 4. 苏铁科 *Cycadaceae
        3. 叶不为羽状深裂，树干多分枝。
            4. 叶扇形，具多数 2 叉状细脉，叶柄长 …………………… 4. 银杏科 *Ginkgoaceae
            4. 叶不为扇形，无柄或有短柄。
                5. 雌球花发育成球果；种子无肉质假种皮。
                    6. 雌雄异株，稀同株，雄蕊具 4～20 个悬垂的花药，苞鳞腹面仅 1 粒种子 ………
                       ………………………………………………………………… 1. 南洋杉科 *Araucariaceae
                    6. 雌雄同株，稀异株；雄蕊具 2～9 个背腹面排列的花药，种鳞腹面有 1 至多粒种子。
                        7. 球果的种鳞与苞鳞离生，每种鳞具 2 粒种子 ……………… 8. 松科 Pinaceae
                        7. 球果的种鳞与苞鳞半合生或完全合生；每种鳞具 1 至多粒种子。
                            8. 种鳞与叶均为螺旋状排列，稀交互对生（水杉属），每种鳞有 2～9 粒种子…
                               ……………………………………………………………… 11. 杉科 Taxodiaceae
                            8. 种鳞与叶均为交互对生或轮生；每种鳞有 1 至多粒种子 … 3. 柏科 Cupressaceae
                5. 雌球花不发育为球果；种子有肉质假种皮。
                    9. 雄蕊有 2 个花药；胚珠倒生或半倒生 ……………… 9. 罗汉松科 Podocarpaceae
                    9. 雄蕊有 3～8 个花药；胚珠直生。
                        10. 雌球花具长梗，种子核果状 … 2. 三尖杉科 △Cephalotaxaceae（南岭产）
                        10. 雌球花无梗或具短梗，种子坚果状或核果状 …… 10. 红豆杉科 Taxaceae
    2. 花具假花被；胚珠珠被顶端伸长成细长的珠被管。
        11. 叶退化成膜质；球花短缩，具交互对生或轮生的苞片 …………………………………
           ………………………………………… 5. 麻黄科 ▲Ephedraceae（产青海、西藏、新疆）
        11. 叶革质或半革质；球花伸长成细长穗状，具多轮环状总苞 ……… 7. 买麻藤科 Gnetaceae
1. 胚珠包被于子房内；种子包被于子房内（被子植物门 Angiospermae）。
    12. 种子通常具 2 片子叶；叶具网状脉；花常为 5 或 4 基数（双子叶植物纲 Dicotyledoneae）。
        13. 裸花、单被花或同被花。
            14. 花单性，常具柔荑花序。
                15. 裸花，或雄花为单被花。
                    16. 多为木质或草质藤本；掌状叶脉；浆果 ………………… 135. 胡椒科 Piperaceae
                    16. 乔木或灌木；常为羽状叶脉；果实不为浆果。

---

① 注："*"表示黑石顶有栽培；"△"表示黑石顶无，但南岭产或黑石顶周边地区产；"▲"表示广东省无，中国其他地区产。此处保留"△""▲"，一是供系统学的学习参考，二是在南岭或周边地区产的野生种不排除可能在黑石顶地区被发现，需要留意。

17. 有具节的分枝，叶片极退化，在节上连合成为具齿的鞘状物 ……………………………………………………………………… 39. 木麻黄科* Casuarinaceae
17. 植物体为其它情形。
　18. 蒴果，种子有丝状茸毛 ………………………………………… 154. 杨柳科 Salicaceae
　18. 小坚果、核果或核果状坚果。
　　19. 羽状复叶 ………………………………………………………… 91. 胡桃科 Juglandaceae
　　19. 单叶。
　　　20. 肉质核果；裸花 ……………………………………………… 113. 杨梅科 Myricaceae
　　　20. 小坚果；雄花为单被花 ……………………………………… 26. 桦木科 Betetulaceae
15. 单被花，或雄花为裸花。
　21. 子房下位。
　　22. 叶对生，叶柄基部互相连合 …………………………………… 42. 金粟兰科 Chloranthaceae
　　22. 叶互生。
　　　23. 羽状复叶 ……………………………………………………… 91. 胡桃科 Juglandaceae
　　　23. 单叶。
　　　　24. 蒴果 ………………………………………………………… 6. 阿丁枫科 Altingiaceae
　　　　24. 坚果。
　　　　　25. 坚果封藏于一变大呈叶状的总苞中 ………………… 26. 桦木科 Betulaceae
　　　　　25. 坚果托于壳斗内，或封藏于一多刺的果壳中 ……… 71. 壳斗科 Fagaceae
　21. 子房上位。
　　26. 植物体中具白色乳汁。
　　　27. 聚花果 ………………………………………………………… 111. 桑科 Moraceae
　　　27. 蒴果 …………………………………………………………… 69. 大戟科 Euphorbiaceae
　　26. 植物体中无乳汁，稀具红色乳汁。
　　　28. 单心皮子房 …………………………………………………… 182. 荨麻科 Urticaceae
　　　28. 合生心皮子房。
　　　　29. 果实为3个（稀可2～4个）离果所成的蒴果 ………… 69. 大戟科 Euphorbiaceae
　　　　29. 果实为其它情形。
　　　　　30. 雌雄同株。
　　　　　　31. 子房2室；蒴果 …………………………………… 79. 金缕梅科 Hamamelidaceae
　　　　　　31. 子房1室；坚果或核果 …………………………… 180. 榆科 Ulmaceae
　　　　　30. 雌雄异株。
　　　　　　32. 草本或草质藤本 …………………………………… 111. 桑科 Moraceae
　　　　　　32. 乔木或灌木 ………………………………………… 69. 大戟科 Euphorbiaceae
14. 花两性，或单性，但不成为葇荑花序。
　33. 子房或子房室内有数个至多数胚珠。
　　34. 子房下位或半下位。
　　　35. 花单性，如为两性花时则成肉穗状花序。
　　　　36. 草本；单叶，分裂或有缺刻；总状或聚伞花序 ……………………………………………………………… 24. 秋海棠科 Begoniaceae（秋海棠属 Begonia）
　　　　36. 木本。子房2室。
　　　　　37. 有托叶，头状花序 …………………………………… 6. 阿丁枫科 Altingiaceae
　　　　　37. 无托叶，总状花序 …………………………………… 55. 交让木科 Daphniphyllaceae

7

35. 花两性，但不成肉穗花序。
　　38. 子房1室。
　　　　39. 裸花；雄蕊着生在子房上 ……………………………… 161. 三白草科 Saururaceae
　　　　39. 同被花；雄蕊着生在花被上 ……………………………… 162. 虎耳草科 Saxifragaceae
　　38. 子房4室或更多室。
　　　　40. 雄蕊4 …………………………………………………… 122. 柳叶菜科 Onagraceae
　　　　40. 雄蕊6或12 ………………………………………………… 17. 马兜铃科 Aristolochiaceae
34. 子房上位。
　　41. 雌蕊或子房2个或更多数。
　　　　42. 草本。复叶或多少有些分裂的单叶 ……………………… 146. 毛茛科 Ranunculaceae
　　　　42. 木本。
　　　　　　43. 花的各部为整齐的三基数。
　　　　　　　　44. 心皮排成1～2轮，每心皮具胚珠多数 …………… 94. 木通科 Lardizabalaceae
　　　　　　　　44. 心皮螺旋状排列于伸长的花托上，每心皮仅有1胚珠 ………………
　　　　　　　　　　…………………………………………………… 159. 大血藤科 Sargentodoxaceae
　　　　　　43. 花为其它情形。雄蕊连合成单体 …… 172. 梧桐科 Sterculiaceae（苹婆族 Sterculieae）
　　41. 雌蕊或子房单独1个。
　　　　45. 雄蕊生于萼筒或杯状花托上。
　　　　　　46. 有不育雄蕊，且与能育雄蕊互生 ……………………………………………
　　　　　　　　……………………… 72. 大风子科△Flacourtiaceae（山羊角树属 Casearia）（南岭产）
　　　　　　46. 无不育雄蕊。
　　　　　　　　47. 叶互生；荚果 ……………………… 70. 豆科 Fabaceae（苏木亚科 Caesalpinoideae）
　　　　　　　　47. 叶对生或轮生，非荚果。子房1室至数室；果实蒴果状 ………………
　　　　　　　　　　…………………………………………………………… 101. 千屈菜科 Lythraceae
　　　　45. 雄蕊着生于花托上。
　　　　　　48. 木本。乔木或灌木 ……………………………………… 72. 大风子科 Flacourtiaceae
　　　　　　48. 草本或亚灌木。
　　　　　　　　49. 子房3～5室。叶对生或轮生 ………………………… 110. 粟米草科 Molluginaceae
　　　　　　　　49. 子房1～2室。
　　　　　　　　　　50. 叶为复叶或多少有些分裂 ……………………… 146. 毛茛科 Ranunculaceae
　　　　　　　　　　50. 叶为单叶。
　　　　　　　　　　　　51. 侧膜胎座。
　　　　　　　　　　　　　　52. 裸花 ……………………………………… 161. 三白草科 Saururaceae
　　　　　　　　　　　　　　52. 花具4离生花被片 ………………………… 52. 十字花科 Cruciferae
　　　　　　　　　　　　51. 特立中央胎座。
　　　　　　　　　　　　　　53. 花序呈聚伞状；萼片草质 ……………… 38. 石竹科 Caryophyllaceae
　　　　　　　　　　　　　　53. 花序非聚伞状；萼片多少为干膜质 ……… 7. 苋科 Amaranthaceae
33. 子房或子房室内仅有一至数个胚珠。
　　54. 叶片小，常有透明微点。
　　　　55. 羽状复叶 ……………………………………………………… 152. 芸香科 Rutaceae
　　　　55. 单叶。
　　　　　　56. 常草本植物；裸花，常穗状花序。
　　　　　　　　57. 子房下位；叶对生，叶柄在基部连合 ………… 42. 金粟兰科 Chloranthaceae

57. 子房上位；叶如为对生时，叶柄也不在基部连合。
    58. 离生心皮 3～6 枚，每心皮胚珠 2～4 ·················· 161. 三白草科 Saururaceae（三白草属 *Saururus*）
    58. 雌蕊由 1～4 合生心皮组成，仅 1 室，有 1 胚殊 ·············· 135. 胡椒科 Piperaceae
56. 木本；单被花，非穗状花序。
    59. 子房为 1 心皮组成，成熟时肉质 ·················· 114. 肉豆蔻科* Myristicaceae
    59. 子房为 2～4 合生心皮组成。
      60. 花两性，果实仅 1 室 ························· 72. 大风子科 Flacourtiaceae
      60. 花单性，果实 2～4 室 ························ 69. 大戟科 Euphorbiaceae
54. 叶片中无透明微点。
  61. 单体雄蕊。
    62. 肉质寄生草本植物，具退化呈鳞片状的叶 ············· 21. 蛇菰科 Balanophoraceae
    62. 植物体为非寄生性，有绿叶。
      63. 花单性，雄花头状花序，雌花果时具钩状芒 ··· 20. 菊科 Asteraceae（苍耳属 *Xanthium*）
      63. 花两性，如为单性时，也无上述情形。
        64. 草本；花两性。
          65. 叶互生 ································· 41. 藜科 Chenopodiaceae
          65. 叶对生。
            66. 花显著，有连合成花萼状的总苞 ············· 117. 紫茉莉科 Nyctaginaceae
            66. 花微小，无上述情形的总苞 ················· 7. 苋科 Amaranthaceae
        64. 常木本；花单性或杂性。
          67. 花被片呈覆瓦状排列，至少在雄花中如此 ··········· 69. 大戟科 Euphorbiaceae
          67. 花被片呈镊合状排列。
            68. 雌蕊为 1 心皮所成，成熟时肉质 ············· 114. 肉豆蔻科* Myristicaceae
            68. 雌蕊为了 3～6 心皮所成，成熟时革质或木质 ········ 172. 梧桐科 Sterculiaceae
  61. 雄蕊各自分离。
    69. 每花有雌蕊 2 个至多数。
      70. 花托下陷，呈杯状或坛状。叶互生 ·················· 150. 蔷薇科 Rosaceae
      70. 花托扁平或隆起。
        71. 木本。
          72. 萼片及花瓣不排成 2 层。
            73. 萼片及花瓣均为镊合状排列 ················ 11. 番荔枝科 Annonaceae
            73. 萼片及花瓣均为覆瓦状排列 ················ 102. 木兰科 Magnoliaceae
          72. 萼片及花瓣甚有分化，多为 5 基数，排列成 2 层，萼片宿存。
            74. 心皮 3 个至多数；花柱互相分离；胚珠为不定数 ···· 57. 五桠果科 Dilleniaceae
            74. 心皮 3～10 个；花柱完全合生；胚珠单生 ··
              ················· 119. 金莲木科 Ochnaceae（金莲木属 *Ochna*）
        71. 草本，稀亚灌木。
          75. 胚珠倒生或直生。
            76. 裂叶或复叶 ···························· 146. 毛茛科 Ranunculaceae
            76. 全缘单叶 ······························ 161. 三白草科 Saururaceae
          75. 胚珠常为弯生；全缘单叶。直立草本；叶互生 ······ 133. 商陆科 Phytolaccaceae

69. 每花仅有 1 个复合或单雌蕊。
  77. 子房下位或半下位。
    78. 草本。花柱 2 个或更多 ··· 78. 小二仙草科 Haloragidaceae
    78. 陆生本本。
      79. 寄生性肉质草本，无绿叶。花单性，雌花常无花被 ········· 21. 蛇菰科 Balanophoraceae
      79. 非寄生性植物，具绿叶。
        80. 叶对生 ·· 42. 金粟兰科 Chloranthaceae
        80. 叶互生。
          81. 子房 3~10 室。
            82. 坚果，具壳斗 ······································ 71. 壳斗科 Fagaceae（水青冈属 *Fagus*）
            82. 核果，无壳斗。
              83. 单性异株，顶生圆锥花序 ······ 49. 山茱萸科 Cornaceae（鞘柄木属 *Torricellia*）
              83. 花杂性，球形头状花序，有 2~3 片白色叶状苞片 ··· 118. 蓝果树科 Nyssaceae
          81. 子房 1~2 室，稀子房的基部可为 3 室。
            84. 花柱 2 个。
              85. 蒴果，2 瓣开裂 ···································· 79. 金缕梅科 Hamamelidaceae
              85. 果实呈核果状，或为蒴果状的瘦果，不开裂 ········ 147. 鼠李科 Rhamnaceae
            84. 花柱多个或无花柱。
              86. 植物体被盾状鳞片 ································ 61. 胡颓子科 Elaeagnaceae
              86. 植物体不被盾状鳞片。
                87. 叶缘有齿。
                  88. 叶对生 ·································· 42. 金粟兰科 Chloranthaceae
                  88. 叶互生 ······························· 182. 荨麻科 Urticaceae
                87. 叶全缘。
                  89. 寄生植物；果实浆果状 ············· 100. 桑寄生科 Loranthaceae
                  89. 陆生植物，果实坚果状或核果状。
                    90. 花有花盘 ····················· 156. 檀香科 Santalaceae
                    90. 花无花盘。
                      91. 雄蕊 10 个 ············· 45. 使君子科 Combretaceae
                      91. 雄蕊 4~5 个 ············ 120. 铁青树科 Olacaceae
  77. 子房上位。
    92. 托叶呈鞘状抱茎，宿存 ····································· 140. 蓼科 Polygonaceae
    92. 无托叶鞘，若有则早落。
      93. 草木，稀亚灌木。
        94. 裸花。
          95. 花两性或单性，子房 1 室。
            96. 叶基生，复叶 ································ 25. 小檗科 Berberidaceae
            96. 叶茎生，单叶 ································ 135. 胡椒科 Piperaceae
          95. 花单性，子房 2~3 室。陆生植物，有乳汁；子房 3 室 ······························
                ·· 69. 大戟科 Euphorbiaceae
        94. 有花被。
          97. 花被呈管状。
            98. 花有总苞 ··· 117. 紫茉莉科 Nyctaginaceae

98. 花无总苞。
  99. 胚珠 1 个 ………………………………………………………… 177. 瑞香科 Thymelaeaceae
  99. 胚珠多数 ………………………………………………………… 144. 报春花科 Primulaceae
97. 花被非管状。
 100. 雄蕊生于花被上。
  101. 叶互生，复叶 …………………… 150. 蔷薇科 Rosaceae（地榆族 Sanguisorbieae）
  101. 单叶，对生，稀互生。
   102. 花被片和雄蕊各为 4～5 个，囊果 …………………… 38. 石竹科 Caryophyllaceae
   102. 花被片和雄蕊各为 3 个，瘦果 …………………………… 140. 蓼科 Polygonaceae
 100. 雄蕊生于子房下面。
  103. 花柱或其分枝为 2 或数个。
   104. 子房为多心皮合生而成 ……………………………… 133. 商陆科 Phytolaccaceae
   104. 子房常为 2～3 心皮合生而成。
    105. 子房 3 室 …………………………………………… 69. 大戟科 Euphorbiaceae
    105. 子房 1～2 室。单叶，无托叶。
     106. 花有草质而带绿色的花被及苞片 …………………… 41. 藜科 Chenopodiaceae
     106. 花有干膜质的花被及苞片 ……………………………… 7. 苋科 Amaranthaceae
  103. 花柱 1 个。
   107. 花两性。合生心皮雌蕊。
    108. 花被片 2 片 ……………………… 129. 罂粟科 Papaveraceae（博落回属 *Macleaya*）
    108. 花被片 4 片 ………………… 52. 十字花科 Cruciferae（独行菜属 *Lepidium*）
   107. 花单性。陆生植物；花被片 4～5 …………………… 182. 荨麻科 Urticaceae
93. 木本植物。
 109. 耐寒旱性灌木，叶微小而细长，有时也可为肉质而成圆筒或半圆筒形。
  110. 花无膜质苞片；无托叶 ……………………………………… 41. 藜科 Chenopodiaceae
  110. 花有膜质苞片；有托叶 ……………………………………… 38. 石竹科 Caryophyllaceae
 109. 不是上述植物；叶片矩圆形至披针形，或宽广至圆形。
  111. 果实及子房均为 2 至数室，稀为不完全的 2 至数室。
   112. 两性花。
    113. 花被片 3～5 个，呈覆瓦状排列。雄蕊多数，浆果状的核果 …………………
         ………………………………………………………………… 69. 大戟科 Euphorbiaceae
    113. 花被片多于 6 片，呈镊合状排列。
     114. 雄蕊为不定数，具刺的蒴果 …… 62. 杜英科 Elaeocarpaceae（猴欢喜属 *Sloanea*）
     114. 雄蕊与花被片同数；坚果或核果。
      115. 雄蕊和花被片对生，各为 3～6 个 …………………… 120. 铁青树科 Olacaceae
      115. 雄蕊和花被片互生，各为 4～5 个 …………………… 147. 鼠李科 Rhamnaceae
   112. 单性花或杂性花。
    116. 果实各种；种子无胚乳或有少量胚乳。
     117. 雄蕊常 8 个；果实坚果状或有翅的蒴果；复叶或单叶 …………………
          ………………………………………………………… 157. 无患子科 Sapindaceae
     117. 雄蕊 4～6 个；核果；单叶 ……… 147. 鼠李科 Rhamnaceae（鼠李属 *Rhamnus*）
    116. 果实多呈蒴果状，无翅，种子常有胚乳。
     118. 蒴果 2 室，有木质或革质的外种皮及角质的内果皮 ……………………………
          ………………………………………………………… 79. 金缕梅科 Hamamelidaceae

118. 果实如为蒴果时，也不像上述情形。
　　119. 胚珠具腹脊，多为室间开裂的蒴果 ………………………… 69. 大戟科 Euphorbiaceae
　　119. 胚珠具背脊；室背开裂的蒴果，或有时呈核果状 …………… 32. 黄杨科 Buxaceae
111. 果实及子房均为 1～2 室，稀 3 室。
　120. 花被连合成筒状。
　　121. 叶背具盾状鳞片 …………………………………………… 157. 胡颓子科 Elaeagnaceae
　　121. 叶背无盾状鳞片 …………………………………………… 177. 瑞香科 Thymelaeaceae
　120. 花被片分离，或裸花。
　　122. 花药瓣裂 ……………………………………………………… 95. 樟科 Lauraceae
　　122. 花药非瓣裂。
　　　123. 叶对生。
　　　　124. 双翅果或圆形翅果 ………………………………………… 2. 槭树科 Aceraceae
　　　　124. 单翅果或长形兼矩圆形翅果 …………………………… 121. 木犀科 Oleaceae
　　　123. 叶互生。
　　　　125. 羽状复叶。
　　　　　126. 二回羽状复叶，或退化呈叶柄状 ………………………………………
　　　　　　　…………………… 70. 豆科 Fabaceae（含羞草亚科 Mimosoideae，金合欢属 Acacia）
　　　　　126. 一回羽状复叶。
　　　　　　127. 小叶边缘有锯齿，果实有翅 ……… 149. 马尾树科△Rhoipelleaceae（南岭产）
　　　　　　127. 小叶全缘，果实无翅。
　　　　　　　128. 花两性或杂性 ………………………………… 157. 无患子科 Sapindaceae
　　　　　　　128. 花单性 ……………………… 9. 漆树科 Anacardiaceae（黄连木属 Pistacia）
　　　　125. 单叶。
　　　　　129. 裸花。多藤本；叶全缘 ………………………………… 135. 胡椒科 Piperaceae
　　　　　129. 有被花，尤其在雄花。
　　　　　　130. 植物体内有乳汁 ………………………………………… 111. 桑科 Moraceae
　　　　　　130. 植物体内无乳汁。
　　　　　　　131. 花柱或其分枝 2 至数个。
　　　　　　　　132. 花单性；叶全缘或叶缘波状。乔木或灌木，果实不包藏于苞片内…………
　　　　　　　　　………………………………………………………… 69. 大戟科 Euphorbiaceae
　　　　　　　　132. 花两性或单性；叶缘常有齿。
　　　　　　　　　133. 雄蕊多数 ……………………………………… 72. 大风子科 Flacourtiaceae
　　　　　　　　　133. 雄蕊 10 个或较少。
　　　　　　　　　　134. 子房 2 室；木质蒴果 ……………………… 79. 金缕梅科 Hamamelidaceae
　　　　　　　　　　134. 子房 1 室；果实不是木质蒴果 …………………… 180. 榆科 Ulmaceae
　　　　　　　131. 花柱 1 个；稀无花柱。
　　　　　　　　135. 叶缘有齿；子房为 1 心皮而成。
　　　　　　　　　136. 花两性 ……………………………………………… 145. 山龙眼科 Proteaceae
　　　　　　　　　136. 花单性。花生于老枝上；雄蕊和花被片同数 … 182. 荨麻科 Urticaceae
　　　　　　　　135. 叶全缘，稀有齿；合生心皮雌蕊。
　　　　　　　　　137. 果实呈核果状或坚果状。
　　　　　　　　　　138. 子房具 3～1 个胚珠；果实成熟后由花被筒包围 …………………
　　　　　　　　　　　………………………………………………………… 120. 铁青树科 Olacaceae

　　　　　138. 子房具胚珠1个，果实与花被分离 … 123. 山柚子科△Opiliaceae（南岭产）
　　　　137. 果实呈蒴果状或浆果状。
　　　　　139. 花下位，单性花，稀杂性花；果实浆果状；无托叶 ………………………………
　　　　　　　…………………… 72. 大风子科 Flacourtiaceae（柞木属 *Xylosma*）
　　　　　139. 花周位，两性；果实蒴果状；有托叶。
　　　　　　140. 花簇生或头状花序；花被片4～6片 ………………………………………
　　　　　　　………… 72. 大风子科 Flacourtiaceae（山羊角树属 *Casearia*）（南岭产）
　　　　　　140. 伞形花序，花被片10～14片 ……………………………………………………
　　　　　　　………… 40. 卫矛科 Celastraceae（△十齿花属 *Dipentodon*）（南岭西部）
13. 双被花，有时花冠可为蜜腺叶所代替。
　141. 离瓣花。
　　142. 雄蕊10枚以上，或超过花瓣的2倍。
　　　143. 子房下位或半下位。
　　　　144. 草本，如为木本，则花柱3，分离。
　　　　　145. 花单性。单性同株，聚伞花序 ………………… 24. 秋海棠科 Begoniaceae
　　　　　145. 花两性。
　　　　　　146. 叶对生，花5基数 ……………………………… 85. 金丝桃科 Hypericaceae
　　　　　　146. 叶不对生。
　　　　　　　147. 叶基生或茎生，呈心形。花为3基数 ……… 17. 马兜铃科 Aristolochiaceae
　　　　　　　147. 叶茎生，不呈心形。花非3基数。花萼裂片2。蒴果1室，盖裂 ………
　　　　　　　　……………………………………………… 142. 马齿苋科 Portulacaceae
　　　　144. 木本，稀亚灌木，有时以气生小根而攀援。
　　　　　148. 叶常对生。
　　　　　　149. 叶具齿或全缘，花序常有不孕性边缘花 ………… 162. 虎耳草科 Saxifragaceae
　　　　　　149. 叶全缘；花序无不孕花。常绿性。
　　　　　　　150. 植物体有淡黄色乳汁 ………………………… 77. 藤黄科 Guttiferae
　　　　　　　150. 植物体无淡黄色乳汁。
　　　　　　　　151. 叶片中有腺体或微点 ………………… 115. 桃金娘科 Myrtaceae
　　　　　　　　151. 叶片中无微点。每室2胚珠 ………… 148. 红树科 Rhizophoraceae
　　　　　148. 叶互生。
　　　　　　152. 花瓣细长，向外翻转 ……………………………… 4. 八角枫科 Alangiaceae
　　　　　　152. 花瓣不呈细长形，不向外翻转。
　　　　　　　153. 无托叶。叶缘具齿 ……………………………… 174. 山矾科 Symplocaceae
　　　　　　　153. 有托叶。
　　　　　　　　154. 子房1室，侧膜胎座。
　　　　　　　　　155. 蒴果 ………………………………… 155. 天料木科 Samydaceae
　　　　　　　　　155. 浆果 ………………………………… 35. 山柑科 Capparaceae
　　　　　　　　154. 子房2～5室，中轴胎座或边缘胎座。
　　　　　　　　　156. 蔷薇形花冠，子房下位，梨果 ……………………………………
　　　　　　　　　　………………… 150. 蔷薇科 Rosaceae（梨亚科 Pomoideae）
　　　　　　　　　156. 非蔷薇形花冠，子房半下位；蒴果 ……………………………
　　　　　　　　　　………………… 79. 金缕梅科 Hamamelidaceae（马蹄荷属 *Exbucklandia*）
　　　143. 子房上位。

13

157. 周位花。
 158. 叶对生或轮生；花瓣常于蕾中呈皱折状。花瓣有细爪；蒴果 …… 101. 千屈菜科 Lythraceae
 158. 叶互生，花瓣不呈皱折状。
  159. 花瓣宿存；雄蕊基部连合，蒴果 ……………………………… 90. 粘木科 Ixonanthaceae
  159. 花瓣脱落性；雄蕊分离。草本或木本；花 4 或 5 基数。
   160. 蔷薇形花冠；核果、蓇葖果或瘦果 ………………………… 150. 蔷薇科 Rosaceae
   160. 非蔷薇形花冠，荚果 ……………………… 70. 豆科 Fabaceae（含羞草亚科 Mimosoideae）
157. 下位花。
 161. 水生植物。复叶或裂叶 ………………………………………… 146. 毛茛科 Ranunculaceae
 161. 陆生植物。
  162. 茎为攀援性。
   163. 草质藤本。
    164. 两性花 …………………………………………………… 146. 毛茛科 Ranunculaceae
    164. 单性花 …………………………………………………… 109. 防己科 Menispermaceae
   163. 木质藤本或蔓生灌木。
    165. 复叶对生 ………………………………………………… 146. 毛茛科 Ranuuculaceae
    165. 单叶互生。
     166. 心皮多数，结果时聚生成一球状肉质体或散布于极延长的花托上 …………
       …………………………………… 102. 木兰科 Magnoliaceae（五味子属 Schisandra）
     166. 心皮 3～6，果为核果或核果状 …………………………… 防己科 Menispermaceae
  162. 茎直立。
   167. 花萼或其筒部和子房多少相联合。
    168. 双悬果；常为伞形花序 ……………………………… 181. 伞形科 Umbelliferae
    168. 非双悬果；各式花序。
     169. 草本。
      170. 花柱或柱头 2～4 个；种子具胚乳 ……………… 78. 小二仙草科 Haloragidaceae
      170. 花柱 1 个，或具有 1 头状或呈 2 裂的柱头；种子无胚乳。陆生；花二出数；坚果具钩状刺毛 …………………………………………………… 122. 柳叶菜科 Onagraceae
     169. 木本。
      171. 果实干燥或为蒴果状。
       172. 子房 2 室 ……………………………………… 79. 金缕梅科 Hamamelidaceae
       172. 子房 1 室。
        173. 伞房或圆锥花序 ………………………………… 80. 莲叶桐科 Hernandiaceae
        173. 头状花序 ……… 118. 蓝果树科 Nyssaceae(△喜树属 Camptotheca，南岭产)
      171. 果实核果状或浆果状。
       174. 叶互生或对生；花瓣镊合状排列；常不为伞形或头状花序。
        175. 花瓣卵形至披针形，花药短 ……………………… 49. 山茱萸科 Cornaceae
        175. 花瓣狭窄并向外翻转，花药细长 ……………… 4. 八角枫科 Alangiaceae
       174. 叶互生；花瓣呈覆瓦状或镊合状排列；花序常为伞形或头状花序。
        176. 子房 1 室；花杂性或单性 ……………………… 118. 蓝果树科 Nyssaceae
        176. 子房 2 至多室；若 1 室时则为两性花 …………… 15. 五加科 Araliaceae
   167. 花萼和子房相分离。

177. 叶片中有透明微点。
　178. 荚果 ……………………………………………………………… 70. 豆科 Febaceae
　178. 非荚果 ………………………………………………………… 152. 芸香科 Rutaceae
177. 叶片中无透明微点。
　179. 雌蕊 2 个或更多，互相分离或仅有局部的连合，也可子房分离而花柱连合成一个。
　　180. 多水分的草本，具肉质的茎及叶 …………………………… 51. 景天科 Crassulaceae
　　180. 植物体为其他情形。
　　　181. 周位花。花的各部呈轮状排列，萼片和花瓣有分化。
　　　　182. 蔷薇形花冠 ……………………………………………… 150. 蔷薇科 Rosaceae
　　　　182. 非蔷薇形花冠 …………………………………………… 162. 虎耳草科 Saxifragaceae
　　　181. 下位花，稀微呈周位。
　　　　183. 草本或亚灌木。
　　　　　184. 各子房的花柱互相分离。裂叶，常互生或基生…… 146. 毛茛科 Ranunculaceae
　　　　　184. 各子房合具 1 共同的花柱或柱头 ………………… 74. 牻牛儿苗科 Geraniaceae
　　　　183. 木本。
　　　　　185. 单叶。叶互生。羽状叶脉。
　　　　　　186. 雌蕊 7 至多数；直立或缠绕性灌木；花两性或单性 … 102. 木兰科 Magnoliaceae
　　　　　　186. 雌蕊 4～6；直立木本；花两性。
　　　　　　　187. 子房 5～6 个，以 1 共同的花柱而连合，各子房均可成熟为核果 …………
　　　　　　　　………………………………………………………… 119. 金莲木科 Ochnaceae
　　　　　　　187. 子房 4～6 个，各具 1 花柱，仅有 1 子房成熟为核果 …………………
　　　　　　　　………………………………………………………… 9. 漆树科 Anacardiaceae
　　　　　185. 复叶。
　　　　　　188. 叶对生 ……………………………………………… 170. 省沽油科 Staphyleaceae
　　　　　　188. 叶互生。
　　　　　　　189. 藤本；掌状复叶或三出复叶 ………………… 94. 木通科 Lardizabalaceae
　　　　　　　189. 多直立木本；羽状复叶。
　　　　　　　　190. 果实为 1 含多数种子的浆果，状似猫屎 …… 94. 木通科 Lardizabalaceae
　　　　　　　　190. 果实为其它形状。
　　　　　　　　　191. 蓇葖果 …………………………………… 47. 牛栓藤科 Connaraceae
　　　　　　　　　191. 离果或翅果 ……………………………… 165. 苦木科 Simaroubaceae
　179. 雌蕊 1 个，或至少其子房 1 个。
　　192. 单心皮 1 室子房。
　　　193. 核果或浆果。
　　　　194. 花药瓣裂 ………………………………………………… 95. 樟科 Lauraceae
　　　　194. 花药纵长开裂。
　　　　　195. 落叶性；周位花 ……………………………………… 150. 蔷薇科 Rosaceae
　　　　　195. 常绿性；下位花 ……………………………………… 9. 漆树科 Anacardiaceae
　　　193. 蓇葖果或荚果。
　　　　196. 蓇葖果。
　　　　　197. 灌木；单叶 …………………………………………… 150. 蔷薇科 Rosaceae
　　　　　197. 藤本；复叶 …………………………………………… 47. 牛栓藤科 Connaraceae
　　　　196. 荚果 ……………………………………………………… 70. 豆科 Fabaceae

192. 多心皮复子房，或结合成 1 室子房。
  198. 子房 1 室或上部 1 室，也可中央有 1 假隔膜而发育成 2 室。
    199. 花下位，花瓣 4 片，稀可更多。萼片 4～8 片。
      200. 子房柄细长 ·· 43. 白花菜科 Cleomaceae
      200. 子房柄极短或无；角果 ······································ 52. 十字花科 Cruciferae
    199. 花周位或下位，花瓣 3～5，稀 2 片或更多。
      201. 每子房室内仅有 1 胚珠。
        202. 木本；常为羽状复叶。
          203. 羽状复叶具托叶及小托叶 ··························· 170. 省沽油科 Staphleaceae
          203. 羽状复叶或单叶，无托叶及小托叶 ··················· 9. 漆树科 Anacardiaceae
        202. 木本或草本；单叶。
          204. 常为木本；无膜质托叶。
            205. 无托叶；花药瓣裂；浆果或核果 ··················· 95. 樟科 Lauraceae
            205. 托叶小而早落；花药纵长开裂，坚果 ···
              ···································· 10. 钩枝藤科▲Ancistrocladaceae（海南产）
          204. 草本或亚灌木；具膜质托叶 ··················· 140. 蓼科 Polygonaceae
      201. 每子房室内有 2 至多个胚珠。
        206. 木本。
          207. 花瓣及雄蕊均着生于花萼上 ··················· 101. 千屈菜科 Lythraceae
          207. 花瓣及雄蕊均着生于花托上。
            208. 核果或翅果。
              209. 花萼在果时扩大 ··················· 120. 铁青树科 Olacaceae
              209. 花萼在果时不扩大 ··················· 87. 茶茱萸科 Icacinaceae
            208. 蒴果或浆果。
              210. 花左右对称 ··················· 139. 远志科 Polygalaceae
              210. 花辐射对称。
                211. 花瓣具瓣爪 ··················· 136. 海桐花科 Pittosporaceae
                211. 花瓣无细长的瓣爪。具卷须，攀援植物，具较宽大的叶片 ····················
                  ··································· 130. 西番莲科 Passifloraceae
        206. 草本或亚灌木。
          212. 胎座位于子房室的中央或基底。
            213. 花瓣着生于花萼的喉部 ··················· 101. 千屈菜科 Lythraceae
            213. 花瓣着生于花托上。
              214. 萼片 2 片 ··················· 142. 马齿苋科 Portulacaceae
              214. 萼片 5～4 片 ··················· 38. 石竹科 Caryophyllaceae
          212. 侧膜胎座。
            215. 食虫植物；具生有腺体刚毛的叶片 ··················· 59. 茅膏菜科 Droseraceae
            215. 非食虫植物；无上述叶片。
              216. 花左右对称。花有一位于前方的距状物 ··················· 186. 堇菜科 Violaceae
              216. 花辐射对称。
                217. 具副花冠及子房柄 ··················· 130. 西番莲科 Passifloraceae
                217. 无副花冠及子房柄 ··················· 162. 虎耳草科 Saxifragaceae
  198. 子房 2 室或更多室。
    218. 花瓣形状极不相等。

219. 每子房室内有数至多个胚珠。
 220. 子房2室 ··· 162. 虎耳草科 Saxifragaceae
 220. 子房5室 ··· 22. 凤仙花科 Balsaminaceae
219. 每子房室内仅1胚珠。非盾形叶；单体雄蕊 ················ 139. 远志科 Polygalaceae
218. 花瓣形状彼此相同或微有不等。
 221. 雄蕊数和花瓣数既不相等，也不是花瓣数的倍数。
  222. 叶对生。
   223. 雄蕊4～10个，常8个。翅果 ····························· 2. 槭树科 Aceraceae
   223. 雄蕊2～3个，稀4～5个。
    224. 花被为5出数 ······································· 81. 翅子藤科 Hippocrateaceae
    224. 花被为4出数 ······································· 121. 木犀科 Oleaceae
  222. 叶互生。
   225. 单叶；单性花 ··· 69. 大戟科 Euphorbiaceae
   225. 单叶或复叶；花两性或杂性。
    226. 单体雄蕊 ·· 172. 梧桐科 Sterculiaceae
    226. 雄蕊离生。
     227. 子房4～5室；种子具翅 ························· 108. 楝科 Meliaceae
     227. 子房常3室；种子无翅。
      228. 花下位，萼片分离或微有连合 ············· 157. 无患子科 Sapindaceae
      228. 花周位，萼片连合成钟形 ················· 29. 伯乐树科 Bretschneideraceae
 221. 雄蕊和花瓣数相等，或是花瓣数的倍数。
  229. 每子房室内有胚珠3至多数。
   230. 复叶。
    231. 单体雄蕊 ·· 126. 酢浆草科 Oxalidaceae
    231. 雄蕊离生。
     232. 叶互生。
      233. 二至三回的三出复叶，或掌状叶 ············· 162. 虎耳草科 Saxifragaceae
      233. 一回羽状复叶 ································ 108. 楝科 Meliaceae
     232. 叶对生。单数羽状复叶 ························ 170. 省沽油科 Staphyleaceae
   230. 单叶。
    234. 草本或亚灌木。
     235. 花周位；花托不同程度下凹。
      236. 雄蕊着生于杯状花托的边缘。
       237. 多年生草本，叶基生 ······················· 162. 虎耳草科 Saxifragaceae
       237. 灌木，叶对生或互生。
        238. 雄蕊8或更多，叶对生 ················· 82. 绣球花科 Hydrangeaceae
        238. 雄蕊4～5，叶互生 ···················· 68. 鼠刺科 Escalloniaceae
      236. 雄蕊着生于杯状或管状花萼或花托的内侧 ·········· 101. 千屈菜科 Lythraceae
     235. 花下位，花托常扁平。
      239. 叶对生或轮生，常全缘。
       240. 水生或沼泽草本，稀亚灌木；有托叶 ··· 63. 沟繁缕科△Elatinaceae（南岭产）
       240. 陆生草本；无托叶 ························ 38. 石竹科 Caryophyllaceae

17

239. 叶互生或基生，稀对生，叶缘有齿。有托叶；萼片脱落性 …… 178. 椴树科 Tiliaceae
234. 木本。
　　241. 花瓣常有彼此衔接或其边缘互相依附的柄状瓣爪 …… 136. 海桐花科 Pittospororaceae
　　241. 花瓣无瓣爪，或仅具互相分离的细长柄状瓣爪。
　　　　242. 花托空凹。
　　　　　　243. 叶常绿，互生，叶缘有齿 …………………… 162. 虎耳草科 Saxifragaceac
　　　　　　243. 叶脱落性，对生或互生，全缘。
　　　　　　　　244. 子房2～6室，1花柱 …………………… 101. 千屈菜科 Lythraceae
　　　　　　　　244. 子房2室，2花柱 ………………………… 79. 金缕梅科 Hamamelidaceae
　　　　242. 花托扁平或微凸起。
　　　　　　245. 花为四出数，浆果或核果。
　　　　　　　　246. 花序生于当年新枝上，花瓣先端有齿裂 ………… 62. 杜英科 Elaeocarpaceae
　　　　　　　　246. 花序生于昔年老枝上，花瓣完整 …… 169. 旌节花科$^△$ Stachyuraceae（南岭产）
　　　　　　245. 花为5出数；蒴果。
　　　　　　　　247. 子房3室 …………………………………………… 44. 山柳科 Clethraceae
　　　　　　　　247. 子房5室 …………………………………………… 64. 杜鹃花科 Ericaceae
229. 每子房室内有胚珠1～2个。
　　248. 草本，有时基部呈灌木状。
　　　　249. 花单性或杂性。
　　　　　　250. 复叶；藤本 ……………………………………… 157. 无患子科 Sapindaceae
　　　　　　250. 单叶 ……………………………………………… 69. 大戟科 Euphorbiaceae
　　　　249. 花两性。
　　　　　　251. 萼片呈镊合状排列；果实有刺 …… 178. 椴树科 Tiliaceae（刺蒴麻属 *Triumfetta*）
　　　　　　251. 萼片呈覆瓦状排列；果实无刺。雄蕊分离，花柱连合 …… 74. 牻牛儿苗科 Geraniaceae
　　248. 木本。
　　　　252. 叶对生；翅果。
　　　　　　253. 花瓣具裂；每果实有3个翅果………………… 103. 金虎尾科 Malpighiaceae
　　　　　　253. 花瓣全缘；每果实具2个或连合为1个的翅果 ……… 2. 槭树科 Aceraceae
　　　　252. 叶互生，如对生时，则不为翅果。
　　　　　　254. 复叶，稀单叶而有具翅的果实。
　　　　　　　　255. 单体雄蕊。
　　　　　　　　　　256. 花3出数 ………………………………… 31. 橄榄科 Burseraceae
　　　　　　　　　　256. 花4～6出数 …………………………… 108. 楝科 Meliaceae
　　　　　　　　255. 雄蕊分离。
　　　　　　　　　　257. 单叶；坚果具翅 …………………………… 40. 卫矛科 Celastraceae
　　　　　　　　　　257. 复叶；果实无翅。
　　　　　　　　　　　　258. 花柱3～5个；叶常互生 ………………… 9. 漆树科 Anacardiaceae
　　　　　　　　　　　　258. 花柱1个；叶对生或互生 ……………… 157. 无患子科 Sapindaceae
　　　　　　254. 单叶；果实无翅。
　　　　　　　　259. 单体雄蕊，如为2轮时，则内轮雄蕊连合。
　　　　　　　　　　260. 花单性 …………………………………… 69. 大戟科 Euphorbiaceae
　　　　　　　　　　260. 花两性。果实呈核果状 …………………… 67. 古柯科 Erythroxylaceae

259. 雄蕊离生，稀和花瓣相连合而形成1管状物。
　261. 果呈蒴果状。
　　262. 花下位。
　　　263. 叶常绿或落叶；花两性或单性，子房3室，或多至15室 ·················
　　　　·· 69. 大戟科 Euphorbiaceae
　　　263. 叶常绿；花两性，子房5室·············· 132. 五列木科 Pentaphylacaceae
　　262. 花周位 ·· 40. 卫矛科 Celastraceae
　261. 果呈核果状，有时木质化，或呈浆果状。
　　264. 种子无胚乳，胚体肥大而多肉质。雄蕊4～5个。叶互生；花瓣5片 ········
　　　·································· 56. 毒鼠子科△Dichapetalaceae（南岭产）
　　264. 种子有胚乳，胚体有时很小。
　　　265. 花瓣呈镊合状排列。
　　　　266. 雄蕊和花瓣同数 ······················· 87. 茶茱萸科 Icacinaceae
　　　　266. 雄蕊为花瓣的倍数。枝条无刺；叶对生 …… 148. 红树科 Rhizophoraceae
　　　265. 花瓣呈覆瓦状排列。
　　　　267. 落叶藤本 ···································· 3. 猕猴桃科 Actinidiaceae
　　　　267. 多为常绿乔木或灌木。
　　　　　268. 花下位，无花盘 ························ 13. 冬青科 Aquifoliaceae
　　　　　268. 花周位，有花盘 ························ 40. 卫矛科 Celastraceae
142. 雄蕊不大于10枚，或与花瓣同数，或为花瓣数的2倍。
　269. 子房下位，无卷须 ····························· 107. 野牡丹科 Melastomataceae
　269. 子房上位。
　　270. 有卷须，卷须、花序与叶对生 ······················ 187. 葡萄科 Vitaceae
　　270. 无卷须，花序不与叶对生 ······················· 153. 清风藤科 Sabiaceae
141. 合瓣花。
271. 成熟雄蕊或单体雄蕊的花药数多于花冠裂片。
　272. 离生心皮雌蕊或单心皮雌蕊。
　　273. 单叶对生，肉质 ································· 51. 景天科 Crassulaceae
　　273. 复叶互生，非肉质 ·············· 70. 豆科 Fabaceae（含羞草亚科 Mimosoideae）
　272. 合生心皮雌蕊。
　　274. 花单性或杂性。
　　　275. 无分枝木本；子房1室 ······················· 37. 番木瓜科 Caricaceae
　　　275. 具分枝木本；子房2至多室。
　　　　276. 单体雄蕊，或内层雄蕊连合；蒴果 ···························
　　　　　·························· 69. 大戟科 Euphorbiaceae（*麻风树属 *Jatropha*）
　　　　276. 雄蕊离生；浆果 ·························· 60. 柿树科 Ebenaceae
　　274. 花两性。
　　　277. 花瓣连成一盖状物，或花萼裂片及花瓣均可合成为1～2层的盖状物。
　　　　278. 单叶，有透明微点 ······················· 115. 桃金娘科 Myrtaceae
　　　　278. 复叶，无透明微点 ······················· 15. 五加科 Araliaceae
　　　277. 花瓣及花萼裂片均不连成盖状物。
　　　　279. 每子房室中有3个至多个胚珠。
　　　　　280. 雄蕊5～10个或其数不超过花冠裂片的2倍。
　　　　　　281. 雄蕊连成单体或其花丝于基部互相连合，花药纵裂。

　　　　282. 复叶；子房上位 …………………………………… 126. 酢浆草科 Oxalidaceae
　　　　282. 单叶；子房下位或半下位 ………………………… 173. 安息香科 Styracaceae
　　　281. 雄蕊离生，花药顶端孔裂 ……………………………… 64. 杜鹃花科 Ericacea
　　280. 雄蕊为不定数。萼片和花瓣各为5片，有显著的区分，子房上位。
　　　　283. 萼片呈镊合状排列；单体雄蕊 ………………………… 104. 锦葵科 Malvaceae
　　　　283. 萼片呈覆瓦状排列。
　　　　　　284. 花药顶端孔裂；浆果 …………………………… 160. 水东哥科 Saurauiaceae
　　　　　　284. 花药纵长开裂；蒴果 ………………………………… 176. 山茶科 Theaceae
　　279. 每子房室中常仅有1～2胚珠。
　　　　285. 植物体常有星状毛茸 ……………………………… 173. 安息香科 Styracaceae
　　　　285. 植物体无星状毛茸。
　　　　　　286. 子房下位或半下位；果实歪斜 ………………… 174. 山矾科 Symplocaceae
　　　　　　286. 子房上位。
　　　　　　　　287. 单体雄蕊 …………………………………… 104. 锦葵科 Malvaceae
　　　　　　　　287. 雄蕊离生。
　　　　　　　　　　288. 子房1～2室；蒴果 ……………………… 177. 瑞香科 Thymelaeaceae
　　　　　　　　　　288. 子房6～8室；浆果 ……………………… 158. 山榄科 Sapotaceae
271. 雄蕊不多于花冠裂片或有时因花丝的分裂则可过之。
　　289. 雄蕊和花冠裂片同数且对生。
　　　　290. 植物体内有乳汁 …………………………………… 158. 山榄科 Sapotaceae
　　　　290. 植物体内无乳汁。
　　　　　　291. 果实内有数个至多数种子。
　　　　　　　　292. 木本 ……………………………………… 116. 紫金牛科 Myrsinaceae
　　　　　　　　292. 草本 ……………………………………… 144. 报春花科 Primulaceae
　　　　　　291. 果实内仅1个种子。
　　　　　　　　293. 子房下位或半下位。
　　　　　　　　　　294. 乔木或攀援性灌木；叶互生
　　　　　　　　　　　　295. 叶脉羽状 ……………………………… 120. 铁青树科 Olacaceae
　　　　　　　　　　　　295. 叶基出3脉或近于5脉 ……………… 66. 赤苍藤科 Erythropalaceae
　　　　　　　　　　294. 常为半寄生性灌木；叶对生 ……………… 100. 桑寄生科 Loranthaceae
　　　　　　　　293. 子房上位。
　　　　　　　　　　296. 花两性。攀援性草本；萼片2；果为肉质花萼所包围 …… 23. 落葵科* Basellaceae
　　　　　　　　　　296. 花单性。
　　　　　　　　　　　　297. 雄蕊连合，雌蕊单纯 ……………………… 109. 防己科 Menispermaceae
　　　　　　　　　　　　297. 雄蕊离生，雌蕊复合性 …………………… 87. 茶茱萸科 Icacinaceae
　　289. 雄蕊和花冠裂片同数且互生，或雄蕊数较花冠裂片为少。
　　　　298. 子房下位。
　　　　　　299. 藤本，具卷须；瓠果 ……………………………… 53. 葫芦科 Cucurbitaceae
　　　　　　299. 植物体直立，若为藤本则无卷须；非瓠果。
　　　　　　　　300. 雄蕊连合。
　　　　　　　　　　301. 头状花序，具总苞，子房1室含1胚珠 ………… 20. 菊科 Asteraceae
　　　　　　　　　　301. 花小，或成总状或伞房花序，子房2～3室，含多数胚珠。
　　　　　　　　　　　　302. 花辐射对称 ……………………………… 33. 桔梗科 Campanulaceae

302. 花两侧对称 ……………………………………………………… 98. 半边莲科 Lobeliaceae
　300. 雄蕊离生。
　　303. 雄蕊和花冠相分离或近于分离。
　　　304. 灌木或亚灌木，花药顶端孔裂 ……………………………… 64. 杜鹃花科 Eurcaceae
　　　304. 多为草本；花药纵长开裂。花冠整齐，子房2～5室，含多胚珠 ……………………
　　　　　 ……………………………………………………………… 33. 桔梗科 Campanulaceae
　　303. 冠生雄蕊。
　　　305. 雄蕊4～5，与花冠裂片同数。
　　　　306. 叶互生 ………………………………………………………… 33. 桔梗科 Campanulaceae
　　　　306. 叶对生或轮生。
　　　　　307. 叶轮生，如为对生时，则有托叶存在 ……………………… 151. 茜草科 Rubiaceae
　　　　　307. 叶对生，无托叶，稀有托叶。多为聚伞花序 ……… 36. 忍冬科 Caprifoilaceae
　　　305. 雄蕊1～4个，较花冠裂片为少。
　　　　308. 子房1室。胚珠多数 ……………………………………… 75. 苦苣苔科 Gesneriaceae
　　　　308. 子房2至多室。
　　　　　309. 木本；叶全缘或有齿 ………………………………… 36. 忍冬科 Caprifoliaceae
　　　　　309. 草本；裂叶 ……………………………… 184. 败酱科△Valerianaceae（南岭产）
298. 子房上位。
　310. 子房深裂为2～4部分，花柱自子房裂片之间伸出。
　　311. 叶对生；花唇形 ………………………………………………………… 93. 唇形科 Labiatae
　　311. 叶互生；花冠整齐。
　　　312. 花柱2个 ………………………………………………………… 48. 旋花科 Convolvulaceae
　　　312. 花柱1个 ………………………………………………………… 28. 紫草科 Boraginaceae
　310. 子房完整或微有分割，或为2个离生心皮所组成，花柱自子房顶端伸出。
　　313. 花冠不同程度呈二唇形。
　　　314. 雄蕊5个。
　　　　315. 雄蕊和花冠离生 ……………………………………………… 64. 杜鹃花科 Ericaceae
　　　　315. 冠生雄蕊 ……………………………………………………… 28. 紫草科 Boraginaceae
　　　314. 成熟雄蕊2或4个。
　　　　316. 每子房室内含1～2胚珠。
　　　　　317. 叶对生或轮生。
　　　　　　318. 子房2～4室 ……………………………………………… 185. 马鞭草科 Verbenaceae
　　　　　　318. 子房1室 …………………………… 134. 透骨草科△Phrymaceae（南岭产）
　　　　　317. 叶互生或基生 …………………………………………… 164. 玄参科 Scrophulariaceae
　　　　316. 每子房室内有2至多胚珠。
　　　　　319. 子房1室。
　　　　　　320. 不为寄生性或食虫性。多为草本；单叶；种子无翅 … 75. 苦苣苔科 Gesneriaceae
　　　　　　320. 草本，寄生性或食虫性。
　　　　　　　321. 寄生植物；无绿叶；雄蕊4个 ……………………… 125. 列当科 Orobanchaceae
　　　　　　　321. 食虫植物；有绿叶；雄蕊2个 ……………………… 96. 狸藻科 Lentibulariaceae
　　　　　319. 子房2～4室。植物体无腺毛；子房2室。
　　　　　　322. 叶对生；种子具种钩 …………………………………………… 1. 爵床科 Acanthaceae
　　　　　　322. 叶互生或对生；种子无种钩。

323. 花冠裂片具深缺刻 …………………………………………………… 167. 茄科 Solanaceae
　　　323. 花冠裂片全缘或仅先端有一凹陷 ……………………… 164. 玄参科 Scrophulariaceae
313. 花冠整齐或近于整齐
　324. 雄蕊数较花冠裂片为少。
　　325. 子房 2～4 室，每室含 1～2 胚珠。
　　　326. 雄蕊 2 个 …………………………………………………………… 121. 木犀科 Oleaceae
　　　326. 雄蕊 4 个。叶对生 ……………………………………………… 185. 马鞭草科 Verbenaceae
　　325. 子房 1～2 室，每室有数个至多数胚珠。
　　　327. 雄蕊 2 个；胚珠垂悬于子房室的顶端 ………………………… 121. 木犀科 Oleaceae
　　　327. 雄蕊 4 或 2 个；胚珠着生于中轴或侧膜胎座上。
　　　　328. 子房 1 室，侧膜胎座，或因胎座深入而使子房成 2 室 … 75. 苦苣苔科 Gesneriaceae
　　　　328. 子房为完全的 2 室，中轴胎座。
　　　　　329. 花冠于花蕾中常折迭；子房 2 心皮位置偏斜 ……………… 167. 茄科 Solanaceae
　　　　　329. 花冠于花蕾中不折迭，呈覆瓦状排列；子房的 2 心皮位于前后方 ………………
　　　　　　 ……………………………………………………………… 164. 玄参科 Scrophulariaceae
　324. 雄蕊和花冠裂片同数。
　　330. 子房 2 个，或为 1 个而成熟后呈双角状。
　　　331. 雄蕊分离，无花粉块 ……………………………………………… 12. 夹竹桃科 Apocynaceae
　　　331. 雄蕊连合，有花粉块 …………………………………………… 18. 萝藦科 Asclepiadaceae
　　330. 子房 1 个，不呈双角状。
　　　332. 子房 1 室或因两侧膜胎座的深入而成 2 室。
　　　　333. 单心皮子房。
　　　　　334. 花簇生；瘦果 ………… 117. 紫茉莉科 Nyctaginaceae（*紫茉莉属 *Mirabilis*）
　　　　　334. 头状花序；荚果 ………………………… 70. 豆科 Fabaceae（含羞草属 *Mimosa*）
　　　　333. 合生心皮子房。
　　　　　335. 木本，稀草质藤本而体内具乳汁；果内仅 1 个种子 … 87. 茶茱萸科 Icacinaceae
　　　　　335. 草本或亚灌木，稀木质藤本；果内有 2 至多个种子。
　　　　　　336. 花冠裂片呈覆瓦状排列。
　　　　　　　337. 叶茎生 ………………………………… 84. 田基麻科△Hydrophyllaceae（南岭产）
　　　　　　　337. 基叶生 ……………………………………………… 75. 苦苣苔科 Gesneriaceae
　　　　　　336. 花冠裂片呈旋转状或内折的镊合状排列。
　　　　　　　338. 木质藤本；果实浆果状 …………………………… 48. 旋花科 Convolvulaceae
　　　　　　　338. 草本；果实蒴果状 ………………………………… 73. 龙胆科 Gentianaceae
　　　332. 子房 2～10 室。
　　　　339. 无绿叶而为缠绕性寄生植物 ……… 48. 旋花科 Convolvulaceae（菟丝子属 *Cuscuta*）
　　　　339. 非上述植物。
　　　　　340. 叶常对生，且多在两叶之间具有托叶所成的连接线或附属物 ………………………
　　　　　　 …………………………………………………………………… 99. 马钱科 Loganiaceae
　　　　　340. 叶常互生，或基生或轮生，如为对生时，两叶之间无托叶所成的连系物。
　　　　　　341. 雄蕊和花冠离生或近于离生。
　　　　　　　342. 灌木或亚灌木；花药顶端孔裂。
　　　　　　　　343. 子房上位 …………………………………………… 64. 杜鹃花科 Ericaceae
　　　　　　　　343. 子房下位 ……………………………………… 183. 越橘科 Vacciniaceae

342. 草本；花药纵长开裂 ················· 33. 桔梗科 Campanulaceae
341. 冠生雄蕊。
　　344. 雄蕊4个。
　　　345. 无主茎的草本 ················· 137. 车前草科 Plantagillaceae
　　　345. 木本，或有主茎的草本。
　　　　346. 叶互生 ················· 13. 冬青科 Aquifoliaceae
　　　　346. 叶对生或轮生。
　　　　　347. 子房2室，每室多胚珠 ········ 164. 玄参科 Scrophulariacea
　　　　　347. 子房2至多室，每室1～2胚珠 ······ 185. 马鞭草科 Verbenaceae
　　344. 雄蕊5至多个。
　　　348. 每子房室内仅1～2胚珠。
　　　　349. 子房2～3室，胚珠自子房室顶端悬垂；木本；叶全缘。
　　　　　350. 每花瓣2裂或2分，子房无柄；核果；有托叶 ··············
　　　　　　 ··············· 56. 毒鼠子科△Dichapetalaceae（南岭产）
　　　　　350. 每花瓣均完整，子房具柄；翅果；无托叶 ··· 87. 茶茱萸科 Icacinaceae
　　　　349. 子房1～4室，胚珠在子房基底或中轴的基部直立或上举，花柱1～2个；无托叶。
　　　　　351. 核果；花冠有裂片 ············· 28. 紫草科 Boraginaceae
　　　　　351. 蒴果；花瓣常完整。常为藤本；萼片多离生 ··············
　　　　　　 ··································· 48. 旋花科 Convolvulaceae
　　　348. 每子房室内有多数胚珠。
　　　　352. 花冠不于花蕾中折迭，其裂片呈旋转状排列或覆瓦状排列。子房2室，花柱2个；蒴果室间开裂 ············ 84. 田基麻科 Hydrophyllaceae
　　　　352. 花冠裂片呈镊合状或覆瓦状排列，或花冠于花蕾中折迭。成旋转状排列。
　　　　　353. 花冠多于花蕾中折迭；雄蕊的花丝无毛；浆果，或纵裂或横裂的蒴果 ···················· 167. 茄科 Solanaceae
　　　　　353. 花冠不于花蕾中折迭；雄蕊的花丝具毛茸；室间开裂的蒴果或浆果。
　　　　　　354. 室间开裂的蒴果 ············ 164. 玄参科 Scrophulariaceae
　　　　　　354. 浆果 ··················· 167. 茄科 Solanaceae
12. 种子通常具子叶1片；叶多具平行叶脉；花常为3出数 ······· 单子叶植物 Monocotyledoneae
355. 木本；叶常于芽中呈折迭状。
　　356. 叶细长或剑状，在芽中不呈折迭状 ········· 128. 露兜树科 Pandanaceae
　　356. 叶甚宽，常为羽状或扇形的分裂，在芽中呈折迭状；花序托以佛焰状苞片 ···········
　　　 ··································· 16. 棕榈科 Arecaceae
355. 草本，稀木本但其叶在芽中不呈折迭状。
　　357. 无花被或在眼子菜科中很小。
　　　358. 花生于颖状苞片内，由1至多数小花组成小穗。
　　　　359. 秆三棱形，实心；叶鞘封闭；瘦果或囊果 ········ 54. 莎草科 Cyperaceae
　　　　359. 秆常圆筒形，中空；叶鞘常在一侧纵裂开；多为颖果 ······· 138. 禾本科 Poaceae
　　　358. 花不包藏于颖状苞片内，头状花序。植物体常具茎，也有叶，有时为鳞片状的叶。
　　　　360. 水生。

361. 叶互生；头状花序 ………………………………………… 168. 黑三棱科 Sparganiaceae
361. 叶多对生或轮生；花单生或聚伞花序。雌蕊1个或心皮离生 ………………………
　　　　　　　　　　　　　　　　　　　　　……………… 143. 眼子菜科 Potamogetonaceae
360. 陆生或沼泽植物。
　362. 叶有柄，具网状脉；肉穗花序具佛焰苞 ………………… 14. 天南星科 Araceae
　362. 叶无柄，常具平行脉。
　　363. 穗状花序或圆锥花序。花序为紧密的穗状花序。
　　　364. 花两性，花序具佛焰苞 ……………………………… 14. 天南星科 Araceae
　　　364. 花单性，花序无佛焰苞 ………………… 179. 香蒲科△Typhaceae（南岭产）
　　363. 花序有各种形式。
　　　365. 花单性，头状花序。
　　　　366. 头状花序单生于基生无叶的花葶顶端 ……… 65. 谷精草科 Eriocaulaceae
　　　　366. 头状花序散生于具叶的主茎或枝条的上部 ……… 168. 黑三棱科 Sparganiaceae
　　　365. 花常两性。花具花被，花序不包藏于叶状苞片中。子房1个 ………………
　　　　　　　　　　　　　　　　　　　　　　　…………………… 92. 灯心草科 Juncaceae
357. 有花被，常显著而呈花瓣状。
　367. 雌蕊3至多个，离生。
　　368. 草本。异被。花轮生，总状或圆锥花序；瘦果 ………… 5. 泽泻科 Alismataceae
　　368. 腐生性草本，叶鳞片状，无叶绿素。花两性，每心皮含多胚珠 ……………
　　　　　　　　　………………… 97. 百合科 Liliaceae（△无叶莲属 Petrosavia）（南岭产）
　367. 雌蕊1个，复合性，稀近于分离。
　　369. 子房上位，或花被和子房相分离。花常辐射对称，雄蕊3至多个。
　　　370. 异被花。
　　　　371. 头状花序 ……………………………………… 188. 黄眼草科 Xyridaceae
　　　　371. 非头状花序。
　　　　　372. 叶互生，基部具鞘 …………………………… 46. 鸭跖草科 Commelinaceae
　　　　　372. 叶数片生于茎的顶端而成一轮…… 106. 藜芦科 Melanthiaceae（重楼族 Parideae）
　　　370. 同被花，稀花被片极不相同或外轮花被片基部呈囊状。
　　　　373. 花小型，花被绿色或棕色。蒴果室背开裂为3瓣，内有多数至3个种子 …………
　　　　　　　　　　　　　　　　　　　　　　………………………… 92. 灯心草科 Juncaceae
　　　　373. 花大型，稀小型，花被不同程度具鲜明的色彩。
　　　　　374. 水生；雄蕊彼此不相同…………………… 141. 雨久花科 Pontederiaceae
　　　　　374. 陆生；雄蕊相同。
　　　　　　375. 叶对生或轮生，具纵脉及横脉 ……………… 171. 百部科 Stemonaceae
　　　　　　375. 叶常基生或互生。
　　　　　　　376. 花两性 ………………………………………… 97. 百合科 Liliaceae
　　　　　　　376. 花单性异株………………………………… 166. 菝葜科 Smilacaceae
　369. 子房下位，或花被不同程度与子房相愈合。
　　377. 花左右对称或不对称。
　　　378. 同被花，雄蕊和花柱不同程度连合……………………… 124. 兰科 Orchidaceae
　　　378. 异被花，雄蕊和花柱分离。
　　　　379. 后方的1个雄蕊常为不育性，其余5个均发育而具花药 …… 112. 芭蕉科 Musaceae
　　　　379. 后方的1个雄蕊发育而具花药，其余5个退化。

380. 花药 2 室，萼片合生为萼筒，有时呈佛焰苞状 ………… 189. 姜科 Zingiberaceae
380. 花药 1 室；萼片分离。
　　381. 每子房室内含多胚珠 ………………………………… 34. 美人蕉科 Cannaceae
　　381. 每子房室内含 1 个胚珠 ……………………………… 105. 竹芋科 Marantaceae
377. 花常辐射对称。
　382. 水生 ……………………………………………………… 83. 水鳖科 Hydrocharitaceae
　382. 陆生。
　　383. 藤本；网状叶脉 ……………………………………… 58. 薯蓣科 Dioscoreaceae
　　383. 非藤本；平行叶脉。
　　　384. 雄蕊 3 个。
　　　　385. 叶 2 列 …………………………………………… 89. 鸢尾科 Iridaceae
　　　　385. 叶非 2 列，茎生叶呈鳞片状 …………………… 30. 水玉簪科 Burmanniaceae
　　　384. 雄蕊 6 个。
　　　　386. 子房 1 室，侧膜胎座 …………………………… 175. 蒟蒻薯科 Taccaceae
　　　　386. 子房 3 室，中轴胎座。
　　　　　387. 子房部分下位 ………………………………… 97. 百合科 Liliaceae
　　　　　387. 子房完全下位。
　　　　　　388. 有明显花被管，有佛焰苞总苞 …………… 8. 石蒜科 Amaryllidaceae
　　　　　　388. 花被管不存在或极短，无佛焰苞总苞 …… 86. 仙茅科 Hypoxidaceae

第3章 黑石顶种子植物各科分属分种检索表（各论）

第1节 裸子植物门 Gymnospermae

裸子植物全世界共有12科，71属，800多种。中国有10科，41属，236种，47变种。仅南洋杉科、金松科（Sciadopityaceae）不产，但均有引进栽培。

1. 南洋杉科 Araucariaceae

本科共3属，约40种，分布于南半球（非洲无）至亚洲东南部。中国栽培2属，4种。广东有栽培。黑石顶有1属，1种。

1. 南洋杉属 Araucaria Juss.

1. 异叶南洋杉 Araucaria heterophylla（Salisb.）Franco

叶二型，幼树及侧生小枝的叶排列疏松，开展，钻形，大树及花果枝上的叶排列较密，微开展，宽卵形或三角状卵形。广东各地有栽培。长江以北有盆栽。原产澳大利亚南部沿海地区。

2. 三尖杉科 Cephalotaxaceae

本科1属，9种，分布于亚洲东部。中国有8种，3变种，主产秦岭以南。广东产4种，1变种，黑石顶目前未发现。

3. 柏科 Cupressaceae

本科18属，约150种，广布于全球。中国有8属，30种，6变种，引进栽培1属，15种，分布几遍全国。广东有6属，7种，1变种，4栽培品种。黑石顶有2属，2种。

1. 种鳞木质或近革质，熟时张开，种子通常有翅；生鳞叶的小枝排在同一平面上 ·· 1. 福建柏属 Fokienia
1. 种鳞肉质，熟时不张开或微张开，种子无翅；生鳞叶的小枝不排列在同一平面上或叶全为刺叶 ·· 2. 刺柏属 Juniperus

1. 福建柏属 Fokienia Henry et Thomas

本属1种，分布于越南北部及中国中南、华南至西南部。广东有分布。黑石顶1种。

1. 福建柏 Fokienia hodginsii（Dunn）Henry et Thomas

广东山区县市。生于山地林中。分布浙江南部、福建、湖南、广西及云南东南部。

2. 刺柏属 Juniperus Linn.

本属约50种，广泛分布于北半球温带至亚热带地区。中国有27种，3变种。广东有2种，1栽培变种。黑石顶1种。

1. 圆柏 Juniperus chinensis Linn. ［Sabina chinensis（Linn.）Ant.］

叶二型，树冠尖塔形，分枝高，枝条斜展。广东北部。黑石顶有栽培。分布华北、华中、华南及西南。朝鲜、日本。

4. 苏铁科（铁树科）Cycadaceae

本科仅苏铁属（铁树属）Cycas，约70种，分布于亚洲东部及东南部、大洋洲、非洲东部及马达加斯加等热带地区。中国包含栽培共26种。广东3种。黑石顶栽培1种。

1. 苏铁属 Cycas Linn.

1. **苏铁** Cycas revoluta Thunb. 别名：凤尾蕉

    一回羽状叶，叶背被毛，中部羽片长9～18 cm，宽4～6 mm。广东各地均有栽培。分布华东、华南、西南。日本南部、菲律宾和印度尼西亚。

5. 麻黄科 Ephedraceae

本科1属，约40种，分布于亚洲、美洲、欧洲东南部及非洲北部等干旱、荒漠地区。中国有12种，4变种，主产青海、西藏、新疆。广东不产。

6. 银杏科 Ginkgoaceae

本科1属，1种，中国特有科。广东及黑石顶有栽培。

1. 银杏属 Ginkgo Linn.

1. **银杏** Ginkgo biloba Linn. 别名：白果、公孙树

    叶片扇形，小脉叉状分枝。广东各地有栽培。中国特分布，全国各地均有栽培。东亚及欧美各国庭园常有栽培。

7. 买麻藤科 Gnetaceae

本科1属，30多种，分布于亚洲、非洲和南美洲的热带和亚热带地区。中国有1属，6种，主要分布于华南和西南。广东有2种。黑石顶有2种。

1. 买麻藤属 Gnetum Linn.

1. 雄球花穗较长，有总苞10～20轮；叶较大，长10～30 cm；种子长1.5～2.5 cm，直径1.5～1.8 cm ·· 1. 罗浮买麻藤 G. lofuense
1. 雄球花穗短小，有总苞5～10轮；叶较小，长4～10 cm；种子长1.5～2 cm，直径约1 cm ··· 2. 小叶买麻藤 G. parvifolium

1. **罗浮买麻藤** Gnetum lofuense C. Y. Cheng [*G. hainanense* C. Y. Cheng ex L. K. Fu, Y. F. Yu et M. G. Gilbert]

    广东各地。生于林中，缠绕于树上。分布福建、海南、江西、湖南、贵州、广西及云南。

2. **小叶买麻藤** Gnetum parvifolium (Warb.) C. Y. Cheng ex Chun [*G. scandens* Roxb. var. *parvifolium* Warb.]

    生于海拔较低的森林中，缠绕在大树上。广东各地。分布福建、海南、广西及湖南等省区。

8. 松科 Pinaceae

本科 10 属，约 230 种，多分布于北半球。中国有 10 属，96 种，24 变种，分布几遍全国。广东有 3 属，12 种，1 变种。黑石顶 1 属，2 种。

1. 松属 Pinus Linn.

本属约 80 种，广布于北半球，北至北极圈，南至中美洲及印度尼西亚的爪哇。中国有 22 种，栽培 16 种，分布几遍全国。广东分布 4 种，栽培 3 种，共有 7 种。黑石顶 2 种。

1. 枝条每年生长 2 至数轮；球果生于小枝的侧面，球果鳞盾具刺 ············ 1. 湿地松 P. elliottii
1. 枝条每年生长 1 轮；球果生于小枝的近顶端，球果鳞盾平滑 ············ 2. 马尾松 P. massoniana

1. **湿地松 Pinus elliottii** Engelm.

   广东有栽培。长江以南各地有引种。原产美国东南部。

2. **马尾松 Pinus massoniana** Lamb. ［*P. sinensis* Lamb.］别名：山松

   广东各地。生于海拔 700 m 以下山地。分布河南、陕西及长江流域以南各省区。

9. 罗汉松科 Podocarpaceae

本科 17 属，168 种，分布于热带、亚热带、少数分布于南温带，以南半球为分布中心。中国有 4 属，14 种，分布于中南、华南和西南地区。广东有 4 属，8 种。黑石顶 2 属，2 种。

1. 叶对生或近对生，无明显中脉 ··· 1. 竹柏属 Nageia
1. 叶螺旋状排列，具明显中脉 ·· 2. 罗汉松属 Podocarpus

1. 竹柏属 Nageia Gaertn.

本属约 12 种，零星分布于日本、中国南部、东南亚至巴布亚新几内亚。中国有 4 种，分布于台湾、华东、华南至西南各省区。广东有 2 种。黑石顶 1 种。

1. **竹柏 Nageia nagi**（Thunb.）Kuntze［*Podocarpus nagi*（Thunb.）Zoll. Et Mor. ex Zoll.］别名：铁甲树

   广东各地。生常绿阔叶林中。分布浙江、福建、江西、广西、四川。日本。

2. 罗汉松属 Podocarpus L′Hert. ex Pers.

本属约 100 种，分布于东亚和南半球的热带、亚热带地区。中国有 8 种，分布于长江流域以南。广东有 4 种。黑石顶 1 种。

1. **百日青 Podocarpus neriifolius** D. Don 别名：竹叶松、大叶竹柏松

   叶散生枝上，叶长 7～15 cm，种子长 8～16 mm。广东北部、西部。生于山地林中。分布华中、华东、华南及西南。东南亚。

10. 红豆杉科 Taxaceae

本科 5 属，约 23 种，除澳洲红豆杉 Austrotaxus spicata Campton 分布于南半球外，其他属种均分布于北半球。中国有 4 属，12 种。广东分布 3 属，2 种。黑石顶 2 属，2 种。

1. 叶交叉对生；雄球花多数，组成穗状花序，2～6 个聚生于枝顶 ······ 1. 穗花杉属 Amentotaxus
1. 叶螺旋状排列；雄球花单生叶腋 ·· 2. 红豆杉属 Taxus

1. 穗花杉属 Amentotaxus Pilger

本属共 3 种，分布于中国南部、中部、西部及台湾。广东有 1 种。黑石顶 1 种。

1. 穗花杉 Amentotaxus argotaenia（Hance）Pilger［*Podocarpus argotaenia* Hance］

叶交互对生，叶背有 2 条明显的白色气孔带，叶内有树脂道。分布粤北、粤西、粤东山区。散生于林中。江西、湖北、湖南、四川、西藏、甘肃、广西。

2. 红豆杉属 Taxus Linn.

本属约 10 种，分布于北半球。中国有 3 种，2 变种。广东有 1 变种。黑石顶 1 变种。

1. 南方红豆杉 Taxus wallichiana Zucc. var. *mairei*（Lemee et Lévl.）L. K. Fu & Nan Li［*T. chinensis*（Pilger）Rehd. var. *mairei*（Lemee et Lévl.）Cheng et L. K. Fu］

叶螺旋状排列，果红色。广东见粤北山区。黑石顶有栽培。生于山地林中。分布安徽、浙江、台湾、福建、江西、广西、湖南、湖北、河南、陕西、甘肃、四川、贵州及云南。

11. 杉科 Taxodiaceae

本科 10 属，16 种，主分布于北温带。中国有 5 属，7 种，主要分布于长江流域以南温暖地区。广东原产 2 属，2 种，引种 3 属，4 种。黑石顶 1 属，1 种。

1. 杉木属 Cunninghamia R. Br.

本属 2 种及 2 栽培变种，分布于越南和中国秦岭和长江以南温暖地区及台湾山区。广东有 1 种。黑石顶有 1 种。

1. 杉木 Cunninghamia lanceolata（Lamb.）Hook.［*Cunninghamia sinensis* R. Br. ex Rich.］

叶 2 列状，披针形或线状披针形，扁平。广东各地均有栽培。分布中国长江流域、秦岭以南地区。越南。

第 2 节 被子植物门 Angiospermae

被子植物全世界共有 416 科近 1 万属 25 万种。中国约 291 科，3 100～3 200 属，3 万多种。另南北各地植物园引入栽培超过 1 万种。

1. 爵床科 Acanthaceae

本科约 220 属，4 000 种，主要分布于热带地区。中国约有 35 属，304 种，多产于长江流域以南各省区。广东有 37 属，110 种，2 变种，其中 2 属、23 种为栽培植物。黑石顶 6 属，12 种。

1. 花冠单唇形、二唇形。
  2. 能育雄蕊 4 枚 ………………………………………………… 3. 水蓑衣属 Hygrophila
  2. 能育雄蕊 2 枚 ………………………………………………… 4. 爵床属 Justicia
1. 花冠 4～5 裂，花冠管短或长。
  3. 能育雄蕊 2 枚。
    4. 花较小，长 7～10 mm …………………………………… 1. 钟花草属 Codonacanthus
    4. 花较大，长 2～6 cm …………………………………… 2. 喜花草属 Eranthemum
  3. 能育雄蕊 4 枚。
    5. 子房每室有胚珠 2 颗 …………………………………… 6. 马蓝属 Strobilanthes

5. 子房每室有胚珠 3 至多颗 ·· 5. 叉柱花属 Staurogyne

1. 钟花草属 Codonacanthus Nees

本属 2 种。中国产 1 种。广东 1 种。黑石顶 1 种。

1. 钟花草 Codonacanthus pauciflorus Nees

广东各地。生于海拔 100～1 500 m 的常绿阔叶林、山谷潮湿处。分布广西、贵州、海南、江西、台湾、云南。日本、印度。

2. 喜花草属 Eranthemum Linn.

本属约 15 种，广布于热带。中国产 2 种。广东 2 种。黑石顶 1 种。

1. 可爱花 Eranthemum pulchellum Andrews.

珠江三角洲、广西及云南有栽培。原产印度、热带喜马拉雅地区。

3. 水蓑衣属 Hygrophila R. Br.

本属约 100 种，分布于热带亚热带。中国产约 6 种。广东 2 种。黑石顶 1 种。

1. 水蓑衣 Hygrophila ringens (L.) Steud [Hygrophila lancea (Thunb.) Miq.]

广东各地。常见。生于海拔 300～800 m 的山谷、水边、田野、路旁疏林下。分布于中国长江以南各省。亚洲东南部至日本（琉球群岛）有分布。

4. 爵床属 Justicia Linn.

本属约 700 种，广布于热带及温带。中国产 43 种。广东 7 种。黑石顶 3 种。

1. 花萼 4 裂 ·· 1. 爵床 Justicia procumbens
1. 花萼 5 裂。
　　2. 花簇生于上部叶腋 ·· 2. 杜根藤 Justicia quadrifaria
　　2. 穗状花序顶生，稀腋生，分枝或不分枝 ·························· 3. 黑叶小驳骨 Justicia ventricosa

1. 爵床 Justicia procumbens Linn.

广东各地。常见。生于路旁、灌丛、草丛。分布华北、华东、华南及西南各省。亚洲东南部至澳大利亚亦有分布。

2. 杜根藤 Justicia quadrifaria T. Anderson [Calophanoides quadrifaria (Nees) Ridl.]

广东各地。常见。生于山地、山谷、路旁、密林下。分布重庆、广西、贵州、海南、湖北、湖南、四川、云南。印度、印度尼西亚、老挝、缅甸、泰国、越南。

3. 黑叶小驳骨 Justicia ventricosa Wall. [Gendarussa ventricosa (Wall.) Nees]

广州及粤西粤北。少见。生于疏林下或灌丛中。分布中国南部和西南部。亚洲东南部。

5. 叉柱花属 Staurogyne Wall.

本属约 140 种，广布于热带。中国产 17 种。广东 3 种。黑石顶 1 种。

1. 大花叉柱花 Staurogyne sesamoides (Hand.-Mazz.) B. L. Burtt

高要、阳江、阳春、信宜等地。少见。生于山地、山谷、水边、林下。分布于广西等省。

6. 马蓝属 Strobilanthes Bl.

本属约 400 种，广布于热带。中国产约 128 种。广东 16 种，1 变种。黑石顶 4 种。

1. 花序轴多少"之"字形曲折 ·· 2. 曲枝马蓝 S. dalzielii
1. 花序轴直，非"之"字形曲折。
　　2. 花排列稀疏 ·· 1. 板蓝（马蓝）S. cusia

    2. 花排成密集的头状花序或穗状花序。
        3. 叶无毛 ·· 4. 黄猄草 S. tetrasperma
        3. 叶被毛 ·· 3. 薄叶马蓝 S. labordei

1. **板蓝（马蓝）Strobilanthes cusia**（Nees）O. Kuntze [*Baphicacanthus cusia*（Nees）Bremek.]

    广东各地。常见。生于海拔 900 m 以下的山谷溪边潮湿处。分布海南、福建、浙江、广西、云南、贵州。孟加拉国、印度东北部至中南半岛亦有分布。

2. **曲枝马蓝 Strobilanthes dalzielii**（Nees）（W. W. Sm.）R. Ben

    广东各地。生于 400～1 200 m 的溪边。分布云南、贵州、广西、湖南、江西、台湾。越南和老挝有分布。

3. **薄叶马蓝 Strobilanthes labordei** H. Lév.

    博罗、封开、怀集、乐昌、乳源、佛冈、汕头、新丰。生于海拔 300～800 m 的山谷潮湿处。分布贵州、湖南、广西等地。

4. **黄猄草 Strobilanthes tetrasperma**（Champion ex Bentham）Druce [*Championella tetrasperma*（Champ. ex Benth.）Brem.]

    广州周边地区及粤北。生于海拔 100～800 m 的林中、阴处草地、溪边石上。分布四川、贵州、重庆、湖北、湖南、江西、福建、香港、海南、广西。越南亦有分布。

2. 槭树科 Aceraceae

本科现仅有 2 属。主要产亚、欧、美三大洲的北温带地区，中国有 2 属，140 余种。广东 1 属，21 种。黑石顶 1 属，4 种。

1. 槭树属 Acer Linn.

本属约 129 种，广布于亚洲、欧洲和美洲。中国有 99 种。广东有 21 种，1 亚种，7 变种。黑石顶 4 种。

1. 叶全缘。
    2. 网状小脉两面均不起或仅下凹起。
        3. 翅果成钝角叉开；叶柄长约 1 cm；侧脉两面近同样凸起 ················ 1. 罗浮槭 A. fabri
        3. 翅果成锐角叉开；叶柄长 1～3 cm；侧脉仅在下面凸起 ······ 3. 海滨槭 A. sino-oblongum
    2. 网状小脉两面均明显凸起；翅果成钝角叉开 ·································· 2. 网脉槭 A. laevigatum
1. 叶有锯齿 ··· 4. 岭南槭 A. tutcheri

1. **罗浮槭 Acer fabri** Hance 别名：红翅槭

    广东中部以北。生于疏林中。分布四川、湖北、湖南、江西和广西，中国特有。
2. **光叶槭 Acer laevigatum** Wall. [*A. reticulatum* Champ.]

    博罗、信宜。生于林中。分布广西、贵州、湖北西部、湖南、陕西北部、四川、西藏、云南。不丹、印度北部、缅甸、尼泊尔、越南亦有分布。
3. **海滨槭 Acer sino-oblongum** Metc.

    广东特有，见于东南部沿海地区。生于疏林中。
4. **岭南槭 Acer tutcheri** Duthie [*A. oliverianum* var. *tutcheri*（Duthie）Metc. ex Kussm]

    广东山区县。生于疏林中。分布浙江、江西、湖南、福建和广西，中国特有。

3. 猕猴桃科 Actinidiaceae

本科 3 属，约 357 种，分布于亚洲及美洲。中国 3 属均产，有 66 种。广东有 1 属，13 种，7

变种。黑石顶 1 属，7 种。

1. 猕猴桃属 Actinidia Lindl.

本属约 55 种，分布于马来西亚至俄罗斯西利亚东部。中国约 52 种，主要秦岭以南及横断山脉以东各省区。广东有 13 种，7 变种。黑石顶 7 种。

1. 小枝、叶通常无毛或仅嫩枝被微柔毛，或仅叶背脉腋上有髯毛。
  2. 叶背非粉绿色，花白色 ……………………………………… 1. 异色猕猴桃 A. callosa var. discolor
  2. 叶背粉绿色，花红色 …………………………………………………… 3. 条叶猕猴桃 A. fortunatii
1. 小枝、叶通常被毛。
  3. 小枝被不分枝的硬毛或糙毛 …………………………………………… 6. 美丽猕猴桃 A. melliana
  3. 小枝被柔毛、茸毛、绵毛，稀无毛或兼有长硬毛。
    4. 叶两面有毛，叶面遍被短糙伏毛或硬伏毛 …………………………… 4. 黄毛猕猴桃 A. fulvicoma
    4. 叶仅背面有毛，少数幼时被毛，但很快脱落。
      5. 花序 2～4 回分歧，具花 7～10 朵；叶背星状毛短小 ………… 5. 阔叶猕猴桃 A. latifolia
      5. 花序 1 回分歧，具花 1～3 朵；叶背星状毛较长 …… 2. 毛花猕猴桃 Actinidia eriantha

1. 异色猕猴桃 Actinidia callosa Lindl. var. **discolor** C. F. Liang
    乳源、阳山、乐昌、英德、连南、信宜。生于山谷溪涧边或湿润处。分布长江以南各省区及甘肃、陕西。
2. 毛花猕猴桃 Actinidia eriantha Benth. ［*A. fulvicoma* Hance var. *lanata*（Hemsl.）C. F. Liang］
    广东各地。海拔 100～800 m 的山地林缘、溪边、路旁或灌丛中。分布广西、湖南、福建、江西、贵州、浙江等省区。
3. 条叶猕猴桃 Actinidia fortunatii Fin. et Gagn. ［*A. glaucophylla* F. Chun］
    广东北部。生于林中、山坡、山谷。广西、贵州、湖南亦产。
4. 黄毛猕猴桃 Actinidia fulvicoma Hance
    广东中部至北部。海拔 100～800 m 的山地疏林中或灌丛中。分布湖南、江西、福建、贵州。
5. 阔叶猕猴桃 Actinidia latifolia（Gardn. & Champ.）Merr.
    广东各地。海拔 50～800 m 山地或丘陵林缘、路旁或灌丛中。分布长江以南各省区。越南、老挝、柬埔寨、马来西亚。
6. 美丽猕猴桃 Actinidia melliana Hand.-Mazz.
    广东各地。海拔 800 m 以下的山地林缘或灌丛中。分布广西、江西、湖南。

4. 八角枫科 Alangiaceae

本科仅 1 属，约 21 种，分布于从东非到澳大利亚、斐济的热带亚热带地区。中国有 11 种，除黑龙江、内蒙古、新疆、宁夏和青海外，各省均有。广东有 6 种，3 变种。黑石顶 4 种，1 变种。

1. 八角枫属 Alangium Lam.

本属 21 种，中国有 11 种。广东 6 种，3 变种。黑石顶 4 种，1 变种。

1. 花较大，长 1 cm 以上。
  2. 雄蕊的药隔无毛 ……………………………………………………………………… 1. 八角枫 A. chinense
  2. 雄蕊的药隔被毛。
    3. 花瓣 6～8，长 2～2.5 cm；药隔被长柔毛 …………………………………… 4. 毛八角枫 A. kurzii

    3. 花瓣 5～6，长 1～1.5 cm；药隔被疏柔毛 ················· 5. 广西八角枫 A. kwangsiense
1. 花较小，长不及 1 cm。
    2. 叶片长 7～12（19）cm，宽 2.5～3.5 cm ················· 2. 小花八角枫 A. faberi
    2. 叶片长 12～15 cm，宽 6～8 cm ················· 3. 阔叶八角枫 A. faberi var. platyphyllum

1. 八角枫 Alangium chinense（Lour.）Harms

    广东各地。常见。生于疏林中。分布中国除北部、东北部和西北部外各地都有。东南亚和非洲东部。

2. 小花八角枫 Alangium faberi Oliv.

    广东西部和北部。较常见。生于林中。分布中国南部和西南部。

3. 阔叶八角枫 Alangium faberi Oliv. var. **platyphyllum** Chun et How

    雷州半岛。生于低海拔疏林中。分布广西十万大山。

4. 毛八角枫 Alangium kurzii Craib

    广东各地。常见。生于疏林中或林缘。分布中国长江流域及其以南各省区，西南至贵州。印度尼西亚和菲律宾。

5. 广西八角枫 Alangium kwangsiense Melch.

    广东西北部至东部。常生于海拔 700 m 以下的密林中。分布广西。

5. 泽泻科 Alismataceae

本科 11 属，约 100 种，分布于北半球温带至热带地区，大洋洲、非洲亦有。中国有 4 属，20 种，1 亚种，1 变种，野生或引种栽培，产南方北方各省。广东产 9 种，1 变种，黑石顶目前未有发现。

6. 阿丁枫科 Altingiaceae

本科在《中国植物志》中放在金缕梅科，称枫香树亚科，在 APG 系统中独立成阿丁枫科。在本书中，仍然放在金缕梅科 Hamamelidaceae（见本书第 133 页）。

7. 苋科 Amaranthaceae

本科约 70 属，900 种，分布于热带和亚热带，少数种类生长于暖温带。中国有 15 属，约 44 种。广东产 13 属，27 种，5 变种。黑石顶 4 属，10 种。

1. 叶互生或上部叶互生。
    2. 花单性；花丝离生 ················· 3. 苋属 Amaranthus
    2. 花两性或杂性；花丝基部合生成杯状 ················· 4. 青葙属 Celosia
1. 叶对生。
    3. 花药 2 室，穗状花序 ················· 1. 牛膝属 Achyranthus
    3. 花药 1 室，花排成密集的短穗状花序 ················· 2. 虾钳菜属 Alternanthera

1. 牛膝属 Achyranthes Linn.

本属约 15 种，分布于全世界热带和亚热带地区。中国有 3 种。广东 3 种。黑石顶 2 种。

1. 小苞片基部的膜质翅上部无缺；不育雄蕊与分离花丝等长，顶部具流苏状缘毛 ·················
    ················· 1. 土牛膝 Achyranthes aspera

2. 小苞片基部的膜质翅上部具缺；不育雄蕊短于花丝，顶部钝圆或细齿状 ………………………………………………………………………… 2. 牛膝 Achyranthes bidentata

1. 土牛膝 Achyranthes aspera Linn. 别名：倒扣草、倒梗草

　　广东各地。生于低山区或平原区村、镇附近或路旁空旷地。分布中国长江以南地区。东南亚各国。

2. 牛膝 Achyranthes bidentata Bl. 别名：山牛膝

　　广东东北部、北部至西部各地山区。生于海拔250～800 m山谷坑边、溪畔或湿润林下沃土上。中国各省区野生或栽培。亚洲东南部和非洲。

2. 虾钳菜属 Alternanthera Forsk.

　　本属约200种，主产美洲热带和亚热带地区。中国有5种，除1种为原产外，其余为外来杂草或引入栽培种。广东有6种。黑石顶2种。

1. 发育雄蕊5枚，花序具长总花梗 ………………………………… 1. 喜旱莲子草 A. philoxeroides
1. 发育雄蕊3枚，无总花梗 ……………………………………………………… 2. 虾钳菜 A. sessilis

1. 喜旱莲子草 Alternanthera philoxeroides（Mart.）Griseb. 别名：空心莲子草

　　广东平原地区。生于水沟边或路旁湿地上。北京、江苏、浙江、江西、湖南、福建有引种或逸为野生。原产巴西。

2. 虾钳菜 Alternanthera sessilis（Linn.）R. Br. ex Roem. et Schult.

　　广东各地。生于水稻田附近水沟旁或沼泽地、海滨湿润沙地上或屋旁空地上。分布长江以南各省区。东半球热带、亚热带地区。

3. 苋属 Amaranthus Linn.

　　本属约40种，广布于世界暖温带至亚热带地区，其中约12种是世界和地常见的杂草。中国有14种。广东有7种，1变种。黑石顶4种。

1. 叶柄两侧具刺 ……………………………………………………………………… 2. 刺苋 A. spinosus
1. 叶柄两侧无刺。
　　2. 萼片5，雄蕊5 …………………………………………………………… 1. 绿穗苋 A. hybridus
　　2. 萼片通常3，稀2～4；雄蕊3。
　　　　3. 胞果环状盖裂，果不具皱纹 …………………………………………… 3. 苋 A. tricolor
　　　　3. 胞果不裂或不规则开裂，果具皱纹 ……………………………… 4. 皱果苋 A. virdis

1. 绿穗苋 Amaranthus hybridus Linn.

　　各地有时栽培或逸为野生。生于村旁或菜园等处。全世界广泛分布。

2. 刺苋 Amaranthus spinosus Linn. 别名：勒苋菜

　　广东各地。生于城乡屋旁空地、荒芜地或路旁草地上。分布中国南部各省区。亚洲、非洲、美洲热带至暖温带地区。

3. 苋 Amaranthus tricolor Linn. 别名：苋菜、雁来红

　　广东各地。生于村旁。分布全国各地均有栽培。原产印度。世界各地常见栽培。

4. 皱果苋 Amaranthus viridis Linn.

　　广东各地。生于村庄附近空地或路旁稍湿润地上，有时为瓜地、菜地的杂草。分布中国东部、南部各省区。世界温带至热带地区。

4. 青葙属 Celosia Linn.

　　本属约45～60种，分布于非洲、美洲和亚洲热带和温带地区。中国有3种。广东有2种及

1 变种。黑石顶 2 种。

1. 花序不分枝，呈圆柱状，萼片白色或浅红色 ………………………………… 1. 青葙 C. argentea
1. 花序鸡冠状、卷冠状或羽毛状、或多分枝呈圆锥状，萼片紫色、黄色或橙色（栽培）………
 ……………………………………………………………………… 2. 鸡冠花 C. argenteaata

1. **青葙 Celosia argentea** Linn.

广东各地。较常见。生于平原或低山地区的田边、旷野、村旁或休闲地上。分布中国南北各省区。非洲、亚洲和美洲热带地区。

2. **鸡冠花 Celosia argenteaata** Linn. ［*C. argentea* var. *cristata*（Linn.）O. Ktze.］

广东各地有栽培。中国各省区均有栽培。全世界温带至热带地区有栽培。

8. 石蒜科 Amaryllidaceae

本科约有 100 多属，1 200 多种，分布于热带、亚热带及温带。中国约有 17 属、44 种及 4 变种，野生或引种栽培。广东产 6 种，栽培有 24 种。

9. 漆树科 Anacardiaceae

本科约 77 属，600 种，主产于热带，也见于亚洲东部和地中海等地，中国约 15 属、55 种。广东产 10 属，15 种。黑石顶 3 属，5 种。

1. 子房 5 室；果核 5 室，不压扁 ……………………………………… 1. 南酸枣属 Choerospondias
1. 子房 1 室；果核 1 室，压扁或稍压扁。
  2. 圆锥花序顶生，果被腺毛和具节柔毛或单毛，成熟后红色，外果皮与中果皮连合，内果皮分离 ……………………………………………………………………… 2. 盐肤木属 Rhus
  2. 圆锥花序腋生，果无毛或被微柔毛或刺毛，成熟后黄绿色，外果皮与中果皮分离，中果皮与内果皮连合 ……………………………………………………… 3. 漆属 Toxicodendron

1. 南酸枣属 Choerospondias Burtt et Hill

本属 1 种，分布于中国南部至西南部、中南半岛和印度东部。黑石顶 1 种。

1. **南酸枣 Choerospondias axillaris**（Roxb.）Burtt et Hill 别名：酸枣、广枣、山枣

广东各地。常生于疏林中，亦有栽培。分布中国南部至西南部。中南半岛和印度东部。

2. 盐肤木属 Rhus Linn.

本属 250 种，分布于温带和亚热带地区，中国约有 6 种，见于南北各省区。广东有 2 种。黑石顶 1 种，1 变种。

1. 叶轴有翅 ………………………………………………………………… 1. 盐肤木 R. chinensis
1. 叶轴无翅 ………………………………………………… 2. 滨盐肤木 R. chinensis var. roxburghii

1. **盐肤木 Rhus chinensis** Mill 别名：五倍子树

广东各地。生于灌丛中或疏林中。常见。分布中国中部、西南部和南部，东至台湾。亚洲南部至东部。

2. **滨盐肤木 Rhus chinensis** Mill var. **roxburghii**（DC.）Rehd.

广东各地。常见。生于海拔 200～800 m 的山坡，沟谷疏林或灌丛中。

3. 漆属 Toxicodendron（Tour.）Mill.

本属约 20 种，分布于东亚及北美。中国 16 种，主要分布于长江以南各省区。广东 2 种。黑

石顶 2 种。

1. 小枝和叶均无毛 ·· 1. 野漆树 T. succedaneum
1. 小枝和叶背面均被黄棕色硬毛 ·· 2. 木蜡树 T. sylvestre

1. **野漆树 Toxicodendron succedaneum**（Linn.）O. Ktze.

　　广东各地。生于灌丛或疏林中。常见。分布中国长江流域及以南各省。亚洲东南部至东部有分布。

2. **木蜡树 Toxicodendron sylvestre**（Sieb. et Zucc.）O. Ktze.

　　广东各地。常见。生于山野。分布于中国长江以南各省。朝鲜和日本亦有分布。

10. 钩枝藤科 Ancistrocladaceae

　　本科 1 属，约 20 余种，分布亚、非大陆热带地区。中国有 1 种，产海南和广西。广东目前未有发现。

11. 番荔枝科 Annonaceae

　　本科约 129 属，2 300 余种，广布于热带和亚热带地区，尤以东半球为多。中国有 24 属，120 种，分布于华东、华南至西南地区。广东有 21 属，57 种，3 变种。黑石顶 5 属，10 种。

1. 叶片被星状毛或鳞片；花瓣 6 片，排成 2 轮，每轮 3 片，内外轮或仅内轮为覆瓦状排列 ·· 5. 紫玉盘属 Uvaria
1. 叶片被柔毛、绒毛或无毛；花瓣 6 片，排成 2 轮，稀 3 片仅有 1 轮，全部为镊合状排列。
　　2. 果细长，呈念珠状 ·· 2. 假鹰爪属 Desmos
　　2. 果粗厚，不呈念珠状。
　　　　3. 乔木或直立灌木 ·· 4. 暗罗属 Polyalthia
　　　　3. 攀援灌木。
　　　　　　4. 总花梗弯曲呈钩状 ·· 1. 鹰爪花属 Artabotrys
　　　　　　4. 总花梗伸直 ·· 3. 瓜馥木属 Fissistigma

1. 鹰爪花属 Artabotrys R. Br. ex Ker

　　本属约 100 种，分布于热带和亚热带地区。中国有 8 种，分布于西南部至福建和台湾。广东产 4 种。黑石顶 2 种。

1. 叶面无光泽；药隔顶端无毛。果卵形，顶端尖 ·· 1. 鹰爪花 A. hexapetalus
1. 叶面有光泽；药隔顶端被短柔毛，果椭圆形，顶端钝 ································ 2. 香港鹰爪花 A. hongkongensis

1. **鹰爪花 Artabotrys hexapetalus**（Linn. f.）Bhandari

　　珠海、中山、高要、广州、从化等地有栽培；稀野生。生于肥沃、疏松湿润的壤土中。分布海南、香港。

2. **香港鹰爪花 Artabotrys hongkongensis** Hance

　　广东各地。生于海拔 100～800 m 密林下或山谷疏林阴湿处。分布湖南、广西、云南、贵州等省区。越南。

2. 假鹰爪属 Desmos Lour.

　　本属约 25～30 种，分布于亚洲热带、亚热带地区。中国有 5 种，产于南部和西南部。广东有 1 种。黑石顶 1 种。

1. **假鹰爪 Desmos chinensis** Lour. 别名：酒饼叶、酒饼藤

广东各地。常见。生于山地、山谷林缘灌木丛中或旷地上。分布香港、澳门、海南、广西、云南、贵州。亚洲其他热带地区。

3. 瓜馥木属 Fissistigma Griff.

本属约75种，分布于热带非洲、大洋洲和亚洲热带及亚热带地区。中国产23种，分布于西藏、云南、贵州、广西、广东、湖南、江西、福建、台湾和浙江。广东有8种，1变种。黑石顶4种。

1. 叶背无毛或被不明显的疏短柔毛，老时渐无毛。
　2. 叶背白绿色，干后苍白色；柱头2裂；果无毛 ·················· 1. 白叶瓜馥木 F. glaucescens
　2. 叶背淡绿色，干后红黄色；柱头全缘；果被短柔毛 ·············· 4. 香港瓜馥木 F. uonicum
1. 叶背被绒毛或柔毛或粗毛。
　3. 花较小，长约1.5 cm；柱头全缘；每心皮有胚珠6颗 ············ 3. 多花瓜馥木 F. polyanthum
　3. 花较大，长约2.5 cm；柱头2裂；每心皮有胚珠10颗 ············ 2. 瓜馥木 F. oldhamii

1. **白叶瓜馥木 Fissistigma glaucescens**（Hance）Merr. 别名：大样酒饼藤

广东各地。生于山地林下或灌木丛中。分布广西、福建、台湾。

2. **瓜馥木 Fissistigama oldhamii**（Hemsl.）Merr. 别名：狗夏茶、飞杨藤

广东各地。生于低海拔至中海拔疏林或灌丛中。分布浙江、江西、福建、台湾、湖南、广西、云南等省。越南亦有分布。

3. **多花瓜馥木 Fissistigma polyanthum**（Hook. f. et Thoms.）Merr. 别名：拉藤公、酒饼子公

广东各地。生于林下或路旁灌木丛中。分布广西、云南、贵州、西藏。越南、缅甸、印度亦有分布。

4. **香港瓜馥木 Fissistigma uonicum**（Dunn）Merr. 别名：打鼓藤、山龙眼藤

广东各地。生于丘陵山地林下或灌木丛中。分布广西、贵州、湖南、福建等地。

4. 暗罗属 Polyalthia Bl.

本属约120种，分布于东半球的热带及亚热带地区。中国有17种。分布于台湾、广东、广西、云南和西藏等省区。广东有7种。黑石顶1种。

1. **斜脉暗罗 Polyalthia plagioneura** Diels

广东各地。生于海拔300～800 m的林中。分布广西。

5. 紫玉盘属 Uvaria Linn.

本属约150种，分布于热带及亚热带地区。中国产8种，分布于西南及华南地区。广东有6种，1变种。黑石顶2种。

1. 叶片两面及叶柄均无毛或叶背幼时被不明显的星状柔毛，后变无毛 ··· 1. 光叶紫玉盘 U. boniana
1. 叶片两面或仅背面及叶柄均明显地被星状绒毛或星状柔毛 ············ 2. 紫玉盘 U. macropphylla

1. **光叶紫玉盘 Uvaria boniana** Finet et Gagnep.

广东各地。常见。生于丘陵、山地林中或灌丛中较湿润的地方。分布广西、贵州、江西。越南。

2. **紫玉盘 Uvaria macrophylla** Roxb. [*U. microcarpa* Champ. ex Benth.]

广东各地。生于低海拔山地疏林或灌木丛中。分布广西、台湾。越南和老挝。

12. 夹竹桃科 Apocynaceae

本科约155属，2000余种，分布于全世界热带、亚热带地区，少数在温带地区。中国产44属，145种，主要分布于长江以南，少数在北部及西北部地区。广东产33属，80种，12变种。黑石顶7属，12种。

1. 雄蕊离生或松弛地靠着在柱头上；花药长圆形或长圆状披针形，顶端钝，基部圆；冠片向左覆盖，稀向右覆盖。
　　2. 果为浆果 ·· 3. 山橙属 Melodinuss
　　2. 果为核果，连成链珠状 ··· 1. 链珠藤属 Alyxia
1. 雄蕊彼此互相粘合并粘生在柱头上。花药箭头状。稀非箭头状。果为蓇葖果。种子一端被长种毛；冠片多数向右覆盖，稀向左覆盖。
　　3. 花药顶端伸出花冠喉部之外。··· 4. 帘子藤属 Pottsia
　　3. 花药顶端内藏，不伸出花冠喉部之外（络石属 Trachelospermum 有些种除外）。
　　　　4. 小乔木、灌木；花冠喉部有副花冠 ······································· 5. 羊角拗属 Strophanthus
　　　　4. 木质藤本；花冠喉部无副花冠
　　　　　　5. 花冠高脚碟状、漏斗状或近高脚碟状。
　　　　　　　　6. 花盘顶端全缘或5浅裂。·· 2. 鳝藤属 Anodendron
　　　　　　　　6. 花盘5深裂或部分全缘。·· 6. 络石属 Trachelospermum
　　　　　　5. 花冠钟状、近钟状、坛状或辐状 ·· 7. 水壶藤属 Urceola

1. 链珠藤属 Alyxia Banks ex R. Brown

本属约70种，广布于热带。中国产12种。广东4种。黑石顶2种。

1. 叶面侧脉向下凹陷 ·· 1. 筋藤 A. levinei
1. 叶面侧脉略微凸起或扁平 ··· 2. 海南链珠藤 A. odorata

1. **筋藤 Alyxia levinei** Merr.

高要、阳春。少见。生于海拔100～400 m 的疏林下或山谷、水沟旁。广西。

2. **海南链珠藤 Alyxia odorata** Wall. ex G. Don ［*A. vulgaris* Tsiang］

广东北部及西部。生于海拔100～800 m 的山地疏林下或平地，溪边灌丛中。分布湖南、广西、贵州、四川。泰国、缅甸亦有分布。

2. 鳝藤属 Anodendron A. DC.

本属约16种，产于印度、马来西亚、斯里兰卡及越南。中国产5种。广东1种。黑石顶1种。

1. **鳝藤 Anodendron affine** (Hook. et Arn.) Druce

几乎广东省各地均有产。生于山地或丘陵疏林下。分布中国东南、中南各省区及台湾。日本亦有分布。

3. 山橙属 Melodinus J. R. & G. Forster

本属约50种，分布于热带亚热带亚洲及澳大利亚。中国产12种。广东3种。黑石顶1种。

1. **尖山橙 Melodinus fusiformis** Champ. ex Benth.

几乎广东省各地都有。生于海拔200～800 m 的山地疏林中或山坡、山谷水沟边。分布福建、广西和贵州。

4. 帘子藤属 Pottsia Hook. & Arn.

本属约4种,产东南亚。中国产2种。广东2种。黑石顶1种。

1. 帘子藤 Pottsia laxiflora（Bl.）O. Ktze.

韶关、肇庆、湛江等地区。生于海拔200～800 m的疏林、山谷密林或灌木丛中。分布江西、福建、湖南、广西、云南和贵州。印度、马来西亚、越南、印度尼西亚。

5. 羊角拗属 Strophanthus DC.

本属约38种,广布于热带非洲及亚洲。中国产6种。广东2种。黑石顶1种。

1. 羊角拗 Strophanthus divaricatus（Lour.）Hook. et Arn.

广东省各地普遍野生。生于丘陵路旁疏林中或山坡灌木丛中。分布福建、广西、贵州和云南。越南、老挝。

6. 络石属 Trachelospermum Lemaire

本属约15种,北美1种,其余产亚洲。中国产6种。广东5种。黑石顶3种。

1. 雄蕊着生于膨大的花冠筒中部,喉部或近喉部 ·················· 3. 络石 T. jasminoides
1. 雄蕊着生于膨大的花冠筒近基部或基部。
  2. 花紫色,蓇葖平行粘生,果皮厚,种子不规则状,扁平 ············ 1. 紫花络石 T. axillare
  2. 花白色,蓇葖叉生,果皮薄,种子线状披针形 ················ 2. 短柱络石 T. brevistylum

1. 紫花络石 Trachelospermum axillare Hook. f.

生于山地疏林种或山谷水沟边。韶关地区及从化等地。分布中国西南部、南部、中部及东部各省区。越南、斯里兰卡。

2. 短柱络石 Trachelospermum brevistylum Hand.-Mazz.

韶关、肇庆地区及从化等地。生于海拔200～800 m的山地疏林,攀附于树上或石上。分布安徽、福建、湖南、广西、贵州和四川。

3. 络石 Trachelospermum jasminoides（Lindl.）Lem. [T. jasminoides（Lindl.）Lem. var. heterophyllum Tsiang]

广东各地。生于山野、沟谷、路旁杂木林种,常攀援于树上或墙壁、岩石上。分布陕西、甘肃、四川、湖南、湖北、河北、河南、山东、江苏、安徽、浙江、台湾、福建、江西、广西、贵州、云南。

7. 水壶藤属 Urceola Roxburgh

本属约15,产东南亚。中国产8种。广东5种。黑石顶3种。

1. 花冠近坛状,对称,花冠裂片在花蕾时圆正；蓇葖果圆柱形,基部不膨大 ··· 3. 酸叶胶藤 U. rosea
1. 花冠近钟状,不对称,花冠裂片在花蕾时内折,开花后伸直,蓇葖果基部膨大。
  2. 叶背有黑色乳头状腺点 ·························· 2. 华南杜仲藤 U. quintaretii
  2. 叶背无黑色乳头状腺点 ···························· 1. 杜仲藤 U. micrantha

1. 杜仲藤 Urceola micrantha（Wall. ex G. Don）D. J. Middleton [Parabarium micranthum（A. DC.）Pierre]

韶关、肇庆、佛山、湛江。生于海拔300～800 m的山地疏林、密林或山谷中。分布广西、四川、云南、海南。越南、印度尼西亚及锡金。

2. 华南杜仲藤 Urceola quintaretii（Pierre）D. J. Middleton [Parabarium chunianum Tsiang, Parabarium hainanense Tsiang]

广东西部。生于海拔200～700 m的丘陵林中或山谷。分布于广西及海南。

3. **酸叶胶藤 Urceola rosea**（Hook. et Arn.）D. J. Middleton ［*Ecdysanthera rosea* Hook. et Arn.］

韶关、肇庆、湛江、梅县等地。生于山地杂木林中。长江以南各省区及台湾。越南、印度尼西亚亦有分布。

13. 冬青科 Aquifoliaceae

本科有1属，500～600种，分布几遍全球，主分布于中美洲、南美洲和亚洲。中国有1属，204种。广东有1属，75种，8变种。黑石顶有24种。

1. 冬青属 Ilex Linn.

1. 常绿乔木或灌木；枝全为长枝，无缩短枝；当年生枝通常无皮孔。
  2. 雌花序单生于叶腋内；分核具单沟或3条纹及2条沟，或平滑无沟，或具不明显的雕纹状条纹。
    3. 雄花序单生于当年生枝的叶腋内；分核背部具单沟或3条纹及2条沟。
      4. 叶片全缘，或偶在叶顶端具齿。
        5. 叶片披针形或狭长圆形，长9～16 cm，宽2～5 cm …… 10. 剑叶冬青 I. lancilimba
        5. 叶片非如上述，长不超过13 cm。
          6. 植株被毛；花梗长2～4 mm ……………………………… 5. 黄毛冬青 I. dasyphylla
          6. 植株无毛；花梗长3～10 mm。
            7. 总花梗长12～18 mm ……………………………… 6. 显脉冬青 I. editicostata
            7. 总花梗长不逾10 mm ……………………………… 18. 铁冬青 I. rotunda
      4. 叶片具圆齿、锯齿 ……………………………………………… 9. 广东冬青 I. kwangtungensis
    3. 雄花序簇生于二年生枝的叶腋内，稀单生于当年生枝叶腋内；分核平滑，或具条纹而无沟。
      8. 雄聚伞花序具1～3朵花 …………………………………… 21. 三花冬青 I. triflora
      8. 雄聚伞花序具1～7朵花。
        9. 花4～7基数；果球形，直径6～7 mm ……………… 20. 四川冬青 I. szechwanensis
        9. 花4基数；果扁球形，直径9～11 mm ……………… 23. 绿冬青 I. viridis
  2. 雌花序及雄花序均簇生于二年生或老枝的叶腋内；分核具皱纹及洼点，或具突起的棱。
    10. 雌花序的单个分枝具单花；分核4枚。
      11. 果较大，直径7～12 mm，宿存柱头脐状，稀盘状。
        12. 子房和果被短柔毛 ……………………………………… 17. 毛叶冬青 I. pubilimba
        12. 子房和果均无毛。
          13. 果直径10～12 mm，密被瘤状突起或腺点 ………… 19. 拟榕叶冬青 I. subficoidea
          13. 果直径约6 mm，无瘤状突起或腺点 ………………… 22. 细枝冬青 I. tsangii
      11. 果较小，直径4～8 mm；宿存柱头盘状、头状，稀脐状。
        14. 顶芽、幼枝、叶柄均被短柔毛或微柔毛 ……………… 13. 平南冬青 I. pingnanensis
        14. 顶芽、幼枝、叶柄均无毛或变无毛 ……………………… 8. 台湾冬青 I. formosana
    10. 雌花序的单个分枝为伞形花序状或单花；分核6～7枚，稀较少或多。
      15. 分核背部具3纵纹及2沟 ……………………………… 16. 毛冬青 I. pubescens
      15. 分核平滑，或具条纹而无沟。
        16. 果梗长1～2.5 mm。
          17. 叶片纸质或薄革质，长圆形或椭圆形，稀倒卵形或菱形，长1～2.5 cm，宽5～12 mm ……………………………………………………………………… 12. 矮冬青 I. lohfauensis

17. 叶片厚革质、卵形、倒卵形或倒卵状椭圆形，长2～4 cm，宽1～2.5 cm ……………………………………………………………………… 3. 凹叶冬青 I. championii
16. 果梗长8～20 mm。
　　18. 果较大，直径5～8 mm，有花柱，宿存柱头柱状、头状或脐状。
　　　　19. 叶背无腺点。
　　　　　　20. 小枝、叶柄、花梗均无毛 ………………………… 7. 厚叶冬青 I. elmerrillana
　　　　　　20. 小枝、叶柄、花梗均被短柔毛 ……………………… 13. 谷木叶冬青 I. memecylifoina
　　　　19. 叶背具小腺点 …………………………………………… 4. 越南冬青 I. cochinchinensis
　　18. 果较小，直径3～4（～5）mm，无花柱，宿存柱头薄盘状。
　　　　21. 叶背面具腺点 ……………………………………………… 11. 保亭冬青 I. liangii
　　　　21. 叶片背面无腺点 …………………………………………… 24. 尾叶冬青 I. wilsonii
1. 落叶乔木或灌木；枝常具长枝和缩短枝，当年生枝条常具明显的皮孔。
　　22. 果直径14～20 mm，宿存柱头头状 ………………………… 2. 沙坝冬青 I. chapaensis
　　22. 果直径不及10 mm，宿存柱头盘状。
　　　　23. 果成熟时红色，分核6～8枚 …………………………… 14. 小果冬青 I. micrococca
　　　　23. 果成熟时黑色，分核4～6 ……………………………… 1. 满树星 I. aculeolata

1. 满树星 Ilex aculeolata Nakai
　　广东各地。生于海拔800 m以下的山谷、路旁疏林或灌丛中。分布浙江、江西、福建、湖北、湖南、广西、贵州。
2. 沙坝冬青 Ilex chapaensis Merr.
　　广东各地。生于海拔500～800 m的山地混交林中。分布福建、广西、贵州、云南。越南。
3. 凹叶冬青 Ilex championii Loes.
　　惠阳、博罗（罗浮山）。生于海拔300～800 m的山谷密林中。分布香港、江西、福建、湖南、广西、贵州。
4. 越南冬青 Ilex cochinchinensis（Lour.）Loes.
　　广东西部。生于山地密林、杂木林中或溪旁。分布台湾、广西、海南。
5. 黄毛冬青 Ilex dasyphylla Merr.
　　连山、英德、翁源、新丰、河源、大埔、丰顺、信宜、怀集、封开。生于海拔300～700 m的山地疏林、灌丛及路旁。分布江西、福建、广西。
6. 显脉冬青 Ilex editicostata Hu et Tang
　　乳源、仁化、信宜、梅县。生于海拔500～800 m的山坡常绿阔叶林中和林缘。分布浙江、江西、湖北、广西、四川、贵州。
7. 厚叶冬青 Ilex elmerrilliana S. Y. Hu
　　浮源、连山、连州、阳山、连平、和平、平远、饶平、阳春、信宜、封开。生于海拔200～800 m的山地常绿阔叶林、灌丛中或林缘。分布安徽、浙江、江西、福建、湖北、湖南、广西、四川、贵州。
8. 台湾冬青 Ilex formosana Maxim.
　　分布粤西、粤北。生于海拔800 m以下的山地常绿阔叶林中。见于浙江、江西、福建、台湾、湖南、广西、云南、贵州、四川。菲律宾亦有分布。
9. 广东冬青 Ilex kwangtungensis Merr.
　　广东各地。生于海拔150～800 m的常绿阔叶林中或灌木林中。分布浙江、江西、福建、湖南、广西、贵州、云南。

10. 剑叶冬青 Ilex lancilimba Merr.

乐昌、阳山、英德、新丰、大埔、饶平、阳春、封开。生于海拔 300～800 m 的山谷林中或灌丛中。分布海南、福建、广西。

11. 保亭冬青 Ilex liangii S. Y. Hu

封开。生于海拔 600～800 m 的山谷密林中。分布海南定安、保亭、乐东、东方、陵水。

12. 矮冬青 Ilex lohfauensis Merr.

广东各地。生于海拔 200～800 m 的山地长绿阔叶林、疏林或灌丛中。分布香港、安徽、浙江、江西、福建、湖南、广西、贵州。

13. 谷木叶冬青 Ilex memecylifolia Champ. ex Benth.

清远、英德、和平、台山、怀集、封开、肇庆（鼎湖山）。生于海拔 300～600 m 的山坡林中。分布香港、江西、福建、广西、贵州。

14. 小果冬青 Ilex micrococca Maxim.

广东各地。生于海拔 500～800 m 山地常绿阔叶林中。分布浙江、安徽、福建、台湾、江西、湖北、湖南、广西、四川、贵州、云南。日本。

15. 平南冬青 Ilex pingnanensis S. Y. Hu

从化。生于山地阔叶林中。分布广西。

16. 毛冬青 Ilex pubescens Hook. et Arn. ［*I. pubescens* Hook. et Arn. var. *glabra* Chang］

广东各地。生于海拔 800 m 以下的山坡常绿阔叶林中或林缘、灌丛、溪旁、路旁。分布香港、安徽、浙江、江西、福建、台湾、湖南、广西、贵州。

17. 毛叶冬青 Ilex pubilimba Merr. et Chun

封开。生于山地密林中。分布海南定安、琼中、白沙、保亭、三亚。越南。

18. 铁冬青 Ilex rotunda Thunb.

广东山区各县。生于海拔 200～800 m 的沟边、山坡常绿阔叶林及林缘。分布香港、江苏、安徽、浙江、江西、福建、台湾、湖北、湖南、广西、云南、贵州。朝鲜、日本、越南（北部）。

19. 拟榕叶冬青 Ilex subficoidea S. Y. Hu

乳源、英德、连山、清远、阳春。生于海拔 500～800 m 的山地林中。分布海南、江西、福建、湖南、广西。分布越南。

20. 四川冬青 Ilex szechwanensis Loes.

乐昌、乳源、连州、连山、连南、阳山、博罗、五华。生于海拔 250～800 m 的山地常绿阔叶林中。分布江西、湖北、湖南、广西、贵州、四川、云南、西藏。

21. 三花冬青 Ilex triflora Bl. ［*I. theicarpa* Hand.-Mazz.］

广东各地。生于海拔 800 m 的以下的山地林中。分布安徽、浙江、江西、福建、湖北、湖南、广西、四川、云南、贵州、四川。印度、孟加拉国、越南、马来西亚、印度尼西亚。

22. 细枝冬青 Ilex tsangii S. Y. Hu

广东特有。生于山地林中。

23. 绿冬青 Ilex viridis Champ. ex Benth. 别名：细叶三花冬青

广东各地。生于海拔 100～800 m 的山地常绿阔叶林中。分布香港、安徽、浙江、江西、福建、湖北、广西、贵州。

24. 尾叶冬青 Ilex wilsonii Loes.

阳山。生于山地沟谷阔叶林中。分布安徽、浙江、江西、福建、台湾、湖北、湖南、四川、贵州、云南。

14. 天南星科 Araceae

本科104属，330余种，广布于全世界，大多数属分布于热带地区。中国有35属，200余种。广东连常见引入的有27属，62种。黑石顶8属，11种。

1. 花两性。
  2. 花有花被。
    3. 直立或匍匐草本。
      4. 叶线形，无叶片、叶柄之分；佛焰苞和叶同形 ………………………… 1. 菖蒲属 Acorus
      4. 叶非线形，有叶柄；佛焰苞和叶不同形。有刺草本 ………………… 5. 刺芋属 Lasia
    3. 攀援植物。叶柄扩大成翅状或叶状；花被片分离 ………………………… 7. 石柑属 Pothos
  2. 花无花被。肉穗花序无梗 …………………………………………………… 8. 崖角藤属 Raphidophora
1. 花单性。
  5. 雄蕊分离 ……………………………………………………………………… 6. 半夏属 Pinellia
  5. 雄蕊合生为聚药雄蕊。
    6. 胚珠多数，侧膜胎座 ……………………………………………………… 4. 芋属 Colocasia
    6. 胚珠少数，基底胎座。
      7. 叶盾状着生，箭状心形 ………………………………………………… 2. 海芋属 Alocasia
      7. 叶非盾状着生，3裂至放射状分裂 ……………………………………… 3. 天南星属 Arisaema

1. 菖蒲属 Acorus Linn.

本属有4种，分布于北温带至亚洲热带。中国4种均有。广东有3种，1变种。黑石顶2种。

1. 叶宽不及 6 mm ……………………………………………………………… 1. 金钱蒲 A. gramineus
1. 叶宽 7～13 mm ……………………………………………………………… 2. 石菖蒲 A. tatarinowii

1. **金钱蒲 Acorus gramineus** Soland.
  广东各地。常见。生于水旁湿地或石上。分布香港、海南、江西、浙江、湖南、湖北、陕西、甘肃、广西、贵州、云南、四川、西藏。

2. **石菖蒲 Acorus tatarinowii** Schott
  广东各地。常见。生于密林下、湿地或溪旁石上。分布黄河以南各省区。

2. 海芋属 Alocasia (Schott) G. Don

本属约70种，分布于热带亚洲至大洋洲。中国有4种。广东4种。黑石顶2种。

1. 叶宽卵状心形，中脉不明显，侧脉基出弧曲向上 ……………………… 1. 尖尾芋 A. cucullata
1. 叶箭状卵形，中脉明显，侧脉斜伸 ………………………………………… 2. 海芋 A. macrorhiza

1. **尖尾芋 Alocasia cucullata** (Lour.) Schott
  广东南澳、深圳、珠海、广州、高要、阳春、肇庆等地。生于溪谷湿地或田边。分布香港、海南、福建、浙江、广西、贵州、云南、四川。孟加拉国、斯里兰卡、缅甸、泰国。

2. **海芋 Alocasia macrorhiza** (Linn.) Schott
  广东各地。生于林缘或河谷林下。分布华中、华南及西南。东南亚。

3. 天南星属 Arisaema Mart.

本属150余种，分布于亚洲热带、亚热带和温带，少数产于热带非洲，中美和北美洲有数种。中国有82种。广东有7种，2变种。黑石顶2种。

1. 肉穗花序附属体线形或长圆锥形，弯曲或下垂，顶端尖 ············ 2. 天南星 A. heterophyllum
1. 肉穗花序附属体棒状，直立或略下弯，顶端圆 ················ 1. 云台南星 A. dubois-reymondiae

1. 云台南星 Arisaema duboisreymondiae Engl.

广东连平等地。生于竹林内、灌丛中。分布福建、香港、江西、浙江、江苏、安徽、湖南、河南、陕西。

2. 天南星 Arisaema heterophyllum Blume

分布乐昌、乳源、连南、阳山、兴宁、饶平、博罗、高州、茂名等地。生于林下、灌丛或草地。除西北、西藏外，中国大部分省区都有。日本、朝鲜。

4. 芋属 Colocasia Schott

本属有13种，分布于亚洲热带及亚热带地区。中国有8种，广东有3种。黑石顶栽培1种。

1. 芋 Colocasia esculenta（Linn.）Schott

广东各地有栽培。中国南北有栽培。埃及、菲律宾、印度尼西亚爪哇等热带地区有栽种。

5. 刺芋属 Lasia Lour.

本属有2种，分布于热带亚洲。中国1种。广东1种。黑石顶有栽培。

1. 刺芋 Lasia spinosa（Linn.）Thwait.

广州、高要、阳春、阳江等地。生于田边、沟旁、阴湿草丛、竹丛中。分布香港、云南、广西、台湾。孟加拉国、印度、缅甸、泰国、马来半岛、中南半岛至印度尼西亚、马来西亚。

6. 半夏属 Pinellia Tenore

本属有6种，产亚洲东部。中国有5种。广东2种。黑石顶1种。

1. 半夏 Pinellia ternata（Thunb.）Breit.

乐昌、乳源、饶平、高要。生于草坡、荒地、玉米地、田边或疏林下。除内蒙古、新疆、青海、西藏外，全国各地均有。朝鲜、日本。

7. 石柑属 Pothos Linn.

本属约80种，分布于印度对太平洋诸岛及澳大利亚，西南至马达加斯加。中国有8种。广东2种。黑石顶有1种。

1. 石柑子 Pothos chinensis（Raf.）Merr.

广东各地。常见。常匍匐岩石上或附生于树干上。分布香港、台湾、湖北、广西、贵州、云南、四川。越南、老挝、泰国。

8. 崖角藤属 Rhaphidophora Hassk.

本属约100种，分布于热带非洲、亚洲、大洋洲。中国有9种。广东有4种。黑石顶1种。

1. 狮子尾 Rhaphidophora hongkongensis Schott

惠东、高要、新兴、阳春、信宜、高州、茂名等地。常攀附于沟谷雨林内的树干上或石崖上。分布香港、海南、福建、广西、贵州、云南。缅甸、越南、老挝、泰国以至加里曼丹岛。

15. 五加科 Araliaceae

本科约50属，1 350余种，分布于热带至温带地区，中国有23属，180种，主分布地方各省区，西南最多，少数种类分布于西藏及北方各省区。广东有14属，44种，5变种。黑石顶有6

属，11 种。

1. 单叶。
   2. 小枝具宽而扁的皮刺，如无刺同小枝及叶密被黄色厚绒毛；叶掌状（3～）5～7 裂。
      3. 常绿小乔木；无刺，小枝、叶、花序密被黄色厚绒毛；髓心大，白色，幼时有膜质分隔，老时充实 ·· 6. 通脱木属 Tetrapanax
      3. 落叶乔木；小枝、幼干有宽而扁的皮刺，无毛，有时仅叶背有短柔毛；髓心非膜质，无分隔 ·· 4. 刺楸属 Kalopanax
   2. 小枝非上述特征；叶不分裂或间有 2～3 深裂，如为掌状分裂，其枝、叶、花序被宿存或脱落性的锈色星状短柔毛 ·· 2. 树参属 Dendropanax
1. 掌状或羽状复叶。
   4. 掌状复叶或为 3 小叶之指状复叶 ·· 5. 鹅掌柴属 Schefflera
   4. 羽状复叶。
      5. 小枝通常有皮刺；对生羽片于叶轴着生处有一对小叶 ·· 1. 楤木属 Aralia
      5. 小枝无皮刺；羽片于叶轴着生处无小叶 ·· 3. 幌伞枫属 Heteropanax

1. 楤木属 Aralia Linn.

本属有 40 种，分布亚洲、北美洲的热带和温带地区。中国有 29 种，除西北及内蒙古干燥地区外，其他各省区都有。广东有 8 种，1 变种。黑石顶 3 种。

1. 小枝、叶两面具稀疏的刺毛；叶纸质 ·· 3. 长刺楤木 A. spinifolia
1. 小枝、叶两面、伞梗密被黄棕色绒行或仅在小叶背面的侧脉上有短柔毛；叶革质或纸质。
   2. 伞形花序再组成大型的圆锥花序 ·· 2. 黄毛楤木 A. decaisneana
   2. 头状花序再组成大型的圆锥花序 ·· 1. 头序楤木 A. dasyphylla

1. 头序楤木 Aralia dasyphylla Miq.

   粤北至中部各县。生于林中、林缘或向阳山坡。分布南方各省区。越南、印度尼西亚、马来西亚。

2. 黄毛楤木 Aralia decaisneana Hance

   广东各县山区。生于低山山谷或阳坡疏林中。分布中国南方各省区。

3. 长刺楤木 Aralia spinifolia Merr.

   粤北及中部各县山区。生于山坡林缘阳光充足地方。分布广西、湖南、江西、福建。

2. 树参属 Dendropanax Decne. & Planch.

本属约 80 种，分布于美洲热带及亚洲东部。中国有 14 种，分布于南方各省区。广东有 8 种。黑石顶有 3 种。

1. 叶有半透明有色腺点；花柱离生或上部离生、基部合生或开花时几乎全部合生而结实时顶端分离 ·· 1. 树参 D. dentiger
1. 叶无半透明腺点；花柱合生成柱状，结实时顶端不分离。
   2. 叶羽状脉（或极不有显的三出脉）；果浆果状，具 5 棱，宿存花柱长约 2 mm ·· 2. 海南树参 D. hainanensis
   2. 叶三出脉；果核果状，无棱，宿存花柱短，长不及 1 mm ·· 3. 变叶树参 D. proteus

1. 树参 Dendropanax dentiger（Harms）Merr.

   广东各山区，粤北最多。生于低山山谷或山坡阴湿的森林中。分布南方各省区。越南。

2. 海南树参 Dendropanax hainanensis（Merr. & Chun）Chun

广东分布于粤北。生于山谷密林或疏林中。分布云南、贵州、广西、湖南。

3. 变叶树参 Dendropanax proteus（Champ.）Benth.

遍及广东，粤北最多。生于山谷、溪边、较潮湿的密林下或向阳山坡、路旁等地。分布福建、湖南（宜章）、广西。

3. 幌伞枫属 Heteropanax Seem.

本属有 8 种，分布亚洲南部和东南部。中国 6 种。广东有 2 种，1 变种。黑石顶有 1 种。

1. 短梗幌伞枫 Heteropanax brevipedicellatus Li

广东北部、西部及中部各县。生于丘陵地疏林中。分布广西、江西、福建。

4. 刺楸属 Kalopanax Miq.

本属 1 种，分布亚洲东部。黑石顶有 1 种。

1. 刺楸 Kalopanax septemlobus（Thunb.）Koidz.

粤北山区。生于阳光充足、土壤肥沃的林中、林缘或山麓、山坡等地。分布西南、中南（至两广北部）、华东、东北、华北。日本、朝鲜及俄罗斯（西伯利亚）。

5. 鹅掌柴属 Schefflera J. R. & G. Forst.

本属约 1 100 种，广布于热带、亚热带地区。中国有 35 种，分布南方各省区，云南最多。广东有 8 种。黑石顶 2 种。

1. 掌状复叶有小叶（7～）10～16 片；小叶柄长短极不相等，相差 2 倍以上 ·· 1. 星毛鹅掌柴 S. minutistellata
1. 掌状复叶有小叶 4～9（～11）片；小叶柄长短稍不相等，相差不到 2 倍 ··· 2. 鹅掌柴 S. octophylla

1. 星毛鹅掌柴 Schefflera minutistellata Merrill ex H. L. Li

广东北部及西部。生于低山山谷、林地。分布云南、贵州、湖南、广西、江西、福建、浙江。

2. 鹅掌柴 Schefflera octophylla（Lour.）Harms

广东各地。为低山地区阔叶林和针阔混交林中常见树中之一。分布西藏东部、云南、广西、浙江、福建、台湾。印度、越南、日本。

6. 通脱木属 Tetrapanax K. Koch

本属 1 种，中国特分布。广东有 1 种。黑石顶有 1 种。

1. 通脱木 Tetrapanax papyrifer（Hook.）K. Koch

广东北部。喜生在阳光充足、土壤肥沃、湿润的山坡或山谷中。分布陕西太白山以南至广西中部，西南至云南、贵州、四川，东南至福建、台湾。

16. 棕榈科 Arecaceae（Palmae）

本科约 217 属，2 500 种，分布于热带、亚热带地区，尤以美洲热带和亚洲热带种类最多。中国有 18 属，90 余种，分布西南部至东南部。广东连栽培的 24 属，54 种，3 变种。黑石顶 4 属，4 种。

1. 叶掌状分裂或有掌状脉 ·· 3. 蒲葵属 Livistona
1. 叶羽状分裂或有羽状脉。

  2. 直立灌木或乔木，无刺植物。

    3. 叶裂片边缘或顶端具不规则的啮蚀状小齿。叶为二至三回羽状全裂，裂片菱形 ············
·· 2. 鱼尾葵属 Caryota

    3. 叶裂片边缘非啮蚀状，先端尖或截平，不分裂或 2 至数裂或具 2 至数齿。叶裂片基部外向折叠 ·· 4. 山槟榔属 Pinanga

  2. 藤本，具刺植物 ··· 1. 省藤属 Calamus

1. 省藤属 Calamus Linn.

  本属 370 余种，广布于东半球热带和亚热带地区。中国约 40 种，分布于西南部至台湾。广东有 14 种，1 变种。黑石顶 1 种。

1. 华南省藤 Calamus rhabdocladus Burret 别名：手杖藤

  广东除北部少见外，大部分地区均有分布。生于高山密林或低山灌丛中。分布海南、广西、福建、云南。

2. 鱼尾葵属 Caryota Linn.

  本属约 12 种，分布于亚洲至大洋洲热带地区。中国有 4 种，分布南部至西南部。广东有 2 种。黑石顶 1 种。

1. 鱼尾葵 Caryota ochlandra Hance 别名：假桃榔

  高要、广州等地。野生或栽培，生于山谷或山坡密林中或栽培于庭园中。分布海南、福建、广西、云南。

3. 蒲葵属 Livistona R. Br.

  本属 20 余种，分布于亚洲和大洋洲热带地区。中国有 5 种，分布西南部、南部至台湾。广东有 2 种。黑石顶 1 种。

1. 封开蒲葵 Livistona fengkaiensis X. W. Wei et M. Y. Xiao

  分布于广东封开。散生于山地密林、疏林或次生林中。分布海南。

4. 山槟榔属 Pinanga Bl.

  本属 120 余种，广布于非洲、亚洲和大洋洲热带地区。中国有 5 种，分布云南、广西、广东和台湾等省区。广东有 2 种。黑石顶 1 种。

1. 燕尾山槟榔 Pinanga sinii Burret

  广东信宜、怀集等地。生于山谷密林中。分布广西。

17. 马兜铃科 Aristolochiaceae

  本科约 8 属，450~600 种，分布于热带和亚热带地区，少数分布至温带。中国有 4 属，86 种，南北均产。广东有 3 属，24 种。黑石顶 5 种。

1. 木质或草质藤本，少数为亚灌木；花通常两侧对称；花被管弯曲或颈直，檐部裂片常偏斜或两侧极不等齐 ·· 1. 马兜铃属 Aristolochia
1. 直立亚灌木或草本，花通常辐射对称，花被管直，檐部裂片常近相等 ······ 2. 细辛属 Asarum

1. 马兜铃属 Aristolochia Linn.

  本属约 400 种，分布于热带、亚热带和温带地区。中国约有 45 种。广东产 16 种。黑石顶有 3 种。

1. 草质藤本；茎柔弱，无毛；花被管直，檐部一侧极短，另一侧延伸成舌片；花药卵形，合蕊柱顶端6裂。

  2. 叶下面网脉上密被锥尖状短茸毛，与网脉成垂直方向，因而网眼清晰 … 2. 通城虎 A. fordiana

  2. 叶下面无毛或被短柔毛 ………………………………………………… 3. 耳叶马兜铃 A. tagala

1. 木质藤本或亚灌木；茎粗壮，被毛；花被管中部弯曲，檐部呈盘状或喇叭状，边缘3裂或具5～6齿；花药长圆形，合蕊柱顶端三裂 ………………………………………… 1. 广防己 A. fangchii

1. **广防己** Aristolochia fangchi Y. C. Wu 别名：木防己、藤防己、防己

  广东南部、中部和西部。生于海拔500～800 m 山谷林中或灌丛中。分布广西和云南。

2. **通城虎** Aristolochia fordiana Hemsl.

  湛江地区。生于山谷林下灌丛或山地石壁下。分布广西和江西。

3. **耳叶马兜铃** Aristolochia tagala Cham. 别名：卵叶马兜铃、卵叶雷公藤、锤果马兜铃

  广东各地。生于山谷林中阴湿处。分布广西和云南。越南、马来西亚、印度、印度尼西亚、菲律宾。

2. 细辛属 Asarum Linn.

  本属约90种，主要北温带，中国约有39种，广布于长江流域以南各省区。广东有7种。黑石顶有2种。

1. 花柱连合几达顶端成异碟状体，花小，直径1～2.5 cm，花被裂片卵状披针形，顶端急遽收狭成线状尾尖，连尾部长达3 cm ……………………………………… 1. 圆叶细辛 A. caudigerum
1. 花柱在中部以上分离，花大，直径4～6 cm，花丝极短。花被裂片阔卵形，顶端不具尾尖 …… ………………………………………………………………………… 2. 山慈菇 A. sagittarioides

1. **圆叶细辛** Asarum caudigerum Hance 别名：土细辛、尾花细辛

  广东中部以北地区。生于阴湿林下。分布广西、云南、四川、贵州、湖南、湖北、江西、福建、浙江。

2. **山慈菇** Asarum sagittarioides C. F. Liang 别名：土细辛

  肇庆、湛江等地区。多生于山谷林下阴湿处。分布广西。

18. 萝藦科 Asclepiadaceae[①]

  本科约250种，超过2 000种，分布于热带、亚热带，温带地区很少，中国分布44属，270种，多数分布于西南及东南部，少数分布于西北及东北各省区。广东分布27属，87种，7变种，1变型。黑石顶9属，15种。

1. 花丝离生 ……………………………………………………………………… 1. 白叶藤属 Cryptolepis
1. 花丝合生成筒状。
  2. 肉质植物 ………………………………………………………………… 3. 眼树莲属 Dischidia
  2. 非肉质植物。
    3. 托叶叶状 ……………………………………………………………… 4. 天星藤属 Graphistemma
    3. 无托叶。
      4. 副花冠生在花冠上 ……………………………………………… 5. 匙羹藤属 Gymnema
      4. 副花冠生在雄蕊背面或合蕊冠上。
        5. 花粉块下垂。

---

① APG IV 系统已将夹竹桃科 **Apocynaceae** 合并至萝藦科 **Asclepiadaceae**（Endress et al., 2014）。本书为方便，仍分开检索。

6. 副花冠杯状或环状或流苏状 ·· 2. 鹅绒藤属 Cynanchum
　　6. 副花冠 5 裂 ·· 8. 驼峰藤属 Merrillanthus
5. 花粉块向上直立或平展。
　　7. 花冠高脚碟状或阔钟状 ·· 7. 牛奶菜属 Marsdenia
　　7. 花冠辐状或坛状。
　　　　8. 副花冠裂片与花冠筒等长；花粉块的外边或内角有透明膜边 ······ 6. 醉魂藤属 Heterostemma
　　　　8. 副花冠裂片与花冠筒不等长；花粉块无透明膜边 ··················· 9. 娃儿藤属 Tylophora

1. 白叶藤属 Cryptolepis R. Br.

本属约 12 种，分布东南亚及热带非洲。中国 2 种。广东 2 种。黑石顶 1 种。

1. 白叶藤 Cryptolepis sinensis（Lour.）Merr.

生于海拔 100～800 m 的林缘。分布广东、广西、贵州、海南、台湾、云南。柬埔寨、印度、印度尼西亚、马来西亚、越南亦有分布。

2. 鹅绒藤属 Cynanchum Linn.

本属约 200 种，分布于非洲东部、地中海地区及欧亚大陆的温带至热带地区。中国分布 57 种，主要分布于西南各省区，西北及东北各省也有。广东 11 种，1 变种。黑石顶 3 种。

1. 叶背面苍白色；蓇葖果具软刺；副花冠杯状，伸出花冠喉部之外 ······ 2. 刺瓜 C. corymbosum
1. 叶背面绿色或浅色；蓇葖果无刺；副花冠分裂，不伸出花冠喉部之外。
　　2. 叶密被短柔毛；花冠紫红色 ·· 3. 山白前 C. fordii
　　2. 叶近无毛或被微柔毛；花冠黄白色或绿白色 ······················· 1. 牛皮消 C. auriculatum

1. 牛皮消 Cynanchum auriculatum Royle ex Wight 别名：飞来鹤

韶关、惠阳、梅县、肇庆等地区。生于山坡林缘及路旁灌木丛中或河流、水沟边潮湿地。从低海拔的沿海地区直到高海拔的山区均有生长。除东北外，全国各地均分布。印度。

2. 刺瓜 Cynanchum corymbosum Wight

广东北部及西部。生于低海拔至高海拔的山地溪边、河边灌丛中及疏林潮湿处。分布福建、广西、四川、云南。印度、缅甸、越南、柬埔寨、老挝。

3. 山白前 Cynanchum fordii Hemsl.

韶关、佛山、惠阳、肇庆、湛江等地。生于海拔约 300 m 的山地林缘、山谷林下或路边灌丛中。分布于福建、湖南、云南。

3. 眼树莲属 Dischidia R. Br.

本属约 80 种，分布于亚洲和大洋洲的热带和亚热带地区，中国分布 5 种，分布于南部和西南部。广东有 2 种。黑石顶 1 种。

1. 眼树莲 Dischidia chinensis Champ. ex Benth. 别名：瓜子金

广东各地。生于山地潮湿杂木林中或山谷、溪边，攀附在树上或石上。分布广西。

4. 天星藤属 Graphistemma Champ. ex Benth.

本属 1 种，分布于中国和越南。黑石顶 1 种。

1. 天星藤 Graphistemma pictum（Champ. ex Benth.）Benth. et Hook. f. ex Maxim.

肇庆、湛江等地。生于丘陵地疏林中或山谷、溪边灌木丛中。分布广西。越南。

5. 匙羹藤属 Gymnema R. Br.

本属约 25 种，分布于亚洲热带地区、非洲南部和大洋洲。中国分布 7 种，分布于西南部和南部。广东有4种。黑石顶1种。

1. 匙羹藤 Gymnema sylvestre（Retz.）Schult.

    生于山坡林中或灌木丛中。分布浙江、台湾、福建、广西、云南。印度、越南、印度尼西亚、澳大利亚及热带非洲亦有分布。

6. 醉魂藤属 Heterostemma Wight et Arn.

本属约30种，分布于亚洲热带及亚热带地区。中国有9种，分布于西南及南部地区。广东4种。黑石顶1种。

1. 催乳藤 Heterostemma oblongifolium Cost.

    生于海拔500 m以下的山地疏林或灌木丛中。分布海南、广西、云南。老挝、越南。

7. 牛奶菜属 Marsdenia R. Br.

本属约100种，分布于亚洲、美洲和非洲热带。中国分布25种，分布于西部、南部及西南各省区。广东6种，2变种。黑石顶2种。

1. 鲜叶和干叶均蓝绿色 ·· 1. 蓝叶藤 M. tinctoria
1. 叶绿色，干后不呈蓝绿色 ·· 2. 牛奶菜 M. sinensis

1. 蓝叶藤 Marsdenia tinctoria R. Br. ［M. globifera Tsiang］

    韶关、肇庆、湛江及沿海岛屿。生于山地杂木林中。分布海南、台湾、湖南、广西、贵州、云南、四川。斯里兰卡、印度、缅甸、越南、菲律宾、印度尼西亚有产。

2. 牛奶菜 Marsdenia sinensis Hemsl.

    广东北部。生于低海拔的山地疏林中。分布浙江、江西、湖北、湖南、广西、四川。

8. 驼峰藤属 Merrillanthus Chun et Tsiang

本属有1种，分布中国广东海南岛和高要县、中山市。黑石顶1种。

1. 驼峰藤 Merrillanthus hainanensis Chun et Tsiang

    高要、中山。生于低海拔至中海拔的山地林谷中。分布海南。柬埔寨有产。

9. 娃儿藤属 Tylophora R. Br.

本属约60种，分布于亚洲、非洲及大洋洲的热带及亚热带地区。中国分布35种，分布于黄河以南各省区。广东17种，1变种。黑石顶4种。

1. 叶无毛或几乎无毛。
    2. 叶线形或线状披针形 ·· 2. 人参娃儿藤 T. kerrii
    2. 叶非线形或线状披针形。
        3. 叶大小不相等，下面无小乳头状凸起；花黄绿色，直径4～6 mm ········· 3. 通天连 T. koi
        3. 叶大小均匀，下面密被小乳头状凸起；花淡紫红色，直径2 mm ······ 1. 七层楼 T. floribunda
1. 叶被毛 ·· 4. 娃儿藤 T. ovata

1. 七层楼 Tylophora floribunda Miq.

    韶关、惠阳、肇庆等地。生于海拔500 m以下的旷野灌木丛中或疏林中。分布江苏、浙江、福建、江西、湖南、广西、贵州。朝鲜、日本。

2. 人参娃儿藤 Tylophora kerrii Craib

    广东西部。生于海拔800 m以下的草地、山谷、溪边密林或灌木丛中。分布福建、广西、贵州、云南。越南、泰国。

3. 通天连 Tylophora koi Merr.

广东西部及北部。生于海拔 800 m 以下山谷林中或灌木丛中，常攀援于树上。分布湖南、广西、云南。越南。

4. 娃儿藤 Tylophora ovata（Lindl.）Hook. ex Steud. ［*T. atrofolliculata* Metc.］别名：白龙须、三十六荡

广东各地。生于海拔 800 m 以下的山地灌木丛中或杂木林中。分布台湾、湖南、广西、云南。印度、缅甸、老挝、越南。

19. 天门冬科 Asparagaceae

本科 1 属约 300 种，分布于东半球热带至温带地区。中国有 24 种，全国各地均有。广东有 5 种。黑石顶 1 种。

1. 天门冬属 Asparagus Linn.

本属约 300 种，分布于东半球热带至温带地区。中国有 24 种，全国各地均有。广东有 5 种。黑石顶 1 种。

1. 天门冬 Asparagus cochinchinensis（Lour.）Merr. ［*Melanthium cochinchinensis* Lour.］

广东各地。栽培或野生于山地林下或灌丛中。除西北外，中国南北均有分布。朝鲜、日本、老挝、越南。

20. 菊科 Asteraceae（Compositae）

本科约 1 600～1 700 属，24 000 多种，分布于全世界。中国有 248 属，2 336 种。广东有 126 属，322 种；黑石顶有 39 属，63 种，1 变种。

1. 头状花序全部为管状花或中央为管状花，边缘为舌状花或细管状的雌花；植株无乳液管，常有油腺 ·· 1. 管状花亚科 Subfam. Asteroidae
   2. 花药基部钝或微尖；叶互生或对生，稀近轮生。
     3. 花柱分枝非圆柱形，上端无棒槌状或稍扁而钝的附属体；头状花序辐射状或盘状。
       4. 花柱分枝通常平，上端无或有尖或三角形的附属体，有时分枝钻形。
         5. 冠毛膜片状、芒状、冠状或无。
           6. 总苞片叶质 ·· (5) 向日葵族 Trib. Heliantheae
           6. 总苞片全部或边缘干膜质 ······················· (1) 春黄菊族 Trib. Anthemideae
         5. 冠毛通常毛状 ·· (8) 千里光族 Trib. Senecioneae
       4. 花柱分枝通常一面平、一面凸起，上端有尖或三角形的附属体 ·· (2) 紫菀族 Trib. Astereae
     3. 花柱分枝圆柱形，上端有棒槌状或稍扁而钝的附属体；头状花序盘状 ·· (4) 泽兰族 Trib. Eupatorieae
   2. 花药基部具长尾尖；叶互生。
     7. 花柱分枝非细长钻形；头状花序盘状或放射状。
       8. 花柱顶端无被毛的节，分枝顶端截平或有三角形的附属体；头状花序含异型花。
         9. 头状花序管状花的花冠浅裂，不呈二唇形 ·············· (6) 旋覆花族 Trib. Inuleae
         9. 头状花序管状花的花冠不规整的 5 深裂，或呈明显二唇形 ·· (7) 帚菊木族 Trib. Mutisieae

8. 花柱顶端有稍膨大而被毛的节, 分枝顶端尖和钝, 无附属体, 或不分枝; 头状花序含同型管状花, 有时有不育的辐射花 ………………………………………(3) 菜蓟族 Trib. Cynareae
　　7. 花柱分枝细长钻状; 头状花序盘状, 含同型的管状花 …… (9) 斑鸠菊族 Trib. Vernonieae
1. 头状花序全部为两性的舌状花, 稀为两性的细管状花; 植株通常有乳汁管 ……………………
　　…………………………………… 2. 舌状花亚科 Subfam. Cichorioideae, (10) 菊苣族 Trib. Cichorieae

(1) 春黄菊族 Trib. Anthemideae Cass.

1. 矮铺地草本; 边缘雌花数层 ………………………………………… 8. 石胡荽属 Centipeda
1. 直立草本或亚灌木; 边缘雌花1~2层 …………………………………… 4. 蒿属 Artemisia

(2) 紫菀族 Trib. Astereae Cass.

1. 头状花序辐射状, 有明显的舌状花, 稀盘状 (飞蓬属 *Erigeron*)。
　　2. 舌状花舌片白色、红色或紫色; 冠毛毛状、膜片状或刺状, 或无冠毛。
　　　　3. 冠毛毛状, 或仅外层冠毛为膜片状。
　　　　　　4. 舌状花通常仅1层 ……………………………………… 5. 紫菀属 Aster
　　　　　　4. 舌状花2层 ……………………………………………… 19. 飞蓬属 Erigeron
　　　　3. 冠毛膜片状、刺状或无冠毛 ……………………………… 5. 紫菀属 Aster
　　2. 舌状花舌片黄色; 冠毛刚毛状 …………………………… 34. 一枝黄花属 Solidago
1. 头状花序盘状; 雌花花冠细管状, 顶端常具直立、极短小的小舌片或无舌片。
　　5. 茎生叶不裂, 边缘有锯齿或全缘, 稀羽状分裂。
　　　　6. 瘦果无冠毛 ……………………………………… 24. 瓶头草属 Lagenophora
　　　　6. 瘦果冠毛毛状 ……………………………………… 20. 白酒草属 Eschenbachia
　　5. 茎生叶琴状或大头羽状分裂, 或二回羽状分裂。
　　　　7. 茎中部叶大头羽状分裂; 头状花序直径3~5 mm ……… 12. 鱼眼草属 Dichrocephala
　　　　7. 茎中部叶二回羽状分裂; 头状花序直径2~3 mm ……… 11. 杯菊属 Cyathocline

(3) 菜蓟族 Trib. Cynareae Less.

1. 总苞片顶端有刺 …………………………………………………………… 9. 蓟属 Cirsium
1. 总苞片顶端无刺 ……………………………………………………… 31. 风毛菊属 Saussurea

(4) 泽兰族 Trib. Eupatorieae Cass.

1. 花药上端尖, 有附片; 冠毛膜片状、糙毛状或刚毛状, 基部不合生成环。
　　2. 冠毛糙毛状或刚毛状, 多数 ………………………………… 21. 泽兰属 Eupatorium
　　2. 冠毛膜片状, 5~6片 ………………………………………… 2. 藿香蓟属 Ageratum
1. 花药上端截平, 无附片; 冠毛4条, 棒状, 基部合生成环 …… 1. 下田菊属 Adenostemma

(5) 向日葵族 Trib. Heliantheae Cass.

1. 头状花序含异型花或同型两性花, 前者雌花花冠舌状或细管状或有时雌花不存在; 花药聚生。
　　2. 花序托托片折合, 包裹或半包裹两性花。
　　　　3. 植株常匍匐生长; 头状花序的总苞片外层大于内层 ……… 35. 蟛蜞菊属 Sphagneticola
　　　　3. 植株直立或斜升; 头状花序的总苞片内外等大 ……… 36. 孪花菊属 Wollastonia
　　2. 花序托托片平或内凹, 不对折, 包裹或不包裹两性花。
　　　　4. 瘦果有3~5棱, 不压扁或侧面压扁。
　　　　　　5. 总苞片2至多层, 外层非棒形或长棒形, 无腺毛; 冠毛刺芒状或膜片状或细齿状 ……
　　　　　　　　…………………………………………………………… 14. 鳢肠属 Eclipta
　　　　　　5. 总苞片2层, 外层长棒形, 有腺毛; 无冠毛 ……… 32. 豨莶属 Siegesbeckia

  4. 瘦果多少背腹压扁 ………………………………………………………… 6. 鬼针草属 Bidens
1. 头状花序含单性花，花雌雄同株；雌花无或有花冠；花药聚生或几聚生 … 37. 苍耳属 Xanthium

（6）旋覆花族 Trib. Inuleae Cass.

1. 雌花花冠舌状或细管状；花柱较花冠短 ………………………………… 13. 羊耳菊属 Duhaldea
1. 雌花花冠细管状；花柱较花冠长。
 2. 总苞片草质或半革质。
  3. 总苞片草质，边缘干膜质或半革质；花药基部有尾，尾端长渐尖或芒状 …………………
   ………………………………………………………………………… 7. 艾纳香属 Blumea
  3. 总苞片草质，或外层总苞片半革质；花药基部具2钝尖头或急尖头 ……………………
   ………………………………………………………………………… 25. 六棱菊属 Laggera
 2. 总苞片干膜质或膜质。
  4. 头状花序1～3枚聚生叶腋或聚成球形的复头状花序，着生于具翅的短总花梗顶端；瘦果
   无冠毛 ……………………………………………………………………… 17. 球菊属 Epaltes
  4. 头状花序密集成顶生短穗状或复头状花序，并在茎上排成圆锥花序状、伞房花序状、团
   伞状花序；瘦果有冠毛 ……………………………………… 30. 拟鼠麴草属 Pseudognaphalium

（7）帚菊木族 Trib. Mutisieae Cass.

1. 头状花序含同型两性花；冠毛糙毛状或羽毛状 ………………………… 3. 兔儿风属 Ainsliaea
1. 头状花序含异型花，边缘雌花花冠舌状或二唇形，结实；中央两性花二唇形，或头状花序有
 春、秋2型，春型含异型花；秋型全为同型两性花，花冠二唇形，冠毛糙毛状。
 2. 头状花序无春、秋2型，合异型花，边缘雌花2层 ……… 29. 兔耳一枝箭属 Piloselloides
 2. 头状花序有春、秋2型，春型含异型花，边缘雌花1层，秋型全为同型两性花 …………
  ……………………………………………………………………………… 26. 大丁草属 Leibnitzia

（8）千里光族 Trib. Senecioneae Cass.

1. 头状花序辐射状，边缘雌花舌状。
 2. 基生叶和茎下部叶的叶柄有短鞘 ………………………………………… 27. 橐吾属 Ligularia
 2. 基生叶和茎下部叶的叶柄无短鞘 ……………………………………… 33. 千里光属 Senecio
1. 头状花序盘状，全为两性管状花或边缘雌花细管状。
 3. 头状花序边缘雌花1～3层，花冠细管状 ……………………………… 18. 菊芹属 Erechtites
 3. 头状花序全为同型两性管状花。
  4. 总苞片1或3层 ……………………………………………………… 16. 一点红属 Emilia
  4. 总苞片2层。
   5. 多年生草本，叶基部不下延成狭翅（蔓三七叶柄有狭翅，但为匍匐草本）…………
    …………………………………………………………………… 22. 三七草属 Gynura
   5. 一年生草本，叶基部常下延成狭翅 ………………… 10. 野茼蒿属 Crassocephalum

（9）斑鸠菊族 Trib. Vernonieae Cass.

1. 头状花序具总花梗，在茎上排成圆锥花序状或伞房花序状聚伞状花序；总苞片4～6层 ……
 ………………………………………………………………………………… 36. 斑鸠菊属 Vernonia
1. 头状花序无总花梗，簇生或排成在茎上排成穗状花序状 …………… 15. 地胆草属 Elephantopus

（10）菊苣族 Trib. Cichorieae Reichb.

1. 舌状花蓝色或紫色 ……………………………………………… 28. 假福王草属 Paraprenanthes
1. 舌状花黄色或橙黄色。

2. 瘦果有短而纤细的喙 …………………………………………… 23. 小苦荬属 Ixeridium
2. 瘦果无喙 ………………………………………………………… 39. 黄鹌菜属 Youngia

1. 下田菊属 Adenostemma J. R. et G. Forst.

本属约 26 种，热带广布，中国 1 种。广东 1 种。黑石顶 1 种。

1. **下田菊 Adenostemma lavenia**（Linn.）O. Kuntze

广东各地，常见。生于海拔 260～800 m 的水边、路旁、沼泽地林下及山坡灌丛中。分布云南、江苏、浙江、安徽、福建、台湾、香港、广西、江西、湖南、贵州、四川。印度、中南半岛各国、菲律宾、日本、朝鲜、澳大利亚。

2. 藿香蓟属 Ageratum Linn.

本属约 40 种，主分布中南美洲，中国 2 种。广东 2 种。黑石顶 1 种。

1. **胜红蓟 Ageratum conyzoides Linn.**

广东各地广布。常见。世界各地逸生。原产拉丁美洲。

3. 兔儿风属 Ainsliaea DC.

本属约 50 种，分布于亚洲东南部，中国 40 种。广东 9 种。黑石顶 2 种。

1. 叶聚生于茎的基部，呈莲座状 ………………………………… 1. 杏香兔儿风 A. fragrans
1. 叶密集生于茎的中部，呈莲座状 ……………………………… 2. 灯台兔儿风 A. kawakamii

1. **杏香兔儿风 Ainsliaea fragrans Champ.**

广东各地。常见。生于海拔 30～800 m 的山坡、灌木林下、路旁沟边草丛中。分布香港、台湾、福建、浙江、安徽、江苏、江西、湖南、湖北、四川、广西。

2. **灯台兔儿风 Ainsliaea kawakamii Hayata**

南雄、肇庆、乐昌。少见。生于海拔 300～800 m 的山坡、河谷林下、湿润草丛中。分布香港、广西、湖南、湖北、江西、安徽、浙江、福建、台湾。

4. 蒿属 Artemisia Linn.

本属约 380 种，主要分布于北半球，非洲、澳大利亚、拉丁美洲亦见，中国分布 186 种。广东 22 种，2 变种。黑石顶 4 种。

1. 中央管状花能结实，开花时花柱伸长，通常超出花冠外。
    2. 外、中层总苞片草质，边缘膜质，有绿色中肋。
        3. 头状花序通常球形，稀半球形或卵球形；叶二或三回羽状分裂，小裂片边缘具栉齿 …… ………………………………………………………………………… 2. 青蒿 A. caruifolia
        3. 头状花序通常椭圆形、长圆形、稀近卵形；叶一或二回、稀三回羽状分裂，小裂片边缘不具栉齿 ……………………………………………………………………… 1. 艾 A. argyi
    2. 总苞片全为膜质，无绿色中肋 ………………………………… 4. 白花蒿 A. lactiflora
1. 中央管状花不结实，花开时花柱不伸长，仅达花冠一半 ………… 3. 牡蒿 A. japonica

1. **艾 Artemisia argyi Lévl. ex Vant.**

乐昌、英德、韶关、连州、仁化、和平。少见。生于低至中海拔地区的荒地、路旁、山坡。分布四川、福建、贵州、山东、山西、青海、黑龙江、辽宁、河北、湖北、内蒙古。蒙古、朝鲜、俄罗斯。

2. **青蒿 Artemisia caruifolia Buch.-Ham. ex Roxb.**

广布于中国东部及南部省区。生于河岸、路边、林缘、山谷、海边。分布日本、韩国、尼泊尔、越南、缅甸、印度。

3. 牡蒿 Artemisia japonica Thunb.

广东各地。常见。生于低海拔地区的林缘、林中、空地、疏林下、丘陵、山坡、路旁。分布中国大部。日本、朝鲜、阿富汗、印度、不丹、尼泊尔、锡金、克什米尔地区、越南、老挝、泰国、缅甸、菲律宾、俄罗斯。

4. 白花蒿 Artemisia lactiflora Wall. ex DC.

乐昌、阳山、阳春。少见。生于海拔 500～900 m 的林缘、路旁。分布广西、四川、湖北、湖南、贵州、云南、陕西、甘肃、江苏、安徽、浙江、江西、香港、福建、台湾、河南。越南、老挝、柬埔寨、新加坡、印度、印度尼西亚。

5. 紫菀属 Aster Linn.

本属约 152 种，主要分布于亚洲、欧洲、北美，中国分布 123 种。广东 13 种，5 变种。黑石顶 4 种，1 变种。

1. 冠毛膜片状 ··· 1. 马兰 A. indicus
1. 冠毛糙毛状，或外层极短的膜片状，内层糙毛状。
   2. 茎中部或上部叶柄无翅 ······················· 2. 短冠东风菜 A. marchandii
   2. 茎中部或上部叶柄多少具翅。
      3. 茎下部叶心形 ··· 4. 东风菜 A. scaber
      3. 茎下部叶匙状长圆形或宽卵圆形。
         4. 茎中部叶基部心形、耳形或小圆耳形，半抱茎 ············ 3. 琴叶紫菀 A. panduratus
         4. 茎中部叶基部非上述形状，不抱茎 ··········· 5. 三脉紫菀 A. trinervius subsp. ageratoides

1. 马兰 Aster indicus Linn [*Kalimeris indica*（Linn.）Sch. -Bip.]

广东山区各县。生于林缘、草丛、溪岸、路旁阴处。常见。分布中国南部、东南部、东部各省区。朝鲜、日本、俄罗斯、中南半岛各国、印度。

2. 短冠东风菜 Aster marchandii H. Lévl. [*Doellingeria marchandii*（Lévl.）Ling]

广东西部及北部。生于海拔 400～800 m 处山谷、水边、天剑、路旁。分布湖北、广西、浙江、江西、四川、云南、贵州。

3. 琴叶紫菀 Aster panduratus Nees ex Walper

乐昌、连州、和平、珠海、台山、南沃、惠东。常见。生于海拔 100～800 m 的山坡、山地。分布四川、湖北、湖南、贵州、江西、江苏、浙江、福建、香港、广西。

4. 东风菜 Aster scaber Thunb. [*Doellingeria scaber*（Thunb.）Nees]

乳源、乐昌、阳山、新丰、博罗、梅州、云浮。常见。生于低至中海拔地区山谷、坡地、草地和灌丛中。分布广西、陕西、湖南、四川、贵州、东北、华北、华东、华中、华南。朝鲜、日本、俄罗斯西伯利亚地区。

5. 三脉紫菀 Aster trinervius subsp. ageratoides（Turcz.）Grierson. [*A. ageratoides* Turcz.]

乐昌、乳源、连山、连南、英德、阳山、仁化、博罗、阳春、封开、信宜。常见。生于海拔 800 m 的山地、山谷、疏林阳处。分布香港、海南、广西、四川、江西、吉林。越南。

6. 鬼针草属 Bidens Linn.

本属约 150～250 种，广布于全球温带及热带地区。中国分布 10 种。广东 5 种，1 变种。黑石顶 1 种，1 变种。

1. 头状花序无舌状花 ··· 1. 鬼针草 B. pilosa
1. 头状花序外面有一层白色舌状花 ························ 1a. 白花鬼针草 B. pilosa var. radiata

55

1. 鬼针草 Bidens pilosa Linn.

广东各地。常见。生于村旁、路边、荒地中。分布华东、华中、西南各省。亚洲、美洲热带。

1a. 白花鬼针草 Bidens pilosa Linn. var. **radiata** Sch. -Bip.

广东各地。常见。生于村旁、路边、荒地中。分布华东、华中、西南各省。亚洲、美洲热带。

7. 艾纳香属 Blumea DC.

本属约50种，分布于非洲、热带亚洲、澳大利亚及太平洋岛屿。中国分布30种。广东17种。黑石顶4种。

1. 攀援植物；外层总苞片卵形、宽卵形或披针形 ·················· 3. 东风草 B. megacephala
1. 直立草本；外层总苞片线形或线状披针形。
  2. 冠毛淡黄色、黄褐色、红褐色或棕红色 ·················· 1. 台北艾纳香 B. formosana
  2. 冠毛白色。
    3. 管状花花冠黄色，瘦果具明显纵棱 ·················· 4. 丝毛艾纳香 B. sericans
    3. 管状花花冠黄色或紫色，瘦果无纵棱 ·················· 2. 见霜黄 B. lacera

1. 台北艾纳香 Blumea formosana Kitam.

乳源、乐昌、仁化、新丰、从化、龙门、博罗。生于低山山坡、草丛溪边或疏林下。分布广西、湖南、浙江、江西、福建、台湾。

2. 见霜黄 Blumea lacera（Burm. f.）DC.

广州、阳春、信宜、茂名。常见。生于海拔100～800 m地区草地、路旁或田边。分布云南、贵州、广西、香港、江西、福建、台湾。非洲东南部、亚洲东南部、澳大利亚北部。

3. 东风草 Blumea megacephala（Rand.）Chang et Tseng

广东各地。常见。生于林缘、灌丛中、山坡、丘陵阳处。分布云南、四川、贵州、广西、香港、海南、江西、福建、台湾。越南。

4. 丝毛艾纳香 Blumea sericans（Kurz）Hook. f.

乳源、英德、始兴、广州、五华、高要、阳春、徐闻。常见。生于低海拔地区的路旁、荒地、田边、山谷、丘陵地带草丛中。分布贵州、广西、湖南、江西、浙江、福建、台湾。印度、缅甸、中南半岛各国、印度尼西亚、菲律宾。

8. 石胡荽属 Centipeda Lour.

本属10种，原产澳大利亚及新西兰。中国1种。广东1种。黑石顶1种。

1. 石胡荽 Centipeda minima（Linn.）A. Br. et Aschers

广东各地。常见。生于海拔100～750 m的路旁、荒野阴湿地。分布香港、海南、东北、华北、华中、华东、西南。朝鲜、日本、印度、马来西亚、大洋洲。

9. 蓟属 Cirsium Mill.

本属250～300种，分布于北非、欧洲、亚洲、北美以及中美。中国46种。广东8种。黑石顶3种。

1. 叶羽状深裂、浅裂、半裂或几全缘。
  2. 中部叶分裂呈二回分裂状，基部渐狭成具翅的柄 ·················· 2. 蓟 C. japonicum
  2. 中部叶不分裂呈二回分裂状，基部无具翅的柄 ·················· 1. 绿蓟 C. chinense
1. 叶不分裂 ·················· 3. 线叶蓟 C. lineare

1. 绿蓟 Cirsium chinense Gardn. et Champ.

乳源、乐昌、连州、阳山、翁源、新丰、从化、肇庆、封开、怀集、信宜、云浮。常见。生于海拔 100～800 m 的山坡草丛中。分布湖南、安徽、福建、辽宁、内蒙古、河北、山东、江苏、浙江、江西、四川。

2. 蓟 Cirsium japonicum DC.

广东各地。常见。生于海拔 400～800 m 的山坡林中、林缘、灌丛中草地、荒地、田间、路旁或溪旁。分布海南、湖北、湖南、香港、广西、陕西、江苏、浙江、江西、四川、云南、贵州、河北、山东、福建、台湾。日本、朝鲜。

3. 线叶蓟 Cirsium lineare（Thunb.）Sch. -Bip.

乐昌、阳山、始兴、深圳、罗定、怀集、阳春、封开。常见。生于海拔 300～800 m。分布香港、湖南、四川、湖北、吉林、陕西。日本。

10. 野茼蒿属 Crassocephalum Moench

本属约 21 种，主要分布于热带。中国 2 种。广东 1 种。黑石顶 1 种。

1. 革命菜 Crassocephalum crepidioides（Benth.）S. Moore ［Gynura crepidioides Benth.］

广东各地。常见。生于路边、旷野和草丛中。中国中部、南部、西南部各省有分布。原产热带非洲。

11. 杯菊属 Cyathocline Cass.

本属 3 种，分布于热带亚洲。中国 1 种。广东 1 种。黑石顶 1 种。

1. 杯菊 Cyathocline purpurea（Buch. -Ham. ex D. Don）O. Ktze.

肇庆、怀集、封开。少见。生于低海拔山坡、森下、田边、荒地或水沟边。分布广西、云南、四川、贵州。印度。

12. 鱼眼草属 Dichrocephala L'Hér. ex DC.

本属 4 种，分布于非洲及亚洲热带地区。中国 3 种。广东 1 种。黑石顶 1 种。

1. 鱼眼草 Dichrocephala integrifolia（L. f.）Kuntze ［D. auriculata（Thunb.）Druce］

生于山坡林下、田边、荒地或水沟边。分布中国中部、南部、西南部各省。亚洲、非洲的热带、亚热带亦见分布。

13. 羊耳菊属 Duhaldea DC.

本属约 15 种，分布于亚洲中部、东部及东南部。中国 7 种。广东 3 种。黑石顶 1 种。

1. 羊耳菊 Duhaldea cappa（Buch. -Ham. ex D. Don）Pruski & Anderb. ［Inula cappa（Buch. -Ham.）DC.］

广东各地。常见。生于低海拔丘陵地、荒地、灌丛或草地上。分布四川、云南、贵州、香港、广西、江西、福建、浙江。越南、缅甸、泰国、马来西亚。

14. 鳢肠属 Eclipta Linn.

本属 5 种，原产美洲暖温带至热带。中国 1 种。广东 1 种。黑石顶 1 种。

1. 鳢肠 Eclipta prostrata（Linn.）Linn. ［E. alba（Linn.）Haask.］

广东各地。常见。生于海拔 300～900 m 的山地、田野、路旁。分布海南、湖北、云南、江苏、福建、浙江、陕西、四川、江西。日本以及全球热带、亚热带地区。

15. 地胆草属 Elephantopus Linn.

本属约 30 种，热带广布，主分布南美。中国 2 种。广东 2 种。黑石顶 1 种。

1. 地胆草 Elephantopus scaber Linn.

  广东各地。常见。生于旷野、山坡、路旁、山谷、林缘。分布海南、浙江、江西、福建、台湾、湖南、广西、贵州、云南。美洲、亚洲、非洲。

16. 一点红属 Emilia Cass.

本属约100种，分布于亚洲和非洲热带。中国5种。广东2种。黑石顶1种。

1. 茎下部至中部叶卵形或倒长卵形，长2～4 cm，边缘具锯齿或波状，上部叶基部戟形或阔耳状；总苞短于花；瘦果无毛 ·· 1. 小一点红 E. prenanthoidea
1. 茎下部至中部叶卵形、宽卵形或肾形，长5～10 cm，琴状分裂或不分裂而边缘具锯齿，上部叶基部常抱茎；总苞与花等长；瘦果被毛 ························· 2. 一点红 E. sonchifolia

1. 小一点红 Emilia prenanthoidea DC.

  广东各地。常见。生于海拔250～800 m 的山坡、路旁、疏林或林下。分布湖南、云南、香港、广西、贵州、浙江、福建。印度、中南半岛各国。

2. 一点红 Emilia sonchifolia (Linn.) DC. [*Cacalia sonchifolia* Linn.]

  广东各地。常见。生于山坡、荒地、田埂、路旁。分布海南、云南、贵州、四川、湖北、湖南、江苏、浙江、安徽、福建、台湾。亚洲热带和非洲。

17. 球菊属 Epaltes Cass.

本属约14种，分布于亚洲、非洲、澳大利亚以及中南美洲。中国2种。广东1种。黑石顶1种。

1. 球菊（鹅不食草）Epaltes australis Less.

  始兴、深圳、陆丰、海丰、肇庆、阳江、台山、封开。常见。生于湿地上。分布香港、台湾、福建、广西、云南。印度、泰国、中南半岛各国、马来西亚、澳大利亚。

18. 菊芹属 Erechtites Raf.

本属约5种，主分布美洲。中国2种。广东2种。黑石顶2种。

1. 茎被疏柔毛；叶柄边缘无翅；冠毛白色 ························· 1. 梁子菜 E. hieracifolia
1. 茎近无毛；叶柄边缘具狭翅；冠毛淡红色 ············· 2. 败酱叶菊芹 E. valerianifolius

1. 梁子菜 Erechtites hieracifolia (Linn.) Raf. ex DC.

  珠江口岛屿。少见。生于山坡、林下、灌丛中或水沟旁阴湿地上。分布湖北、湖南、香港、广西、福建、台湾、四川、云南、江西、贵州。

2. 败酱叶菊芹 Erechtites valerianifolius (Link ex Spreng.) DC.

  广东各地。常见。生于海拔700 m 的山谷、田野、荒地中。分布香港、海南、广西、云南。印度、印度尼西亚、马来西亚、越南。

19. 飞蓬属 Erigeron Linn.

本属约400种，分布于亚洲、欧洲、北美洲，少数于非洲及澳大利亚。中国39种。广东4种。黑石顶2种。

1. 茎中部叶宽不及0.5 cm；雌花花冠顶端无舌片 ····················· 1. 香丝草 E. bonariensis
1. 茎中部叶宽1 cm 以上；雌花花冠顶端具舌片 ························· 2. 小蓬草 E. canadensis

1. 香丝草 Erigeron bonariensis Linn. [*Conyza bonariensis* (Linn.) Cronq.]

  广东各地。逸为野生。常见。原产南美洲。

2. 小蓬草 Erigeron canadensis Linn. [*Conyza canadensis* (Linn.) Cronq.]

  广东各地。逸为野生。常见。原产北美洲。

20. 白酒草属 Eschenbachia Moench

本属物种数目尚不确定。分布于非洲及南亚。中国6种。广东1种。黑石顶1种。

1. 白酒草 Eschenbachia japonica（Thunb.）J. Kost.［*Conyza japonica*（Thunb.）J. Kost.］

广东西部及北部。常见。生于山谷田边、山坡、林缘及草地。分布东南、华南及西南各省。日本、亚洲南部及东南部亦有分布。

21. 泽兰属 Eupatorium Linn.

本属约45种，分布于亚洲、欧洲及北美洲。中国14种。广东6种，1变种。黑石顶3种。

1. 茎中部叶通常3全裂或3深裂，裂片长椭圆状披针、长椭圆形或倒披针形，羽状脉，稀不分裂，叶两面及瘦果无毛，亦无腺点，或叶背面被疏柔毛 ………………………… 2. 佩兰 E. fortunei
1. 茎中部叶不分裂，稀3裂，裂片狭窄，羽状脉或3出脉，叶两面被疏或密长柔毛或绒毛，两面或仅背面有腺点；瘦果无毛而有腺点。
   2. 茎中部叶椭圆形、长椭圆形或披针形，基部楔形，叶柄长1～2 cm …………………………………………………………………………………… 3. 白头婆 E. japonicum
   2. 茎中部叶卵形、宽卵形或卵状披针形，基部圆形或宽楔形，叶柄短或无 …………………………………………………………………………………… 1. 多须公 E. chinense

1. 多须公 Eupatorium chinense Linn.

广东各地。常见。生于海拔100～800 m的山谷、山坡、林缘下、灌木或山坡草地上。分布香港、广西、浙江、福建、安徽、湖北、湖南、云南、四川、贵州。

2. 佩兰 Eupatorium fortunei Turcz.

乐昌、乳源、阳山、翁源、英德、肇庆、怀集。常见。生于海拔250～800 m的路边、灌丛及山沟、路旁。分布海南、山东、江苏、浙江、江西、湖北、湖南、云南、四川、贵州、广西、陕西。日本、朝鲜。

3. 白头婆 Eupatorium japonicum Thunb.［*E. chinense* Linn. var. *simplicifolia*（Mak.）Kitam.］

深圳。少见。生于山坡、路边草地、灌丛中、水湿地及河岸。分布香港、海南。日本、朝鲜。

22. 菊三七属 Gynura Cass.

本属约40种，分布于非洲、亚洲、澳大利亚。中国10种。广东6种。黑石顶3种。

1. 叶背紫红色 ……………………………………………………………… 1. 紫背三七 G. bicolor
1. 叶两面均绿色。
   2. 叶长椭圆形，羽状深裂，裂片卵形至披针形 ……………………… 3. 菊三七 G. japonica
   2. 叶阔卵状长圆形，边缘波状齿或琴状裂 …………………………… 2. 白子菜 G. divaricata

1. 紫背三七 Gynura bicolor（Roxb. ex Willd.）DC.［*Cacalia bicolor* Roxb. ex Willd.］

新丰、龙门、怀集、阳春。生于海拔100～800 m的山坡林下、岩石上河边湿处。分布香港、海南、云南、贵州、四川、广西、江西、福建、台湾。印度、尼泊尔、不丹、缅甸、日本。

2. 白子菜 Gynura divaricata（Linn.）DC.［*Senecio divaricata* Linn.］

新丰、龙门、广州、南海。常见。生于林缘、路旁。分布香港、澳门、海南、云南。越南、印度、中南半岛各国。

3. 菊三七 Gynura japonica（Thunb.）Juel［*G. segetum*（Lour.）Merr.］

广东北部及西部。常见。生于路旁、草地、水沟及林下。分布湖北、湖南、香港、广西、福建、江西、陕西、浙江、江苏、安徽、江西、四川、云南、贵州。日本、越南。

23. 小苦荬属 Ixeridium (A. Gray) Tzvelev

本属约15种，分布于亚洲东部及东南部。中国8种。广东4种。黑石顶1种。

1. 纤细苦荬菜 Ixeridium gracile (DC.) J. H. Pak & Kawano [Ixeris gracilis (DC.) Stebb.]

仁化、翁源、龙门、连平、从化、封开。常见。生于海拔1 200 m 以下的山坡、路旁、草丛中或田边。分布华南、西南、华中及陕西、甘肃等省区。印度、尼泊尔。

24. 瓶头草属 Lagenophora Cass.

本属18种，分布于东南亚、澳大利亚、新西兰、南美。中国1种。广东1种。黑石顶1种。

1. 瓶头草 Lagenophora stipitata (Labill.) Druce

肇庆、信宜。少见。生于林缘、山坡、草地。分布广西、福建、台湾、云南。印度、中南半岛各国、印度尼西亚及澳大利亚亦有分布。

25. 六棱菊属 Laggera Sch.-Bip. ex Hochst.

本属约17种，分布于热带非洲、阿拉伯半岛、亚洲。中国2种。广东1种。黑石顶1种。

1. 六棱菊 Laggera alata (D. Don) Sch-Bip. ex Oliv. [*Erigeron alatum* D. Don]

广东各地。常见。生于低海拔旷野、路旁以及山坡阳处。分布长江以南各省。亚洲南部及非洲东部。

26. 大丁草属 Leibnitzia Cass.

本属6种，分布于亚洲东部、东南亚、北美及中美洲。中国4种。广东2种。黑石顶1种。

1. 大丁草 Leibnitzia anandria (Linn.) Turcz. [*Gerbera anandria* (Linn.) Sch.-Bip.]

乐昌、乳源、封开。少见。生于海拔450～800 m 的山顶、山谷、丛林、荒坡、沟边、风化的岩石上。分布台湾、湖南、江西、四川、甘肃、陕西、黑龙江、内蒙古、宁夏、广西、云南、贵州。俄罗斯、日本、朝鲜。

27. 橐吾属 Ligularia Cass.

本属约140种，分布于亚洲、欧洲。中国123种。广东3种，1变种。黑石顶1种，1变种。

1. 叶两面无毛 ·· 1. 大头橐吾 L. japonica
1. 叶上面被有节短柔毛 ···················· 2. 糙叶大头橐吾 L. japonica var. scaberrrima

1. 大头橐吾 Ligularia japonica (Thunb.) Less.

广东各地。常见。生于海拔900 m 的水边、山坡草地及林下。分布香港、台湾、湖北、湖南、江西、浙江、安徽、广西、福建。印度、朝鲜、日本。

2. 糙叶大头橐吾 Ligularia japonica (Thunb.) Less. var. **scaberrrima** Hayata ex Ling

乐昌、乳源、连州、英德、翁源、博罗、深圳、广宁、云浮、封开、信宜。常见。生于海拔650 m 的山坡、溪边。江西、浙江、福建、台湾。

28. 假福王草属 Paraprenanthes Chang ex Shih.

本属约12种，分布于亚洲东部及东南部。中国12种。广东3种。黑石顶1种。

1. 假福王草（堆莴苣）Paraprenanthes sororia (Miq.) Shih [*Lactuca sororia* Miq.]

广东北部、中部及西部。常见。生于山谷、山地林缘。分布广西、湖南、四川、福建、贵州、甘肃、陕西、山西。日本、朝鲜、中南半岛各国。

29. 兔耳一枝箭属 Piloselloides (Less.) C. Jeffrey ex Cufod.

本属2种，分布于非洲、亚洲、澳大利亚。中国1种。广东1种。黑石顶1种。

1. **兔耳一枝箭** Piloselloides hirsuta（Forssk.）C. Jeffrey ex Cufod. ［*Gerbera piloselloides*（Linn.）Cass.］别名：毛大丁草

广东各地。常见。生于林缘、草丛、旷野荒地上。分布西藏、云南、四川、贵州、香港、广西、湖南、湖北、江西、江苏、浙江、福建。日本、尼泊尔、印度、缅甸、泰国、老挝、越南、印度尼西亚、澳大利亚和非洲。

30. 拟鼠麴草属 Pseudognaphalium Kirp.

本属约90种，主分布南美及北美温带地区。中国6种。广东2种。黑石顶2种。

1. 多年生草本，茎常稍粗壮；总苞淡黄色或黄白色 ·················· 1. 宽叶拟鼠麴草 P. adnatum
1. 一年生草本，茎细弱；总苞黄色或柠檬黄色 ·················· 2. 拟鼠麴草 P. affine

1. **宽叶拟鼠麴草** Pseudognaphalium adnatum（Candolle）Y. S. Chen ［*Gnaphalium adnatum*（Wall. ex DC.）Kitam］

广东各地。常见。生于山坡、路旁或灌丛中。分布台湾、福建、江苏、浙江、江西、湖南、广西、贵州、云南、四川。菲律宾、中南半岛各国、缅甸、印度。

2. **拟鼠麴草** Pseudognaphalium affine（D. Don）Anderb. ［*Gnaphalium affine* D. Don］

广东各地。常见。生于低海拔坡地或湿润草地上、田边。分布台湾、华东、华中、华北、西北及西南。日本、朝鲜、菲律宾、印度尼西亚、中南半岛各国、印度。

31. 风毛菊属 Saussurea DC.

本属约415种，分布于亚洲、欧洲、北美西部。中国289种。广东3种。黑石顶1种。

1. **风毛菊** Saussurea japonica（Thunb.）DC.

广东各地。常见。生于海拔200～800 m低海拔地区的山坡、山谷、林下、山坡、路旁、灌丛、水旁。分布香港、海南、辽宁、河北、山西、内蒙古、陕西、甘肃、河南、江西、湖北、湖南、安徽、山东、浙江、福建、四川、云南、贵州、西藏。朝鲜、日本。

32. 豨莶属 Siegesbeckia Linn.

本属约4种，分布于热带、亚热带。中国3种。广东3种。黑石顶1种。

1. **豨莶** Sigesbeckia orientalis Linn.

广东各地。常见。生于海拔200～400 m的山野、荒草地、灌丛、林缘及林下。分布广西、湖南、湖北、四川、云南、福建、贵州、安徽、辽宁、甘肃、江苏、浙江、江西、台湾、陕西。越南、朝鲜、印度、澳大利亚等国，分布于亚洲、欧洲、北美洲。

33. 千里光属 Senecio Linn.

本属约1 200种，世界广布。中国65种。广东5种，1变种。黑石顶2种。

1. 攀援状草本，茎曲屈延伸；叶长三角形或卵形，具叶柄，基部不具圆耳，不半抱茎 ············· ·················· 1. 千里光 S. scandens
1. 茎直立或稍倾斜；叶卵状披针形或长圆状披针形，无叶柄，基部具圆耳，半抱茎 ············· ·················· 2. 闽粤千里光 S. stauntonii

1. **千里光** Senecio scandens Buch. ex D. Don

广东各山区县。常见。生于海拔50～800 m的林中、林缘、灌丛、山坡、草地、路边及河滩地。分布华东、中南、西南各省及陕西、甘肃。印度、尼泊尔、不丹、缅甸、泰国、中南半岛各国、菲律宾、日本。

2. **闽粤千里光** Senecio stauntonii DC.

连州、乳源、英德。少见。生于海拔600 m的灌丛疏林中、石灰岩干旱山坡或河谷。分布香港、澳门、湖南、广西、福建。

34. 一枝黄花属 Solidago Linn.

本属约 120 种，主要分布于北美洲，少数种在亚洲、欧洲及南美洲。中国 6 种。广东 1 种。黑石顶 1 种。

1. 一枝黄花 Solidago decurrens Lour.

    广东各山区县。常见。生于缘林、灌丛中及山坡草地上。分布江苏、浙江、安徽、江西、四川、贵州、湖南、湖北、广西、云南、陕西、台湾。

35. 蟛蜞菊属 Sphagneticola O. Hoffm.

本属约 4 种，分布于新大陆热带以及亚热带。中国 2 种。广东 2 种。黑石顶 1 种。

1. 蟛蜞菊 Sphagneticola calendulacea (L.) Pruski [*Wedelia chinensis* (Osbeck.) Merr.]

    广东各地。常见。生于路旁、田边、沟边或湿润草地上。分布中国南部。印度、中南半岛各国、印度尼西亚、菲律宾、日本、马来西亚。

36. 孪花菊属 Wollastonia DC. ex Decne

本属 2 种，分布于印度—太平洋地区沿岸及山地。中国 2 种。广东 2 种。黑石顶 1 种。

1. 山蟛蜞菊 Wollastonia montana (Blume) DC. [*Wedelia wallichii* Less.]

    乐昌、乳源、连州、始兴、翁源、龙门、博罗、怀集、封开、高要。常见。生于海拔 200～850 m 的山谷、路旁。分布香港、海南、广西、湖南、云南。印度、中南半岛各国。

37. 斑鸠菊属 Vernonia Schreb.

本属约 1 000 种，分布于热带亚洲、非洲及美洲。中国 31 种。广东 10 种。黑石顶 3 种。

1. 直立草本 ··· 1. 夜香牛 V. cinerea
1. 攀援状灌木、大灌木或小乔木。
    2. 攀援状小灌木；叶背被疏或密的锈色短柔毛 ····················· 2. 毒根斑鸠菊 V. cumingiana
    2. 小乔木或大灌木；叶背密被黄色绒毛 ····························· 3. 茄叶斑鸠菊 V. solanifolia

1. 夜香牛 Vernonia cinerea (Linn.) Less. [*Conyza cinerea* Linn.; *C. chinensis* Linn.]

    广东各地。常见。生于中或低海拔地区山坡、旷野、荒地、田边、路旁。分布海南、浙江、江西、福建、台湾、湖北、湖南、广西、云南、四川。印度、日本、印度尼西亚、中南半岛各国、马来西亚、非洲。

2. 毒根斑鸠菊 Vernonia cumingiana Benth.

    广东各地。常见。生于海拔 300～800 m 的河边、溪边、山谷、阴处灌丛或疏林中。分布香港、海南、云南、四川、贵州、广西、福建、台湾。泰国、越南、老挝、柬埔寨、中南半岛各国。

3. 茄叶斑鸠菊 Vernonia solanifolia Benth.

    英德、翁源、大埔、深圳、新兴、云浮、信宜、高要。常见。生于海拔 200～800 m 的山谷疏林中或攀援于乔木上。分布香港、海南、广西、福建、云南。印度、缅甸、越南、老挝、柬埔寨、中南半岛各国。

38. 苍耳属 Xanthium Linn.

本属约 2～3 种，分布于新大陆，现为世界性杂草。中国 2 种。广东 2 种。黑石顶 1 种。

1. 苍耳 Xanthium strumarium Linn. [*X. sibiricum* Patrin ex Widder]

    广东各地。常见。生于平原、丘陵、低山、荒野、路边田边。分布东北、华北、华东、西北、西南、华南各省。俄罗斯、伊朗、印度、朝鲜、日本。

39. 黄鹌菜属 Youngia Cass.

本属约30种，分布于东亚。中国28种。广东2种。黑石顶1种。

1. 黄鹌菜 Youngia japonica（Linn.）DC.

广东各地。常见。生于海拔10～650 m的山坡、山谷、山沟林缘林下、林间草地、潮湿地、河边沼泽地、田间与荒地上。分布海南、广西、河北、陕西、甘肃、山东、江苏、安徽、浙江、福建、河南、湖北、湖南、广西、四川、云南、西藏、台湾。越南、日本、中南半岛各国、印度、菲律宾、马来半岛、朝鲜。

21. 蛇菰科 Balanophoraceae

本科约18属，50种，分布全球热带、亚热带地区。中国产2属，13种。广东有1属，7种，1变种。黑石顶有3种。

1. 蛇菰属 Balanophora Forst. et Forst. f.

本属约19种，主要分布热带非洲、大洋洲、亚洲热带至温带地区以及太平洋岛屿。中国有12种。广东有7种，1变种。黑石顶有3种。

1. 雄花4～9数，聚药雄蕊常长大于宽。花雌雄异株（序）。
   2. 药室分成20～60小药室·················· 3. 多蕊蛇菰 B. polyandra
   2. 药室分成10～30小药室。花被通常5裂；根状茎表面细颗粒状，有星状疣突 ·· 2. 疏花蛇菰 B. laxiflora
1. 雄花3数，聚药雄蕊长小于宽。雌雄异株（序）··········· 1. 红苳蛇菰 B. harlandii

1. 红苳蛇菰 Balanophora harlandii Hook. f. ［B. henryi Hemsl.］

广东各地。常见。生于海拔500 m以上的荫蔽湿润的腐殖质土壤处。分布华东、华中、华南、西南大部分省区。泰国、印度。

2. 疏花蛇菰 Balanophora laxiflora Hemsl.

粤西及粤北。常见。生于海拔600～800 m密林中。分布华东、华中、华南、西南大部分省区。老挝、泰国、越南。

3. 多蕊蛇菰 Balanophora polyandra Griff.

阳春、阳江、封开。生于海拔500～800 m的密林中。分布西藏、云南、四川、湖北、广西、海南。尼泊尔、印度、缅甸。

22. 凤仙花科 Balsaminaceae

本科2属，约900种，广布于全世界，主产亚洲热带和亚热带及非洲，少数种在欧洲、亚洲温带地区及北美洲。中国2属均产，228多种，分布于南北各省区，但主产西南部。广东产2属，15种。黑石顶1属，1种。

1. 凤仙花属 Impatiens Linn.

本属超过900种，分布于全世界温带和热带地区。中国有227种，几分布全国，但以西南和西北较多。广东有14种。黑石顶有1种。

1. 华凤仙 Impatiens chinensis Linn

广东各地。生于海拔100～800 m的水田、水旁或沼泽地上。分布安徽、福建、广东、广西、海南、湖南、江西、云南、浙江。越南、印度、缅甸、马来西亚、泰国。

23. 落葵科 Basellaceae

本科约 4 属，25 种，分布于亚洲、非洲、拉丁美洲热带地区。中国栽培 2 属，3 种。广东各地有栽培。

24. 秋海棠科 Begoniaceae

本科有 2～3 属，超过 1400 种，主要分布于热带、亚热带地区。中国仅有 1 属，173 种。广东有 20 种，黑石顶 3 种。

1. 秋海棠属 Begonia Linn.

本属 1400 种，广布于热带、亚热带地区。中国约有 173 种，主要产于南部和西南部各省区。广东包括常见栽培的种类共有 19 种。黑石顶 3 种。

1. 子房 3（4）室。
　2. 蒴果具明显的翅 ·· 1. 紫背天葵 B. fimbristipula
　2. 蒴果无翅 ·· 2. 香花秋海棠 B. handelii
1. 子房 2 室 ·· 3. 裂叶秋海棠 B. palmata

1. 紫背天葵 Begonia fimbristipula Hance

广东各地山区。生长于山谷、沟边或林中的阴湿石缝中。分布云南、贵州、广西、湖南、福建。

2. 香花秋海棠 Begonia handelii Irmsch.

信宜、高要。生于林下阴湿处。分布云南、广西、海南。越南。

3. 裂叶秋海棠 Begonia palmata D. Don

广东各地山区。生长于林下和山谷阴湿处。分布长江以南各省区。印度、尼泊尔、缅甸、越南。

25. 小檗科 Berberidaceae

本科有 17 属，约 650 余种，分布于北温带、热带高山和南美洲。中国有 11 属，约 303 种。广东产 5 属，11 种。黑石顶 2 属，2 种。

1. 叶为单叶，盾状着生 ··· 1. 八角莲属 Dysosma
1. 叶为一回羽状复叶 ·· 2. 十大功劳属 Mahonia

1. 八角莲属 Dysosma Woods.

本属共 7～10 种，分布中国西南至东南部。广东产 1 种。黑石顶 1 种。

1. 八角莲 Dysosma versipellis（Hance）M. Cheng ex Ying

信宜、封开、高要、乳源、博罗等地。生长于山谷林下、溪边湿润处。分布河南、湖北和长江以南各地。

2. 十大功劳属 Mahonia Nutt.

本属约有 60 种，分布于亚洲的东部和南部，美洲的中部和北部。中国约有 31 种，主要分布于西南部。广东包括 1 栽培种，共有 4 种。黑石顶 1 种。

1. 沈氏十大功劳 Mahonia shenii Chun

连山、连南、连县、怀集、乳源、仁化、翁源、平远。生长于山谷林下、山坡，海拔400～800 m。分布广西东北部、湖南南部、贵州东南部。

26. 桦木科 Betulaceae

本科有6属，约150～200种，主产亚洲、欧洲、美洲。中国6属，89种。广东有2属，5种。黑石顶1种。

1. 桦木属 Betula Linn.

本属50～60种。分布于中亚地区、东亚地区、欧洲及美洲。中国32种。广东2种，黑石顶1种。

1. 亮叶桦 Betula luminifera H. Winkl.

乐昌、乳源、始兴、连南、英德、曲江、广州。常见。生于海拔200～2 900 m的阔叶林中。分布华中、华东、华南及西南大部分省区。

27. 木棉科 Bombacaceae

本科约有30属，250多种，广布于全世界的热带地区，尤以美洲的热带地区为多。中国原产1属，3种，引种栽培2属，2种。广东有5属，5种。黑石顶1种。

1. 木棉属 Bombax Linn.

本属约50种，主要分布于美洲热带地区，少数产亚洲热带、非洲和大洋洲。中国有3种，产南部和西南部。广东有1种。黑石顶1种。

1. 木棉 Bombax ceiba L. [*B. malabaricum* DC.]

博罗、广州、高要、阳江等地。多生于低海拔的林缘或旷野。分布江西、福建、台湾、广西、贵州、四川、云南。印度、斯里兰卡、中南半岛各国、马来西亚、印度尼西亚、巴布亚新几内亚、菲律宾等地。

28. 紫草科 Boraginaceae

本科约156属，2 500种，广布于世界温带和热带地区，地中海地区为分布中心。中国有47属，294种，遍布全国，以西南种类最为丰富。广东有11属，17种，1变种。黑石顶3属，3种。

1. 子房（2～）4裂，花柱自子房裂瓣间的基部生出 ·················· 1. 斑种草属 Bothriospermum
1. 子房不分裂，花柱自子房顶端生出。
  2. 柱头2，头状或延长，无不育部分；花柱通常2裂，稀不裂 ············ 2. 厚壳树属 Ehretia
  2. 柱头1，圆锥形，周围有柱头组织，上部为不育部分或有时2裂，花柱不分裂或不存在 ··· 3. 天芥菜属 Heliotropium

1. 斑种草属 Bothriospermum Bge.

本属约5种，分布于亚洲中部、东部及东南部。中国5种，广东1种，黑石顶有1种。

1. 柔弱斑种草 Bothriospermum zeylanicum (J. Jacq.) Druce [*B. tenellum* (Hornem.) Fisch. et Mey.]

广东各地。常见。生于山坡路边、田间草丛、山坡草地及溪边阴湿处。分布东北、华东、华南、西南各省区及陕西、河南、台湾。朝鲜、日本、越南、印度、巴基斯坦及俄罗斯中亚地区。

2. 厚壳树属 Ehretia Linn.

本属约 50 种，主要分布于非洲、亚洲南部，3 种产于北美及加勒比海地区。中国 14 种，广东 3 种，黑石顶有 1 种。

1. 长花厚壳树 Ehretia longiflora Champ. ex Benth.

   广东中部、西部及北部。生于 300～900 m 的山地路边、山坡疏林及湿润的山谷密林。分布香港、海南、台湾、福建、江西、湖南、广西、云南。越南。

3. 天芥菜属 Heliotropium Linn.

本属约 250 种，分布于热带、亚热带地区。中国 10 种，广东 2 种，黑石顶有 1 种。

1. 大尾摇 Heliotropium indicum Linn.

   广东中部及西部地区。常见。生于海拔 5～650 m 丘陵、路边、河沿及空旷之荒草地。分布香港、海南、台湾、福建、广西、云南。全球热带及亚热带地区广布。

29. 伯乐树科 Bretschneideraceae[①]

本科 1 属，1 种，分布于中国（东南部至西南部）和越南。广东 1 种。黑石顶 1 种。

1. 伯乐树属 Bretschneidera Hemsl.

本属 1 种。黑石顶 1 种。分布同科。

1. 伯乐树 Bretschneidera sinensis Hemsl.

   广东中部、西部至北部。常生于低海拔到中海拔的山坡或山谷林中。分布四川、云南、贵州、广西、湖南、湖北、江西、福建、浙江等省区。越南及泰国北部。

30. 水玉簪科 Burmanniaceae

本科 17 属，约 127 种，分布于热带、亚热带地区。中国有 2 属，11 种，1 变种，产南部。广东有 7 种，黑石顶目前未有发现。

31. 橄榄科 Burseraceae

本科 16 属，约 550 种，产热带地区。中国产 3 属，13 种，分布于东南至西南部。广东产 2 属，4 种。黑石顶 1 种。

1. 橄榄属 Canarium Linn.

本属约 75 种，主要分布于热带非洲和亚洲，大洋洲东北部及太平洋岛屿亦见。中国有 7 种，分布云南、广西、广东、福建及台湾。广东有 3 种。黑石顶 1 种。

1. 橄榄 Canarium album (Lour.) Raeusch. 别名：白榄、山榄、黄仔白榄

   广东中部以南各地。生于山坡林中、山谷，亦有栽培。分布云南、广西、台湾、福建。越南。

[①] 伯乐树科 Bretschneideraceae 已并入叠珠树科 Akaniaceae。

32. 黄杨科 Buxaceae

本科有 4～5 属，约 70 种，广布于非洲、美洲、亚洲、欧洲。中国有 3 属，28 种。广东有 3 属，11 种，1 亚种，3 变种。黑石顶 2 种。

1. 黄杨属 Buxus Linn.

本属约 100 种，分布于非洲、美洲、亚洲、欧洲。中国有 17 种。广东有 8 种，1 亚种，2 变种。黑石顶 2 种。

1. 叶小，长不超过 4 cm，顶端明显钝，常微缺；花序头状雀 ………… 1. 雀舌黄杨 B. bodinieri
1. 叶大，长 4～8 cm，顶端短尖或稍钝；花序短穗状 ………………… 2. 大叶黄杨 B. megistophylla

1. **雀舌黄杨 Buxus bodinieri** Lévl.

   广东北部，较常见。生于山区林中、山坡。分布长江流域及以南各省，西北至甘肃。

2. **大叶黄杨 Buxus megistophylla** Lévl.

   广东北部和西部。常生于海拔 500～800 m 处的林中或山谷灌丛中。分布长江流域中下游以南各地。

33. 桔梗科 Campanulaceae①

本科约 86 属，2 300 种以上，广布于全球。中国有 16 属，159 种。广东有 8 属，11 种及 1 变种。黑石顶 3 属，3 种，1 亚种。

1. 浆果，顶端平。
    2. 茎缠绕 ……………………………………………………… 1. 金钱豹属 Campanumoea
    2. 茎直立 ……………………………………………………… 2. 轮钟花属 Cyclocodon
1. 蒴果，顶端渐尖 …………………………………………………… 3. 蓝花参属 Wahlenbergia

1. 金钱豹属 Campanumoea Bl.②

本属有 2 种，分布于中国喜马拉雅地区、中南半岛各国，往东延至日本。中国 2 种。广东有 2 种及 1 变种。黑石顶 1 种，1 亚种。

1. 花冠大，长 2～3 cm；浆果直径 15～20 mm ……………………………… 1. 金钱豹 C. javanica
1. 花冠小，长 10～13 mm，浆果直径 10～12 mm …… 2. 小花金钱豹 C. javanica subsp. japonica

1. **金钱豹 Campanumoea javanica** Bl.

   粤北至海南。生于山地灌丛。分布云南、贵州和广西。分布锡金、不丹、印度尼西亚。

1a. **小花金钱豹 Campanumoea javanica** Bl. subsp. **japonica** (Makino) D. Y. Hong

   连县、乳源、怀集等地。生于山地灌丛。分布长江以南大部分省区。日本。

---

① 不包括五膜草科 Pentaphragmataceae（Lundberg & Bremer，2003）和楔瓣花科 Sphenocleaceae （RefulioRodríguez & Olmstead，2014）。

② 金钱豹属（Campanumoea）分出轮钟草属（Cyclocodon），剩余类群连同细钟花属（Leptocodon）一起并入党参属（Codonopsis），党参属又分出山南参属（Pankycodon）、须弥参属（Himalacodon）和辐冠参属（Pseudocodon）（Wang et al.，2014）；蓝花参属（Wahlenbergia）合并星花草属（Cephalostigma）。

2. 轮钟花属 Cyclocodon Griffith ex J. D. Hooker & Thomson

本属 3 种，分布于喜马拉雅至日本（琉球群岛）、菲律宾、巴布亚新几内亚。中国 3 种。广东 1 种。黑石顶 1 种。

1. 轮钟花 Cyclocodon lancifolius（Roxb.）Kurz［*Campanumoea lancifolia*（Roxb.）Merr.］

广东北部。生于海拔 800 m 以下的林中、灌丛及草地中。分布于四川、贵州、湖北、湖南、广西、福建和台湾。东南亚广布。

3. 蓝花参属 Wahlenbergia Schrad. ex Roth

本属约 260 种，主产南半球。中国 2 种。分布长江流域以南各省区。广东 1 种。黑石顶 1 种。

1. 蓝花参 Wahlenbergia marginata（Thunb.）A. DC.

粤北。生于低海拔的田边、路边和荒地、山坡或沟边。分布长江流域以南各省区。亚洲热带、亚热带地区及澳大利亚亦有分布。

34. 美人蕉科 Cannaceae

本科 1 属，约 55 种，分布于美洲的热带和亚热带地区。中国常见引入栽培 10 种。广东引入栽培有 8 种。

35. 山柑科 Capparaceae

本科约 28 属，650 余种，主产热带及亚热带地区。中国有 4 属，约 46 种，广东有 8 种，黑石顶 1 属，4 种。

1. 山柑属 Capparis Linn.

本属约 250～400 种，主要分布于热带、亚热带及温带地区。中国有 37 种。广东有 10 种。黑石顶 4 种。

1. 花 1 至数朵生于叶腋的上方，排成一短列。
   2. 叶披针形至长圆形，侧脉 7～10 对；子房长卵状或圆锥状 …… 1. 尖叶槌果藤 C. acutifolia
   2. 叶卵形至长圆状椭圆形，顶端急狭而渐尖，基部阔楔形，侧脉 5～7 对；子房卵形或近球形 …………………………………………………………………… 3. 雷公橘 C. membranifolia
1. 花单生于叶腋内，或簇生于腋生的短枝上，或组成顶生或腋生的伞形花序。
   3. 伞形花序单个，腋生或顶生 …………………………………… 4. 保亭槌果藤 C. versicolor
   3. 由数个伞形花序组成顶生的圆锥花序；花直径约 1 cm；果小，直径不超过 1 cm；枝不弯曲，幼时被淡黄色微柔毛 ……………………………………… 2. 广州槌果藤 C. cantoniensis

1. 尖叶槌果藤 Capparis acutifolia Sweet 别名：膜叶槌果藤

   广东各地。为低海拔常见的植物。越南。

2. 广州槌果藤 Capparis cantoniensis Lour.

   广东各地，但以南部较多。多生于密林或疏林中，常攀援于树上。分布福建、广西和云南。亚洲南至东南部。

3. 雷公橘 Capparis membranifolia Kurz［*C. viminea* Hook. f. et Thoms.］别名：纤枝槌果藤

   封开等地。为中海拔森林中常见的植物。分布海南。印度至中南半岛各国。

4. 保亭槌果藤 Capparis versicolor Griff. 别名：屈头鸡

   广东各地区，但以南部较多。为中海拔森林中不常见植物。喜攀于树上，有时亦生于疏林阳处。分布广西。缅甸、越南、马亚西亚等地。

36. 忍冬科 Caprifoliaceae

本科约5属，207种，主要分布于东亚及北美洲东部的温带地区。中国有5属，66种，多数种类分布于华中和西南各省区。广东有5属，36种，9变种。黑石顶3属，19种。①

1. 叶为羽状复叶 ·· 2. 接骨木属 Sambucus
1. 叶为单叶
　2. 花冠辐射对称；核果 ·· 3. 荚蒾属 Viburnum
　2. 花冠两侧对称，浆果 ·· 1. 忍冬属 Lonicera

1. 忍冬属 Lonicera Linn.

本属约180种，分布于北非、亚洲、欧洲、北美洲。中国有57种。广东有14种，2变种。黑石顶6种。

1. 叶下面无毛或被疏密不等的短柔毛或糙毛，毛之间有空隙。
　2. 叶下面有橘黄色或红色的蘑菇状腺体 ·· 4. 菰腺忍冬 L. hypoglauca
　2. 叶下面无腺体，若具腺体，亦非蘑菇状。
　　3. 花冠长1～2.4 cm ·· 1. 淡红忍冬 L. acuminata
　　3. 花冠长2.5 cm以上。
　　　4. 叶两面无毛 ·· 2. 海南忍冬 L. calvescens
　　　4. 叶两面或下面被毛。
　　　　5. 嫩枝除密被短柔毛外，还被开展的黄褐色、长2 mm的糙毛；花冠长4.5～7 cm ······
　　　　　 ·· 5. 大花忍冬 L. macrantha
　　　　5. 嫩枝被卷曲短柔毛，无长2 mm的开展糙毛；花冠长3.2～5 cm ··
　　　　　 ·· 3. 华南忍冬 L. confusa
1. 叶或至少嫩叶下被毡毛，毛之间无空隙 ·· 6. 皱叶忍冬 L. reticulate

1. **淡红忍冬 Lonicera acuminata Wall.** [*Lonicera pampaninii* Lévl.]

　乳源、连州、乐昌。生于海拔500～900 m的山坡、山谷、路边灌丛中或疏林下。分布华中、华南、西南各省及西藏。

2. **海南忍冬 Lonicera calvescens（Chun et How）Hsu et H. J. Wang**

　封开。生于海拔300～800 m的山谷密林或水边沙地的灌丛中。分布海南三亚、白沙、乐东、东方。

3. **华南忍冬 Lonicera confusa DC.** [*Lonicera dasystyla* Rehd.]

　广东各地。生于海拔800 m以下的山地灌丛中或平原旷野。分布广西。越南、尼泊尔。

4. **菰腺忍冬 Lonicera hypoglauca Miq.**

　广东中部以北。生于海拔200～800 m的山地、山谷灌丛或疏林中。分布长江流域及其以南各省区。日本。

5. **大花忍冬 Lonicera macrantha（D. Don）Spreng.**

　乐昌、信宜。生于海拔约500 m的山谷密林或沿溪疏林中。分布海南、贵州、湖南、广西和

---

① 编者注：APG系统排除荚蒾属 *Viburnum* 和接骨木属 *Sambucus*，合并川续断科 Dipsacaceae、败酱科 Valerianaceae，以及合并FOC中已分出的锦带花科 Diervillaceae、北极花科 Linnaeaceae 和刺参科 Morinaceae（Winkworth et al.，2008a）。本书仍包括荚蒾属、接骨木属。

台湾。

6. 皱叶忍冬 Lonicera reticulata Champ. ex Benth. ［*L. rhytidophylla* Hand. -Mazz］

　　肇庆、和平、惠东、南雄、连南。生于海拔约 400～600 m 的山谷、溪边、路旁灌丛中。分布江西、福建、湖南、广西。

2. 接骨木属 **Sambucus** Linn.

本属约 10 种，分布于温带、亚热带地区及热带山地。中国有 4 种。广东有 2 种。黑石顶 1 种。

1. 接骨草 Sambucus javanica Blume ［*S. chinensis* Lindl.］

　　广东各地。生于海拔 200～700 m 的沟边林缘灌丛和草地上。分布长江流域及其以南各省区、甘肃和青海南部。日本。

3. 荚蒾属 **Viburnum** Linn.

本属约 200 种，分布于温带或亚热带地区，亚洲和南美洲种类较多。中国有 73 种，几全国均产，但以西南部种类较多。广东产 19 种，6 变种。黑石顶 12 种。

1. 花序有不孕花 ………………………………………………… 7. 蝶花荚蒾 V. hanceanum
1. 花序无不孕花。
　2. 圆锥花序；果核常浑圆或稍扁，仅具 1 条上宽下窄的深腹沟 … 10. 珊瑚树 V. odoratissimum
　2. 伞形状聚伞花序；果核通常压扁，常有 1 至数条背沟和腹沟，或有时腹面深凹，背面凸起如杓状，或有时凹凸不平，腹面扁平或略凹陷。
　　3. 冬芽裸露 ………………………………………………… 11. 鳞斑荚蒾 V. punctatum
　　3. 冬芽有 1～2 对鳞片。
　　　4. 花冠钟状或筒状钟形，裂片远较筒部短。
　　　　5. 嫩枝圆柱形；聚伞花序直径 4～10 cm；花生于第三级辐射枝上；花冠有小腺点 ………………………………………………………………………… 2. 水红木 V. cylindricum
　　　　5. 嫩枝四棱形；聚伞花序直径 1.5～2 cm；花生于第一级辐射枝上；花冠无小腺点 ………………………………………………………………………… 1. 金腺荚蒾 V. chunii
　　　4. 花冠辐状，裂片较长而广展。
　　　　6. 冬芽有 2 对鳞片。
　　　　　7. 叶的侧脉每边 3～5 条，基部常具离基或近离基 3 出脉，叶下面有黄色、红褐色至黑褐色小腺点。
　　　　　　8. 幼枝 4 棱形；果核杓状，背面凸起，腹面凹入。
　　　　　　　9. 萼管被簇毛；叶近革质 …………………………… 6. 海南荚蒾 V. hainanense
　　　　　　　9. 萼管无毛，叶革质 ………………………………… 12. 常绿荚蒾 V. sempervirens
　　　　　　8. 嫩枝圆柱形，如有棱亦不呈四棱形；果核有背、腹沟 …… 4. 臭荚蒾 V. foetidum
　　　　　7. 叶侧脉每边 5～12 条，很少具近离基 3 出脉，叶下面无腺点，或仅有透明、淡黄色小腺点。
　　　　　　10. 叶下面有透明小腺点，花萼有暗红色小腺点 ………………… 3. 荚蒾 V. dilatatum
　　　　　　10. 叶下面和花萼无腺点。
　　　　　　　11. 总花梗极短或近于无，很少长达 1.5 cm；叶上面有腺点 ………………………………………………………………………… 9. 吕宋荚蒾 V. luzonicum
　　　　　　　11. 总花梗极长，长可达 4 cm；叶上面无腺点 ………… 5. 南方荚蒾 V. fordiae
　　　　6. 冬芽有 1 对鳞片 ……………………………………… 8. 淡黄荚蒾 V. lutescens

1. 金腺荚蒾 Viburnum chunii P. S. Hsu ［*V. chunii* Hsu var. *piliferum* Hsu］

　　广东北部及西部。生于海拔 400～800 m 山谷疏林或密林中。分布于安徽、浙江、江西、福建、湖南、广西及贵州。

2. 水红木 Viburnum cylindricum Buch. -Ham. ex D. Don

曲江、乳源和乐昌。生于海拔 500～900 m 的山坡疏林或灌丛中。分布甘肃、湖北、湖南、广西、四川、贵州、云南和西藏。印度、尼泊尔至中南半岛各国。

3. 荚蒾 Viburnum dilatatum Thunb.

连州、乳源、阳山、连山、龙门、五华、丰顺、信宜、河源等地。生于海拔 700～1 300 m 山谷疏林或密林中。分布除东北、西北及海南外，几乎遍及全国。

4. 臭荚蒾 Viburnum foetidum Wall.

广东北部。生于海拔 200～400 m 的山坡疏林、密林或灌丛中。分布中国中部、西南部、东南部部分省区及西藏。

5. 南方荚蒾 Viburnum fordiae Hance.

广东各地。生于海拔 200～800 m 山谷、山坡林下或灌丛中。分布安徽、浙江、江西、福建、湖南、广西、贵州及云南。

6. 海南荚蒾 Viburnum hainanense Merr. et Chun.

生于海拔 600～800 m 疏林或灌丛中。分布海南、广西、云南。越南。

7. 蝶花荚蒾 Viburnum hanceanum Maxim.

广东中部以北。生于海拔 200～800 m 的山谷、溪边、路旁的疏林下或灌丛中。分布江西南部、福建、湖南和广西。

8. 淡黄荚蒾 Viburnum lutescens Blume

广东各地。生于海拔 200～1 000 m 的山谷林中或河边湿地上。分布广西。中南半岛各国、马来半岛及印度尼西亚。

9. 吕宋荚蒾 Viburnum luzonicum Rolfe

广东中部以北。生于海拔 100～700 m 的山谷溪旁疏林或灌丛中。分布浙江、江西、福建、台湾、广西和云南。

10. 珊瑚树 Viburnum odoratissimum Ker Gawl. 别名：早禾树

广东各地。生于海拔 200～800 m 的山谷密林、疏林中或平地灌丛中，亦见栽培。分布福建、湖南、广西。印度、缅甸、泰国和越南。

11. 鳞斑荚蒾 Viburnum punctatum Buch. -Ham. ex D. Don ［V. punctatum Buch. -Ham. ex D. Don var. lepidotulum（Merr. et Chun）Hsu］

连山、肇庆、云浮、信宜、龙门、怀集、德庆。生于海拔 200～900 m 的山谷、溪边疏林或密林中。分布广西。

12. 常绿荚蒾 Viburnum sempervirens K. Koch. 别名：坚荚树、冬红果

广东各地。生于海拔 100～800 m 的山谷或丘陵地林中。分布江西和广西。

37. 番木瓜科 Caricaceae

本科 4 属，约 60 种，分布于热带美洲及非洲，现热带地区广泛栽培。中国南部及西南部引种栽培 1 属，1 种。广东各地广泛栽培。

38. 石竹科 Caryophyllaceae

本科约 75～80 属，2 000 种左右，广布于全球，尤以北半球的温带和暖温带为多。中国约 30 属，390 种左右，全国均有分布，但主要分布在北方和西南高山地区。广东有 9 属，17 种，1 变种，其中栽培的有 5 种。黑石顶 2 属，3 种。

1. 花柱 5 枚 ··· 1. 鹅肠菜属 Myosoton
1. 花柱 3 枚 ··· 2. 繁缕属 Stellaria

1. 鹅肠菜属 Myosoton Moench

本属 1 种，分布于温带亚洲及欧洲。黑石顶 1 种。

1. **鹅肠菜 Myosoton aquaticum**（Linn.）Moench [*Stellaria aquatica*（Linn.）Scop.]

广东各地。生于低海拔至中海拔的山谷、旷野、沟边或路边草丛。分布中国南北各地。东半球的温带和亚热带地区。

2. 繁缕属 Stellaria Linn.

本属约 190 种，主要分布于全世界的温带地区，少数分布于寒带和亚热带地区，极少分布至热带。中国有 64 种左右，全国均有分布，主要分布在北部地区。广东有 3 种。黑石顶 2 种。

1. 叶卵状长圆形、长圆形或披针形，宽 1.5～6 mm，无柄 ································ 1. 雀舌草 S. alsine
1. 叶卵形或卵状心形、卵状披针形，宽 7～20 mm，有柄、稀无柄 ······················· 2. 繁缕 S. media

1. **雀舌草 Stellaria alsine** Grimm [*S. uliginose* Murray]

广东各地。生于低海拔至中海拔的山谷、旷野、田间、沟边草地。几乎全国各省区均有分布。分布非洲北部，欧洲、亚洲、美洲的温带至亚热带地区。

2. **繁缕 Stellaria media**（Linn.）Vill.

广东北部至东部。常生于田间、路旁或沟边草地。分布全国各地。全世界温带和亚热带、热带地区。

39. *木麻黄科 Casuarinaceae

本科有 4 属，97 种，主要分布于澳大利亚，少数种类分布到东南亚各国和太平洋岛屿。中国常见引种栽培的 1 属，3 种。黑石顶 1 属，1 种。

1. 木麻黄属 Casuarina Linn.

本属有 17 种，主要分布于澳大利亚，少数种类分布到东南亚各国和太平洋岛屿。中国常见引种栽培有 3 种。广东各地均有。黑石顶 1 种。

1. **木麻黄 Casuarina equisetifolia** Linn. 别名：短枝木麻黄、驳骨树

广东各地均有栽培。台湾、浙江、福建、广西和云南也有栽培。原产于澳大利亚和太平洋岛屿，现美洲热带地区和亚洲东南部沿海地区广泛栽植。

40. 卫矛科 Celastraceae

本科约有 97 属，1 194 余种。主要分布于热带、亚热带及温带，少数分布于寒温带。中国有 14 属，192 种，全国均有分布，其中引进栽培的有 1 属 1 种。广东产 8 属，58 种，2 变种，1 变型，其中 1 属，1 种为引进栽培。黑石顶 3 属，13 种。

1. 叶互生 ··· 1. 南蛇藤属 Celastrus
1. 叶对生。
　2. 种子具假种皮；子房完全 3～5 室 ································· 2. 卫矛属 Euonymus
　2. 种子无假种皮；子房完全或不完全 2（3）室 ··················· 3. 假卫矛属 Microtropis

1. 南蛇藤属 Celastrus Linn.

本属约 30 种，分布于亚洲、澳大利亚、美洲的热带、亚热带地区以及马达加斯加。中国 25

种，广东 15 种，1 变种。黑石顶有 4 种。

1. 蒴果 3 室，每室具种子 1～2 颗；落叶或常绿攀援灌木。
　　2. 花序顶生或顶生和腋生并存；种子椭圆形 ·················· 4. 南蛇藤 C. orbiculatus
　　2. 花序腋生；种子新月形 ······································· 1. 过山枫 C. aculeatus
1. 蒴果 1 室，每室仅具 1 颗种子；常绿攀援灌木。
　　3. 小枝上皮孔不明显；叶的网脉细密，两面均明显凸起；果卵球形，直径 6.5～8.5 mm ···
　　　·· 2. 青江藤 C. hindsii
　　3. 小枝上皮孔明显；叶的网脉较稀疏，仅下面凸起；果椭圆形，直径 8～13 mm ············
　　　·· 3. 独子藤 C. monospermus

1. **过山枫 Celastrus aculeatus** Merr.

　　广东各地。常见。生于海拔 100～800 m 的山地灌丛或路边疏林中。分布浙江、福建、江西、广西、云南。

2. **青江藤 Celastrus hindsii** Benth.

　　广东各地。常见。生于海拔 300 m 以上的灌丛或山地林中。分布长江流域以南各省区、西藏东部、台湾。越南、缅甸、印度、马来西亚。

3. **独子藤 Celastrus monospermus** Roxb.

　　广东各地。常见。生于海拔 300～800 m 山坡密林中或灌丛湿地上。分布香港、海南、广西、云南、贵州。不丹、印度、巴基斯坦、缅甸、越南。

4. **南蛇藤 Celastrus orbiculatus** Thunb. ［*C. tartarinowii* Rupr.］

　　广东各地。常见。生于山坡灌丛、杂木林、林缘。分布黑龙江、吉林、辽宁、内蒙古、河北、山东、山西、河南、陕西、甘肃、江苏、安徽、江西、湖北、四川。日本、朝鲜。

2. 卫矛属 Euonymus Linn.

本属约 130 种，分布于亚洲、澳大利亚、欧洲、马达加斯加、北美洲，中国 90 种，广东 16 种 2 变种，黑石顶有 7 种。

1. 蒴果近球形，顶端不裂；假种皮包围种子的全部；小枝幼时常具疣状凸起，稀平滑 ···········
　·· 3. 扶芳藤 E. fortunei
1. 蒴果非球形，顶端浅裂或深裂；假种皮包围种子的全部或部分；小枝无疣状凸起。
　　2. 蒴果顶端浅裂、稍凹入或分裂至果的 1/2。
　　　3. 雄蕊的花丝长 2～3 mm ··································· 4. 流苏卫矛 E. gibber
　　　3. 雄蕊的花丝极短或无。
　　　　4. 花 4 基数 ·· 6. 中华卫矛 E. nitidus
　　　　4. 花 5 基数。
　　　　　5. 花萼裂片边缘啮蚀状；叶柄长 3～5 mm ············· 5. 疏花卫矛 E. laxiflorus
　　　　　5. 花萼裂片边缘具细锯齿；叶柄长 5～8 mm ············ 7. 狭叶卫矛 E. tsoi
　　2. 蒴果从顶端深裂几达基部。
　　　6. 落叶或半常绿灌木；种子全部为假种皮包围 ················ 1. 卫矛 E. alatus
　　　6. 常绿灌木，稀小乔木；种子的一部分为假种皮包围 ·········· 2. 百齿卫矛 E. centidens

1. **卫矛 Euonymus alatus**（Thunb.）Sieb.

　　乳源。少见。生于山坡、沟地边沿。除东北、西北、海南以外，全国各省区均产。日本、朝鲜。

2. **百齿卫矛 Euonymus centidens** Lévl.

　　广东各地。生于山坡或密林中。分布长江流域及以南多数省区。

3. 扶芳藤 Euonymus fortunei（Turcz.）Hand.-Mazz. ［*E. hederaceus* Champ. ex Benth.］

粤北及粤西地区。常见。生于山坡林中。分布于中国大部分省区。

4. 流苏卫矛 Euonymus gibber Hance

乳源。少见。生于海拔 380～800 m 的林中和林缘。台湾、香港、海南亦有分布。

5. 疏花卫矛 Euonymus laxiflorus Champ. ex Benth.

广东各地。常见。生于山上、山腰及路旁密林中。分布香港、台湾、江西、福建、江苏、浙江、湖南、广西、贵州、云南、四川、西藏。越南、柬埔寨、印度、缅甸。

6. 中华卫矛 Euonymus nitidus Benth. ［*E. oblongifolius* Loes. et Rehd.］

广东各地。生于海拔 200～740 m 的山坡、路旁较湿润林中。分布福安徽、贵州、湖北、四川、福建、浙江、江西、广西、云南。孟加拉国、柬埔寨、日本、越南亦有分布。

7. 狭叶卫矛 Euonymus tsoi Merr. ［*E. kwangtungensis* C. Y. Cheng］

封开、肇庆、德庆、高州、怀集。生于低海拔山坡、山谷丛林中阴湿处。分布香港。

3. 假卫矛属 Microtropis Wall. ex Meisn.

本属 60 种以上，分布于非洲、美洲、东亚及东南亚的热带、亚热带地区。中国 27 种，广东 8 种，黑石顶有 2 种。

1. 总花梗长 1～2.5 cm ··· 1. 密花假卫矛 M. gracilipes
1. 总花梗长 2～5（～8）mm ··· 2. 斜脉假卫矛 M. obliquinervia

1. 密花假卫矛 Microtropis gracilipes Merr. et Metc.

乐昌、乳源、肇庆、从化、龙门、大埔、梅州、罗定。常见。生于海拔 700 m 以上的山谷林中湿地或近河旁。分布广西、福建、湖南、贵州。

2. 斜脉假卫矛 Microtropis obliquinervia Merr. et Freem.

乐昌、乳源、仁化、英德、阳山、紫金、肇庆、封开。常见。生于海拔 500～700 m 山地林中或近水缘处。分布湖南、浙江、贵州、广西、云南。

41. 藜科 Chenopodiaceae

本科约 100 余属，1 400 余种，分布于全世界的温带至热带地区。中国有 40 属，约 187 种，产全国各省，西北地区最丰富。广东产 9 种，黑石顶目前未有发现。

42. 金粟兰科 Chloranthaceae

本科有 5 属，约 70 种，分布于热带和亚热带地区。中国有 3 属，16 种。广东有 3 属，10 种；黑石顶 1 属，1 种。

1. 草珊瑚属 Sarcandra Gardn.

本属有 3 种，分布于亚洲东部（西至印度）。中国有 2 种，分布东南至西南部。广东各地均产。

1. 草珊瑚 Sarcandra glabra（Thunb.）Nakai ［*Bladhia glabra* Thunb.；*Sarcandra chloranthoides* Gardn.；*Chloranthus glaber*（Thunb.）Makino］别名：接骨莲、节骨茶

广东各地。常见。生于山坡、山谷或溪涧边，海拔 100～800 m。分布中国东南至西南部各省区（东起台湾，西至云南，北达安徽，南抵海南）。日本、朝鲜、菲律宾、马来西亚、柬埔寨、越南、印度及斯里兰卡。

43. 白花菜科 Cleomeae[①]

本科约17属，150余种，广布于热带及温带地区。中国有5属，约5种，广东有2属，8种，黑石顶1属，1种。

1. 黄花草属 Arivela Raf.

本属约10种，分布于非洲、亚洲。中国1种。黑石顶1种。

1. 黄花草 Arivela viscosa（Linn.）Raf. ［*Cleome viscosa* Linn.］

广东各地。旷地常见的野草。分布台湾、浙江、福建、江西、湖南、广西和云南等省区。广布于热带各地。

44. 桤叶树科（山柳科）Clethraceae

本科仅1属，约60种，分布于亚洲及美洲的热带亚热带地区，1种产非洲的马德拉岛。中国产17种，分布于西南部至东南部沿海各省区。广东有5种，2变种，黑石顶1种。

1. 桤叶树属 Clethra（Gronov.）Linn.

1. 贵定桤叶树 Clethra cavaleriei Lévl. ［*C. esquirolii* Lévl.］

广东北部及东北部。生于海拔300～800 m的山坡疏林或山顶灌丛中。分布浙江、江西、福建、湖南、广西、四川、贵州。

45. 使君子科 Combretaceae

本科约19属，450余种，主产两半球热带、亚热带地区。中国有5属，24种，主产西南、华南和东南各省区，少数种可分布至长江流域。广东常见的有4属，10种，1变种。黑石顶产1属，1种。

1. 风车子属 Combretum Loefl.

本属约250种以上，主产热带非洲及热带亚洲，美洲较少。中国产11种，3变种，主产云南、广东。广东产4种，1变种。黑石顶1种。

1. 华风车子 Combretum alfredii Hance

广东各地。常生长在海拔200～800 m的河边、谷地。分布江西、湖南、广西。

46. 鸭跖草科 Commelinaceae

本科约40属，650种，分布于热带、亚热带地区，温带只有个别种分布。中国有13属，56种，主产云南、广西、广东。广东有11属，35种。黑石顶4属，10种。

1. 花序密集成头状，自叶鞘基部处穿鞘而出 ·································· 1. 穿鞘花属 Amischotolype
1. 花序不贯穿叶鞘而出。
　2. 圆锥花序顶生，扫帚状；蒴果2室；能育雄蕊5～6枚 ················ 3. 聚花草属 Floscopa

---

[①] 白花菜科 Cleomaceae 从山柑科 Capparaceae 分出（Su et al., 2012），原为白花菜亚科 Cleomoideae。

2. 花序顶生或腋生，不呈扫帚状；蒴果通常3室稀2室，若为2室则能育雄蕊3枚。
   3. 总苞片佛焰苞状。花瓣离生 ·· 2. 鸭跖草属 Commelina
   3. 总苞片不呈佛焰苞状，平展或鞘状 ·· 4. 水竹叶属 Murdannia

1. 穿鞘花属 Amischotolype Hassk.

本属约20种，分布于亚洲及非洲热带地区。中国有2种。广东有1种。黑石顶1种。

1. 穿鞘花 Amischotype hispida（Less. et A. Rich.）D. Y. Hong [*Forrestia hispida* Less. et A. Rich.；*F. chinensis* N. E. Brown]

阳春、乐昌、和平、乳源等地。生林下或山谷溪边。分布广西、福建、台湾、贵州、云南、西藏。日本（琉球群岛）、中南半岛各国至印度尼西亚及巴布亚新几内亚。

2. 鸭跖草属 Commelina Linn.

本属约170种，广布于全球，主产热带、亚热带地区。中国有8种。广东有6种。黑石顶3种。

1. 总苞片下缘结合，呈漏斗状或风帽状 ·· 1. 饭包草 C. bengalensis
1. 总苞片边缘分离，基部心形或浑圆。
  2. 蒴果3室；总苞片卵状披针形，长2～5 cm ································ 3. 竹节草 C. diffusa
  2. 蒴果2室；总苞片心形，长1.2～2.5 cm ···································· 2. 鸭跖草 C. communis

1. 饭包草 Commelina bengalensis Linn.

和平、博罗（罗浮山）、封开。生于低海拔的湿地上。分布华东、华中、华南及西南地区。亚洲及非洲的热带、亚热带地区。

2. 鸭跖草 Commelina communis Linn.

广东中部。常见于湿地、田边。除青海、新疆、西藏外，各地均有分布。越南、柬埔寨、泰国、朝鲜、日本、俄罗斯、北美洲各国。

3. 竹节草 Commelina diffusa Burm. f.

广东各地。生于低海拔的林中或溪旁潮湿的旷野。分布海南、西藏、云南、贵州、广西、台湾。全球热带、亚热带地区分布。

3. 聚花草属 Floscopa Lour.

本属约20种，广布于全球热带和亚热带。中国有2种。广东有1种。黑石顶1种。

1. 聚花草 Floscopa scandens Lour.

乐昌、阳春、罗定、珠海、连平、新兴、肇庆、阳山、惠阳、从化等地。生于湿地上。分布中国南部至西南部。印度、缅甸至越南、澳大利亚。

4. 水竹叶属 Murdannia Royle.

本属约50种，广布于全球热带、亚热带地区。中国有20种，多分布于长江以北。广东有13种。黑石顶5种。

1. 蒴果每室有种子3颗至多颗，花疏散，不成头状 ···························· 5. 矮水竹叶 M. spirata
1. 蒴果每室有种子2颗；花紧密，排成头状的聚伞花序。
  2. 种子有窝孔；花梗纤细而直；主茎正常发育 ··························· 3. 裸花水竹叶 M. nudiflora
  2. 种子无窝孔；花梗弯曲或直立；主茎退化；叶莲座式排列。
    3. 基生叶较阔，宽6～18 mm ··· 4. 细竹篙草 M. simplex
    3. 基生叶较窄，宽3.5～10 mm。
      4. 基生叶宽近10 mm ··· 2. 牛轭草 M. loriformis
      4. 基生叶宽约3.5 mm ·· 1. 狭叶水竹叶 M. kainantensis

1. 狭叶水竹叶 Murdannia kainantensis（Masam.）Hong［*Aneilema kainantense* Masam.］

广州、阳春、雷州、博罗、海丰、怀集、封开等地。生于疏林下或潮湿荒地上。分布海南、广西、福建等省区。

2. 细竹篙草 Murdannia simplex（Vahl）Brenan［*Commelina simplex* Vahl］别名：书带水竹叶

博罗、广州、从化等地。生于沼地或湿润的草地。分布海南、香港、广西、云南、贵州、四川等省区。非洲、印度至印度尼西亚。

3. 裸花水竹叶 Murdannia nudiflora（Linn.）Brenan［*Commelina nudiflora* Linn. M. Malabarica（Linn.）Bruckn.］

广东各地。生于水边湿地。分布海南、云南、四川、河南、山东、安徽、江苏、浙江、江西、广西、湖南、福建等省区。亚洲南部至东南部。

4. 牛轭草 Murdannia loriformis（Hassk.）R. S. Rao & Kammathy［*Aneilema loriformis* Hassk.］别名：鸡嘴草

广东东部、中部、西部等地。生于低海拔处的山谷溪边林下、山坡草地。分布海南、香港、广西、湖南、安徽、福建、贵州、四川、台湾、云南、浙江。亚洲热带地区。

5. 矮水竹叶 Murdannia spirata（Linn.）Bruckn.［*Commelina spirata* Linn.］

生于林下、湿润荒地和溪边沙地。广东恩平等地。分布台湾、福建、云南。热带亚洲。

47. 牛栓藤科 Connaraceae

本科有24属，390多种，主要分布在非洲及亚洲热带地区，少数在亚热带地区，极少数分布拉丁美洲。中国有6属，9种，分布于福建、台湾、广东、广西、海南、云南等省区。广东有1属，3种。黑石顶1属，2种。

1. 红叶藤属 Rourea Aubl.

本属90余种，分布于全世界的热带地区。中国有3种，产东南部至西南部。广东有3种。黑石顶2种。

1. 小叶 7～17（～27）片 ·· 1. 红叶藤 R. microphylla
1. 小叶 3～7 片 ·· 2. 大叶红叶藤 R. minor

1. 红叶藤 Rourea microphylla（Hook. & Arn.）Planch.

广东各地。生于海拔800 m以下的丘陵、山地林中或灌丛。分布福建、广西、海南、云南。亚洲南部至东南部、大洋洲和非洲。

2. 大叶红叶藤 Rourea minor（Gaertn.）Alston

广东各地。生于海拔800 m以下的丘陵或山地的林中或灌丛。分布台湾、广西、海南、云南。亚洲南部至东南部、大洋洲和非洲。

48. 旋花科 Convolvulaceae

本科约50属，1650种，广布于热带、亚热带及温带地区。中国产20属，约130种。广东有18属，60种，2亚种，2变种。黑石顶6属，7种。

1. 花柱缺或几无，柱头贴生子房；花冠5深裂，每裂片具小裂片 ············ 3. 丁公藤属 Erycibe
1. 花柱明显，1～2 枚；花冠近全缘或5裂，裂片无小裂片。
  2. 花柱5枚，分离或合生至中以上 ··· 4. 土丁桂属 Evolvulus

2. 花柱 1 枚。
　　3. 柱头 2 裂，非球形；蒴果 ·················· 2. 打碗花属 Calystegia
　　3. 柱头线形；浆果或蒴果。
　　　　4. 花冠坛状；花丝基部具 1 大而内凹的鳞片 ··········· 5. 鳞蕊藤属 Lepistemon
　　　　4. 花冠钟状．漏斗状或高脚碟状；花丝基部无鳞片或有非内凹的鳞片。
　　　　　　5. 雄蕊和花柱内藏（夜牵牛例外） ················ 6. 紫牵牛属 Pharbitis
　　　　　　5. 雄蕊和花柱伸出。花长 5 cm 以上；萼片大，具长芒 ······ 1. 月光花属 Calonyction

1. 月光花属 Calonyction Choisy.

本属 3～4 种，产热带美洲。中国栽培或逸为野生的有 3 种。广东有 2 种。黑石顶 1 种。

1. 月光花 Calonyction aculleatum（Linn.）House

分布中国南部各省区。广东城镇公园或农场有栽培。原产热带美洲，现广布于世界热带地区。

2. 打碗花属 Calystegia R. Br.

本属约 25 种，分布于全球热带和亚热带地区。中国产 5 种。广东有 1 种。黑石顶 1 种。

1. 肾叶打碗花 Calystegia soldanella（L.）R. Br.

高要等地。生于农田、荒地、路旁杂草中。分布全国各地。东非、亚洲南部、东部至马来西亚。

3. 丁公藤属 Erycibe Roxb.

本属约 70 种，分布于亚洲南部和东南部、澳大利亚东北部。中国产 11 种。广东有 6 种。黑石顶 2 种。

1. 叶顶端钝或钝圆，侧脉远离边缘网结；果椭圆形，长 1.2～1.4 cm ························· 1. 丁公藤 E. obtusifolia
1. 叶顶端短渐尖或渐尖，侧脉伸至近边缘 ············· 2. 光叶丁公藤 E. schmiduii

1. 丁公藤 Erycibe obtusifolia Benth. 别名：包公藤

广东境内北回归线以南地区，东起陆丰，西至化州及沿海岛屿。生于低山或平原区的疏林或河岸或山坑灌丛中。分布广西。

2. 光叶丁公藤 Erycibe schmidtii Craib［*E. laevigata* auct. non Wall.；*E. obtusifolia* auct. non Benth.］

广东西江流域和西部，海南各地。生于山地密林中或山坑边。分布广西、云南东南部。越南、泰国。

4. 土丁桂属 Evolvulus Linn.

本属约 100 种，分布于世界热带和严于热带地区，主产美洲；东半球仅 2 种。中国产 2 种，2 变种。广东产 1 种，1 变种。黑石顶 1 种。

1. 土丁桂 Evolvulus alsinoides（Linn.）Linn.［*Convolvulus alsinoides* Linn.］别名：白毛将

广东各地。生于低山疏林或灌木林下、干草原或路边草地。分布中国长江以南各省区。亚洲东南部和南部，非洲东部热带地区。

5. 鳞蕊藤属 Lepistemon Bl.

本属约 10 种，分布于东半球热带和亚热带地区。中国产 2 种。广东皆有。黑石顶 1 种。

1. 分裂鳞蕊藤 Lepistemon lobatum Pilger

英德、清远、连南、高要、封开等地。生于海拔 500～800 m 山地山谷或溪畔林缘或灌木林中。分布海南、浙江南部、福建、江西和广西。越南北部。

6. 紫牵牛属 Pharbitis Choisy.

本属约15种，主产美洲。中国有3种。广东均有，但均非原产。黑石顶1种。

1. **裂叶牵牛 Pharbitis nil（Linn.）Choisy**

   广东各地。生于村旁的灌丛或荒地上。除东北和西北干旱地区外，中国各省区均有分布。原产美洲地区，现世界热带温带均有生长。

49. 山茱萸科 Cornaceae

本科有15属，约有119种，分布于温带至热带，以东亚为最多。中国有9属，60余种，除新疆外，其余各省区均有分布。广东有7属，17种，4变种。黑石顶2属，5种。

1. 叶边缘具细或粗齿；花单性异株 ························· 1. 桃叶珊瑚属 Aucuba
1. 叶全缘；花两性 ······································· 2. 四照花属 Dendrobentharnia

1. 桃叶珊瑚属 Aucuba Thunb.

本属约四种，分布于中国、锡金、不丹、印度、缅甸、越南、朝鲜及日本。中国多地均有分布。广东有3种，3变种。黑石顶3种。

1. 雌花序长1～2.5 cm ································· 3. 倒心叶珊瑚 A. obcordata
1. 雌花序长3～5 cm。
    2. 叶缘具锯齿火藤状齿；果圆柱或卵形，长1.4～1.8 cm ······ 1. 狭叶桃叶珊瑚 A. chinensis
    2. 叶缘具细锯齿；果卵状半球形，长1～1.2 cm ······ 2. 西藏桃叶珊瑚 A. himalaica var. oblanceolata

1. **狭叶桃叶珊瑚 Aucuba chinensis Benth. var. angusta Wang**

   仁化、深圳、肇庆、信宜。少见。生于海拔330～500 m的林中。分布贵州、四川、广西、江西、湖南。

2. **西藏桃叶珊瑚 Aucuba himalaica Hook. f. et Thoms. var. oblanceolata Fang et Soong**

   乐昌、乳源、从化、信宜。少见。生于海拔约700 m的林中。分布四川、湖南、广西。

3. **倒心叶珊瑚 Aucuba obcordata（Rehd.）Fu**

   乳源、博罗。少见。生于海拔300～800 m的林中。分布陕西、湖北、湖南、广西、四川、贵州、云南。缅甸。

2. 四照花属 Dendrobenthamia Hutch.

本属有10种，分布于喜马拉雅至东亚。中国全产。广东有4种。黑石顶2种。

1. 叶下面疏被褐色粗毛；总苞片倒卵状椭圆形，长4.0～4.5 cm ··· 1. 褐毛四照花 D. ferruginea
1. 叶下面密被白色植毛；总苞片宽椭圆形至倒卵状宽椭圆形，长2.8～4 cm ·················
   ··································· 2. 香港四照花 D. hongkongensis

1. **褐毛四照花 Dendrobenthamia ferruginea（Wu）Fang**

   惠阳、河源、紫金、五华、兴宁、丰顺、高要、封开。少见。生于海拔200～800 m的山谷密林中。广西、贵州。

2. **香港四照花 Dendrobenthamia hongkongensis（Hemsl.）Hutch.**

   广东山区县均有分布。常见。生于海拔350 m湿润山谷和密林或混交林中。分布浙江、江西、福建、湖南、香港、广西、四川、贵州、云南。

50. 白玉簪科 Corsiaceae

本科3属，约29种，产于热带美洲、巴布亚新几内亚及其附近岛屿、澳大利亚北部，以及中国广东。广东有1属，1种。黑石顶1种。

1. 白玉簪属 Corsiopsis D. X. Zhang，R. M. Saunders & C. M. Hu

单种属。中国特有，产广东封开。

1. 中华白玉簪 Corsiopsis chinensis D. X. Zhang, R. M. Saunders & C. M. Hu

仅见于广东封开。生于密林的腐殖土中。

51. 景天科 Crassulaceae

本科约35属，1 500种，广布于全球，以非洲南部及墨西哥种类较多。中国有10属，242种，全国均有分布，西南部种类较多。广东有4属，20种。黑石顶1属，2种。

1. 景天属 Sedum Linn.

本属约有500种，主产北半球温带地区和热带山区。中国有124种，南北方各省均产，但以西南地区种类最多。广东产15种。黑石顶2种。

1. 植株上部叶腋常有珠芽 ………………………………………………… 1. 珠芽景天 S. bulbiferum
1. 植株叶腋不具珠芽 ……………………………………………………… 2. 日本景天 S. japonicum

1. 珠芽景天 Sedum bulbiferum Makino

分布于英德、连山、平远、连平、乐昌、仁化等地。生于海拔800 m以下低山、平原阴湿地上。分布广西、福建、四川、湖北、湖南、江西、安徽、浙江、江苏。日本。

2. 日本景天 Sedum japonicum Sieb. ex Miq.

据记载乳源、博罗有产。生于海拔800 m以下山坡阴湿处。分布湖南、江西、安徽、浙江、台湾。日本。

52. 十字花科 Cruciferae

本科共330属，约3 500种，主产温带。中国有102属，412种，主产西南、西北、东北高山区和丘陵地带。广东有10属，29种，9变种和1变型。黑石顶3属，3种。

1. 果为长角果。
  2. 单叶，全缘至羽状深裂。
    3. 花瓣白色 ………………………………………………………… 1. 碎米荠属 Cardamine
    3. 花瓣黄色或无花瓣 ……………………………………………… 2. 蔊菜属 Rorippa
  2. 羽状复叶或兼有单叶 ……………………………………………… 1. 碎米荠属 Cardamine
1. 果为短角果。
  4. 短角果倒三角形 …………………………………………………… 3. 荠属 Capsella
  4. 短角果圆柱形或球形 ……………………………………………… 2. 蔊菜属 Rorippa

1. 荠属 Capsella Medic.

本属1种，产亚洲西南部、欧洲。中国有1种。广东1种。黑石顶1种。

1. 荠 Capslla bursa-pastoris (Linn.) Medic. 别名：荠菜、地菜

广东各地。生山坡、荒地、田边和路旁。几乎遍及全国。全球温带地区广泛分布。

2. 碎米荠属 Cardamine Linn.

本属约 200 种，世界广布。中国约 48 种，分布几乎遍及全国。广东有 4 种。黑石顶 1 种。

1. 弯曲碎米荠 Cardamine flexuosa With.

连山、翁源、平远、封开、罗浮、广州等地。生于路旁、田边及草地。遍及全国。朝鲜、日本、东南亚及欧洲、美洲、澳大利亚亦有分布。

3. 蔊菜属 Rorippa Scop.

本属约 75 种，世界广布。中国有 9 种。广东有 4 种。黑石顶 1 种。

1. 蔊菜 Rorippa indica (Linn.) Hiern.

广东各地。生于路旁、河边、田边等较潮湿处。分布华东、华中、华南和西南地区。日本、朝鲜、菲律宾、印度尼西亚、印度、缅甸、中南半岛各国、美洲国家。

53. 葫芦科 Cucurbitaceae

本科约 113 属，900 种左右，主要分布于全世界的热带和亚热带地区，少数种类分布到温带地区。中国有 32 属，154 种，35 变种，广布于全国，尤以西南部和南部为多。广东有 22 属，40 种，3 变种（其中栽培的有 10 种，2 变种）。黑石顶 7 属，12 种。

1. 雄蕊分离。
  2. 雄蕊 5 枚。
    3. 萼管内有 1～3 枚鳞片，无小裂片 ································ 5. 赤瓟属 Thladiantha
    3. 萼管内有 5 枚鳞片，并有 5 枚与萼裂片交互着生的小裂片 ·········· 3. 罗汉果属 Siraitia
  2. 雄蕊 3 枚，稀 2 枚或 5 枚（苦瓜属、丝瓜属的果通常大型）。
    4. 花药室直或弯斜。
      5. 雄蕊 3 枚，花药全部 2 室 ································ 7. 马㼎儿属 Zehneria
      5. 雄蕊 3 枚，花药 2 个 2 室，1 个 1 室 ··················· 4. 茅瓜属 Solena
    4. 花药室叠状或蜿蜒状，呈 S 形或 U 形。
      6. 花瓣全缘，不成流苏状 ································ 1. 西瓜属 Citrullus
      6. 花瓣边缘流苏状 ······································ 6. 栝楼属 Trichosanthes
1. 雄蕊的滑丝和生成 1 柱或基部合生。花小，单性异株，很少同株；花丝基部合生；果小，直径约 1 cm，有 1～3 颗种 ···································· 2. 绞股蓝属 Gynostemma

1. 西瓜属 Citrullus Schrad.

本属约 9 种，分布于非洲、地中海地区和亚洲，其中 1 种广植于世界各地。中国引入栽培的有 1 种。广东亦有种植。黑石顶有 1 种。

1. 西瓜 Citrullus lanatus (Thunb.) Matsum. et Nakai [C. vulgaris Schrad. ex Eckl. et Zeyh.]

广东各地有栽培。中国各地栽培。原产非洲的热带地区，现广植于世界各地。

2. 绞股蓝属 Gynostemma Bl.

本属约有 11 种，分布于亚洲热带、亚热带地区和波利尼西亚。中国约有 9 种，2 变种，分布于陕西南部和长江以南各省区。广东有 2 种。黑石顶有 1 种。

1. 绞股蓝 Gynostemma pentaphyllum (Thunb.) Makino 别名：七叶胆

广东山区县有分布。生于山地灌丛或林中。陕西南部至长江以南各省区分布。亚洲南部、南

部至东南部也有分布。

3. 罗汉果属 Siraitia Merr.

本属约7种，分布于亚洲南部和东南部。中国有4种，分布于西南部至东部。广东有2种。黑石顶有1种。

1. 罗汉果 Siraitia grosvenorii (Swingle) C. Jeffrey ex Lu et Z. Y. Zhang [*Momordica grosvenorii* Swingle；*Thladiantha grosvenorii* (Swingle) C. Jeffrey] 别名：光果木鳖

五华、和平、连平、新丰、南雄、始兴、花县、龙门、广州、乳源、连山、信宜、湛江。生于低海拔至中海拔山地的山谷林较阴湿处，少见与旷地或灌丛中。分布海南、广西、贵州、湖南、江西省区。

4. 茅瓜属 Solena Lour.

本属有2种，分布于亚洲南部和东南部。中国产于西南部、南部至东部。广东有1种。黑石顶有1种。

1. 茅瓜 Solena amplexicaulis (Lam.) Gandhi [*Bryonia amplexicaulis* Lam.；*Melothria heterophylla* (Lour.) Cogn.]

广东各地。生于低海拔的山地林中或丘陵、旷野的灌丛。中国西南部、南部，东至台湾均有分布。亚洲南部和东南部，西至阿富汗，均有分布。

5. 赤瓟属 Thladiantha Bunge.

本属约20多种，分布于亚洲南部、东部至东南部。中国约有23种，产西南部、南部经中部至东部，北部很少。广东有4种。黑石顶有1种。

1. 大苞赤瓟 Thladiantha cordifolia (Bl.) Cogn. [*Luffa cordifolia* Bl.；*Thladiantha calcarata* (Wall.) C. B. Clarke] 别名：心叶赤瓟

生于低海拔山地的灌丛或沟谷林中。分布江西、广西、贵州、云南、西藏等省区。越南、老挝、泰国、缅甸、尼泊尔、不丹、孟加拉国、印度、印度尼西亚等地。

6. 栝楼属 Trichosanthes Linn.

本属约40种，分布于日本至亚洲南部和东南部、大洋洲。中国约有30多种，分布于南北各地，北方较少。广东有7种，1变种。黑石顶有6种。

1. 攀援草本 ································ 1. 芋叶栝楼 T. homophylla
1. 攀援藤本。
  2. 叶片通常密被短而直的茸毛，稀无毛 ················· 4. 全缘栝楼 T. ovigera
  2. 叶表面通常平滑，无糙点
    3. 雄花常排列成总状花序或狭圆锥花序；花大，径3 cm以上；花萼筒狭漏斗状，长2 cm以上。
      4. 叶片纸质，常3～7裂。花序、苞片及花萼被微柔毛；果实光滑无毛。
        5. 叶片阔卵形至近圆形，3～7深裂，通常5深裂，几达基部，裂片披针形或倒披针形，极稀具小裂片；苞片小，长0.5～1.6 cm，宽0.5～1.1 cm；花萼裂片线形；种子棱线距边缘较远 ·············· 6. 中华栝楼 T. rosthornii
        5. 叶片近圆形，通常3～5（～7）浅裂至中裂，裂片常再分裂；苞片大，长1.5～2.5 cm，宽1～2 cm；花萼裂片披针形；种子棱线近边缘 ············ 3. 栝楼 T. kirilowii
      4. 叶片革质，不分裂；花序、苞片、花萼及果实均密被锈色柔毛 ································ 5. 两广栝楼 T. reticulinervis

3. 雄花单生；花小，直径 3 cm 以下；花萼筒狭钟状，长约 1.5 cm；叶片 3～5 浅裂至中裂 ··· 2. 湘桂栝楼 T. hylonoma

1. 芋叶栝楼 Trichosanthes homophylla Hayata 别名：毛果栝楼
   分布台湾（台北、台中、宜兰、南投、高雄、花莲）。
2. 湘桂栝楼 Trichosanthes hylonoma Hand. -Mazz 别名：圆子栝楼
   生于海拔 500～950 m 的山谷灌木林中。分布湖南南部、广西东北部和贵州东南部。
3. 栝楼 Trichosanthes kirilowii Maxim
   生于海拔 200～800 m 的山坡林下、灌丛中、草地和村旁田边。因本种为传统中药天花粉和栝楼，故在其自然分布区内、外，广为栽培。分布辽宁、华北、华东、中南、陕西、甘肃、四川、贵州和云南。朝鲜、日本、越南和老挝。
4. 全缘栝楼 Trichosanthes ovigera Bl. 别名：假栝楼
   生于海拔 300～800 m 的山谷丛林中、山坡疏林或灌丛中或林缘。分布云南、贵州及广西等省区。东喜马拉雅，经中国南部、越南和泰国，达印度尼西亚的爪哇和苏门答腊，日本也有。
5. 两广栝楼 Trichosanthes reticulinervis C. Y. Wu ex S. K. Chen 别名：网脉栝楼
   高要、封开、连山及海南的屯昌等地。生于低海拔的山谷、沟边林中或灌丛；亦有栽培。分布广西省。
6. 中华栝楼 Trichosanthes rosthornii Harms 别名：单花栝楼
   生于海拔 400～850 m 的山谷密林中、山坡灌丛中及草丛中。分布甘肃东南部、陕西南部、湖北西南部、四川东部、贵州、云南东北部、江西（寻乌）。

7. 马㼎儿属 Zehneria Endl.

本属约 7 种，分布于东半球的热带和亚热带地区。中国有 5 种，1 变种，分布于中部、东南部、南部至西南部。广东有 2 种。黑石顶有 1 种。

1. 马㼎儿 Zehneria indica（Lour.）Keraudren ［*Melothria indica* Lour.；*Melothria formosana* Hayata］别名：老鼠拉冬瓜
   广东各地。生于山地或旷野灌丛、林缘、沟边、村边、常攀缘于灌木上。中国西南部经中南部至东部有分布。日本、朝鲜、菲律宾、印度尼西亚、马来西亚、越南、老挝、泰国、孟加拉国、尼泊尔、印度。

54. 莎草科 Cyperaceae

全世界 104 属，约 5 000 种，广布于全球。中国有 30 属，约 750 种，广布于全国。广东产 25 属，252 种，18 变种，3 亚种，1 变型。黑石顶 14 属，50 种。

1. 花单性。
   2. 雌花被先出叶所形成的果囊所包裹 ··· 1. 苔草属 Carex
   2. 雌花不被先出叶所形成的果囊所包裹。
      3. 小坚果基部具基盘，稀无。
         4. 小坚果被 2 片对生鳞片包围；花序为球状聚伞花序，生于茎的每节上 ··· 3. 裂颖茅属 Diplacrum
         4. 小坚果不被 2 片对生鳞片包围；花序为复合圆锥花序，顶生 ······ 14. 珍珠茅属 Scleria
      3. 小坚果基部无基盘。
         5. 雌花下具空鳞片 3 片；柱头 3 枚 ··· 10. 擂鼓苓属 Mapania
         5. 雌花下无空鳞片；柱头 2 枚 ··· 7. 割鸡芒属 Hypolytum

83

1. 花两性。
　　6. 小穗上的鳞片螺旋状排列。
　　　　7. 小穗具多数两性而结实的花。
　　　　　　8. 花柱基部不膨大，与子房连接处无关节 ·················· 15. 蔗草属 Scupua
　　　　　　8. 花柱基部膨大，与子房连接处有关节或缢缩。
　　　　　　　　9. 叶片退化而仅存叶鞘；小穗单个，顶生；花被片为下位刚毛 ··· 4. 荸荠属 Eleocharis
　　　　　　　　9. 叶片通常存在，稀退化仅存叶鞘；小穗排成长侧枝聚伞花序；花被片完全退化，无下位刚毛 ·················· 5. 飘拂草属 Fimbristylis
　　　　7. 小穗具少数能结实的花，通常仅中部或顶部 1～3 朵能结实。
　　　　　　10. 茎三棱形；花柱基部膨大而宿存；小坚果双凸状 ·········· 13. 刺子莞属 Rhynchospora
　　　　　　10. 茎圆柱形，稀钝三棱形；花柱基部不膨大而脱落；小坚果三棱状或圆柱状 ·················· 6. 黑莎草属 Gehnia
　　6. 小穗上的鳞片 2 行排列。
　　　　11. 花被刚毛状或鳞片状 ·················· 9. 湖瓜草属 Lipocarpa
　　　　11. 花被完全退化。
　　　　　　12. 小穗轴基部无关节，鳞片在果熟后由下而上依次脱落。
　　　　　　　　13. 柱头 3 枚；小坚果三棱状 ·················· 2. 莎草属 Cyperus
　　　　　　　　13. 柱头 2 枚；小坚果双凸状或凹凸状，两侧压扁 ··· 12. 扁莎属 Pycreus
　　　　　　12. 小穗轴基部具关节，鳞片在果熟后宿存而与小穗轴一齐脱落，稀先脱落。
　　　　　　　　14. 柱头 3 枚；小坚果三棱状 ·················· 11. 砖子苗属 Mariscus
　　　　　　　　14. 柱头 2 枚；小坚果双凸状或平凸状 ·················· 8. 水蜈蚣属 Kyllinga

1. 苔草属 Carex Linn.

本属有 2 000 种以上，分布于全球。中国有近 500 种，分布于全国各地。广东有 82 种。黑石顶 15 种。

1. 穗状花序；小穗多数。无柄；枝先出叶不发育 ·················· 7. 隆凸苔草 C. gibba
1. 总状或圆锥花序，少数穗状花序；小穗少至多数，少数单个顶生，具小穗柄，少数柄较短或近无柄；枝先出叶囊状或鞘状。
　　2. 小穗雄雌顺序排列，通常排成复合花序；枝先出叶囊状。
　　　　3. 茎中生；茎生叶发达；总苞片叶状。
　　　　　　4. 果囊成熟时血红色 ·················· 2. 浆果苔草 C. baccans
　　　　　　4. 果囊成熟时非血红色。
　　　　　　　　5. 雌花鳞片顶端无芒；果囊小，长不超过 3 mm；花柱基部通常不增粗 ·················· 6. 蕨状苔草 C. filicina
　　　　　　　　5. 雌花鳞片顶端具芒；果囊较大，长 3～10 咖；花柱基部增粗 ·················· 4. 十字苔草 C. cruciata
　　　　3. 茎侧生；茎生叶、总苞片佛焰苞状。
　　　　　　6. 支花序为圆锥花序；具多数小穗 ·················· 13. 花葶苔草 C. scaposa
　　　　　　6. 支花序近伞房花序状，具少数小穗 ·················· 1. 广东苔草 C. adrienii
　　2. 小穗单性或单性与两性兼有，罕全为两性，单个或多个生于苞鞘内，少数排成复合花序；枝先出叶鞘状。
　　　　7. 果囊平凸状或双凸状，柱头 2 枚。
　　　　　　8. 果囊长椭圆形，长 4～5 mm，边缘及脉上被粗短毛；柱头长为果囊的 2～3 倍；雌花鳞片顶端具长芒 ·················· 15. 细梗苔草 C. teinogyna

8. 果囊宽椭圆形、近圆形或宽卵形，长 3.5 mm 以下，上部或边缘被粗短毛，柱头稍长于果囊；雌花鳞片顶端无芒或具短尖头。
　　　9. 顶生小穗雄性，侧生小穗雄雌顺序 ……………………………… 14. 褐绿苔草 C. stipitinux
　　　9. 小穗全部为雄雌顺序 …………………………………………… 3. 粟褐苔草 C. brunnea
7. 果囊三棱形，柱头 3 枚。
　　10. 小穗两性 ……………………………………………………… 5. 隐穗苔草 C. cryptostachys
　　10. 顶生小穗雄性，侧生小穗雌性或两性。
　　　11. 小坚果棱上中部缢缩 ……………………………………… 8. 长囊苔草 C. harlandii
　　　11. 小坚果棱上中部不缢缩。
　　　　12. 叶具小横脉；果囊具 2 条明显或不明显的侧脉；花柱基部不增粗。
　　　　　13. 小穗间距很短，常集中生于茎的近顶端，排列呈近头状 ………………………………
　　　　　　………………………………………………………… 12. 密苞叶苔草 C. phyllocephala
　　　　　13. 小穗间距长，不集生于茎的顶端，排列呈近穗状。
　　　　　　14. 叶鞘不互相套叠，较松地包着茎 ……………………… 9. 舌叶苔草 C. ligulata
　　　　　　14. 叶鞘互相套叠，较紧地包着茎 ………… 10. 套鞘苔草（毛囊苔草）C. maubertiana
　　　　12. 叶不具小横脉；果囊具多条侧脉；花柱基部稍增粗 …… 11. 条穗苔草 C. nemostachys

1. 广东苔草 Carex adrienii E. G. Camus. ［*C. kwangtungensis* Wang et Tang］别名：大叶苔草

　　广东各地。生于林下、水旁或阴湿地。分布福建、海南、湖南、广西、贵州、四川、云南。老挝、越南。

2. 浆果苔草 Carex baccans Nees.

　　广东各地。常见。生于林缘、溪边、草丛和灌丛中。分布华南、西南及台湾。马来西亚、印度、越南、日本等。

3. 粟褐苔草 Carex brunnea Thunb. ［*C. megacarpa* Koyama］

　　广东北部、中部、西部。生于林下、灌丛中、山坡阴处或溪边。分布华中、华南和西南。菲律宾、中南半岛各国及日本。

4. 十字苔草 Carex cruciata Wahl. ［*C. bengalensis* Roxb.；*C. spongocrepis* Nelmes］

　　广东各地。常见。生山谷、路旁。分布中国南部、西南部、东部及台湾。印度、越南、尼泊尔、马达加斯加。

5. 隐穗苔草 Carex cryptostachys Brongn.

　　广东各地。常见。生于密林中湿地上、山谷、溪旁等处。分布香港、台湾、福建、海南、广西、云南。中南半岛各国、菲律宾、印度尼西亚、澳大利亚和日本。

6. 蕨状苔草 Carex filicina Nees.

　　广东各地。生于溪边山坡灌丛。分布湖北、湖南、福建、台湾、香港、广西、云南、四川。东南亚。

7. 隆凸苔草 Carex gibba Wahlenb.

　　广东西部、东部、北部。生于山坡草地、水边及路旁水湿地。分布东北、华北、华东、华南及西南。俄罗斯、朝鲜、日本、印度、缅甸。

8. 长囊苔草 Carex harlandii Boott ［*C. chlorocystis* Böck.］

　　广东各地。常见。生山地、山谷、林下和灌木丛中、溪旁湿地或岩石上。分布湖北、浙江、福建、江西、香港、广西、海南。

9. 舌叶苔草 Carex ligulata Nees. ［*C. hebecarpa* var. *ligulata* (Nees) Kükenth.］

　　广东北部、中部及西部。生于山坡林下或草地、山谷溪旁潮湿处。分布华中、华南、西南、华东地区。朝鲜、日本、锡金、尼泊尔、印度、斯里兰卡。

10. 毛囊苔草 Carex maubertiana Boott. ［*C. hebecarpa* C. A. Mey. var. *maubertiana* (Boott) Franch.］

广东北部、中部、西部。生山坡林下或阴湿处。分布华东、华南和西南地区。日本、朝鲜、东南亚。

11. 条穗苔草 Carex nemostachys Steud.

广东各地。常见。生于溪旁、沼泽地、林下阴湿处。分布长江流域以南各省。日本、印度、中南半岛。

12. 密苞叶苔草 Carex phyllocephala Koyama 别名：头序苔草

广东各地。生于林中、沟谷、水边及路旁。分布浙江、福建、江西、海南。日本等。

13. 花葶苔草 Carex scaposa C. B. Clarke

广东各地。生于常绿阔叶林下，水旁、山坡阴处或石灰岩山坡峭壁上。分布湖北、湖南、浙江、福建、江西、香港、海南、广西、贵州、四川、云南。越南。

14. 褐绿苔草 Carex stipitinux C. B. Clarke apud Franch. ［*C. brunnea* Thunb. var. *stipitinux* (C. B. Clarke ex Franch.) Kükenth］

连州、佛冈、封开等。生于山谷林下阴处、水旁、路边。分布安徽、浙江、江西、湖北、湖南、广西、贵州、四川、陕西、甘肃。

15. 细梗苔草 Carex teinogyna Boott

广东北部、西部、南部。生山地、水旁、疏林。分布华中、华南和西南。东南亚、朝鲜和日本。

2. 莎草属 Cyperus Linn.

本属500多种，广布于全球各大洲，以热带和亚热带地区较多。中国有30多种。广东26种，1亚种，4变种。黑石顶4种。

1. 小穗多数，螺旋状或2至多行排列于花序轴上呈穗状花序。
   2. 长侧枝聚伞花序复出；穗状花序轴延长，小穗长 3～10 mm ·············· 4. 碎米莎草 C. iria
   2. 长侧枝聚伞花序简单；穗状花序轴稍短；小穗长 1～3 cm ········ 1. 扁穗莎草 C. compressus
1. 小穗少数至多数，指状或放射状排列于伞梗或小伞梗顶端，有时伞梗不发达而花序紧缩成头状。
   3. 小穗较多，呈放射状排列；小坚果约与鳞片等长 ·············· 2. 异型莎草 C. difformis
   3. 小穗少数，呈指状排列；小坚果长为鳞片的 1/2～1/3 ············ 3. 畦畔莎草 C. haspan

1. 扁穗莎草 Cyperus compressus Linn.

广东各地。生于空旷的田野里。分布江苏、浙江、安徽、江西、湖北、湖南、福建、台湾、海南、香港、四川、贵州。全世界热带地区广布。

2. 异型莎草 Cyperus difformis Linn.

广东各地。常生于稻田中或水边潮湿处。分布中国南北各省区。全世界热带、亚热带广布。

3. 畦畔莎草 Cyperus haspan Linn.

广东各地。多生于水田或浅水塘等多水的地方。分布福建、台湾、香港、广西、云南、四川。朝鲜、日本、越南、印度、马来西亚、印度尼西亚、菲律宾以及非洲。

4. 碎米莎草 Cyperus iria Linn.

广东各地。生于空旷而潮湿的路边、河边或田野。分布中国南北各省区。亚洲、大洋洲及非洲的热带。

3. 裂颖茅属 Diplacrum R. Br.

本属约6种，广布于热带。中国产2种，广东2种。黑石顶1种。

1. 裂颖茅 Diplacrum caricinum R. Br.

广东中部、西部、南部。生于田边、旷野水边。分布香港、福建、台湾。印度、越南、马来西亚、菲律宾、日本、澳大利亚。

4. 荸荠属 Eleocharis R. Br.

本属约 200 种,广布于全世界热带和亚热带。中国有 20 余种,全国各地均有分布。广东 14 种。黑石顶 3 种。

1. 小穗长圆柱状,约与茎等宽;鳞片仅具 1 脉,中脉不明显或稍明显 …… 2. 螺旋鳞荸荠 E. spiralis
1. 小穗非长圆柱状,较茎宽;鳞片具 1~3 脉,中脉明显并常呈龙骨状凸起。
  2. 茎四棱形,直径 1~1.5 mm;小穗长 7~20 mm;小坚果长约 1.5 mm ……………………………………………………………………………… 3. 龙师草 E. tetraquetra
  2. 茎不明显三棱形,直径 0.3~0.6 mm;小穗长 3~7 mm;小坚果长不及 1 mm ……………………………………………………………………………… 1. 密花荸荠 E. congesta

1. **密花荸荠 Eleocharis congesta** D. Don [*E. pellucida* Presl]
广东各地。生于浅水中、沼泽地或稻田。分布中国西南部、南部和东南部。俄罗斯远东地区、东亚、东南亚、欧洲及北美洲。

2. **螺旋鳞荸荠 Eleocharis spiralis** (Rottb.) Roem. & Schult.
连南、深圳、肇庆。生于池塘边或沼泽地上。分布海南、香港、云南、福建、台湾。印度、斯里兰卡、澳大利亚、热带亚洲地区。

3. **龙师草 Eleocharis tetraquetra** Nees
广东各地。生长于水塘边或沟旁水边。除青藏高原、新疆、甘肃等地外,各省区都有分布。俄罗斯远东地区、朝鲜、日本、印度、缅甸、中南半岛各国和印度尼西亚。

5. 飘拂草属 Fimbristylis Vahl

本属约 300 种,广布于全世界热带和亚热带。中国有 50 余种。广东产 45 种,1 变种,1 变型。黑石顶 5 种。

1. 花柱三棱形,上部无缘毛,柱头 3 枚,少数 2 枚;小坚果三棱形,稀平凸状、双凸状或圆柱状。
  2. 茎基部的叶鞘具叶片,稀无叶片或具短叶片 ………………… 5. 西南飘拂草 F. thomsonii
  2. 茎基部 1~3 个叶鞘无叶片 …………………………………… 3. 日照飘拂草 F. miliacea
1. 花柱扁,上都具缘毛;柱头 2 枚;小坚果双凸状或平凸状,稀扁三棱形。
  3. 小穗无棱,较大,宽 2~4.5(~8) mm。
    4. 小穗 6 至多数,排成简单或复出的长侧枝聚伞花序 ………… 2. 两歧飘拂草 F. dichotoma
    4. 小穗常仅 1~2 个或 3~6(~11)个排成简单的长侧枝聚伞花序 …………………………………………………………………………………… 4. 少穗飘拂草 F. schoenoides
  3. 小穗常因鳞片具龙骨状凸起而具棱,较小,宽不逾 2 mm ……… 1. 夏飘拂草 F. aestivalis

1. **夏飘拂草 Fimbristylis aestivalis** (Retz.) Vahl.
广东各地。生于荒芜草地、沼地以及稻田中。分布浙江、江西、福建、台湾、香港、海南、广西、云南、四川。日本、尼泊尔、印度及澳大利亚。

2. **两歧飘拂草 Fimbristylis dichotoma** (Linn.) Vahl.
广东各地。生于稻田或空旷草地上。分布东北各省区、华北、华中、华南和西南。印度、中南半岛各国、澳大利亚、非洲。

3. **日照飘拂草 Fimbristylis miliacea** (Linn.) Vahl.
广东中部、西部及南部。生于空旷、潮湿草地上、稻田中。分布中国东部、西南部至南部各省区。东南亚和澳大利亚。

4. 少穗飘拂草 Fimbristylis schoenoides (Retz.) Vahl.

广东各地。长于溪旁、沟边、水田边等低洼潮湿处。分布华南及西南。东南亚及澳大利亚北部。

5. 西南飘拂草 Fimbristylis thomsonii Boecklr.

广东各地。生于草坡上。分布湖南、福建、台湾、海南、香港、广西、云南、四川。印度、缅甸、越南、老挝。

6. 黑莎草属 Gahnia J. R. &. G. Forst.

本属约30种，分布于亚洲、大洋洲热带。中国有3种。广东有2种。黑石顶1种。

1. 黑莎草 Gahnia tristis Nees

广东各地。生于干燥的荒山坡或山脚灌木丛中。分布香港、湖南、江西、福建、台湾、海南、广西。日本。

7. 割鸡芒属 Hypolytrum Rich.

本属约40种，分布于全球热带、亚热带。中国4种，广东3种。黑石顶1种。

1. 割鸡芒 Hypolytrum nemorum (Vahl.) Spreng

广东阳山、龙门、河源、肇庆、深圳、珠海、阳春、云浮、郁南、封开、茂名、电白、信宜等地。生于林中湿地或灌丛中。香港、台湾、海南、广西和云南。热带亚洲、非洲广布。

8. 水蜈蚣属 Kyllinga Rottb.

本属约60种，分布于全球热带、亚热带；中国有6种。广东有4种。黑石顶1种。

1. 水蜈蚣 Kyllinga brevifolia Rottb. [*Cyperus brevifolia* (Rottb.) Hassk.]

广东各地。常见。生于沟边、路旁、田基等阴湿处。中国南北各省均有分布。全球热带、亚热带亦有分布。

9. 湖瓜草属 Lipocarpha R. Br.

本属有35种，分布于全球的热带和暖温带。中国有3种。广东有2种。黑石顶2种。

1. 叶片宽 1～2 mm。穗状花序 2～3（～4）个簇生，淡绿色，常有红棕色条纹，或为黑紫色；鳞片倒披针形，顶端呈外弯的尾状渐尖。秆高 10～20 cm ············ 1. 华湖瓜草 L. chinensis
1. 叶片宽 2～4 mm。穗状花序 (3～) 4～7 个簇生，银白色；鳞片倒披针形，顶端近截形，具直而较宽的短尖。秆高 20～40 cm ············ 2. 银穗湖瓜草 L. senegalensis

1. 华湖瓜草 Lipocarpha chinensis (Osbeck) Kern [*L. microcephala*]

仁化、连平、丰顺、惠东、深圳、高要、封开、罗定、信宜、阳春、茂名。生于水边和沼泽中。分布中国东北至西南及台湾等。热带亚洲、非洲及澳大利亚。

2. 银穗湖瓜草 Lipocarpha senegalensis (Lam.) Dandy

广东惠阳、广州、云浮、阳春、茂名、高州、廉江、徐闻。生于沟边、路旁潮湿处。分布福建、台湾、海南、广西、云南。喜马拉雅山区西部、印度、缅甸、斯里兰卡、新加坡、泰国、越南。

10. 擂鼓苈属 Mapania Vahl.

本属70多种，分布于全世界热带。中国有2种；广东1种。黑石顶1种。

1. 华擂鼓苈 Mapania wallichii C. B. Clarke [*M. sinensis* H. Uittien]

广东惠东、博罗、台山、高要、封开、阳春、茂名。生于林中。分布香港、海南、广西。印度、马来西亚、印度尼西亚。

11. 砖子苗属 Mariscus Vahl.

本属约200种,分布于全世界热带和亚热带。中国约10种。广东有9种,5变种。黑石顶1种。

1. 砖子苗 Mariscus umbellatus Vahl [*Cyperus cyperoides* (Linn.) Kuntze]

广东各地。常见。生山坡阳处、路旁草地、溪边及林下。分布华中、华东、华南和西南。非洲、马尔加什、东南亚、东亚、澳大利亚和热带美洲以及喜马拉雅山区。

12. 扁莎属 Pycreus P. Beauv.

本属约70余种,分布于全世界温带和热带。中国有10余种。广东有6种。黑石顶3种。

1. 小穗宽1～2 mm；鳞片两侧无槽。
  2. 鳞片顶端钝,无小尖头 ·· 1. 球穗扁莎 P. flavidus
  2. 鳞片顶端近截平或微缺,具稍向外弯的小凸尖 ················ 2. 矮扁莎 P. pumilus
1. 小穗宽2～3 mm,鳞片两侧具槽 ·· 3. 红鳞扁莎 P. sanguinolentus

1. 球穗扁莎 Pycreus flavidus (Retz.) Koyama [*P. globosus* (All.) Reichb.]

乐昌、仁化、连州、阳山、连平、梅州、惠阳、惠东、龙门、广州、封开、深圳、新兴、阳春等地。生于田边、沟边或溪边湿润的沙地上。分布中国南北各省区。东半球热带、亚热带。

2. 矮扁莎 Pycreus pumilus (Linn.) Domin [*Cyperus pumilus* Linn.]

乳源、始兴、广州、深圳、高要、阳春、郁南、茂名等地。生于田野稍阴湿处。分布湖南、江苏、江西、福建、台湾、海南、香港、广西、云南等地。越南、缅甸、印度、尼泊尔、印度尼西亚、马来西亚、菲律宾以及喜马拉雅山区。

3. 红鳞扁莎 Pycreus sanguinolentus (Vahl) Nees [*Cyperus sanguinolentus* Vahl.]

广东各地。生长山谷、田边、河旁、潮湿处,或长于浅水处,多在向阳处。分布中国南北各省区。地中海区域、中亚细亚地区、越南、印度、菲律宾、印度尼西亚,以及日本、俄罗斯。

13. 刺子莞属 Rhynchospora Vahl.

本属约250种,广布于全世界的温带和热带。中国约8种。广东有7种。黑石顶2种。

1. 头状花序单个顶生或1个顶生和2～3个侧生的头状花序呈总状或穗状疏离排列；小穗中部的鳞片内具雌花 ·· 1. 刺子莞 R. rubra
1. 复圆锥花序由1个顶生和数个侧生的长侧枝聚伞花序组成,小穗中部的鳞片内具两性花 ··· 2. 皱果刺子莞 R. rugosa

1. 刺子莞 Rhynchospora rubra (Lour.) Makino.

广东各地。常见。生于路边、草地、空旷地上。分布长江流域以南各省及台湾。分布亚洲、非洲、澳大利亚的热带地区。

2. 皱果刺子莞 Rhynchospora rugosa (Vahl.) Gale 别名：白喙刺子莞

广东各地。生于沼泽或河边潮湿的地方。分布长江以南。全球热带及亚热带地区。

14. 藨草属 Scirpus Linn.

本属200余种,广布全世界。中国有30余种,广东17种,1亚种。黑石顶4种。

1. 总苞片叶状；花序顶生,稀1～5个侧生 ···························· 2. 百球藨草 S. rosthornii
1. 总苞片圆柱形、三棱状或鳞片状,似茎的延长；花序假侧生或顶生。
  2. 花序假侧生；总苞片三棱形或圆柱形,似茎的延长；下位刚毛劲直,较小坚果稍短或较长,但长不超过小坚果1倍,全具倒刺。

3. 茎圆柱形；下位刚毛5～6条，较小坚果短或等长 ·························· 1. 萤兰 S. juncoides
　　3. 茎四至五棱形；下位刚毛4～5条，较小坚果长 ···························· 4. 猪毛草 S. wallichii
　2. 花序顶生；总苞片鳞片状；下位刚毛纤细而弯曲，长超过小坚果1倍，仅上部具顺刺 ······
　　·· 3. 类头状花序藨草 S. subcapitatus

1. 萤兰 Scirpus juncoides Roxb.

广东各地。生于路旁、荒地潮湿处或水田边、池塘边及溪旁。除内蒙古、甘肃、西藏外全国各地均有分布。印度、缅甸、中印半岛、马来西亚、大洋洲及北美洲亦有分布。

2. 百球藨草 Scirpus rosthornii Diels

广东各地。常见。生于林中、林缘、山地、路旁、溪边、湿地及沼泽地。分布湖北、浙江、江西、福建、广西、云南、四川、海南等地。

3. 类头状花序藨草 Scirpus subcapitatus Thw.

广东北部、西部和中部。常见。生于林边湿地、山溪旁、山坡路旁湿地上或灌木丛中。分布安徽、浙江、江西、福建、台湾、湖南、广西、贵州、四川等地。日本、菲律宾、马来半岛、加里曼丹岛。

4. 猪毛草 Scirpus wallichii Nees

乐昌、乳源等地。生于海拔1 000 m左右的稻田中或溪边河旁近水处。分布福建、台湾、江西、广西、云南、贵州等地。朝鲜、日本、印度。

15. 珍珠茅属 Scleria Bergius

本属约200种，分布于热带和亚热带，热带美洲尤盛。中国约20种。广东17种，1变种。黑石顶6种。

1. 多年生草本，具根状茎；茎较粗壮，直径3 mm以上；小坚果直径2 mm以上。
　2. 叶鞘无翅。
　　3. 茎略圆柱形或钝三棱形；小坚果的基盘裂片顶端尖或2齿裂 ······ 2. 圆秆珍珠茅 S. harlandii
　　3. 茎明显三棱形；小坚果的基盘裂片顶端不规则齿缺 ········ 5. 紫花珍珠茅 S. purpurascens
　2. 茎中部以上的叶鞘具翅。
　　4. 小坚果的基盘裂片半圆形，顶端钝圆，黄色或金黄色，长不及小坚果的1/4 ···············
　　　·· 6. 高秆珍珠茅 S. terrestris
　　4. 小坚果的基盘裂片披针形或卵状三角形，顶端狭渐尖，稍齿裂，褐色，长为小坚果的1/3～
　　　1/2 ·· 3. 珍珠茅 S. levis
1. 一年生草本，无根状茎；茎柔弱，直径1.5～2 mm；小坚果直径不及1.5 mm。
　5. 小坚果球形或扁球形，具黑色短尖头，网纹上被白色或浅褐色短柔毛，基盘裂片披针形 ···
　　·· 1. 二花珍珠茅 S. biflora
　5. 小坚果椭圆形，具白色短尖头，网纹上被锈色短柔毛或无毛，基盘裂片卵形 ················
　　·· 4. 小型珍珠茅 S. parvula

1. 二花珍珠茅 Scleria biflora Roxb.

广东阳山、广州、惠东、肇庆、新兴、阳春、德庆。生于荒坡草地。分布海南、香港、浙江、福建、贵州、云南。东南亚、日本、朝鲜、澳大利亚。

2. 圆秆珍珠茅 Scleria harlandii Hance

阳山、清远、惠阳、博罗、东莞、广州、深圳、高要、信宜、阳春。生于山坡、山沟或山旁的疏林或密林中。分布香港、海南、广西等地。

3. 珍珠茅 Scleria levis Retz. [S. herbecarpa Nees]

广东各地。生于干燥处、山坡草地、密林下、潮湿灌木丛中。分布浙江、湖南、福建、台湾、海南、广西、四川、贵州等地。印度、锡金、马来西亚、越南、日本、印度尼西亚、澳大利亚。

4. 小型珍珠茅 Scleria parvula Steud.

广东中部、西部、南部。生于山坡路旁、荒地、稻田及山沟中。分布华中、华南、西南。东南亚、日本、朝鲜、澳大利亚。

5. 紫花珍珠茅 Scleria purpurascens Steud.

连山、龙门、增城、河源、大埔、丰顺、阳江、阳春、封开。生于山坡、山谷及疏林下。分布海南。印度、缅甸、越南、马来西亚、菲律宾及印度尼西亚。

6. 高秆珍珠茅 Scleria terrestris（Linn.）Fass. ［*S. elata* Thw；*S. radula* Hance］

广东各地。生于田边、路旁、山坡等干燥或潮湿的地方。分布福建、台湾、海南、香港、广西、云南、四川等地。印度、斯里兰卡、马来西亚、印度尼西亚、泰国、越南。

55. 交让木科 Daphniphyllaceae

本科仅1属，约30种，分布于亚洲东南部。中国有8种，分布于长江流域以南各省区。广东5种。黑石顶1属，4种。

1. 交让木属 **Daphniphyllum** Bl.

本属中国有8种。广东5种。黑石顶1属4种。

1. 花有花萼。
  2. 果基部有宿存萼裂片。
    3. 叶背和果实表面常具白粉，叶顶端急尖或近圆形，药隔突出，长于花药 ·· 1. 牛耳枫 D. calycinum
    3. 叶背和和果实表面无白粉，叶顶端短渐尖至镰状渐尖；药隔不突出或稍突出，短于或长于花药 ·· 4. 脉叶虎皮楠 D. paxianum
  2. 果基部无宿存花萼裂片 ·· 3. 虎皮楠 D. oldhami
1. 花无花萼 ·· 2. 交让木 D. macropodum

1. 牛耳枫 Daphnikphyllum calycinum Benth.

广东各地。多生于海拔60～850 m的疏林中或路边旷地灌丛中。分布海南、广西、江西、贵州、湖南、福建等省区。越南北部和日本也有。

2. 交让木 Daphniphyllum macropodum Miq. ［*D. membranaceum* Hayata］别名：豆腐树

浮源、乐昌。生于海拔650～900 m的阔叶林中。分布长江流域以南各省区。日本、朝鲜也有。

3. 虎皮楠 Daphniphyllum oldhami（Hemsl.）Rosenth.

广东各地。生于海拔150～800 m的阔叶林中。分布长江流域以南各省区。朝鲜、日本也有。

4. 脉叶虎皮楠 Daphniphyllum paxianum Rosenth. 别名：海南虎皮楠

云浮、信宜、茂名、新兴、德庆等地。生于海拔200～900 m的山坡密林中。分布四川、云南、贵州、广西、海南。新发现越南有分布。

56. 毒鼠子科 Dichapetalaceae

本科4属，约110种，分布于热带地区。中国有1属，2种，产广东、广西、云南等省区。

广东产1种，黑石顶目前未有发现。

57. 五桠果科 Dilleniaceae

本科约18属，500多种，分布于全世界的热带和亚热带地区，尤以亚洲和澳大利亚为多。中国有2属，4种和1亚种。广东有2属，2种和1亚种。黑石顶1属，1种。

1. 锡叶藤属 Tetracera Linn.

本属约40多种，分布于全世界的热带地区，尤以美洲热带地区为多。中国有1种和1亚种。广东有1亚种。黑石顶有1种。

1. 锡叶藤 Tetracera sarmentosa（Linn.）Vahl ssp. **asiatica**（Lour.）Hoogl. ［*T. asiatica*（Lour.）Hoogl.］

广东中部以南各地。多生于低海拔山地的疏林和灌丛中。分布海南、广西。见于中南半岛、泰国、印度、斯里兰卡、马来西亚及印度尼西亚等地。

58. 薯蓣科 Dioscoreaceae

本科有9属，约650种，广布于全热带和温带地区，尤以美洲热带地区种类为多。中国只有薯蓣属 Dioscorea 1属，52种，2亚种，15变种，广东有21种，4变种。黑石顶8种，1变种。

1. 薯蓣属 Dioscorea Linn.

本属约600种，广布于全世界的热带和温带地区。中国有52种，2亚种，15变种，主要分布于西南部和东南部。广东有21种，4变种。黑石顶8种，1变种。

1. 复叶。小叶3～5（～7）片 ··· 7. 五叶薯蓣 D. pentaphylla
1. 单叶。
  2. 叶全部互生；茎左旋。叶片全缘或叶缘波状。叶腋内有珠芽 ············· 3. 黄独 D. bulbifera
  2. 叶下部的互生，中上部的对生。
    3. 茎具4翅 ··· 1. 参薯 D. alata
    3. 茎无翅。
      4. 叶片革质；茎基部具刺。
        5. 块茎卵形、球形、长圆形或葫芦状，断面新鲜时红色，干后黑色，叶片较宽 ·· 4. 薯莨 D. cirrhosa
        5. 块茎长圆柱形，断面淡棕色，叶片较狭 ······ 4a. 异块茎薯莨 D. cirrhosa var. cylindrica
      4. 叶片纸质；茎基部无刺。
        6. 叶片较狭长，叶片卵状披针形、长圆形或倒卵状长圆形，长2～7 cm，宽0.7～4 cm ·· 2. 大青薯 D. benthamii
        6. 除茎端外，叶非上述形状，宽2.0～2.2 cm。
          7. 雄穗状花序2至数个单生于叶腋；花序轴劲直。叶片较阔，三角状披针形、长椭圆状三角形或长卵形，长3～11 cm，宽2～5 cm ·········· 6. 日本薯蓣 D. japonica
          7. 雄穗状花序通常排成圆锥花序；花序轴"之"字形弯曲。
            8. 茎具有4～8条棱；叶表面网脉明显················ 8. 褐苞薯蓣 D. persimilis
            8. 茎无明显的棱；叶表面网脉不明显 ································ 5. 山薯 D. fordii

1. 参薯 Disocorea alata Linn.

广东各地山区广为栽培。西藏、云南、四川、广西、湖南、湖北、江西、浙江、福建、台湾等省区有栽培。可能原产于热带亚洲，今世界各地有引种。

2. 大青薯 Dioscorea benthamii Prain et Burkii

广东北部、东部、西部。生于山坡、山谷、水边、路旁的灌丛中。分布福建、香港、台湾、广西。

3. 黄独 Dioscorea bulbifera Linn.

广东各地。生于河谷边、林缘、疏林中。分布中国黄河流域以南大部分地区及香港。日本、朝鲜、印度、缅甸、大洋洲、非洲。

4. 薯莨 Dioscorea cirrhosa Lour.

广东北部和西部。生于山坡、沟谷、疏林及灌丛中。分布浙江、江西、福建、台湾、湖南、广西、贵州、四川、云南、西藏。越南。

4a. 异块茎薯莨 Dioscorea cirrhosa Lour. var. cylindrica C. T. Ting et M. C. Chang

生于山坡、沟谷疏林中。本变种与原种的区别：块茎为长圆柱形，断面淡棕色；叶片较狭，线形、长圆状披针形至卵状披针形，长 5～14 cm，宽 4～6 cm。

5. 山薯 Dioscorea fordii Prain et Burk. [D. hainanensis Prain & Burk.]

乐昌、英德、博罗、南澳、珠海、高要、台山、怀集、封开各地。生于山坡、路旁、山谷或灌丛中。分布海南、湖南、广西、福建、浙江、香港。

6. 日本薯蓣 Dioscorea japonica Thunb.

广东北部和西部地区。生于山坡、山谷、路旁或灌丛中。分布安徽、江苏、浙江、江西、福建、台湾、湖北、湖南、广西、贵州、四川。日本、朝鲜。

7. 五叶薯蓣 Dioscorea pentaphylla Linn. [D. changjiangensis Xing & Z. X. Li]

广东西部和北部。生于海拔 500 m 以下的林缘、灌丛中。分布海南、江西南部、福建、台湾、湖南、广西、云南、西藏。亚洲、非洲和大洋洲。

8. 褐苞薯蓣 Dioscorea persimilis Prain et Burkill

广东各地。生于山坡、路旁、疏林或灌丛中。分布海南、湖南、广西、贵州、云南、香港。越南。

59. 茅膏菜科 Droseraceae

本科 4 属，100 余种，大部分分布于热带、亚热带和温带地区，少数分布至寒带。中国有 2 属，7 种，3 变种，产长江以南，个别产东北。广东有 1 属，3 种，3 变种。黑石顶 1 属，1 种。

1. 茅膏菜属 Drosera Linn.

本属约 100 种，大部分分布于热带，亚热带和温带地区，少数分布至寒带。中国产 2 属，7 种，3 变种，多分布于长江以南各省区及台湾省等沿海岛屿，少数分布于东北地区。广东有 1 属，3 种，3 变种。黑石顶有 1 种。

1. 光萼茅膏菜 Drosera peltata var. glabrata Y. Z. Ruan 别名：捕虫草、落地珍珠、陈伤子

广东各地山区。生于山坡、山顶或溪边灌丛、草丛中和疏林下。分布广西、湖南、湖北、安徽、江苏、浙江、江西、福建和台湾等地。

60. 柿树科 Ebenaceae

本科有 2～6 属，约 450 种，主要分布于热带山区，其次为亚热带地区。中国产 1 属，58 种。广东有 1 属，26 种及 1 变种。黑石顶有 1 属，5 种，1 变种。

1. 柿树属 Diospyros Linn.

本属有 400～500 种，主产热带地区，少数产亚洲及美洲的温带地区。中国有 58 种，南北均有分布，以西南部至东南部最盛。广东有 26 种，1 变种。黑石顶有 5 种，1 变种。

1. 成长叶两面均无毛。
　　2. 果近无梗，直径约 9 mm，近无毛 ………………………………… 4. 罗浮柿 D. morrisiana
　　2. 果梗明显，长 3～30 mm …………………………………………… 5. 怀德柿 D. tsangii
1. 成长叶两面被毛或仅下面（至少脉上）被毛。
　　3. 果较大，直径 2～10 cm。叶卵状椭圆形、阔椭圆形或倒卵形。
　　　　4. 叶较大，长 7～17 cm，宽 5～10 cm，果直径 2.5～8.0 cm …………… 2. 柿 D. kaki
　　　　4. 叶较小，果直径小于 5 cm ………………………… 3. 油柿 Diospyros kaki var. sylvestris
　　3. 果较小，直径 1～2 cm。
　　　　5. 叶基部销呈心形，下面被锈色长柔毛；宿萼裂片披针形，长约 7 mm …… 6. 毛柿 D. strigosa
　　　　5. 叶基部阔楔形或近圆形，下面初被锈色硬毛，后仅中脉被毛；宿萼裂片卵形，长约 1 cm
　　　　　　…………………………………………………………………………… 1. 乌材 D. eriantha

1. **乌材 Diospyros eriantha** Champ. ex. Benth.

　　广东西部、中部至南部。生于疏或密林中。分布广西、福建和台湾。越南、老挝、马来西亚和印度尼西亚。

2. **柿 Diospyros kaki** Linn. f.

　　广东各地有栽培。中国南北各地均有分布或栽培。日本、印度、欧洲等地也有引种。

3. **油柿 Diospyros kaki** Linn. f. var. **sylvestris** Makino 别名：野柿

　　连山、连南、连县、南雄、乳源和从化等地。生于山地林中。我国中南、西南及沿海各省有分布。

4. **罗浮柿 Diospyros morrisiana** Hance

　　广东各地。生于混交林中。海南、香港、云南、贵州、广西、湖南、福建、江西、浙江和台湾分布。越南。

5. **怀德柿 Diospyros tsangii** Merr. 别名：延平柿

　　饶平、大埔、紫金、新丰、始兴、和平、翁源、封开、龙门、从化、连县和乳源等地。生于山地疏林中。分布福建、广西、湖南和江西。

6. **毛柿 Diospyros strigosa** Hemsl. ［*D. cardiophylla* Merr.］

　　广东徐闻。常见于灌丛、疏或密林中。分布海南。

61. 胡颓子科 Elaeagnaceae

本科共 3 属，约 86 种，主产北半球温带至亚热带地区，少数种分布热带亚洲及澳大利亚北部。中国有 2 属，约 60 种。广东产 1 属，12 种。黑石顶有 1 属，4 种。

1. 胡颓子属 Elaeagnus Linn.

本属约 80 种，广布于北半球温带至亚热带，少数分布于热带，东亚为本属主产区。中国产 55 种，主要分布于长江流域及其以南各地，少数分布于北部。广东有 12 种。黑石顶有 4 种。

1. 花大，花萼管长 10～13 mm；叶背干时锈色 ……………………………… 4. 鸡柏紫藤 E. loureirii
1. 花小，花萼管长 9 mm 以下；叶背干时非锈色。
　　2. 花较小，花萼管长 2～4 mm ………………………………………… 1. 密花胡颓子 E. conferta
　　2. 花较大，花萼管长 4～9 mm。

3. 叶背深朱红色至棕红色；萼管四棱柱形 ·················· 3. 角花胡颓子 E. gonyanthes
　　3. 叶背银灰或黄白色等；萼管圆筒形 ·························· 2. 蔓胡颓子 E. glabra
1. 密花胡颓子 Elaeagnus conferta Roxb.
　　广东中部。生于灌丛或林下。分布云南和广西。越南、马来西亚、印度。
2. 蔓胡颓子 Elaeagnus glabra Thunb.
　　广东各地。生于山地林中和山坡灌丛中。分布长江以南各省区。
3. 角花胡颓子 Elaeagnus gonyanthes Benth. ［E. goudichaudiana auct. non Schlecht.］
　　信宜、阳春、封开、徐闻、云浮、罗定、高要、台山、广州、从化、龙门、珠海。生于海拔800 m 以下的丘陵灌丛、山地混交林、疏林和路边与溪边灌丛中。分布湖南南部、广西和云南。中南半岛。
4. 鸡柏紫藤 Elaeagnus loureirii Champ.
　　信宜、化州、茂名、惠阳。生于丘陵及山地的林下、坑边、路旁等阴处或疏阴处。分布广西、云南、香港。

62. 杜英科 Elaeocarpaceae

　　本科有 7 属，约 200 种，分布于热带和亚热地区，但非洲未见。中国有 2 属，50 种。广东有 2 属，20 种，2 变种，黑石顶有 2 属，10 种。

1. 花排成腋生的总状花序；花盘分裂为腺体状；核果 ··················· 1. 杜英属 Elaeocarpus
1. 花通常单生，有长柄；花盘不分裂；蒴果外表有针刺 ················· 2. 猴欢喜属 Sloanea

1. 杜英属 Elaeocarpus Linn.

　　本属约 100 种，分布于亚洲热带、亚热带地区及西南太平洋各岛屿。中国有 36 种。广东有 17 种，1 变种。黑石顶 9 种。

1. 核果大，直径 1.5～2.5 cm，很少 1 cm（水石榕），内果皮厚 2～4 mm，表面常有沟纹。
　　2. 花大，长约 2.5 cm；药隔突出呈芒刺状；苞片叶状；核果纺锤形 ······ 5. 水石榕 E. hainanensis
　　2. 花长 7～15 mm，无叶状苞片；药隔光芒刺；核果椭圆形。
　　　　3. 叶披针形或倒披针形，宽 2.0～3.5 cm，背面无毛 ·················· 2. 杜英 E. decipiens
　　　　3. 叶椭圆形或狭椭圆形，背面有毛。
　　　　　　4. 叶长圆形，长约为宽的 3 倍 ······························ 3. 冬桃 E. duclouxii
　　　　　　4. 叶阔椭圆形，长为宽的 2 倍 ···························· 7. 灰毛杜英 E. limitaneus
1. 核果小，直径小于 1 cm，内果皮厚不过 1 mm，表面无沟纹。
　　5. 叶背有黑腺点；嫩枝或叶多少有毛。
　　　　6. 叶小，短于 10 cm。
　　　　　　7. 嫩枝有短柔毛；子房 2 室；果核有 2 条直沟 ·················· 1. 中华杜英 E. chinensis
　　　　　　7. 嫩枝无毛；子房 3 室；果核有 3 条直沟 ·················· 6. 日本杜英 E. japonicus
　　　　6. 叶大，长于 10 cm ······································ 6. 日本杜英 E. japonicus
　　5. 叶背无黑腺点。
　　　　8. 叶背有发亮的银灰色绢毛；花瓣只有浅齿 ················· 8. 绢毛杜英 E. nitentifolius
　　　　8. 叶背无毛；花瓣先端撕裂。
　　　　　　9. 枝圆形；侧脉 5～6 对，叶干后暗晦；花瓣多少有微毛 ········· 9. 山杜英 E. sylvestris
　　　　　　9. 枝有钝棱；侧脉约 8 对，叶干后黄绿色；花瓣无毛 ········ 4. 秃瓣杜英 E. glabripetalus

95

1. 中华杜英 Elaeocarpus chinensis Hook. ex Benth.

   广东中部及北部。生于常绿林中。分布浙江、福建、江西、广西、贵州、云南。越南、老挝。

2. 杜英 Elaeocarpus decipiens Hemsl. ［*E. lanceaefolius* Benth. non Roxb.］

   广东中部、北部及东部。生于常绿林中。分布台湾、浙江、福建、江西、湖南、贵州及云南。

3. 冬桃 Elaeocarpus duclouxii Gagnep.

   广东中部及北部。生于山地常绿林中。分布江西、湖南、广西、贵州、四川和云南。

4. 秃瓣杜英 Elaeocarpus glabripetalus Merr.

   广东中部、东部及北部。生于常绿林中。分布浙江、福建、江西、湖南、广西、贵州、云南。

5. 水石榕 Elaeocarpus hainanensis Oliver

   广东各地有栽培。生于河边及低湿地。分布海南、广西、云南。越南。

6. 日本杜英 Elaeocarpus japonicus Sieb. et Zucc.

   广东各地。生于中海拔的常绿林。分布长江以南各省区。日本、越南。

7. 灰毛杜英 Elaeocarpus limitaneus Hand.-Mazz. ［*E. maclurei* Merr.］

   生于山地雨林中。分布海南、广西及云南。越南。

8. 绢毛杜英 Elaeocarpus nitentifolius et Chun

   广东各地。生于山地常绿林中。分布广西。越南。

9. 山杜英 Elaeocarpus sylvestris Poir.

   广东各地。生于低山常绿林。分布长江以南各省区。越南、老挝。

2. 猴欢喜属 Sloanea Linn.

本属约80种，分布于热带和亚热带地区，中国有14种。广东有3种，1变种。黑石顶有2种。

1. 叶狭窄倒卵形或倒披针形，果小，直径1.5～2.0 cm ·············· 1. 薄果猴欢喜 S. leptocarpa
1. 叶椭圆形或长圆形，或狭倒卵形；叶柄长1～4 cm，果较大，直径2.5～3.0 cm ············ ·· 2. 猴欢喜 S. sinensis

1. 薄果猴欢喜 Sloanea leptocarpa Diels

   乐昌、曲江、始兴、连州、连南、英德、翁源、清远、和平、大埔、肇庆、怀集、云浮、封开、信宜。生于海拔700～1 000 m的常绿林中。分布福建、湖南、广西、云南、四川、贵州。

2. 猴欢喜 Sloanea sinensis（Hance）Hemsl.

   广东各地。生于常绿林中。分布台湾、浙江、福建、江西、湖南、广西和贵州。越南。

63. 沟繁缕科 Elatinaceae

本科2属，约40种，分布于温带或热带。中国有2属，约6种，产东南部至西南部。广东产3种，黑石顶目前未有发现。

64. 杜鹃花科 Ericaceae

本科约70属，1 500种，主产全球的温带和寒带，少数分布于热带高山。中国约有17属，700种，多半分布于西南部高山地区。广东产6属，53种和7变种。黑石顶4属，13种。

1. 蒴果室间开裂；花冠通常阔钟形、漏斗状钟形；很少辐状；雄蕊通常外伸，花药无芒 ………
   ……………………………………………………………………… 4. 杜鹃花属 Rhododendron
1. 蒴果室背开裂；花冠钟形、圆筒形或壶形；雄蕊内藏，花药无芒或有芒。
   2. 蒴果扁球形，有深沟；花萼裂片覆瓦状排列 …………………… 1. 金叶子属 Craibiodendron
   2. 蒴果近球形、长圆或卵状球形，有浅沟；花萼裂片镊合状排列。
      3. 芒位于花药的背面，反曲；总状花序或圆锥花序；花冠壶形；叶冬季不落 …………
         ………………………………………………………………………… 3. 马醉木属 Pieris
      3. 芒位于花药的顶部，直立或上升；伞形花序或伞形花序式总状花序；花冠钟形；叶冬季
         脱落 ……………………………………………………………… 2. 吊钟花属 Enkianthus

1. 金叶子属 Craibiodendron W. W. Smith

本属约6种，分布于喜马拉雅、中南半岛。中国产5种。广东有2种和1变种。黑石顶1种。

1. 广东金叶子 Craibiodendron kwangtungense S. Y. Hu
   连山、高要、信宜、化州。生于海拔300～800 m 的混交林中。分布广西。

2. 吊钟花属 Enkianthus Lour.

本属约12种，分布于喜马拉雅至亚洲东部，中国约有6种，产于西南部至东南部。广东有3种。黑石顶2种。

1. 叶革质，两面的侧脉和网脉均明显，无毛，全缘 …………………… 1. 吊钟花 E. quinqueflorus
1. 叶坚纸质，两面的侧脉可见，网脉不明显，下面沿中脉两侧被短柔毛，至少在基部附近有残
   存在的短柔毛，边缘几乎全部有细锯齿 ………………………… 2. 齿叶吊钟花 E. serrulatus

1. 吊钟花 Enkianthus quinqueflorus Lour.
   广东大部分山区。生于海拔500 m 以上林中，广州常见栽培，为春节期间的名花之一。分布华南。
2. 齿叶吊钟花 Enkianthus serrulatus（Wils.）Schneid.
   广东北部及西部。生于海拔600 m 以上的阳坡灌丛中。分布云南至长江以南各省区。

3. 马醉木属 Pieris D. Don

本属约10种，产东亚和北美。中国约有6种，产西南部至东南部。广东有2种。黑石顶1种。

1. 长萼马醉木 Pieris swinhoei Hemsl. [Lyonia swinhoei（Hemsl.）Hand.-Mazz.]
   饶平、揭西和沿海岛屿。生于山谷溪边灌丛中。分布福建。

4. 杜鹃花属 Rhododendron Linn.

本属约800种，主要分布于北半球，中国约有650种，大部集中于西南部高山地区。广东有41种和4变种。黑石顶有8种及1变种。

1. 植物体有鳞点（鳞点即一种鳞片状的圆形腺点，凹陷或稍凸起，为本属的部分种类所特有）……
   ………………………………………………………………………… 5. 北江杜鹃 R. levinei
1. 植物体无鳞点。
   2. 蒴果长圆柱形，无腺体；子房有毛。
      3. 叶表面粗糙，花萼裂片线状钻形 ………………………………… 2. 太平杜鹃 R. championae
      3. 叶面光滑；花萼裂片线状，纯头 ……………………… 3. 罗浮杜鹃 R. henryi var. concavum

2. 蒴果非长圆柱形。
    4. 植物体有腺体、腺毛或丛卷毛，无糙伏毛 ·················· 1. 短脉杜鹃 R. brevinerve
    4. 植物体有糙伏毛。
        5. 小枝的被毛开展。
            6. 幼嫩部分有粘质 ·· 8. 溪畔杜鹃 R. rivulare
            6. 幼嫩部分无粘质 ·· 4. 广东杜鹃 R. kwangtungense
        5. 小枝的被毛紧贴或平贴。
            7. 叶脱落性 ·· 7. 满山红 R. mariesii
            7. 叶常绿性。
                8. 雄蕊 5 枚，花萼不明显或花萼裂片细小 ················· 6. 紫花杜鹃 R. mariae
                8. 雄蕊 10 枚，偶 8 枚；花萼裂片明显 ······················ 9. 映山红 R. simsii

1. 短脉杜鹃 Rhododendro brevinerve Chun et Fang
    封开、连南、阳山、曲江。生于山地丛林中。分布广西。
2. 太平杜鹃 Rhododedron championae Hook.
    广东西江、北江、东江流域沿岸山区和珠江口以东的沿海岛屿中海拔山地。较常见于水肥条件较好的杂木林中。分布浙江、福建、湖南、广西。
3. 罗浮杜鹃 Rhododendron henryi Hance var. concavum Tam.
    信宜以东各山区。生于海拔 300～500 m 的疏林中。分布浙江、台湾、福建。
4. 广东杜鹃 Rhododendron kwangtungense Merr. & Chun
    广东北部山区，西至封开，但较少见。生于海拔 450 m 以上灌丛中。分布广西、湖南。
5. 北江杜鹃 Rhododendron levinei Merr.
    北江和东江上游山区，西至高要。生于海拔 500 m 以上石灰岩山顶灌丛中。分布湖南、广西。
6. 紫花杜鹃 Rhododendron mariae Hance
    广东山区县。生于海拔 100～600 m 的石灰岩山谷、溪边丛林中。分布香港、广西、江西、福建、湖南。
7. 满山红 Rhododendron mariesii Hemsl. et Wils.
    平远、乐昌、清远和高要一带。生于海拔 300～800 m 的丘陵、山地杂交林边缘或灌丛中。分布长江以南各省区，东至台湾。
8. 溪畔杜鹃 Rhododendron rivulare Hand.-Mazz.
    封开、阳山。生于海拔 700 m 的溪边疏林。分布湖南、广西、贵州。
9. 映山红 Rhododendron simsii Planch.
    广东大部山区。常见。生于海拔 400 m 以上向阳的疏林中或溪边，亦常见栽培。分布长江流域以南各省区，西至云南。越南。

65. 谷精草科 Eriocaulaceae

本科有 9 属，约 1 100 种，广布于热带、亚热带地区，尤其在热带美洲，少数种分布于温带。中国仅 1 属，约 34 种，除西北外，各地均产。广东有 16 种。黑石顶 2 种。

1. 谷精草属 Eriocaulon Linn.

本属约 400 种，广布于热带、亚热带，以亚洲热带地区为分布中心，多生于山区浅池塘或沼泽地。中国约 34 种，主产于西南部和南部。广东有 16 种。黑石顶 2 种。

1. 雌花萼片合生成佛焰苞状，顶端 3 裂 ·· 1. 谷精草 E. huergerianum
1. 雌花萼片离生，3 或 2 枚 ··· 2. 华南谷精草 E. sexangulare

1. **谷精草 Eriocaulon buergerianum** Koern.

广东北部和西部地区。常见。生于稻田、水边。分布台湾、福建、江西、浙江、江苏、安徽、湖南、湖北、广西、贵州、四川等省区。日本。

2. **华南谷精草 Eriocaulon sexangulare** Linn.

广东各地。生于水坑、池塘、稻田。分布香港、海南、台湾、福建、广西。东南亚。

66. 赤苍藤科 Erythropalaceae

本科 1 属，约 2～3 种，分布亚洲东南部。中国 1 种，分布于南部和西南部各省区。广东产 1 种。黑石顶亦有分布。

1. 赤苍藤属 Erythropalum Bl.

本属 2～3 种，分布亚洲东南部。中国 1 种，分布于南部和西南部各省区。广东产 1 种。黑石顶亦有分布。

1. **赤苍藤 Erythropalum scandens** Bl.

广东产北部和西部。长在海拔 280～550 m 低山及丘陵地区或山区溪边、山谷、密林或疏林的林缘或灌丛中。分布云南、贵州、广西。

67. 古柯科 Erythroxylaceae

本科 4 属，约 250 种，全球热带及亚热带有分布，主产于南美洲。中国有 2 属，4 种和 1 栽培种，分布于西南至东南。广东 1 属，1 种。黑石顶 1 种。

1. 古柯属 Erythroxylum P. Browne

本属约 250 种，分布于热带和亚热地区，主产地为美洲和非洲马达加斯加。中国有 2 种，分布于西南至东南部。广东产 1 种，引入栽培 1 种。黑石顶 1 种。

1. **东方古柯 Erythroxylum sinense** Wu

广东大部分山区。生于海拔 300～800 m 山地林中。分布云南、贵州、海南南部山区、广西、湖南、江西、福建、浙江。

68. 鼠刺科 Escalloniaceae

本科 7 属，约 150 种，示分布于热带至温带，主产南半球。中国 2 属，13 种。广东 2 属，5 种，2 变种。黑石顶 2 属，3 种。

1. 叶互生，稀簇生；萼片（4）5，花瓣（4）5，子房上位、半下位或下位；蒴果或浆果；种子多数 ··· 1. 鼠刺属 Itea
1. 叶对生；萼片 4，花瓣 4，子房下位；浆果；种子 1 枚 ······················ 2. 多香木属 Polyosma

1. 鼠刺属 Itea Linn.

本属约 29 种，主要分布于东南亚至中国和日本，1 种产北美。中国 17 种及 1 变种。广东有 6 种，1 变种。黑石顶 2 种。

1. 叶倒卵形或卵状椭圆形，基部楔形，具不明显浅圆齿，稀波状或近全缘，侧脉4～5对；苞片小，线状钻形，长1～2 mm，短于花梗 ………………………………………… 1. 鼠刺 I. chinensis
1. 叶长圆形，稀椭圆形，基部圆或钝圆，密生细锯齿，侧脉5～7对；苞片叶状，三角状披针形或倒披针形，长约1.1 cm ………………………………………… 2. 矩叶鼠刺 I. oblonga

1. **鼠刺 Itea chinensis** Hook. et Arn.

   广东各地。生于海拔140～800 m山地疏林中。分布香港、广西、云南。不丹、老挝、印度、越南。

2. **矩叶鼠刺 Itea oblonga** Hand.-Mazz.

   广东各地均有分布。生于海拔200～500 m山谷疏林或灌丛中。分布长江流域以南各省区。

2. 多香木属 Polyosma Bl.

本属约60种，分布于喜马拉雅山东部至热带澳大利亚。中国1种。广东黑石顶有分布。

1. **多香木 Polyosma cambodiana** Gagnep.

   产广东西部。生海拔300～600 m常绿林中。分布海南、广西、云南南部。

69. 大戟科 Euphorbiaceae

本科约313属，8 100种，广布于全球，主产于热带、亚热带地区。中国产67属，约420种。广东原产和常见栽培的有56属，237种，12变种，2栽培品种。黑石顶19属61种1变种。

1. 叶为单叶。
   2. 子房每室具2枚胚珠；叶柄顶部和叶片基部无腺体。
      3. 花具花瓣 ……………………………………………………… 6. 土蜜树属 Bridelia
      3. 花无花瓣。
         4. 雌花具花盘或腺体。
            5. 子房1～2室，稀3室；核果 ……………………………… 3. 五月茶属 Antidesma
            5. 子房3～15室，蒴果或浆果状 …………………………… 15. 叶下珠属 Phyllanthus
         4. 雌花无花盘和腺体。
            6. 萼片分离；雄蕊3～8，花丝和花药全部合生成圆柱状，顶端稍分离，药隔突起成圆锥状 …………………………………………………………… 11. 算盘子属 Glochidion
            6. 雄花花萼盘状、壶状、漏斗状或陀螺状，顶端全缘或6裂；雄蕊3，仅丝合生成圆柱状，药隔不突起 ………………………………………………… 5. 黑面神属 Breynia
   2. 子房每室具1枚胚珠，叶柄顶部或叶片基部常有各式的腺体。
      7. 草本或藤本。
         8. 叶互生 ………………………………………………………… 1. 铁苋菜属 Acalypha
         8. 叶对生 ………………………………………………………… 10. 大戟属 Euphorbia
      7. 乔木、灌木或亚灌木。
         9. 雄花与雌花具花瓣，稀雌花无花瓣。
            10. 花丝在花蕾期顶部内弯，基部被绵毛 ………………………… 8. 巴豆属 Croton
            10. 花丝在花蕾期顶部不内弯，基部无绵毛。
               11. 雄花的花萼裂片镊合状排列 ………………………………… 19. 油桐属 Vernicia
               11. 雄花的花萼裂片或萼片覆瓦状排列。
                  12. 花丝离生 …………………………………………… 14. 小盘木属 Microdesmis
                  12. 花丝全部或部分合生 …………………………… 18. 三宝木属 Trigonostemon

9. 雄花与雌花均无花瓣。
    13. 花无花萼；花序为杯状聚伞花序；雄花仅具 1 枚雄蕊 ……………… 10. 大戟属 Euphorbia
    13. 花具花萼，花序非杯状聚伞花序；雄花具 2 至多枚雄蕊。
        14. 雄花族生于苞腋，再排成穗状花序；花蕾时雄蕊已伸出 ………… 17. 乌桕属 Sapium
        14. 雄花密集成团伞花序或簇生，再排成穗状、总状或圆锥花序；花蕾时雄蕊内藏。
            15. 雄花的萼片或花萼裂片镊合状排列。
                16. 叶对生；花雌雄异株 ……………………………………………… 13. 野桐属 Mallotus
                16. 叶互生；花雌雄异株或同株。
                    17. 叶下面和蒴果被散生或密生的颗粒状腺体。
                        18. 花序顶生；雄花花药 2 室；蒴果通常密生具毛的软刺 … 13. 野桐属 Mallotus
                        18. 花序腋生；雄花花药通常 4 室；蒴果无软刺或疏生无毛的软刺 …………
                              ……………………………………………………………… 12. 血桐属 Macaranga
                    17. 叶两面和果均无颗粒状腺体。
                      19. 嫩枝、嫩叶被星状毛 ……………………………… 7. 蝴蝶果属 Cleidiocarpon
                      19. 嫩枝、嫩叶被茸毛。
                        20. 雄花通常密集成团伞花序，稀数朵簇生，再排列在花序轴上；花丝离生或仅基部稍合生。
                            21. 叶柄顶端具 2 片小托叶；花雌雄异株或同株 …… 2. 山麻杆属 Alchornea
                            21. 叶柄顶端无小托叶；花雌雄同株 ……………………… 1. 铁苋菜属 Acalypha
                      20. 雄花单朵或多朵簇生于苞腋，排列在花序轴上；花丝合生成多个雄蕊束…
                        ……………………………………………………………………… 16. 蓖麻属 Ricinus
            15. 雄花的萼片或花萼裂片覆瓦状排列 …………………………… 9. 黄桐属 Endospermum
1. 叶为三出复叶 ……………………………………………………………………… 4. 重阳木属 Bischofia

1. 铁苋菜属 Acalypha Linn.

    本属约 450 种，广布于热带、亚热带地区。中国产 18 种。广东有 9 种，其中 2 种为栽培种。黑石顶 3 种。

1. 一年生草本。
    2. 花序长 1 cm 以上；雌花苞片具齿，但不分裂 ………………………… 1. 铁苋菜 A. australis
    2. 花序长不及 1 cm；雌花苞片 5 深裂，裂片长圆形 ………… 2. 裂苞铁苋菜 A. brachystachya
1. 灌木 ……………………………………………………………………… 3. 印禅铁苋菜 A. wui

1. 铁苋菜 Acalypha australis Linn. 别名：海蚌含珠

    广东北部各地及广州、肇庆、封开、潮州等地。常见。生于平原或山坡较湿润的耕地或路边。西部和雷州半岛少见。中国除西部高寒或干燥地区外，大部分省区均产。分布东亚各国及越南、老挝。

2. 裂苞铁苋菜 Acalypha brachystachya Holmem.

    潮州、乳源、乐昌、肇庆、封开等地。生于山地路旁或湿润石隙、田坎。分布海北、山西至甘肃、四川及云南以东各省区。非洲热带地区、印度、斯里兰卡、马来西亚、印度尼西亚、越南等国。

3. 印禅铁苋菜 Acalypha wui H. S. Kiu

    封开、肇庆。生于石灰岩山林下湿润石隙或石灰质壤土。分布广西（柳州地区）。

2. 山麻杆属 Alchornea Sw.

    本属约 70 种，分布于全球热带、亚热带地区。中国产 8 种，2 变种。广东有 5 种，1 变种。

黑石顶 2 种。

1. 叶和叶柄均绿色；雄花序的苞片阔卵形，长 2～2.5 mm；果皮具小瘤 ·· 1. 椴叶山麻杆 A. tiliifolia
1. 叶下面或叶柄通常浅红色；雄花序的苞片三角形，长 1 mm；果皮无瘤体 ··· 2. 红背山麻杆 A. trewioides

1. **椴叶山麻杆 Alchornea tiliifolia（Benth.）Muell. Arg.**

   肇庆、封开、恩平、信宜等地。生于山地或山谷水沟旁林下，或石灰岩山灌丛中。分布广西、贵州（南部）、云南。印度（东北部）、缅甸、泰国、马来西亚、越南。

2. **红背山麻杆 Alchornea trewioides（Benth.）Muell. Arg.** 别名：红背叶

   广东各地。常见。生于沿海平地或内陆低山矮灌丛中、疏林下或石灰岩山上。分布海南、福建、香港、江西（南部）、湖南（南部）、广西。越南、泰国、日本（琉球群岛）。

3. 五月茶属 Antidesma Linn.

本属约 170 种，广布于东半球热带、亚热带地区。中国约产 20 种，主产于北回归线以南地区。广东有 12 种，1 变种。黑石顶 5 种。

1. 托叶卵形 ··· 2. 黄色五月茶 A. fordii
1. 托叶披针形、钻形或线形。
   2. 叶片宽 2.5 cm 以上。
      3. 花序轴粗壮；果长 8～12 mm ··· 1. 五月茶 A. bunius
      3. 花序轴细长；果长 4～6 mm。
         4. 雄花的花萼 3～5 裂，无毛；花梗长 1～2 mm；花柱 2 ············· 3. 酸味子 A. japonicum
         4. 雄花的花萼 4 裂，疏生柔毛；花梗长 0.5 mm；花柱 3 ············· 4. 琼南五月茶 A. maclurei
   2. 叶片宽不及 2.5 cm ·· 5. 小叶五月茶 A. microphyllum

1. **五月茶 Antidesma bunius（Linn.）Spreng.**

   广东北回归线以南各地。生于海拔 50～100 m 的平原或山地密林中。分布海南、香港、广西、贵州（南部）。亚洲热带地区各国及澳大利亚（昆士兰地区）。

2. **黄色五月茶 Antidesma fordii Hemsl.** 别名：禾串树

   广东除北部和雷州半岛外的其他各地。生于海拔 100～700 m 的山地密林或疏林中。分布福建（南部）、香港、广西。越南。

3. **酸味子 Antidesma japonicum Sieb. et Zucc.** 别名：日本五月茶

   广东各地（除湛江市外）。生于海拔 200～800 m 的山地、山谷或溪畔密林下。分布台湾、浙江、福建、江西、湖南、广西、香港、贵州、云南。日本南部的岛屿、越南、泰国、马来西亚。

4. **琼南五月茶 Antidesma maclurei Merr.** 别名：多花五月茶

   封开。生于海拔 650～900 m 的山地密林或疏林中。分布海南。越南。

5. **小叶五月茶 Antidesma microphyllum Hemsl.**

   广州。生于河流两岸的石隙或石滩地或岸畔疏林中。分布海南、广西、四川、贵州和云南等省区。

4. 重阳木属 Bischofia Bl.

本属有 2 种，分布于亚洲、大洋洲热带与亚热带地区。中国产 2 种。广东均有分布。黑石顶 2 种。

1. 圆锥花序，叶基部楔形或阔楔形 ··· 1. 秋枫 B. javanica

1. 总状花序，叶基部圆钝、截形或浅心形 ·················· 2. 重阳木 B. polycarpa

1. **秋枫 Bischofia javanica** Bl. 别名：加冬、水加

  广东除北部山地外，各地均有。生于平原区或低山山谷、山脚湿润常绿林中，亦生于河堤岩、溪岸、有时生于石山上或栽植于村旁。分布海南、台湾、福建、香港、澳门、广西、贵州、云南。日本（琉球群岛）、亚洲东南部各国、印度、大洋洲北部各岛屿。

2. **重阳木 Bischofia polycarpa** (Lévl.) Airy Shaw

  乐昌、始兴、乳源、连州、英德、阳山、翁源、揭西、深圳、高要、阳春等地。生于山谷或村旁疏林中，广州有栽培。中国特有树种，分布秦岭以南各省区（海南、台湾无自然分布）。

5. 黑面神属 Breynia J. R. et G. Forst.

本属约25种，分布于亚洲东南部和南部、太平洋岛屿和大洋洲热带地区。中国产5种。广东有3种。黑石顶有1种。

1. **黑面神 Breynia fruticosa** (Linn.) Hook. f. 别名：鬼画符

  广东各地。生于平原区缓坡至山地海拔450 m以下的山坡疏林或次生林，或路旁干旱灌丛中。分布浙江、福建、香港、贵州、广西、云南。越南、泰国。

6. 土蜜树属 Bridelia Willd.

本属约50种，分布于东半球热带、亚热带地区。中国约产10种。广东有6种。黑石顶3种。

1. 核果1室；雌花的花瓣被毛；叶片顶端渐尖或急尖 ·················· 1. 尖叶土蜜树 B. balansae
1. 核果2室；雌花的花瓣无毛；叶片顶端非渐尖。
   2. 侧脉12～15对；果长卵形，长6～7 mm ·················· 2. 虾公树 B. fordii
   2. 侧脉5～10对；果近球形或卵球形，长5～6 mm ·················· 3. 土蜜树 B. tomentosa

1. **尖叶土蜜树 Bridelia balansae** Tutch. 别名：禾川树

  大埔、梅县至徐闻各地。生于山地常绿林中。分布海南、台湾、福建、香港、广西、贵州、云南。越南、老挝、日本。

2. **虾公树 Bridelia fordii** Hemsl. 别名：大叶土蜜树

  翁源、阳山、连州、连南、乳源、乐昌、封开、云浮等地。生于石灰岩山地山坡、山谷湿润的密林或疏林中，偶见于石灰岩地区村旁风水林。分布湖南、广西、贵州。

3. **土蜜树 Bridelia tomentosa** Bl. 别名：逼迫子

  广东北回归线附近以南各地。生于平原区、低山区或海岛的次生林或林缘、村旁、灌木林中。分布海南、台湾、福建（南部）、香港、广西、云南。亚洲东南部各国、印度、澳大利亚。

7. 蝴蝶果属 Cleidiocarpon Airy Shaw

本属有2种，分布于缅甸、泰国、越南。中国产1种。广东有栽培。黑石顶有栽培，1种。

1. **蝴蝶果 Cleidiocarpon cavaleriei** (Lévl.) Airy Shaw

  广东各地有栽培。本种喜生于石灰岩地区常绿林中，也可生于微酸性土壤。分布贵州（南部）、云南（东南部）广西。越南（北部）。

8. 巴豆属 Croton Linn.

本属约750种，为本科第二大属，广东于全球热带、亚热带地区。中国约产25种。广东有17种，1变种。黑石顶3种。

1. 成长叶下面被茸毛 ·················· 2. 毛果巴豆 C. lachnocapus

1. 成长叶两面均无毛。
   2. 叶片基部具 2 枚无柄或具短柄的杯状腺体 ················· 3. 巴豆 C. tiglium
   2. 叶柄顶端具 2 枚具柄的杯状腺体 ················· 1. 石山巴豆 C. eurphyllus

1. 石山巴豆 Croton euryphyllus W. W. Smith [*C. cavaleriei* Gagnep.]
   连州、封开。生于石灰岩山的山脚或石隙。分布广西、贵州、云南、四川（西南部）。
2. 毛果巴豆 Croton lachnocarpus Benth. 别名：小叶双眼龙、猛仔仁
   广东除雷州半岛外，各地均有。生于海拔 800 m 以下的山地、谷地或溪略常绿林或灌木林中。分布江西、湖南、贵州、广西、香港。
3. 巴豆 Croton tiglilum Linn. 别名：双眼龙、猛子树
   广东各地。散生于低山或平原区的疏林中或溪岸，常栽种于村屋旁。分布长江以南各省区。亚洲南部和东南部各国。

9. 黄桐属 Endospermum Benth.

本属约 12 种，分布于亚洲东南部、太平洋岛屿和大洋洲北部。中国产 1 种。广东 1 种。黑石顶 1 种。

1. 黄桐 Endospermum chinense Benth.
   广东北回归线以南各地各地。生于海拔 300～600 m 以下的山地或平原阔叶常绿林中。分布香港、福建（南部）广西和云南（南部）。印度（东北部）、缅甸、越南（北部）。

10. 大戟属 Euphorbia Linn.

本属约 2 000 种，扁布于世界各地。中国约产 85 种。广东有 27 种，其中归化杂草和栽培观赏植物有 10 种。黑石顶 4 种。

1. 乔木或灌木。 ················· 1. 金刚纂 E. antiquorum
1. 草本或亚灌木。
   2. 杯状聚伞花序多个密生，排成球形或近球形的复聚伞花序；植株被多细胞长粗毛 ················· 2. 飞扬草 E. hirta
   2. 杯状聚伞花序排成二歧或三歧的复聚伞花序，或 1～3 个簇生于叶腋；植株被疏柔毛或无毛。
      3. 植株直立或斜升；叶长 1～3 cm ················· 3. 通奶草 E. hypericifolin
      3. 植株匍匐或披散；叶长不超过 1 cm ················· 4. 千根草 E. thymifolia

1. 金刚纂 Euphorbia antiquorum Linn.
   广东北回归线以南各地庭园或公园有栽培。福建、广西等省区有露地栽培。亚洲南部和东南部各国有栽培。
2. 飞扬草 Euphorbia hirta Linn.
   广东各地。生于村镇的路旁、空旷草地上或海岛荒地上。分布中国南部各省区。原产于中美洲，现为热带地区的杂草。
3. 通奶草 Euphorbia hypericifolia Linn.
   广东各地。生于路旁、开旷的杂草地、里地或石山山脚。分布中国南部各省区。全球热带地区。
4. 千根草 Euphorbia thymifolia Linn. 别名：小飞羊草
   广东各地。生于海拔 15～550 m 的平原区、山地空旷地或路旁裸地、旱作耕地以及海滨沙丘。分布中国南部各省区。东半球热带、亚热带地区。

11. 算盘子属 Glochidion J. R. et G. Forst.

本属约300种，主产于亚洲和大洋洲热带地区，少数种类分布于热带美洲和马达加斯加。中国有30种。广东产16种。黑石顶有9种。

1. 雄蕊4～8枚 ··· 2. 厚叶算盘子 G. hirsutum
1. 雄蕊3枚。
  2. 小枝和叶两面或至少下面被柔毛。
    3. 叶基部不偏斜，叶柄长1～2 mm；果直径1～1.2 mm。
      4. 叶被长柔毛，基部钝圆；托叶钻状，长3～5 mm；果4～5室 ····································
         ·· 1. 毛果算盘子 G. eriocarpum
      4. 叶被短柔毛，基部楔形，托叶三角形，长约1 mm；果6～8室 ································
         ·· 4. 算盘子 G. puberum
    3. 叶基部偏斜，叶柄长3～6 mm；果直径6～10 mm。
      5. 叶下面粉绿色，叶柄长3 mm；果直径6～7 mm，3（～4）室 ····································
         ·· 5. 里白算盘子 G. triandrum
      5. 叶下面褐色，叶柄长4～6 mm；果直径8～10 mm，5～8室 ······································
         ·· 3. 菲岛算盘子 G. philippicum
  2. 叶两面均无毛 ··· 6. 白背算盘子 G. wrightii

1. **毛果算盘子** Glochidion eriocaraum Champ. ex Benth. 别名：漆大姑

   广东各地。生于海拔30～300 m的山坡、山谷灌木林中或林缘。分布贵州、广西、云南、福建、香港、台湾等省区。越南（北部）、泰国。

2. **厚叶算盘子** Glochidion hirsutum（Roxb.）Voigt

   广东除北部和东北部外，各地均有。生于海拔30～700 m的平原区河边、水沟边灌丛中或山谷及沼泽地上。分布台湾、福建（南部）、香港、广西、云南和西藏。喜马拉雅山东段各国、泰国西北部至越南北部。

3. **里白算盘子** Glochidion triandrum（Blanco）C. B. Rob.

   广东南部和东部。生于海拔200～600 m山地疏林中或山谷、溪旁灌木丛中。分布福建、台湾、湖南、广西、四川、贵州和云南等省区。印度、尼泊尔、锡金、柬埔寨、日本、菲律宾等。

4. **算盘子** Glochidion puberum（Linn.）Hutch. 别名：算珠树

   广东除雷州半岛南部外，各地均有。生于海拔50～600 m的山地疏林、松林下、灌丛中，为酸性土山地的常见灌木。分布长江以南各省区。

5. **菲岛算盘子** Glochidion philippicum（Cav.）C. B. Rob.

   深圳、珠海、封开。生于低海拔的密林中。分布台湾、香港。菲律宾、印度尼西亚、澳大利亚（东部）。

6. **白背算盘子** Glochidion wrightii Benth.

   广东中部和西部各地及沿海岛屿。海拔50～300 m的山坡疏林或灌丛中。分布福建（南部）、广西和云南（东南部）。越南（北部）。

12. 血桐属 Macaranga Thou.

本属约280种，分布于东半球的热带地区。中国产16种。广东有9种。黑石顶3种。

1. 叶盾状着生；掌状脉7～9条。
  2. 苞片长圆形，边缘具2～4个腺体；雄蕊9～16枚 ·············· 1. 中平树 M. denticulata
  2. 苞片卵状披针形，边缘具1～3枚长齿；雄蕊3～5枚 ·············· 2. 鼎湖血桐 M. sampsoni
1. 叶非盾状着生或近盾状着生，基出脉3条并具羽状脉 ········ 3. 卵苞血桐 M. tigonostemonoides

1. 中平树 Macaranga denticulate（Bl.）Muell. Arg.

广东有栽培。生于低山次生林或山地常绿阔叶林中。分布海南、广西、贵州、云南、西藏。尼泊尔、印度、缅甸、泰国、老挝、越南、马来西亚、印度尼西亚。

2. 鼎湖血桐 Macaranga sampsonii Hance

大埔、丰顺、潮安、惠东、博罗、从化、清远、英德、乐昌、阳山、肇庆、怀集、广宁、封开、信宜、阳春、茂名、廉江。生于山地或山谷常绿阔叶林中。分布香港、福建、广西。越南（北部）。

3. 卵苞血桐 Macaranga trigonostemonoides Croiz.

茂名、高州、阳春、恩平、肇庆、封开、怀集、英德等地。生于低山、山谷或溪畔常绿林中。分布广西、四川（东南部）。越南（北部）。

13. 野桐属 Mallotus Lour.

本属约140种，主要分布于亚洲热带和亚热带地区。中国有26种，主产长江流域以南各省区。广东有18种，4变种。黑石顶8种，1变种。

1. 蒴果无皮刺。
  2. 藤本或攀援状灌木；叶下面有黄色腺点；雄蕊40～75枚；蒴果密被黄褐色或橙黄色毛和腺点。
    3. 蒴果较大，直径12～15 mm，密被橙黄色重叠星状卷毛 ………… 7. 崖豆藤野桐 M. milletii
    3 蒴果较小，直径5～10 mm，密被黄色至黄褐色粉末状毛 ………… 9. 石岩枫 M. repandus
  2. 乔木或直立灌木；叶或下面有黄色腺点；雄蕊40～75枚；蒴果密被黄褐色橙黄色毛或腺点 ………………………………………………………… 8. 粗糠柴 M. philippensis
1. 蒴果有皮刺。
  4. 叶柄盾状或稍盾状着生。
    5. 蒴果疏被钻形、粗短皮刺，皮刺长3～5 mm ………………… 3. 南平野桐 M. dunnii
    5. 蒴果密被线形皮刺，皮刺长6 mm以上。
      6. 嫩枝、叶和花序均密被星状长须毛；蒴果上的皮刺和星状毛形成连续的毛层 …………………………………………………………………………… 2. 毛桐 M. barbatus
      6. 嫩枝、叶和花序被紧贴星状短茸毛或茸毛；蒴果上的皮刺和星状毛较稀疏 ………………………………………………………………………… 4. 东南野桐 M. lianus
  4. 叶柄非盾状着生。
    7. 蒴果的皮刺线形，多则密；雄蕊45～75枚 ………………… 1. 白背叶 M. apelta
    7. 蒴果的皮刺刺状，较少而稀疏；雄蕊50～125枚。
      8. 嫩枝密被白色微柔毛；蒴果被长柔毛，直径4～5 mm …… 6. 小果野桐 M. microcarpus
      8. 嫩枝密被锈色星状柔毛；蒴果被星状毛，直径4～10 mm ………………………………………………………………………… 5. 茸毛野桐 M. japonicus var. oreophilus

1. 白背叶 Mallotus apelta（Lour.）Muell. Arg.

龙门、阳春、乐昌、罗定、郁南、阳山、平远、和平、蕉岭、肇庆、中山、乳源、信宜、始兴、翁源、陆丰、河源、新丰、大埔、清远。生于海拔100～800 m的灌丛中。分布海南、云南、广西、湖南、江西和福建。

2. 毛桐 Mallotus barbatus（Wall.）Muell. Arg. 别名：猪糠木、钝叶野桐

阳春、罗定、肇庆、封开、茂名、云浮。生于海拔400～900 m的林缘或灌丛中。分布广西、湖南、贵州、四川、云南省。亚洲东南部。

3. 南平野桐 Mallotus dunnii Metc.

连山、怀集、封开、平远。生于海拔300～500 m的河谷、溪边疏林下。分布广西、湖南和福建。

4. 东南野桐 Mallotus lianus Croiz. 别名：红毛顶

肇庆、翁源、梅县、乐昌、封开、始兴、英德、新丰、和平、信宜、龙门、大埔、乳源、南雄、怀集、德庆。生于海拔200～800 m的林中或林缘。分布云南、广西、贵州、四川、湖南、江西、福建和浙江。

5. 野桐 Mallotus japonicus（Thunb.）Muell. Arg. var. floccosus（Muell. Arg.）S. M. Hwang 别名：巴巴树

乳源。生于海拔约800 m的林中。分布陕西、江苏、浙江、江西、福建、湖南、湖北、广西、贵州、四川、云南和西藏。缅甸、不丹和印度。

6. 小果野桐 Mallotus microcarpus Pax et Hoffm. 别名：小果白桐、野栗树

乳源、连南、南雄。生于海拔300～800 m的疏林中或林缘灌丛中。分布广西、贵州、福建、湖南和江西。越南。

7. 崖豆藤野桐 Mallotus millietii Lévl.

乳源、和平、封开。生于海拔300～800 m的疏林或灌丛中。分布海南、广西、贵州、湖北和湖南。

8. 粗糠柴 Mallotus philippensis（Lam.）Muell. Arg. 别名：菲岛桐、红果果

广东各地。生于海拔300～800 m的山地林中或林缘。分布安徽、湖北、江苏、浙江、湖南、江西、贵州、四川、云南、广西、海南、福建和台湾。越南、印度、菲律宾、斯里兰卡和马来西亚。

9. 石岩枫 Mallotus repandus（Rottl.）Muell. Arg. 别名：糠木麻、黄蜂叶

紫金、英德、平远、乳源、乐昌、龙川、连州、五华、连平、翁源、连南、和平、新丰、大埔、惠东、阳春、阳江。生于海拔100～600 m的山地疏林中或林缘。分布陕西、甘肃、安徽、湖北、江苏、浙江、湖南、江西、四川、贵州和福建。

14. 小盘木属 Microdesmis Hook. f. ex Hook.

本属约10种，分布于非洲和亚洲热带地区，亚洲2种。中国产1种。广东亦有。黑石顶有1种。

1. 小盘木 Microdesmis casearifolia Planch.

博罗、深圳、清远、肇庆、罗定、台山、阳江、阳春、高州、信宜、化州、廉江等地以南地区各地。生于沿海平原或海拔100～800 m的山地、山谷常绿阔叶林中。分布海南、香港、广西、云南。缅甸、泰国、越南、马来西亚、印度尼西亚、菲律宾。

15. 叶下珠属 Phyllanthus Linn.

本属约600种，分布于热带和亚热带，仅灵敏种草本可生长于温带。中国约有32种。广东18种，黑石顶7种。

1. 草本，有时主茎基部多少木质化。
  2. 雌花梗和果梗长不及2 mm ……………………………………… 6. 叶下珠 P. urinaris
  2. 雌花梗和果梗2～10 mm ………………………………………… 7. 黄珠子草 P. virgatus
1. 灌木或乔木。
  3. 核果或浆果，果皮多少肉质。
    4. 果为浆果。
      5. 花2～3朵簇生；雄蕊5枚，其中3枚花丝合生 ………… 5. 龙眼睛 P. reticulatus
      5. 花3～7朵簇生；雄蕊3～5枚，花丝离生 ………… 3. 落萼叶下珠 P. flexuous

4. 果为核果 ·· 2. 余甘子 P. emblica
 3. 蒴果；果皮壳质。
　　6. 雌雄花的萼片均6枚，雄蕊3枚 ····························· 1. 越南叶下珠 P. cochinchinensis
　　6. 雄花的萼片4；雌花的萼片6；雄蕊2枚 ······················ 4. 广东叶下珠 P. guangdongensis

1. **越南叶下珠 Phyllanthus cochinchinensis** Spreng. 别名：乌蝇翼

　　珠江三角洲以及粤西各地。常见。生于低丘陵疏林下或灌丛中。分布海南、香港、广西（南部）。越南。

2. **余甘子 Phyllanthus emblica** Linn.

　　广东北回归线以南各地。生于海滨、低山坡地或干燥稀树山岗。分布中国西南和华南的亚热带地区。印度和亚洲东南部各国、全球热带地区的岛屿常有栽培。

3. **落萼叶下珠 Phyllanthus flexuosus**（Sieb. et Zucc.）Muell. Arg. 别名：红鱼眼

　　乳源、连州、连南、阳山、封开等地。生于海拔200～650 m的山谷、沟旁或溪畔疏林中。分布中国东部各省、香港。日本。

4. **广东叶下珠 Phyllanthus guangdongensis** P. T. Li 别名：隐脉叶下珠

　　浮源、怀集、封开、阳春。生于具溶岩的石灰岩山区的灌丛或疏林下。

5. **龙眼睛 Phyllanthus reticulates** Poir. 别名：小果叶下珠、烂头钵

　　广东除东部较少外，各地均有。生于平原或低山区常绿林中或灌木丛中，常见于溪畔湿润杂木下或石山灌丛中。分布中国南部热带、亚热带地区。亚洲南部和东南部、非洲热带地区和澳大利亚东部。

6. **叶下珠 Phyllanthus urinaris** Linn. 别名：珍珠草

　　广东各地。生于居民区附近空地、荒地，为庭园的常见杂草，也生于海拔800 m的山地空旷草地。分布秦岭以南各省区。世界泛热带地区分布。

7. **黄珠子草 Phyllanthus virgatus** Forst. f.

　　广东除西南部外，各地均有。生于平原地区或海拔500 m以下的草坡或耕地上。分布秦岭南坡、长江流域以南各省区。亚洲东南部各国和印度、太平洋群岛。

16. 蓖麻属 Ricinus Linn.

本属为单种属，原产于非洲东北部和东部热带地区及中东，现广泛栽培于世界热带至温暖带地区。中国大部分省区均有栽培。广东有逸生。黑石顶1种，也有逸生。

1. **蓖麻 Ricinus communis** Linn.

　　广东各地均有栽培。村庄附近、河流两岸冲积地上逸为野生，且呈灌木状。分布中国除高寒地区、沙漠地区外，各省区均有栽培。世界各地常有栽培。

17. 乌桕属 Sapium Jacq.

本属约100种，分布于世界热带、亚热带地区。中国产9种。广东产7种。黑石顶4种。

1. 叶片基部圆钝至浅心形。
　　2. 叶阔卵形，宽5～8 cm，顶端渐尖 ································ 1. 桂林乌桕 S. chihsinianun
　　2. 叶近圆形，宽6～12 cm，顶端圆，稀有凹缺 ······················ 3. 圆叶乌桕 S. rotundifoliu
　　　3. 叶片基部楔形、阔楔形，有时钝，但无浅心形。
　　　3. 叶椭圆形或长卵形，长为宽的2倍；种子长3～4 mm蜡层薄 ········ 2. 山乌桕 S. discolor
1. 叶菱形、菱状卵形、菱状倒卵形阔卵形，长和宽近相等；种子长8～10 mm，蜡层较厚 ······
 ··· 4. 乌桕 S. sebiferum

1. 桂林乌桕 Sapium chihsinianum S. Lee. 别名：济新乌桕

   封开、连州。生于海拔 80～300 m 具溶洞的石灰岩山的石隙中。分布广西、贵州、云南、湖北、四川、甘肃（南部）。

2. 山乌桕 Sapium discolor（Champ. ex Benth.）Muell. Arg. 别名：膜叶乌桕

   广东除石灰岩地区外，其他各地均有，在粤东有时为山地的主要树种。生于海拔 50～500 m 的山地疏林中，多星散生长。分布中国长江以南各省区。越南、老挝、泰国、马来西亚。

3. 圆叶乌桕 Sapium rotundifolium Hemsl.

   英德、阳山、曲江、乳源、连州、连南、怀集、肇庆、云浮、阳春。生于石灰岩山区。分布广西、湖南、贵州、云南。越南（北部）。

4. 乌桕 Sapium sebiferum（Linn.）Roxb.

   广东除雷州半岛外，各地均有。生于海拔 20～400 m 的平原、河谷或低山疏林中或村旁。分布中国秦岭以南各省区。日本、越南、印度及欧洲、美洲有栽培。

18. 三宝木属 Trigonostemon Bl.

本属约 50 种，分布于亚洲南部和东南部热带地区。中国有 12 种。广东产 6 种和 1 变种。黑石顶 1 种。

1. 印禅三宝木 Trigonostemon wui H. S. Kiu

   云浮、封开。生于低海拔石灰岩山灌丛或常绿林下。分布云南、广西。

19. 油桐属 Vernicia Lour.

本属有 3 种，分布于亚洲东部。中国产 2 种，其中 1 种为特有种，秦岭以同各省区均产。广东有 2 种。黑石顶有 2 种。

1. 叶片通常不分裂，叶柄顶端的腺体为扁球形；果无棱，平滑 ………………… 1. 油桐 V. fordii
1. 叶片通常分裂，叶柄顶端的腺体为高脚杯状；果具 3 棱，有皱纹 ……… 2. 木油洞 V. montana

1. 油桐 Vernicia fordii（Hemsl.）Airy Shaw 别名：三年桐

   广东北部和东北部常有栽种。中国秦岭山脉以南各省区均有分布，现世界温带地区有栽培。

2. 木油桐 Vernicia montana Lour. 别名：千年桐、山桐

   广东各地。常见或有栽培，但雷州半岛等干燥稀树草坡地区则少见。野生于疏林、林缘或小面积栽种于山地或村旁，也有作公路行道树。分布中国西南至东南各省区。缅甸、泰国（北部）、越南及其他东南亚各国均有栽培。

70. 豆科 Fabaceae

Ⅰ. 苏木亚科 Caesalpiniaceae

本科约 180 属 3 000 种。分布于全世界热带和亚热带地区，少数属（如皂荚属 Gleditsia Linn. 和肥皂荚属 Gymnocladus Lam.）分布于温带地区。中国连引入栽培的有 21 属，约 113 种，4 亚种，12 变种，主产南部和西南部。广东连引入栽培 20 属，75 种。黑石顶 6 属，15 种，1 亚种，1 变种。

1. 为单叶 ………………………………………………………………………… 1. 羊蹄甲属 Bauhinia
1. 为羽状复叶。
   2. 为木质藤本 ………………………………………………………………… 2. 云实属 Caesalpinia
   2. 为乔木、灌木或草本。

3. 植株具枝刺 ··· 5. 皂荚属 Gleditsia
4. 植物无枝刺。
  5. 叶片为二回羽状复叶 ··· 4. 格木 Erythrophleum
  5. 叶片为一回羽状复叶。
    6. 花药基着，稀背着；药室孔裂或短纵裂；通常为灌木或草本 ············ 3. 决明属 Cassia
    6. 花药背着，药室纵裂。通常为乔木 ······································ 6. 仪花属 Lysidice

1. 羊蹄甲属 Bauhinia Linn.

约600种，遍布于世界热带地区。中国有40种，4亚种，11变种，主产南部和西南部。广东连栽培共15种，1亚种，3变种。黑石顶5种，1亚种，1变种。

1. 花萼合生。
  2. 总状花序呈伞房花序式；花梗长 18～22 mm；叶先端通常浅裂为短而阔的 2 裂片，罅口极阔或呈弯缺状 ··· 1. 阔裂叶羊蹄甲 B. apertilobata
  2. 总状花序狭长，有时数个组成复总状花序；花梗长 15 mm 以下；叶先端全缘或分裂；罅口不呈上述形状。
    3. 叶纸质，卵形或心形 ··· 3. 龙须藤 B. championii
    3. 叶近革质，阔卵形至近圆形 ············· 3a. 英德羊蹄甲 B. championii var. yingtakensis
1. 花萼分离或粘合。
  4. 子房无毛。
    5. 裂达中部或更深裂 ··· 5. 粉叶羊蹄甲 B. glauca
    5. 叶片分裂仅及叶长的 1/4～1/3 ················ 5a. 鄂羊蹄甲 B. glauca subsp. hupehana
  4. 子房有毛。
    6. 叶两面无毛或下面仅沿脉上被毛；果瓣革质 ··················· 4. 锈荚藤 B. erythropoda
    6. 叶下面密被茸毛或丝质柔毛；果瓣木质 ··················· 2. 红绒毛羊蹄甲 B. aurea

1. **阔裂叶羊蹄甲 Bauhinia apertilobata** Merr. et Metc.
    广东各地。常见。生于海拔 300～600 m 的山谷和疏密林或灌丛中。分布福建、江西、广西。

2. **红绒毛羊蹄甲 Bauhinia aurea** Lévl.
    阳春、阳西等地。生于山地疏林中。分布云南、四川、贵州、广西。

3. **龙须藤 Bauhinia championii**（Benth.）Benth.
    广东各地。常见。生于低海拔至中海拔的丘陵灌丛或山地疏林和密林中。分布浙江、海南、台湾、福建、广西、江西、湖南、湖北和贵州。印度、越南和印度尼西亚。

3a. **英德羊蹄甲 Bauhinia championii**（Benth.）Benth. var. **yingtakensis**（Merr. et Metc.）T. Chen
    乳源、英德、阳山。少见。生于山地半荫处，攀附于岩石上。

4. **锈荚藤 Bauhinia erythropoda** Hayata.
    肇庆有引种。生于山地疏林中或沟谷旁岩石上。分布广西、云南。菲律宾。

5. **粉叶羊蹄甲 Bauhinia glauca**（Wall. ex Benth.）Benth.
    连南、连平、从化、和平、饶平、深圳、珠海、肇庆、封开、云浮、台山。生于山地疏林中或山谷蔽荫的密林或灌丛中。分布香港、广西、江西、湖南、贵州、云南。印度、中南半岛、印度尼西亚。

5a. **鄂羊蹄甲 Bauhinia glauca**（Wall. ex Benth.）Benth. subsp. **hupehana**（Craib）T. Chen
    乐昌、乳源、英德、连平、博罗、蕉岭、平远、云浮、信宜。少见。生于海拔 650～800 m 的山坡疏林或山谷灌丛中。分布四川、贵州、湖北、湖南、福建。

2. 云实属 Caesalpinia Linn.

本属约 100 种。分布热带和亚热带地区。中国产 17 种，除少数种分布较广外，主要产地在南部和西南部。广东 11 种。黑石顶产 4 种。

1. 羽片 2～3（～4）对；小叶 4～6 对。
   2. 荚果革质，斜阔卵球形。小叶较小，长不超过 9 cm ························· 1. 华南云实 C. crista
   2. 荚果木质；扁圆球形。小叶较大，长可达 15 cm ··················· 3. 大叶云实 C. magnifoliolata
1. 羽片 (3) 5～16 对；小叶 6～17 对。
   3. 荚果表面无刺，种子 6～9 颗。花黄色，无紫红色斑点 ··················· 2. 云实 C. decapetala
   3. 荚果表面有刺，种子 4～5 颗。花白色，有紫红色斑点 ··············· 4. 喙荚云实 C. minax

1. **华南云实 Caesalpinia crista** Linn. ［*C. nuga* Ait.］

   广东各地。常见。生于海拔 100～800 m 的山地林中。分布云南、贵州、四川、湖北、湖南、香港、广西、福建和台湾。印度、斯里兰卡、缅甸、泰国、柬埔寨、越南、马来半岛、波利尼西亚群岛和日本。

2. **云实 Caesalpinia decapetala** (Roth) Alston ［*C. sepiaria* Roxb.］

   广东各地。常见。山坡灌丛中或平地。分布海南、香港、广西、云南、四川、贵州、湖南、湖北、江西、福建、浙江、江苏、安徽、湖南、河北、陕西、甘肃等省区。亚洲热带和温带地区有分布。

3. **大叶云实 Caesalpinia magnifoliolata** Metc.

   深圳、封开。少见。生于海拔 300～800 m 的灌木丛中。分布广西、云南和贵州。

4. **喙荚云实 Caesalpinia minax** Hance

   乐昌、英德、从化、河源、梅州、增城、广州、中山、肇庆、罗定、德庆、云浮、阳江、化州。常见。生于海拔 400～800 m 的山沟、溪旁或灌丛中。分布香港、海南、广西、云南、贵州、四川、福建。

3. 决明属 Cassia Linn.

本属约 600 种，分布于全世界热带和亚热带地区，少数分布至温带地区。中国原产 10 余种，包括引种栽培的 20 余种，广布于南北各省区。广东产 17 种。黑石顶 3 种。

1. 小叶不超过 10 对，长 2 cm 以上，非线形。
   2. 叶仅有小叶 3 对，具腺体 3 枚；腺体位于小叶间的叶轴上；荚果近四棱柱形，长达 15 cm ··· 3. 决明 C. tora
   2. 叶有小叶 4～10 对，具腺体 1 枚；腺体位于叶柄基部的上方 ······ 2. 望江南 C. occidentalis
1. 小叶超过 10 对，长通常不超过 1.3 cm，线形或线状镰刀形 ······ 1. 含羞草决明 C. mimosoides

1. **含羞草决明 Cassia mimosoides** Linn. ［*Chamaecrista minosoides* (Linn.) E. Greene］

   乐昌、始兴、阳山、新丰、翁源、惠阳、大埔、广州、深圳、高要、肇庆、怀集、封开、信宜、阳春、海康。常见。生坡地或空旷地的灌木丛或草丛中。分布中国东南部、南部至西南部。原产美洲热带地区，现广布于全球热带、亚热带地区。

2. **望江南 Cassia occidentalis** Linn. ［*Senna occidentalis* (Linn.) Link］

   广东各地。常见。常生于滩地、旷野、灌木林或疏林中。分布中国东南部、南部及西南部各省区。原产美洲热带地区，现广布于全球热带和亚热带地区。

3. **决明 Cassia tora** Linn. ［*Senna tora* (L.) Roxb.］

   乐昌、乳源、英德、阳山、翁源、清远、龙门、河源、蕉岭、海丰、广州、深圳、高要、肇庆、新兴、怀集、郁南、封开、云浮、罗定、阳春、台山、茂名。常见。生于山坡、旷野及河滩沙地上。中国长江以南各省区普遍分布。原产美洲热带地区，现全球、亚热带地区广泛分布。

4. 格木属 Erythrophleum Afzef. ex R. Br.

本属 15 种分布于非洲的热带地区、亚洲东部的热带和亚热带地区和澳大利亚北部。中国仅有格木 1 种，分布于广西、广东、福建、台湾、浙江等省区。黑石顶 1 种。

1. 格木 Erythrophleum fordii Oliv.

广州、博罗、紫金、肇庆、高要、怀集、封开、郁南、云浮、信宜。生于山地密林或疏林中。分布广西、福建、台湾、浙江等省区。越南、印度。国家二级保护植物。

5. 皂荚属 Gleditsia Linn.

本属约 16 种。分布于亚洲中部和东南部和南北美洲。中国产 6 种，2 变种，广布于南北各省区。广东 3 种。黑石顶 1 种。

1. 小果皂荚 Gleditsia australis Hemsl. ［*G. microcarpa* Metc.］

乐昌、乳源、始兴、阳山、平远、广州、深圳、台山、信宜、茂名、高州。生于山谷林中或路旁水边。分布香港、广西、海南。越南。

6. 仪花属 Lysidice Hance

本属 2 种。分布中国南部至西南部。越南也有分布。广东有产。黑石顶 1 种。

1. 仪花 Lysidice rhodostegia Hance

连山、五华、广州、肇庆、高要、封开、德庆、阳江、阳春、高州、茂名等地。生于海拔 500 m 以下的山地丛林中或栽培。分布广西、云南。越南。珍稀濒危植物。

Ⅱ. 含羞草科 Mimosaceae

本科约 64 属，2 950 种，分布于全球热带、亚热带及温带地区，分布中心为中美洲、南美洲。中国连引入栽培的共 17 属，约 65 种，主产于西南部至东南部。广东有 14 属，37 种，2 变种。黑石顶 6 属，12 种。

1. 雄蕊多数，通常在 10 枚以上。
   2. 花丝连合呈管状。
      3. 荚果开裂为 2 瓣 ……………………………………………… 4. 猴耳环属 Archidendron
      3. 荚果不开裂或迟裂 ………………………………………………… 3. 合欢属 Albizia
   2. 花丝分离，稀仅基部连合 ……………………………………………… 1. 金合欢属 Acacia
1. 雄蕊通常 10 枚或较少。
   4. 药隔顶端无腺体。
      5. 荚果成熟时横裂为数节而残留缝线于果柄上，每节含 1 颗种子 …… 6. 含羞草属 Mimosa
      5. 荚果成熟时沿缝线纵裂 ………………………………………… 5. 银合欢属 Leucaena
   4. 药隔顶端有腺体 ………………………………………………… 2. 海红豆属 Adenanthera

1. 金合欢属 Acacia Mill.

本属约 1 200 种，分布于全球热带、亚热带地区，以大洋洲及非洲的种类最多；中国边引入栽培的有 18 种。分布于西南部至东南部。广东有 11 种。黑石顶 3 种。

1. 叶退化，叶柄变成叶状柄 ……………………………………………… 2. 台湾相思 A. confusa
1. 叶为 2 回羽状复叶。
   2. 小叶 15～25 对，线状长圆形，长 8～12 mm，宽 2～3 mm …… 1. 藤金合欢 A. concinna
   2. 小叶 30～54 对，线形，长 5～10 mm，宽 0.5～1.5 mm ……… 3. 羽叶金合欢 A. penata

1. 台湾相思 Acacia confusa Merr. 别名：相思树

广州、阳春、肇庆、惠阳、饶平、东莞、信宜、大埔有栽培。台湾、福建、广西、香港、云南、四川、江西、浙江等地有栽培。菲律宾、印度尼西亚、马来西亚、太平洋岛屿、毛里求斯等地有引种。

2. 藤金合欢 Acacia concinna DC.

新丰、兴宁、龙门、乳源、大埔、连南、封开、阳山、乐昌、连州、始兴、新会、从化、饶平、博罗、和平、深圳。生于疏林或灌丛中。分布海南、江西、湖南、广西、贵州、云南。亚洲热带地区广布。

3. 羽叶金合欢 Acacia pennata (Linn.) Willd.

肇庆、茂名、博罗、阳江、信宜、云浮。常攀附于或小乔木的顶部。分布海南、云南、福建。亚洲和非洲的热带地区。

2. 海红豆属 Adenanthera Linn.

本属约10种，产于热带亚洲和大洋洲；非洲及美洲有引种。中国产1种，分布于云南、广西、广东、海南等省区。黑石顶有分布。

1. 海红豆 Adenanthera pavonina var. microsperma (Teijsm. & Binn.) Nilsen 别名：孔雀豆、相思格

广州、茂名、徐闻、博罗、清远、德庆、惠东、郁南、高州、肇庆、珠海、封开、海丰、英德、云浮、阳春、阳山。多生于山沟、溪边、林中或栽培于园庭。分布云南、贵州、广西、福建和台湾。热带亚洲广布，非洲及美洲也有引种。

3. 合欢属 Albizia Durazz.

本属约118种，产于亚洲、非洲、大洋洲及美洲的热带、亚热带地区。中国有16种，大部分产于西南部、南部及东南部各省区。广东有9种。黑石顶2种。

1. 小叶的中脉偏于上边缘 ………………………………………………… 1. 楹树 A. chinensis
1. 小叶的中脉居中或偏于下边缘 ………………………………………… 2. 天香藤 A. corniculata

1. 楹树 Albizia chinensis (Osbeck) Merr.

广东各地。多生于林中，亦见于旷野，但以谷地、河溪边等地方最适宜其生长。分布海南、香港、福建、湖南、广西、云南、西藏。南亚至东南亚。

2. 天香藤 Albizia corniculata (Lour.) Druce. 别名：刺藤、藤山丝

广东各地。生于旷野或山地疏林中，常攀附于树上。分布海南、香港、广西、福建。分布越南、老挝、柬埔寨。

4. 猴耳环属 Archidendron F. V. Muell.

本属约94种，分布于亚洲热带地区。中国有11种，产于云南、广西、广东。广东有4种。黑石顶3种。

1. 羽片1～2对；小叶互生 ………………………………………… 2. 亮叶猴耳环 A. lucidum
1. 羽片2～8对；小叶对生。
  2. 小枝无棱；羽片2～3对；小叶4～7对，仅下面被短柔毛 ……… 3. 薄叶猴耳环 A. utile
  2. 小枝有明显的棱；羽片3～8对；小叶3～12（～16）对，两面被短柔毛 ……………………………………………………………………………………… 1. 猴耳环 A. clypearia

1. 猴耳环 Archidendron clypearia (Jack) Nielsen.

广东各地。生于林中。分布浙江、福建、海南、香港、台湾、广西、云南。热带亚洲广布。

2. 亮叶猴耳环 Archidendron lucidum (Benth.) Nielsen.

广东各地。生于林中或林缘灌木丛中。分布浙江、台湾、海南、香港、福建、广西、云南、

四川等省区。印度和越南。

3. 薄叶猴耳环 Archidendron utile（Chun & How）Nielsen.

博罗、封开、大埔、阳春、始兴、云浮、郁南。生于海拔 200～800 m 的密林中。分布海南、香港、广西、福建。越南北部。

5. 银合欢属 Leucaena Benth.

本属约 40 种，大部产于美洲。中国台湾、福建、广东、海南、广西和云南引入有 1 种。黑石顶有分布。

1. 银合欢 Leucaena leucocephala（Lam.）de Wit 别名：白合欢

肇庆、广州、深圳、珠海、云浮、梅县、徐闻。生于低海拔的荒地或疏林中。分布海南、台湾、福建、广西和云南。原产于热带美洲，现广布于各热带地区。

6. 含羞草属 Mimosa Linn.

本属约 500 种，大部分产于热带美洲，少数广布全球热带、亚热带地区。中国有 3 种及 1 变种。广东有 4 种。黑石顶 2 种。

1. 雄蕊 8 枚；羽片 6～8 对 ································· 1. 巴西含羞草 M. diplotricha
1. 雄蕊 4 枚；羽片常 2 对；茎圆柱状，具散生钩刺及倒生刺毛；荚果边缘有刺毛 ················· ································· 2. 含羞草 M. pudica

1. 巴西含羞草 Mimosa diplotricha Sauvalle

深圳、广州、肇庆。栽培或逸生于旷野、荒地。分布海南、云南、福建。原产于南美洲。

2. 含羞草 Mimosa pudica Linn. 别名：知羞草、怕丑草

深圳、广州、肇庆、徐闻。生于旷野荒地或灌木丛中。分布海南、台湾、福建、广西、云南等地，长江南北时有栽培供观赏。原产于热带美洲，现广布全球热带地区。

III. 蝶形花亚科 Papilionoideae

本科约 425 属 12 000 条种，遍布于全世界。中国包括常见引进栽培的共有 128 属，1 372 种，183 变种（变型）。广东有 84 属，303 种，2 亚种，18 变种。黑石顶有 26 属，57 种，2 亚种。

1. 花丝全部分离或仅基部合生。
    2. 叶为单小叶；木质藤本 ································· 5. 藤槐属 Bowringia
    2. 叶为羽状复叶；乔木、灌木或亚灌木 ················· 20. 红豆属 Ormosia
1. 花丝全部或大部合生成管。
    3. 叶轴顶端有卷须或小尖头 ································· 1. 相思子属 Abrus
    3. 叶轴顶端无卷须或小尖头。
        4. 荚果有横向断裂的荚节。
            5. 小托叶通常存在。
                6. 花萼颖状，裂片干硬而具条纹 ················· 3. 链荚豆属 Alysicarpus
                6. 花萼不呈颖状，裂片干膜质，不具条纹。
                    7. 伞形花序或短总状花序，腋生 ················· 21. 排钱树属 Phylllodium
                    7. 总状花序或圆锥花序，顶生或腋生。
                        8. 荚果具或长短的果颈（由子房柄发育而成），背缝线深凹达腹缝线，形成缺口；雄蕊单体 ································· 16. 长柄山蚂蝗 Hylodesmum
                        8. 荚果通常无果颈，背腹两缝线缢缩或腹缝线直；雄蕊二体，少有单体。
                            9. 荚果的荚节反复折叠 ································· 25. 狸尾豆属 Uraria

9. 荚果的荚节不反复折叠。
  10. 叶柄具翅；单小叶 …………………………………………… 24. 葫芦茶属 Tadehagi
  10. 叶柄无翅，如有狭翅，则为 3 出羽状复叶 …………… 9. 山蚂蝗属 Desmodium
5. 小托叶通常无。
  11. 叶为奇数羽状复叶 ………………………………………… 2. 合萌属 Aeschynomene
  11. 叶为偶数羽状复。
    12. 多年生草本，小叶 1 对 ……………………………………… 26. 丁葵草属 Zornia
    12. 一年生草本，小叶 2 对 ……………………………………… 4. 落花生属 Arachis
4. 荚果无横向断裂的荚节。
  13. 单叶。
    14. 聚伞花序小，包藏于大型的叶状苞片内，再排成长总状花序…… 14. 千斤拔属 Flemingia
    14. 花序各式，但无大型的叶状苞片。
      15. 雄蕊单体，花药二型 …………………………………… 7. 猪屎豆属 Crotalaria
      15. 雄蕊二体，花药同型 …………………………………… 12. 鸡头薯属 Eriosema
  13. 复叶。
    16. 叶为掌状三出复叶或羽状三出复叶。
      17. 叶为掌状三出复叶。
        18. 一年生铺地草本；小叶侧脉多而密，平行，直达叶缘；小苞片 4 枚 …………………………………………………………………………… 17. 鸡眼草属 Kummerowia
        18. 直立亚灌木或灌木；小叶侧脉较疏，非直达叶缘；小苞片无…… 14. 千斤拔属 Flemingia
      17. 叶为羽状三出复叶。
        19. 荚果仅有 1 颗种子 ……………………………………… 18. 胡枝子属 Lespedeza
        19. 荚果内通常有 2 至多颗种子。
          20. 叶和花萼通常有腺点
            21. 缠绕植物。
              22. 荚果有种子 2 颗 ……………………………………… 23. 鹿藿属 Rhynchosia
              22. 荚果有种子 3～11 颗。
                23. 荚果于种子间凹陷 ……………………………………… 6. 木豆属 Cajanu
                23. 荚果于种子间不凹陷 ……………………………………… 11. 野扁豆属 Dunbaria
            21. 直立或披散植物。
              24. 荚果膨胀；雄蕊单体，花药二型 ………………………… 7. 猪屎豆属 Crotalaria
              24. 荚果不膨胀，种子间有凹陷；雄蕊二体，花药二型 ……… 6. 木豆属 Gajanus
          20. 叶和花萼无腺点。
            25. 花瓣不等长 ……………………………………………………… 13. 刺桐属 Erythrina
            25. 花瓣近等长。
              26. 翼瓣和龙骨瓣的瓣柄比瓣片短；种皮粗糙，种脐周围常具干膜质种才阜 ………………………………………………………………… 22. 葛属 Pueraria
              26. 翼瓣和龙骨瓣的瓣柄比瓣片长；种皮光滑，种脐周围无干膜质种阜 ………………………………………………………………… 10. 山黑豆属 Dumasia
    16. 叶具 3 枚以上小叶的羽状复叶。
      27. 荚果扁而薄，不开裂；有种子 1～3 颗 ……………………… 8. 黄檀属 Dalbergia
      27. 荚果较厚，开裂。
        28. 灌木 ……………………………………………………………… 15. 干花豆属 Fordia
        28. 藤本，稀为乔木 ……………………………………………… 19. 崖豆藤属 Millettia

1. 相思子属 Abrus Adans.

本属约 12 种，广布于热带和热带地区，中国有 4 种。广东有 3 种。黑石顶 1 种。

1. 毛相思子 Abrus mollis Hance 别名：毛鸡骨草

高要、德庆、罗定、云浮、新兴、高州、阳江、阳春、徐闻、惠东、陆丰、海丰、饶平、大埔。生于海拔 600 m 以下的山谷、路旁疏林或灌丛中。分布广西、香港、福建。

2. 合萌属 Aeschynomene Linn.

本属约 250 种，分布于世界热带和亚热带地区。中国有 1 种。广东 1 种。黑石顶 1 种。

1. 合萌 Aeschynomene indica Linn. 别名：田皂角

南澳、翁源、始兴、仁化、南雄、肇庆、深圳、阳江、广州、梅州、连南、陆丰、博罗。除草原、荒漠外，全国各地均有分布。非洲、大洋洲及亚洲热带地区。

3. 链荚豆属 Alysicarpus Neck. ex Desv.

本属约 30 种，分布于非洲、亚洲、大洋洲和美洲热带地区。中国产 4 种。广东 2 种。黑石顶 1 种。

1. 链荚豆 Alysicarpus vaginalis（Linn.）DC.

汕头、南澳、海丰、惠东、深圳、东莞、广州、从化、翁源、博罗、台山、肇庆、阳江、高州、吴川、封开、徐闻。多见于旷野、旱田边、路旁草坡及海边沙地。分布台湾、福建、广西、云南。广布于东半球热带地区。

4. 落花生属 Arachis Linn.

本属约 22 种，分布于热带美洲，其中落花生现已广泛栽培于世界各地。中国引种 2 种。广东有栽培。黑石顶有栽培。

1. 常匍匐，偶数 4 小叶，常不结实 ··· 1. 遍地黄金 A. duranensis
1. 常直立，偶数 4 小叶，正常结实 ··· 2. 落花生 A. hypogaea

1. 遍地黄金 Arachis duranensis A. Krapo. & W. C. Gregory

华南地区有栽培。世界各地广泛栽培。

2. 落花生 Arachis hypogaea Linn.

广东有栽培。全国有栽培。世界各地广泛栽培。

5. 藤槐属 Bowringia Champ. ex Benth.

本属有 4 种，分布于非洲西部至亚洲东南部。中国有 1 种。广东 1 种。黑石顶 1 种。

1. 藤槐 Bowringia callicarpa Champ. ex Benth.

广东各地。生于海拔 70～500 m 的山谷林中或河溪旁。分布广西、福建、香港。老挝、柬埔寨、越南、加里曼丹。

6. 木豆属 Cajanus DC.

本属约 32 种，主要分布于热带亚洲、大洋洲和非洲的马达加斯加。中国有 7 种及 1 变种，产于南部及西南部，引入栽培的 1 种，在西南部和东南部常见。广东有 3 种，黑石顶 2 种。

1. 直立灌木 ··· 1. 木豆 C. cajan
1. 蔓生或缠绕藤本 ·· 2. 蔓草虫豆 C. scarabaeoides

1. 木豆 Cajanus cajan Millsp. 别名：三叶豆

广东有栽培。分布云南、四川、江西、湖南、广西、浙江、福建、台湾、香港、江苏。原产地可能为印度，现全球热带和亚热带地区普遍有栽培，极耐瘠薄干旱的地区，在印度栽培尤广。

2. 蔓草虫豆 Cajanus scarabaeoides (Linn.) Thou.

广东各地。常生于海拔 150～500 m 的旷野、路旁或山坡草丛中。分布云南、四川、贵州、广西、福建、台湾。热带亚洲、大洋洲及非洲。

7. 猪屎豆属 Crotalaria Linn.

本属约 550 种，分布于美洲、非洲、大洋洲及亚洲热带、亚热带地区。中国产 40 种，3 变种。广东有 24 种，2 变种。黑石顶 4 种。

1. 叶为三出掌状复叶 ··· 4. 猪屎豆 C. pallida
1. 叶为单叶。
  2. 托叶较大，长 4～30 mm ··································· 3. 假地蓝 C. ferruginea
  2. 托叶无或较小，长 1～4 mm。
    3. 花较大，花冠长 1.5～2.5 cm ······························ 2. 大猪屎豆 C. assamica
    3. 花较小，花冠长 1.5 cm 以下 ································ 1. 响铃豆 C. albida

1. 响铃豆 Crotalaria albida Heyne ex Roth

广东大部。生于荒地路旁及山坡情调林下或河溪旁。分布安徽、江西、福建、湖南、贵州、广西、云南、海南。中南半岛各国、南亚及太平洋诸岛。

2. 大猪屎豆 Crotalaria assamica Benth. 别名：凹尖野百合

和平、阳春、罗定、惠东、信宜、茂名、翁源、广州、鹤山、深圳、肇庆、新兴、清远、云、浮、怀集、博罗。生于山坡路边及山谷草丛中。分布海南、台湾、广西、贵州、云南。中南半岛、南亚等地。

3. 假地蓝 Crortalaria ferruginea Grah. ex Benth.

广东大部。生于海拔 400～800 m 的山坡疏林及荒山草地。分布华东、华南至西南及台湾。南亚至东南亚。

4. 猪屎豆 Crotalaria pallida Ait.

广州、肇庆、博罗、阳春、郁南、阳江、茂名、云浮、深圳、封开、徐闻、英德、罗定、德庆、高州。生于山地路边、水旁、旷野荒地。分布海南、福建、香港、台湾、广西、四川、云南、山东、浙江、湖南有栽培。广布于全球热带地区。

8. 黄檀属 Dalbergia Linn. f.

本属约 100 种，绝大多数分布于亚洲、非洲和美洲热带、亚热带地区，大洋洲仅有少数种类。中国有 28 种，1 变种，产于西南部、南部至中部。广东有 10 种。黑石顶 2 种。

1. 花萼裂齿不等长，其中最下方 1 齿明显较长 ················· 1. 南岭黄檀 D. balansae
1. 花萼裂齿等长或近等长 ··· 2. 藤黄檀 D. hancei

1. 南岭黄檀 Dalbergia balansae Prain 别名：南岭檀、水相思、黄类树

翁源、乳源、乐昌、连州、英德、清远、新丰、龙门、梅县、平远、从化、高要、罗定、茂名。生于海拔 300～900 m 的地杂木林中或灌丛中。分布海南、香港、四川、贵州、广西、福建。越南。

2. 藤黄檀 Dalbergia hancei Benth. 别名：藤檀

广东大部。生于海拔 700 m 以下的山坡灌丛或山谷溪旁。分布四川、贵州、广西、江西、安徽、浙江、福建、香港、海南。

9. 山蚂蝗属 Desodium Desv.

本属约 350 种。多分布于亚热带和热带地区。中国有 27 种，5 变种，多分布西南部经中国部

至东南部，1种分布于陕西、甘肃西南部。广东产15种，1变种。黑石顶7种。

1. 叶柄两侧具窄翅 ·· 1. 小槐花 D. caudatum
1. 叶柄两侧不具窄翅。
　2. 雄蕊单体 ·· 6. 长波叶山蚂蝗 D. sequax
　2. 雄蕊二体。
　　3. 多年生平卧草本；顶生小叶长超过3 cm。
　　　4. 顶生小叶宽椭圆形或宽椭圆状倒卵形，长1～3 cm，宽0.8～1.5 cm ················
　　　　　·· 3. 异叶山蚂蝗 D. heterophyllum
　　　4. 顶生小叶倒心形、倒三角形或倒卵形，长、宽均为2.5～10 mm ·····················
　　　　　·· 7. 三点金 D. triflorum
　　3. 直立灌木、亚灌木或直立草本，少有为平卧灌木或亚灌木；顶生小叶长超过3 cm。
　　　5. 花萼长不超过2 mm，裂片三角形，被疏柔毛。
　　　　6. 顶生小叶狭卵形、卵状椭圆形长椭圆形，长3～5 cm，宽1～2 cm；花冠初时粉红色，后变蓝色 ·· 5. 显脉山绿豆 D. reticulatum
　　　　6. 顶生小叶椭圆形、长椭圆形或倒卵形，长2.5～6 cm，宽1.3～3 cm，花冠紫红色、紫色或白色 ·· 2. 假地豆 D. heterocarpon
　　　5. 花萼长2.5～4 mm，裂片披针形，密被毛或长柔毛 ········ 4. 大叶拿身草 D. laxiflorum

1. 小槐花 Desmodium caudatum (Thunb.) DC.

　　大埔、南澳、和平、龙门、从化、新丰、肇庆、怀集、乳源、阳山、南雄、仁化、乐昌、连州、连山、阳春、封开、郁南、珠海等地。生于山地草坡、路旁或林缘。分布台湾及长江以南各省区。印度、斯里兰卡、不丹、缅甸、马来西亚、日本、朝鲜。

2. 假地豆 Desmodium heterocarpon (Linn.) DC.

　　广东各地。生于山披草地、水旁、灌丛或疏林中。分布长江以南各省区，西至云南，东至台湾。印度、斯里兰卡、缅甸、泰国、越南、柬埔寨、老挝、马来西亚、日本、太平洋群岛及大洋洲。

3. 异叶山蚂蝗 Desmodium heterophyllum (Willd.) DC. 别名：异叶山绿豆

　　大埔、蕉岭、平远、龙门、陆丰、惠东、惠阳、广州、台山、肇庆、新兴、茂名、封开、徐闻。生于河边、田边及路旁草地。分布海南、台湾、福建、安徽、江西、广西、云南。印度、斯里兰卡、尼泊尔、缅甸、泰国、越南、太平洋群岛和澳大利亚。

4. 大叶拿身草 Desmodium laxiflorum DC. 别名：疏花山蚂蝗

　　翁源、始兴、新丰、龙门、肇庆、新兴、罗定、阳春、信宜等地。生于山地林缘、灌丛或草坡。分布台湾、江西、湖南、湖北、广西、贵州、云南、四川等省区。印度、缅甸、泰国、越南、马来西亚、菲律宾。

5. 显脉山绿豆 Desmodium reticulatum Champ. ex Benth.

　　惠东、惠阳、博罗、深圳、广州、肇庆、云浮、茂名、封开、徐闻。生于丘陵山地灌丛或草坡中。分布海南、香港、广西、云南。缅甸、泰国、越南。

6. 长波叶山蚂蝗 Desmodium sequax Wall. 别名：波叶山蚂蝗

　　怀集、罗定、封开。生于山地草坡或林缘。分布海南、台湾、广西、湖南、湖北、贵州、云南、四川、西藏等省区。印度、尼泊尔、缅甸、印度尼西亚及巴布亚新几内亚。

7. 三点金 Desmodium triflorum (Linn.) DC. 别名：三点金草

　　南澳、海丰、蕉岭、惠东、广州、乐昌、罗定、阳春、郁南、茂名、徐闻。生地旷野草地和河边荒地上。分布海南、台湾、福建、浙江、江西、广西、云南。广布于全球热带地区。

10. 山黑豆属 Dumasia DC.

本属约10种，分布于非洲南部及亚洲东部和南部。中国有9种，1变种，产于西南部至南部和东南部。广东有2种。黑石顶1种。

1. 山黑豆 Dumasia truncata Sieb. et Zucc.

乐昌、始兴、仁化、连山、新丰、龙门、怀集。生于海拔300～800 m山坡林中或山谷阴湿处。分布浙江、安徽、湖北。日本。

11. 野扁豆属 Dunbaria Wight et Arn.

本属约25种，分布于热带亚洲和大洋洲。中国有8种，分布于西南部、中南部及东南部各省区。广东有5种。黑石顶2种。

1. 子房明显有柄；果颈长7 mm以上 ·················· 1. 长柄野扁豆 D. podocarpa
1. 子房无柄；果无果颈 ···································· 2. 圆叶野扁豆 D. punltata

1. 长柄野扁豆 Dunbria podocarpa Kurz

广东各地。常生于海拔40～800 m的山坡路旁灌丛中或旷野上。分布海南、广西、香港、福建。印度、缅甸、老挝、越南、柬埔寨、马来西亚。

2. 圆叶野扁豆 Dunbaria punctata（Wight & Arn.）Benth.

广东各地。常生于山坡灌丛中和旷野草地上。分布四川、贵州、广西、江西、福建、香港、海南、台湾、江苏。印度、印度尼西亚、菲律宾。

12. 鸡头薯属 Eriosema（DC.）G. Don

本属约130种，分布于热带和亚热带地区，但大部分产于热带美洲和非洲东部。中国有2种，产于南部和西南部。广东有1种。黑石顶1种。

1. 鸡头薯 Eriosema chinense Vog. 别名：猪仔笠

广东各地有分布。常生于海拔300～800 m的山野间土壤贫瘠的山坡上。分布海南、广西、湖南、江西、贵州、云南、福建、香港。印度、缅甸、泰国、越南、印度尼西亚。

13. 刺桐属 Erythrina Linn.

本属约200种，分布于全球热带或亚热带地区。中国连引种栽培的共有10种。广东有4种。黑石顶1种。

1. 刺桐 Erythrina varieata Linn. 别名：海桐、鸡桐木

广州、高州。生于海拔60 m左右的林中溪边栽培于庭园中。分布海南、香港、广西、福建、台湾、西沙群岛。印度、越南、老挝、柬埔寨、马来西亚、印度尼西亚和波利尼西亚等地。

14. 千斤拔属 Flemingia Roxb. ex W. T. Ait.

本属约40种，分布于热带亚洲、非洲和大洋洲。中国产6种及1变种，分布于西南部、中南部和东南部各省区。广东有4种。黑石顶2种。

1. 直立灌木；小叶长8～15 cm，宽4～7（～8.5）cm ·········· 1. 大叶千斤拔 D. macrophylla
1. 直立或披散亚灌木；小叶长4～7（～9）cm；宽1.7～3.0 cm ·········· 2. 千斤拔 D. prostrata

1. 大叶千斤拔 Flemingia macropylla（Willd.）Prain

广东各地。生于海拔200～800 m的旷野草地上或灌丛中，山谷路旁和疏林向阳处亦有生长。分布海南、云南、贵州、四川、江西、福建、台湾、广西。印度、孟加拉、缅甸、老挝、越南、柬埔寨、马来西亚、印度尼西亚。

2. **千斤拔** Flemingia prostrata Roxb. 别名：蔓千斤拔

　　罗定、阳春、梅县、连州、封开、蕉岭、韶关、广州。生于海拔 50～300 m 的平地旷野或山坡路旁草地上。分布海南、云南、四川、贵州、湖北、湖南、广西、江西、贵州、福建和台湾。菲律宾。

15. 干花豆属 Fordia Hemsl.

　　本属约 10 种，分布于菲律宾、越南、马来西亚和印度尼西亚。中国产 2 种，分布于广东、广西、贵州、云南等省区。广东仅见 1 种。黑石顶有分布。

1. **干花豆** Fordia cauliflora Hemsl.

　　珠海、台山、肇庆、阳春、封开。生于山地灌木林中。分布香港、广西。

16. 长柄山蚂蝗属 Hylodesmum H. Ohashi & R. R. Mill

　　本属约 14 种，主产于亚洲，少数产于美洲。中国有 7 种，4 变种。广东产 4 种，2 亚种。黑石顶 1 种，2 亚种。

1. 花冠紫红色，旗瓣、翼瓣、龙骨瓣均无瓣柄；托叶钻形，长约 7 mm，基部宽 0.5～1 mm。
　　2. 顶生小叶宽卵形，长 3.5～12 cm，宽 2.5～8 cm，最宽处在叶片下部 ··· 2. 宽卵叶长柄山蚂蝗 H. podocarpium subsp. fallax
　　2. 顶生小叶菱形，长 4～8 cm，宽 2～3 cm，最宽处在叶片中部 ··· 3. 尖叶长柄山蚂蝗 H. podocarpium subsp. oxyphyllum
1. 花冠粉红色，旗瓣、翼瓣、龙骨瓣均有瓣柄；托叶披针形或三角状披针形，长 8～13 mm，基部宽 2.5～4 mm ··· 1. 细长柄山蚂蝗 H. leptopus

1. **细长柄山蚂蝗** Hylodesmum leptopus（A. Gray ex Benth.）H. Ohashi & R. R. Mill 别名：细柄山绿豆、细梗山蚂蝗

　　和平、怀集、郁南等地。生于山谷林下及溪边荫蔽处。分布台湾、福建、江西、湖南、广西、云南、四川等省区。斯里兰卡、泰国、马来西亚、越南、菲律宾、日本。

2. **宽卵叶长柄山蚂蝗** Hylodesmum podocarpum（DC.）H. Ohashi & R. R. Mill. var. **fallax**（Schindl.）H. Ohashi & R. R. Mill. 别名：宽卵叶山蚂蝗、假山绿豆

　　大埔、梅县、从化、乳源、始兴、肇庆等地。生于山坡路旁灌丛或疏林中。分布黑龙江、吉林、辽宁、河南、山西、陕西、甘肃、安徽、江苏、浙江、江西、福建、湖南、湖北、海南、云南、贵州、四川。朝鲜、日本。

3. **尖叶长柄山蚂蝗** Hylodesmum podocarpum（DC.）H. Ohashi & R. R. Mill. var. **oxyphyllum**（DC.）Yang et Huang

　　乐昌、连州、连南、仁化、英德、阳山、翁源、新丰、和平、大埔、平远、怀集等地。生于山坡路旁、沟旁、林缘或阔叶林中，海拔 400～800 m。分布秦岭、淮河以南各省区。印度、尼泊尔、缅甸，朝鲜和日本也有分布。

17. 鸡眼草属 Kummerowia Scindl.

　　本属有 2 种，分布于西伯利亚至中国和朝鲜、日本。中国 2 种均产。广东有 1 种。黑石顶 1 种。

1. **鸡眼草** Kummerowia striata（Thunb.）Schindl.

　　乐昌、始兴、仁化、连南、英德、阳山、翁源、平远、博罗、广州、东莞、深圳、肇庆、高要、新兴、郁南、罗定、阳春。生于路旁、田边、溪旁或山坡草地。分布中国东北、华北、华东、中南、西南等省区。朝鲜、日本、俄罗斯（西伯利亚地区）。

18. 胡枝子属 Lespedeza Michx.

本属约 60 种，分布于亚洲东部、澳大利亚东北部及美洲。中国产 26 种，除新疆与海南外，广布于其他省区。广东有 12 种。黑石顶 4 种。

1. 花无闭锁花。
　2. 小叶先端稍尖或稍钝 ································ 4. 美丽胡枝子 L. formosa
　2. 小叶先端圆形或微凹 ································ 1. 胡枝子 L. bicolor
1. 花有闭锁花。
　3. 花冠紫色、紫红色或蓝紫色 ···················· 3. 多花胡枝子 L. floribunda
　3. 花冠黄色、黄白色或白色 ························ 2. 截叶胡枝子 L. cuneata

1. **胡枝子 Lespedeza bicolor** Turcz.

    广东山区县广布。生于山地林缘、路旁、灌丛及杂木林中。分布台湾、福建、浙江、江苏、安徽、山东、湖南、广西、山西、河南、河北、陕西、甘肃、内蒙古、辽宁、吉林、黑龙江。朝鲜、日本及俄罗斯西伯利亚地区。

2. **截叶胡枝子 Lespedeza cuneata**（Dum. ～ Cours.）G. Don

    广东山区县广布。多见于山坡、路旁草丛中。分布台湾、湖南、湖北、山东、河南、云南、四川、甘肃、西藏等省区。朝鲜、日本、印度、巴基斯坦、阿富汗、澳大利亚。

3. **多花胡枝子 Lespedeza floribunda** Bunge

    兴宁、台山、珠海、饶平、乳源、始兴、乐昌、封开。多见于石山地或干旱山坡。分布福建、江西、江苏、安徽、湖北、河南、山东、山西、河北、陕西、辽宁、宁夏、甘肃、青海、四川。

4. **美丽胡枝子 Lespedeza formosa**（Vog.）Koehne

    广东山区县广布。多见于丘陵山地或路旁灌丛中。分布福建、浙江、江西、江苏、安徽、山东、湖南、湖北、河南、河北、陕西、甘肃、广西、云南、四川。印度、朝鲜、日本。

19. 崖豆藤属 Millettia Wight et Arn.

本属约 200 种，分布于非洲、亚洲和大洋州热带和亚热带地区。中国有 35 种，11 变种，分布于西南部、中部、东南部及南部。广东产 15 种，5 变种。黑石顶 5 种。

1. 乔木、小乔木或灌木 ································ 4. 印度崖豆 M. pulchra
1. 木质藤本或攀援状灌木。
　2. 旗瓣基部有 2 枚胼胝体。
　　3. 小叶 3～6 对；旗瓣无毛 ···················· 2. 广东崖豆藤 M. fordii
　　3. 小叶 2 对；旗瓣密被绢毛 ···················· 3. 亮叶崖豆藤 M. nitida
　2. 旗瓣基部无胼胝体。
　　4. 小叶通常 1 对；圆锥花序密被褐色细茸毛；荚果椭圆形或长椭圆形，密被褐色细节茸毛，种子近球形或稍扁 ···················· 5. 喙果崖豆藤 M. tsui
　　4. 小叶 2 对；荚果扁平 ···················· 1. 香花崖豆藤 M. dielsiana

1. **香花崖豆藤 Millettia dielsiana** Harms 别名：山鸡血藤

    广东各地。生于山地杂木林或灌丛中。分布香港、海南、福建、浙江、江西、安徽、湖南、湖北、广西、贵州、云南、四川、陕西（南部）和甘肃（南部）。越南、老挝。

2. **广东崖豆藤 Millettia fordii** Dunn

    连州、肇庆、云浮、罗定、封开等地。生于山地疏林或灌木林中。分布广西。

3. 亮叶崖豆藤 Millettia nitida Benth. 别名：亮叶鸡血藤

大埔、五华、博罗、曲江、乳源、连州、连山、台山、新会、高要、阳春、信宜。生于山地疏林或海岸灌丛中。分布海南、台湾、福建、江西、广西、贵州。

4. 印度崖豆 Millettia pulchra（Benth.）Kurz. 别名：美花崖豆藤

广东山区县。生于山地或旷野杂木林中。分布海南、香港、广西、贵州、云南。

5. 喙果崖豆藤 Millettia tsui Metc. 别名：老虎豆

广东山区县。生于山地杂木林中。分布海南、湖南、广西、贵州、云南。

20. 红豆属 Ormosia Jacks.

本属约100种，分布于全球热带地区。中国有35种，大多分布于五岭以南，以广东、海南、广西、云南分布较多。广东有20种，黑石顶7种。

1. 果瓣内壁无横膈膜。
    2. 荚果密被毛。
        3. 小叶5～7片，顶端浑圆而具突尖 ·················· 5. 茸荚红豆 O. pachycorpa
        3. 小叶5～9片，顶端急尖 ························· 4. 云开红豆 O. merrilliana
    2. 荚果无毛或被疏毛或仅边缘有疏毛。
        4. 种子较大，长2 cm以上，种脐平坦，不明显；小叶膜质或纸质 ······ 1. 肥荚红豆 O. fordiana
        4. 种子较小，长16 mm以下，种脐明显，微凹；小叶革质 ······ 6. 软荚红豆 O. semicastrata
1. 果瓣内壁有横膈膜，若为单颗种子时，果瓣内壁两端有突起的横隔状组织。
    5. 成熟荚果光滑无毛或近无毛。
        6. 小叶卵形或椭圆状披针形，两面均无毛；子房全部无毛；荚果较小，长3.5～5 cm，有种子1～4颗，果瓣木质 ·················· 2. 光叶红豆 O. glaberrima
        6. 小叶椭圆形或长圆状椭圆形，上面无毛，下面密被黄褐色短茸毛；子房沿缝线被毛；荚果较大，长5～12 cm，有种子4～8颗，果瓣革质 ·················· 3. 花榈木 O. henryi
    5. 成熟荚果密被短茸毛或刚毛状短硬毛 ·················· 7. 木荚红豆 O. xylocarpa

1. 肥荚红豆 Ormosia fordiana Oliv. 别名：福氏红豆

罗定、德庆、怀集、云浮、信宜、阳春、阳江、茂名、肇庆、博罗。生于海拔200～800 m的山谷溪边疏林或山坡路旁灌木林中。分布广西、云南。分布缅甸、越南、泰国和孟加拉国。

2. 光叶红豆 Ormosia glaberrima Y. C. Wu 别名：乌心红豆、山红豆、青同

乐昌、乳源、仁化、新兴、英德、信宜、云浮、封开、肇庆。生于海拔200～750 m的山地沟谷疏林或较湿润的地方。分布广西、湖南、江西。

3. 花榈木 Ormosia henryi Prain 别名：亨氏红豆

乐昌、南雄、始兴、英德、五华、广州等地。生于海拔200～300 m的山坡或溪谷混交林中。分布四川、云南、贵州、湖南、湖北、江西、安徽、浙江。越南、泰国。

4. 云开红豆 Ormosia merrilliana L. Chen 别名：青竹木

郁南、罗定、肇庆、龙门、廉江。生于海拔700 m以下的山谷水旁密林、山坡疏林中或林缘。分布云南、广西。越南。

5. 茸荚红豆 Ormosia pachycarpa Champ. ex Benth. 别名：青皮婆

封开、大埔。生于山坡、山谷、溪边杂木林中。分布香港。

6. 软荚红豆 Ormosia semicastrata Hance

广东山区县有分布。生于海拔900 m以下的山坡、路旁、山谷杂木林中。分布贵州、广西、湖南、江西、福建和香港。

7. 木荚红豆 Ormosia xylocarpa Chun ex Merr. & L. Chen 别名：琼州红豆

乐昌、曲江、始兴、翁源、南雄、连南、连州、连山、英德、新丰、丰顺、梅县、蕉岭、大埔、肇庆、封开、平远。生于海拔 200～800 m 的山坡、山谷密林或山顶疏林中。分布贵州、广西、湖南、江西、福建。

21. 排钱树属 Phyllodium Desv.

本属有 6 种，产于亚洲热带地区及大洋洲。中国有 4 种，产于南部与西南部。广东有 3 种。黑石顶 2 种。

1. 叶上面密被绒毛；叶状苞片宽椭圆形，密被绒毛，荚果通常有荚节 3～4，密被银灰色绒毛………………………………………………………………………………… 1. 毛排钱树 P. elegans
1. 叶上面近无毛；叶状苞片圆形，略被短柔毛及缘毛；荚果通常有 2 荚节，成熟时无毛或略被短柔毛及缘毛 ………………………………………………………… 2. 排钱树 P. pulchellum

1. 毛排钱树 Phyllodium elegans（Lour.）Desv.

广东各地。生于平原、丘陵荒草地或山坡草地、疏林或灌丛中。分布海南、福建、广西、云南。泰国、柬埔寨、老挝、越南、印度尼西亚。

2. 排钱树 Phyllodium pulchellum（Linn.）Desv.

广东各地。生于丘陵荒地、路旁的灌丛或草丛或山地林疏林中。分布海南、台湾、福建、广西、云南。印度、斯里兰卡、缅甸、泰国、越南、老挝、柬埔寨、马来西亚及澳大利亚（北部）。

22. 葛属 Pueraria DC.

本属约 35 种，分布于印度至日本，南至马来西至。中国产 8 种及 2 变种，主要分布于西南部、中南部至东南部，长江以北较少见。广东有 3 种，2 变种。黑石顶 2 种。

1. 托叶背着 ………………………………………………………………… 1. 葛 P. lobata
1. 托叶基着 ………………………………………………… 2. 三裂叶野葛 P. phaseoloides

1. 葛 Pueraria lobata（Willd.）Ohwi

广东各地。生于山地疏林中。除新疆、青海及西藏外，分布几遍全国。东南亚至澳大利亚。

2. 三裂叶野葛 Pueraria phaseoloides（Roxb.）Benth.

广东各地。生于山地、丘陵的灌丛中。分布海南、云南、广西、浙江。印度、中南半岛各国及马来半岛。

23. 鹿藿属 Rhynchosia Lour.

本属约 200 种，分布于热带和亚热带地区，但以亚洲和非洲最多。中国有 13 种，主要分布于长江以南各省区。广东有 5 种。黑石顶 3 种。

1. 顶生小叶大，长 5～12 cm，宽 4.5～8.5 cm，宽 4.5～8.5 cm；花长 1.1～1.3 cm ………………………………………………………………………………… 1. 中华鹿藿 R. chinensis
1. 顶生小叶较小，长 3～9 cm，宽 2.5～5.5 cm；花长 8～10 mm。
   2. 顶生小叶菱形或倒卵状菱形，顶端钝或急尖；荚果长 1～1.5 cm，稍被毛或近无毛；种子椭圆形或近肾形 ………………………………………………………… 3. 鹿藿 R. volubilis
   2. 顶生小叶卵形、卵状披针形、宽椭圆形或菱状卵形，顶端渐尖或尾状渐尖；荚果长 1.2～2.2 cm，被短柔毛；种子近圆形 ……………………………………… 2. 菱叶藿 R. dielsii

1. 中华鹿藿 Rhynchosia chinensis H. T. Chang ex Y. T. Wei

广东各地。常生于山坡路旁草丛中。分布广西、江西、贵州。

2. **菱叶鹿藿 Rhynchosia dielsii** Harms.

广东各地。常生于海拔 500～800 m 山坡、路旁灌丛中。分布四川、贵州、陕西、河南、湖北、湖南、广西。

3. **鹿藿 Rhynchosia volubilis** Lour.

广东各地。常生于海拔 200～800 m 的山坡、路旁草丛中。分布海南、广西、江西、湖南、贵州、湖北。

24. 葫芦茶属 Tadehagi Ohashi

本属约 6 种，产于亚洲热地区、太平洋群岛和澳大利亚北部。中国产 2 种。广东有 2 种，黑石顶 1 种。

1. **葫芦茶 Tadehagi triquetrum**（Linn.）Ohashi

广东各地常见。生于山地林缘、荒地、路旁的灌丛或草丛中。分布海南、福建、江西、广西、贵州、云南。印度、斯里兰卡、中南半岛各国、太平洋群岛、澳大利亚。

25. 狸尾豆属 Uraria Desv.

本属约 20 种，主要分布于非洲和亚洲热带地区及澳大利亚。中国产 9 种。广东有 6 种。黑石顶 2 种。

1. 叶为羽状复叶，小叶 3～7（～9）片 ································ 1. 猫尾草 U. crinita
1. 叶为三出羽状复叶或有时为单小叶 ································ 2. 狸尾豆 U. lagopodioides

1. **猫尾草 Uraria crinita**（Linn.）Desv.

大埔、乐昌、阳山、珠海、台山。多见于旷野坡地及路旁灌丛中。分布海南、台湾、福建、江西、广西、云南。印度、中南半岛、马来半岛、澳大利亚（北部）。

2. **狸尾豆 Uraria lagopodioides**（Linn.）Desv.

惠东、深圳、广州、从化、翁源、韶关、乳源、乐昌、肇庆、云浮。多见于旷野坡地及路旁灌丛中。分布海南、台湾、福建、江西、湖南、广西、贵州、云南。印度、缅甸、越南、马来西亚、菲律宾及澳大利亚。

26. 丁葵草属 Zornia J. F. Gmel.

本属约 80 种，分布于全球热带和亚热带地区。中国南部、东南部产 2 种。广东有 1 种。

1. **丁葵草 Zornia gibbosa** Span. 别名：二叶丁葵草

南雄、翁源、龙门、和平、南澳、陆丰、潮阳、博罗、广州、深圳、新兴、阳春、阳江、廉江、茂名。生于田边、村边稍干旱的旷野草地上。分布长江以南各省。日本、缅甸、尼泊尔，印度至斯里兰卡。

71. 壳斗科 Fagaceae①

本科有 7～10 属，900～1 000 种，广布于温带至热带地区，但非洲仅见于北部，主产于亚洲南部及东南部。中国有 7 属，294 种，除新疆为引种外，中国均有分布，主产于西南部及南部。广东产 6 属，129 种，4 变种。黑石顶 5 属，36 种。

1. 壳斗开裂成数瓣，或不开裂但有纵向裂痕。

---

① 编者注：青冈属在 APG 系统中合并在栎属中，但青冈属和栎属壳斗形态差异明显，且《中国植物志》及 FOC 均承认青冈属，本书按两属编排。

2. 落叶乔木，无顶芽；子房6～9室 ·· 1. 栗属 Castanea
  2. 常绿乔木，有顶芽；子房3室 ·· 2. 锥属 Castanopsis
1. 壳斗从不开裂，也无纵向裂痕。
  3. 雄花序直立，雄花具退化雌蕊 ·· 4. 柯属 Lithocarpus
  3. 雄花序下垂，雄花无退化雌蕊。
    4. 壳斗的小苞片覆瓦状排列，不愈合成同心环带 ······························ 5. 栎属 Quercus
    4. 壳斗的小苞片轮状排列，愈合成同心环带 ·································· 3. 青冈属 Cyclobalanopsis

1. 栗属 Castanea Mill.

本属共12种，分布于亚洲、欧洲及北美洲。中国4种，广东3种。黑石顶1种。

1. **板栗 Castanea mollissima** Blume

    广东常栽于平地或山地中。除青海、宁夏、新疆、海南等少数省区外，广布南北各地。

2. 锥属 Castanopsis (D. Don) Spach

高大乔木。本属共120种，中国产58种。广东20种。黑石顶有10种。

1. 壳斗外壁无刺，仅有鳞片或瘤状、肋状凸起。
  2. 叶宽大长超过10 cm；小枝粗壮，具棱 ·· 5. 鳘蔃 C. fissa
  2. 叶短于10 cm；小枝细，圆柱状 ·· 1. 米槠 C. carlesii
1. 壳斗外壁具粗细不等的针刺。
  3. 每壳斗具(1) 2～3颗种子。
    4. 当年生叶两面同色；叶柄长15～30 mm ································ 7. 鹿角锥 C. lamontii
    4. 当年生叶两面不同色，下面被红褐色鳞秕；叶柄10～15 cm ········ 2. 罗浮栲 C. fabri
  3. 每壳斗仅1颗种子。
    5. 当年生成长叶背面被毛或疏生红褐色鳞秕。
      6. 叶背面密生褐色绒毛，不脱落；叶边缘稍内卷 ····················· 6. 毛锥 C. fordii
      6. 叶背疏被鳞秕；叶全缘，稀顶端有齿，边缘不反卷
        7. 壳斗外壁全部被刺遮盖；小枝被淡褐色疏毛 ····················· 8. 红锥 C. hystrix
        7. 壳斗外壁不完全被刺遮盖，刺排列成4～6环；小枝被铁锈色 ······ 4. 川鄂栲 C. fargesii
    5. 当年生成长叶背面无毛，无鳞秕。
      8. 雌花序轴无毛。
        9. 每壳斗具(1) 2～3颗种子。
        9. 每壳斗仅1颗种子；叶柄长7～15 cm；侧脉8～10对 ············· 3. 甜槠 C. eyrie
      8. 雌花序轴被灰色柔毛；壳斗连刺直径4～8 cm。
        10. 果刺密，完全遮盖壳斗外壁；成长叶两面同色ֹ··············· 9. 吊皮锥 C. kawakamii
        10. 果刺连成4～5个刺环，不完全遮盖壳斗；成长叶叶面亮绿色，背面灰白色 ·· 10. 黑叶锥 C. nigrescens

1. **米槠 Castanopsis carlesii** (Hemsl.) Hayata

    广东广布。生于海拔800 m以下山地林中。分布长江以南各地。

2. **罗浮栲 Castanopsis fabri** Hance [*C. hickelii* A. Camus]

    广东各地山区均有产。生于800 m以下的疏、密林中。分布长江以南大多数省区。越南、老挝。

3. **甜槠 Castanopsis eyrei** (Champ.) Tutch.

    广东广布。生于海拔300 m以上的丘陵或山地疏、密林中。除海南、云南外，长江以南各地均有分布。

4. 川鄂栲 Castanopsis fargesii Franch. 别名：红背锥

广东广布。生于海拔 800 m 以下坡地或山瘠杂木林中。分布长江以南各地，西南至云南东南部，西至四川西部。

5. 黧蒴 Castanopsis fissa（Champ. ex Benth.）Rehd. et Wils.

广东各地均有产。生于山地疏林中。分布福建、江西、湖南、贵州、广西、云南、海南。越南北部。

6. 毛锥 Castanopsis fordii Hance 别名：南岭栲

广东广布。生于海拔 800 m 以下山地林中。分布浙江、江西、福建、湖南、香港、广西。

7. 红锥 Castanopsis hystrix Miq.

广东广布。生于海拔 30～1 300 m 缓坡及山地常绿阔叶林中。分布福建、湖南、海南、广西、贵州、云南、西藏。越南、老挝、柬埔寨、缅甸、印度等。

8. 吊皮锥 Castanopsis kawakamii Hayata

广东广布。常见。生于海拔约 1 000 m 以下山地疏或密林中。分布台湾、福建、江西。国家三级保护植物。

9. 鹿角锥 Castanopsis lamontii Hance 别名：狗牙锥

广东广布。生于海拔 500 m 以上的山地疏或密林中。分布香港、福建、江西、湖南、贵州、广西、云南。越南。

10. 黑叶锥 Castanopsis nigrescens Chun et Huang 别名：水栗

广东北部、西部。少见。生于海拔 200～800 m 山地山谷或山坡杂木林中。分布江西、福建、湖南、广西。

3. 青冈属 Cyclobalanopsis Oerst.

本属有 150 种，分布于亚洲热带、亚热带地区。中国有 77 种，3 变种。广东有 28 种。黑石顶有 9 种。

1. 叶背密生灰褐色星状绒毛，老时不脱落。
   2. 侧脉每边 10～15 条 ·· 4. 福建青冈 C. chungii
   2. 侧脉每边 5～10 条 ··· 3. 岭南青冈 C. championii
1. 幼叶叶背具多样毛被，但绝不为星状毛，且老时毛被脱落。
   3. 小枝无毛。
      4. 叶片幼时两面被红色长绒毛，中脉在叶面凸起 ················· 2. 栎子青冈 C. blakei
      4. 叶片无毛或叶背具平伏白色单毛，中脉在叶面平坦或凹陷。
         5. 叶革质，倒卵状椭圆形或长椭圆形 ····························· 6. 青冈 C. glauca
         5. 叶薄革质，卵状披针形至椭圆状披针形 ······················ 8. 小叶青冈 C. myrsinifolia
   3. 小枝被毛。
      6. 壳斗碟形。
         7. 叶全缘或顶端具数对不明显浅锯齿 ···························· 7. 雷公青冈 C. hui
         7. 叶缘中部以上有锯齿 ··· 1. 槟榔青冈 C. bella
      6. 壳斗杯形。
         8. 叶缘中部以上有疏锯齿；小苞片合生成 7～8 条同心环带 ··· 9. 毛果青冈 C. pachyloma
         8. 叶全缘或顶端具波状锯齿；小苞片合生成 10～13 条环带 ········ 5. 饭甑青冈 C. fleuryi

1. 槟榔青冈 Cyclobalanopsis bella（Chun & Tsiang）Chun ex Y. C. Hsu & H. W. Jen [*Quercus bella* Chun et Tsiang]

广东西部。生于海拔 200～700 m 的山地和丘陵。分布海南、广西等省区。

2. 栎子青冈 Cyclobalanopsis blakei (Skan) Schott.

   广东北部及西部。生山谷密林中。分布香港、海南、广西、贵州。

3. 岭南青冈 Cyclobalanopsis championii (Benth.) Oerst.

   广东西部及北部。常见。生于山地密林中。分布香港、福建、台湾、广西、云南、海南。

4. 福建青冈 Cyclobalanopsis chungii (Metc.) Y. C. Hsu et H. W. Jen ex Q. F. Zhang

   广东北部及西部。生于海拔 200～800 m 的疏或密林中。分布香港、江西、福建、湖南、广西。

5. 饭甑青冈 Cyclobalanopsis fleuryi (Hick. et A. Camus) Chun

   广东广布。生于海拔 500～900 m 的山地密林中。分布江西、福建、海南、广西、贵州、云南等省区。越南。

6. 青冈 Cyclobalanopsis glauca (Thunb.) Oerst. [*Quercus glauca* Thunb.]

   广东广布。生于山坡或沟谷。分布陕西、甘肃、江苏、安徽、浙江、江西、福建、台湾、河南、湖北、湖南、广西、四川、贵州、云南、西藏。朝鲜、日本、印度。

7. 雷公青冈 Cyclobalanopsis hui (Chun) Chun ex Y. C. Hsu et H. W. Jen [*Quercus hui* Chun]

   广东广布。生于海拔 250～800 m 的山地杂木林或湿润密林中。分布湖南、广西、香港、海南、湖南。

8. 小叶青冈 Cyclobalanopsis myrsinaefolia (Blume) Oerst. [*Quercus myrsinifolia* Blume]

   广东广布。生于海拔 200 m 以上的杂木林中。分布陕西、河南、福建、台湾、香港、广西、四川、贵州、云南。越南、老挝、日本。

9. 毛果青冈 Cyclobalanopsis pachyloma (Seem.) Schott.

   广东广布。生于海拔 150～850 m 的山林中。分布江西、福建、台湾、广西、贵州。

4. 柯属 Lithocarpus Bl.

本属约 300 种，中国 123 种，主要分布于热带和亚热带地区。广东有 38 种，4 变种。黑石顶 14 种。

1. 叶缘明显背卷 ……………………………………………………………… 7. 庵耳柯 L. haipinii
1. 叶缘平展，不被卷。
  2. 叶缘具裂齿。
    3. 嫩枝被棕褐色粗长毛，叶背被黄色长柔毛；侧脉 15～22 对 …… 14. 紫玉盘柯 L. uvariifolius
    3. 嫩枝被短柔毛，叶背无毛或仅中脉被短毛；侧脉 5～15 对 ………… 3. 烟斗柯 L. corneus
  2. 叶全缘。
    4. 成熟壳斗包坚果绝大部分。
      5. 果脐凸出。
        6. 叶薄革质，中脉在叶面微凸；壳斗圆球形 ………………………… 1. 榆柯 L. amoenus
        6. 叶厚革质，中脉在叶面微凹陷；壳斗陀螺形 ……………… 13. 薄叶柯 L. tenuilimbus
      5. 果脐凹陷。
        7. 叶背银灰色，无毛；叶柄长 1～1.5 cm ………………………… 4. 泥柯 L. fenestratus
        7. 嫩叶被卷曲短柔毛，老时脱落仅残留圆点状鳞腺；叶柄 1.5～3 cm ……………… ……………………………………………………………… 10. 龙眼柯 L. longanoides
    4. 成熟壳斗包坚果底部或一半以下。
      8. 枝叶无毛，或仅花序轴及壳斗被短毛。
        9. 叶纸质，侧脉顶端彼此连接，叶片折叠后具白色蜡纹 …… 9. 木姜叶柯 L. litseifolius
        9. 叶革质或硬革质，侧脉顶端不连接。
         10. 雄穗状花序单穗腋生 ……………………………………………… 12. 棱果柯 L. taitoensis

10. 雄穗状花序多穗排成圆锥花序，或单穗腋生 ················· 8. 硬壳柯 L. hancei
8. 嫩枝、叶及叶柄、花序轴、果序轴被毛。
  11. 花雌雄同序；嫩枝被黄棕色细毛 ····················· 5. 卷毛柯 L. floccosus
  11. 花序单性，(L. glaber 雌花序上生少量雄花)；嫩枝被灰色或灰黄色短毛。
    12. 叶硬革质，侧脉 11～13 对 ······················· 2. 美叶柯 L. calophyllus
    12. 叶革质或薄革质，侧脉 6～9 对
      13. 叶披针形，中脉在叶面凹陷 ······················ 11. 粉叶柯 L. macilentus
      13. 叶倒卵状椭圆形或长椭圆形至披针形，中脉在叶面微凸起 ········ 6. 柯 L. glaber

1. 榆柯 Lithocarpus amoenus Chun et Huang 别名：美丽柯

    广东西部。生于海拔 300～800 m 的山地杂木林中。分布福建、湖南、贵州。

2. 美叶柯 Lithocarpus calophyllus Chun 别名：粤桂柯

    广东广布。生于海拔 500～900 m 山地阔叶林中。分布江西、福建、湖南、广西、贵州。

3. 烟斗柯 Lithocarpus corneus (Lour.) Rehd.

    广东广布。生于海拔 800 m 以下山地常绿阔叶林中。分布香港、台湾、福建、湖南、贵州、广西、云南、海南。越南东北部。

4. 泥柯 Lithocarpus fenestratus (Roxb.) Rehd. 别名：窗眼稠

    广东西部。生于海拔 600～800 m 常绿阔叶林中。分布海南、广西、云南、福建。越南。

5. 卷毛柯 Lithocarpus floccosus Huang et Y. T. Chang 别名：丛毛稠

    广东西部。较少见。生于海拔 400～700 m 山地常绿阔叶林中。分布江西、福建。

6. 柯 Lithocarpus glaber (Thunb.) Nakai 别名：石栎

    广东广布。生于海拔 900 m 以下坡地杂木林中。分布秦岭南坡以南各地，海南和云南不产。日本。

7. 庵耳柯 Lithocarpus haipinii Chun 别名：卷边稠

    广东北部及西部。生于海拔 800 m 以下的山地杂木林中。分布湖南、香港、广西、贵州。

8. 硬壳柯 Lithocarpus hancei (Benth.) Rehd. [L. ternaticupulus Hayata] 别名：竹叶稠

    广东北部、西部及东部。常见。生于山坡常绿阔叶林。

9. 木姜叶柯 Lithocarpus litseifolius (Hance) Chun [L. polystachyus Rehd..; L. synbalanos (Hance) Chun] 别名：甜茶稠

    广东广布。生于山地密林中。分布秦岭以南各省。

10. 龙眼柯 Lithocarpus longanoides Huang et Y. T. Chang

    广东西部及北部。生于海拔 500～800 m 山坡或山谷常绿阔叶林中。分布广西、云南。

11. 粉叶柯 Lithocarpus macilentus Chun et Huang 别名：瘦弱柯

    封开、德庆、高要。较少见。生于海拔约 400 m 以下溪谷常绿阔叶林中。分布香港、广西。

12. 棱果柯 Lithocarpus taitoensis (Hayata) Hayata [L. tremulus Chun]

    广东西部。少见。生于杂木林中。分布于常见以南各地。

13. 薄叶柯 Lithocarpus tenuilimbus H. T. Chang

    广东西部及北部。生于海拔 500～800 m 山地常绿阔叶林中。分布广西、云南。越南东北部。

14. 紫玉盘柯 Lithocarpus uvariifolius (Hance) Rehd.

    广东北部及西部。生于海拔约 800 m 以下的山地常绿阔叶林中。分布福建、广西。

5. 栎属 Quercus Linn.

    本属约 300 种，广布于亚洲、欧洲、美洲及北非。中国 35 种，广东 10 种，1 变种，黑石顶 2 种。

1. 落叶乔木；叶狭椭圆形或披针形，长 14～20 cm，边缘具刺芒状锯齿；小苞片钻性或条形 ……………………………………………………………………………… 1. 麻栎 Q. acutissima
1. 常绿灌木或小乔木；叶卵圆形，长 3～4 cm，边缘具疏锯齿；壳斗小苞片三角形 ……………………………………………………………………… 2. 乌冈栎 Q. phillyraeoides

1. **麻栎 Quercus acutissima** Carruth.

广东北部、西部及东部。生于海拔 60 m 以上的山地。分布辽宁、河北、山西、山东、江苏、安徽、浙江、江西、福建、河南、湖北、湖南、香港、海南、广西、四川、贵州、云南。朝鲜、日本、越南、印度。

2. **乌冈栎 Quercus phillyraeoides** A. Gray

广东北部极及封开县。生于海拔 300～800 m 的山坡、山顶和山谷密林中。分布陕西、浙江、江西、安徽、福建、河南、河北、湖南、广西、四川、贵州、云南。日本。

72. 大风子科 Flacourtiaceae

本科约有 93 属，1 300 多种，分布于非洲、美洲、亚洲和大洋洲的热带和亚热带的一些地区。中国有 13 属，约 54 种。广东有 11 属，17 种。黑石顶有 2 属，3 种。

1. 花组成圆锥花序 ……………………………………………………… 1. 山桂花属 Bennethiodendron
1. 花组成总状花序或簇生或雌花单生 ……………………………………… 2. 柞木属 Xylosma

1. 山桂花属 Bennettiodendron Merr.

本属约 2～3 种，分布于东南亚。中国有 2 或 3 种。广东有 1 种。黑石顶 1 种。

1. 山桂花 Bennettiodendron leprosipes（Clos）Merr. ［*Xylosma leprosipes*（Clos）Merr.；*B. longipes* Merr.；*B. brevipes* Merr.］

粤北、粤中、粤西，其中以粤北的乐昌、乳源两县最为常见。生于山谷林中。分布海南、广西、云南。印度和马来西亚。

2. 柞木属 Xylosma G. Forster

本属约 100 种，分布全球热带和亚热带地区。中国有 3～4 种。广东有 3 种。黑石顶有 2 种。

1. 总状花序无总花梗或总花梗极短，通常无毛；叶长圆状披针形；萼片边缘啮蚀状，内面无毛，果时宿存 …………………………………………………………………… 2. 长叶柞木 X. longifolium
1. 雄花组成圆锥花序或复总状花序，雌花组成总状花序，常常被黄色短柔毛；叶椭圆形；萼片边缘具缘毛，内面被毛，果时脱落 ……………………………………… 1. 南岭柞木 X. controverum

1. **南岭柞木 Xylosma controverum** Clos

广东连山、阳山、英德、翁源、乳源、信宜、高要等地。生于山地林中。分布中国东南部和西南部各省区。中印半岛和印度。

2. **长叶柞木 Xylosma longifolium** Clos ［*X. congestum*（Lour.）Merr. var. *kwangtungensis* Metcalf］

广东各地。生于村旁荒地或丘陵灌丛。分布海南、广西、云南。

73. 龙胆科 Gentianaceae

本科约 80 属，700 种，广布于全球，主产北温带。中国有 20 属，约 420 种，各省均产，主要分布于西南地区。广东有 8 属，19 种。黑石顶 3 属，3 种。

1. 缠绕草本 ……………………………………………………… 3. 双蝴蝶属 Triptenospermum
1. 直立或斜升草本。
　2. 雄蕊1～2枚发育，余不发育 …………………………………… 1. 穿心草属 Canscora
　2. 雄蕊全发育。……………………………………………………… 2. 龙胆属 Gentiana

1. 穿心草属 Canscora Lam.

本属约30种，分布于亚洲、非洲及大洋洲的热带和亚热带地区。中国有2种。广东产1种。黑石顶1种。

1. 罗星草 Canscora melastomacea Hand.-Mazz.

　广东各地。海拔200～800 m的山谷、林下、草坡或田野。分布云南和广西。柬埔寨。

2. 龙胆属 Gentiana Linn.

本属约400种，分布于欧洲、亚洲、北美洲、大洋洲和非洲北部。中国有247种，主产西南地区。广东有8种。黑石顶1种。

1. 五岭龙胆 Gentiana davidii Franch.

　广东封开、阳山、乳源、博罗。海拔350～800 m的山地林缘或山坡草丛。分布海南、安徽、浙江、江西、福建、湖南和广西。

3. 双蝴蝶属 Tripterospermum Blume

本属约17种，分布于亚洲南部。中国有15种。广东产3种。黑石顶1种。

1. 香港双蝴蝶 Tripterospermum nienkui（Marq.）C. J. Wu［Gentiana nienkui Marq.］

　广东各地。海拔500～800 m的山坡疏林或山谷林缘。分布浙江、福建、湖南和广西。

74. 牻牛儿苗科 Geraniaceae

本科11属，约750种，广泛分布于温带、亚热带和热带山地。中国有4属，约67种，主产温带各省区。广东产1种，栽培有6种，黑石顶目前未有发现。

75. 苦苣苔科 Gesneriaceae

本科约134属，3 000多种，分布于非洲、中美洲、南美洲、亚洲东部和南部、欧洲南部和大洋洲。中国有56属，443种，主产于华南和西南地区。广东有24属，70种，8变种。黑石顶有6属，8种。

1. 果不开裂，肉质 ……………………………………………… 6. 线柱苣苔属 Rhynchotechum
1. 果为开裂的蒴果。
　2. 附生小灌木；种子两端有钻状或毛状附属物；能育雄蕊2枚 …… 4. 吊石苣苔属 Lysionotus
　2. 直立草本或亚灌木；种子无附属物。
　　3. 能育雄蕊4枚。
　　　4. 花药分离，药室平行，顶端不汇合，偶尔马蹄形，2室极叉开，顶端汇合 ………………
　　　　………………………………………………………………… 5. 马铃苣苔属 Oreocharis
　　　4. 4枚雄蕊的花药共同连着，药室顶端汇合 …………… 1. 横蒴苣苔属 Beccarinda
　　3. 能育雄蕊2枚。
　　　5. 柱头片状；花冠漏斗状筒形或筒伏钟形，檐部斜上展；花盘环状 ………………………
　　　　………………………………………………………………………… 2. 唇柱苣苔属 Chirita

5. 柱状扁球形或盘形；花冠筒状、钟状或近高脚碟状，澹部明显二唇形 ··· 3. 长蒴苣苔属 Didymocarpus

1. 横蒴苣苔属 Beccarinda Kuntze

本属约7种，分布于中国西南至华南、缅甸及越南北部。中国有5种，分布于广东西部、广西、贵州（望谟）、云南东南部及四川南部。广东1种。黑石顶1种。

1. 越南横蒴苣苔 Beccarinda tonkinensis（Pellegr.）Burtt.

信宜、阳春等地。生于山坡林下岩石上。分布海南、广西、贵州、云南东南部及四川南部。分布越南。

2. 唇柱苣苔属 Chirita Buch.-Ham. ex D. Don

本属约140种，分布于中国南部、尼泊尔、不丹、印度、缅甸、越南、老挝、泰国及印度尼西亚。中国有100种。广东产20种，2变种。黑石顶3种。

1. 茎直立，高 1～5 m ··· 3. 烟叶唇柱苣苔 C. heterotricha
1. 无地上茎。
  2. 花萼裂片具小齿；苞片狭卵形至狭三角形，长 0.5～1.1 cm，宽 0.1～0.7 cm；叶边缘有小或粗牙齿 ··· 2. 蚂蟥七 C. fimbrisepala
  2. 花萼裂片全缘；苞片卵形、宽卵形或圆卵形，长 1～4.5 cm，宽 0.8～2.8 cm；叶全缘 ··· 1. 牛耳朵 C. eburnea

1. 牛耳朵 Chirita eburnean Hance〔Didymocarpus eburneus（Hance）Lévl.；Roettlera eburnean（Hance）Kuntze〕

广东乳源、阳山、英德、深圳、高要。生于石灰岩山地林中石上或沟边林下。分布海南、湖北、湖南、广西、贵州及四川。

2. 蚂蟥七 Chirita fimbrisepalus Hand.-Mazz.〔Didymocarpus fumbrisepalus（Hand.-Mazz.）Hand.-Mazz.〕

广东乐昌、曲江、乳源、阳山、连南、英德、广州、封开和阳春。海拔 400～800 m 处的山地林中石上、石崖上或山谷溪边。分福建、江西、湖南、广西和贵州。

3. 烟叶唇柱苣苔 Chirita heterotricha Merr.

封开。生于海拔约 430 m 处的山谷林中或溪边石上。分布海南。

3. 长蒴苣苔属 Didymocarpus Wall.

本属约180种，主要分布于东南亚，少数分布于非洲和澳大利亚。中国有31种。广东产2种。黑石顶1种。

1. 圆唇苣苔 Gyrocheilos chorisepalum W. T. Wang〔Didymocarpus floribundus Chun ex W. T. Wang〕

广东西部。生于山谷溪边石上或陡崖阴湿处。分布广西。

4. 吊石苣苔属 Lysionotus D. Don.

本属约25种，自印度北部、尼泊尔向东，经中国、泰国，从越南北部至日本南部均有分布。中国有23种。广东产1种。黑石顶1种。

1. 吊石苣苔 Lysionotus pauciflorus Maxim.〔Aeschynanthus apicidens Hance；L apicidens（Hance）Yamazaki；L hainanensis Merr. et Chun〕

广东乐昌、乳源、翁源、封开、阳春、信宜、高州。生于海拔 500 m 以上的山谷林中、沟边石上或树上。分布海南、河南、江苏、安徽、福建、台湾、湖北、湖南、广西、四川、贵州和云南。日本、越南。

5. 马铃苣苔属 Oreocharis Benth.

本属约有 28 种，主要分布于中国、越南和美国。中国有 27 种。广东产 7 种，3 变种。黑石顶 1 种。

1. 石上莲 Oreocharis benthamii Clarke var. reticulate Dunn

曲江、蕉岭、梅县、大埔、广州、德庆和肇庆。生于海拔 340～800 m 处的岩石上。分布广西。

6. 线柱苣苔属 Rhynchotechum Bl.

本属约 12 种，自印度向东经中国南部、中南半岛、印度尼西亚至伊里安岛均有分布。中国有 4 种。广东产 2 种。黑石顶 1 种。

1. 线柱苣苔 Rhynchotechum ellipticum (Wall. ex D. F. N. Dietr.) A. DC. [*Corysanthera elliptica* Wall. ex D. F. N. Dietr.；*Chiliandra obovata* Criff.；*R. formosanum* Hatusima]

广东各地。生于山谷林中或溪边阴湿处。分布香港、西藏、福建、台湾、广西、四川、贵州和云南。印度、越南、老挝和泰国。

76. 茶藨子科 Grossulariaceae

本科仅 1 属，160 种，分布于北半球亚热带至温带，主产东亚。中国有约 54 种，主要在西南、西北及东部，另有 5 个栽培种。广东不产。

77. 藤黄科 Guttiferae（Clusiaceae）

本科约 35 属，600 多种。主要分布在亚洲和美洲热带地区，少数在非洲和大洋洲。中国 4 属，20 多种。广东 2 属，5 种；黑石顶 2 属，3 种。

1. 叶片的侧脉极多，密而近平行；子房 1 室，花柱纤细；核果；种子无假种皮 ·· 1. 红厚壳属 Calophyllum
1. 叶片的侧脉较少，疏或稍密而斜伸；子房 2～12 室，花柱短或无；浆果；种子有肉瓢状的假皮 ·· 2. 藤黄属 Garcinia

1. 红厚壳属 Calophyllum Linn.

1. 薄叶红厚壳 Calophyllum membranaceum Gardn. & Champ. [*C. spectabile* Hook. & Arn.] 别名：横经席

广东各地均产。少见。生于低海拔至中海拔的山地林中或灌丛。分布香港、海南、广西。越南。

2. 藤黄属 Garcinia Linn.

本属约 100 多种，分布于亚洲热带地区、非洲南部和波利尼西亚。中国约有 20 种。广东 3 种；黑石顶 2 种。

1. 花少至多朵常组成总状花序或圆锥花序式的聚伞花序；花瓣长 12～14 mm；雄花雄蕊合生成 4 束，退化雌蕊存在；叶片宽 2～10 cm ···················· 1. 多花山竹子 G. multifolia
1. 花单生或数朵组成伞形花序式的聚伞花序；花瓣长 7～9 mm；雄花雄蕊合生成 1 束，无退化雌蕊；叶片宽 1.5～4.3 cm ···································· 2. 岭南山竹子 G. oblongifolia

1. **多花山竹子 Garcinia multiflora** Champ. ex Benth.

    广东各山地均产。常见。生于低海拔至中海拔的山地林中。分布湖南、江西、福建、台湾、广西、云南、贵州。

2. **岭南山竹子 Garcinia oblongifolia** Champ. ex Benth.

    广东从化以南、惠东以西各地。常见。生于低海拔至中海拔的山地林中。分布香港、广西、海南。越南。

78. 小二仙草科 Haloragaceae (Halorgidaceae)

本科有9属，约145种，广布于全世界，尤以大洋洲为盛。中国有2属，约7种，南北均有分布。广东有2属，6种。黑石顶1属2种。

1. 小二仙草属 Haloragis J. R. et G. Forster

本属有70余种，分布于大洋洲和东南亚，中国有2种，广东有分布。黑石顶也有分布，2种。

1. 叶长椭圆形或卵状披针形至线状披针形，上面被紧贴柔毛 …… 1. 黄花小二仙草 H. chinensis
1. 叶卵形或椭圆形，上面无毛 ……………………………………… 2. 小二仙草 H. micrantha

1. **黄花小二仙草 Haloragis chinensis** Merr. [*Gaura chinensis* Lour.] 别名：黄花船板草

    广东各地。生于山地、丘陵、平地和海边的路旁、灌丛、草丛、水边、沼泽地等湿处。分布中国南岭山脉以南地区。中南半岛至大洋洲。

2. **小二仙草 Haloragis micrantha** R. Br. ex Sieb. et Zucc. 别名：船板草

    广东各地。生于山地山坡、山谷和路旁湿处。分布中国东南部至西南部各地。日本、中南半岛各国、印度、大洋洲。

79. 金缕梅科 Hamamelidaceae

本科有27属，约140种，主要分布于亚洲东部，少数在南美洲、北美洲、澳大利亚及南非。中国产17属，约80种及14个变种。广东有14属，30种及7个变种。黑石顶有10属10种。

1. 叶脉掌状，偶羽状；花序头状或肉质穗状；胚珠及种子多颗。
    2. 花单性，无花瓣；蒴果全部藏在头状果序内；托叶线形。
        3. 花柱脱落，无宿存萼齿；叶不分裂，羽状脉 ………………………… 1. 蕈树属 Altingia
        3. 花柱宿存，常有萼齿宿存；叶有裂片，掌状脉或离基三出脉。
            4. 叶掌状3～5裂，基部心形；具掌状脉；果序圆球形 ……… 6. 枫香树属 Liquidambar
            4. 叶掌状3裂或单侧裂或不分裂，基部楔形；具掌状脉或离基三出脉；果序半球形，基底平截 ……………………………………………………… 9. 半枫荷属 Semiliquidambar
    2. 花两性，偶杂性，常有花瓣；蒴果突出头状果序外；托叶大且革质，或无托叶。
        5. 花序及果序头穗状；叶具掌状脉 …………………………………… 8. 壳菜果属 Mytilaria
        5. 花序及果序头状；叶具掌状或羽状脉 ……………………………… 5. 马蹄荷属 Exbucklandia
1. 叶脉羽状；花序及果序为总状、穗状或短穗状；胚珠及种子1颗。
    6. 花两性，有花瓣，子房半下位，宿存萼筒与蒴果连生。
        7. 花聚成假头状的短穗状花序，花瓣狭带状花4数；叶全缘 ………… 7. 檵木属 Loropetalum
        7. 花排成总状或长穗状花序，花瓣匙形或鳞片状。

8. 落叶灌木；第一对侧脉有分枝；花黄色，花瓣匙形，萼筒长为蒴果之半 ················· 2. 蜡瓣花属 Corylopsis
8. 常绿木本；第一对侧脉不分枝；花红色，花瓣鳞片状，萼筒几与蒴果等长 ················· 4. 秀柱花属 Eustigma
6. 花单性或杂性，无花瓣，子房上位，萼筒与蒴果分离或无萼筒。
    9. 花萼筒极短；果时不宿存 ················· 3. 蚊母树属 Distylium
    9. 花萼筒壶形；果时不规则裂开 ················· 10. 水丝梨属 Sycopsis

1. 蕈树属 Altingia Noronha

本属有12种，中国8种，其余分布于东南亚。广东有4种，1变种。黑石顶1种。

1. 蕈树 Altingia chinensis (Champ.) Oliv. ex Hance [*Liquidambar chinensis* Champ.]

    广东中部及北部山地常绿林。常见。分布华东、华南及贵州、云南的东南部。越南。

2. 蜡瓣花属 Corylopsis Sieb. et Zucc.

本属约30种，产亚洲东部。中国有20种及6变种。广东有2处及1变种。黑石顶1种。

1. 瑞木 Corylopsis multiflora Hance [*C. wilsonii* Hemsl；*C. cavaleriei* Lévl；*C. cordata* Merr. ex Li；*C. stenopetala* Hayata] 别名：大果蜡瓣花

    广东北部、醅及海南岛的山地常绿林。产台湾、福建、广西、湖南、湖北、云南、贵州等省区。

3. 蚊母树属 Distylium Sieb. et Zucc.

本属有18种，分布于东亚、印度、马来西亚及中美洲。中国有13种及3种变种。广东有7种及2变种。黑石顶1种。

本属和水丝梨属（Sycopsis）容易混淆，二者的枝、叶形态很相似，主要区别在于本属的蒴果无宿存萼筒。

1. 蚊母树 Distylium racemosum Sieb. et Zucc.

    广东东部、北部、中部及沿海岛屿。台湾、浙江、福建等有栽培（过去曾报道本种亦见于海南岛尖峰岭，经核实是杨梅蚊母树之误）。

4. 秀柱花属 Eustigma Gardn. et Champ.

本属有2种，分布于中国南部，越南北部。广东有1种。黑石顶1种。

1. 秀柱花 Eustigma oblongifolium Gardn. et Champ.

    广东东部、中部至海南岛的低海拔森林。分布台湾、福建、江西、广西。

5. 马蹄荷属 Exbucklandia R. W. Brown

本属有4种，中国有3种。广东有1种，全省各地常绿林有分布。黑石顶1种。

1. 大果马蹄荷 Exbucklandia tonkinensis (Lec.) Steenis [*Bucklandia tonkinensis* Lec.；*Symingtonia tonkinensis* (Lec.) Steenis]

    广东各地常绿林，在海南岛常分布于1 200 m以上的山地常绿林中。分布福建、江西、湖南、广西、云南。越南北部。

6. 枫香树属 Liquidambar Linn.

本属有6种，分布于亚洲及中、北美洲。中国有2种，1变种，广东都有。黑石顶1种。

1. 枫香树 Liquidambar formosana Hance

    广东的次生林及常绿林。常见。分布北起河南、山东，东南至台湾，西南至西藏西南部，南至广东。越南北部。

7. 檵木属 Loropetalum R. Br.

本属有 4 种及 1 变种，分布于亚洲东部。中国有 3 种及 1 变种，广东 1 种。黑石顶 1 种。

1. 檵木 Loropetalum chinense (R. Br.) Oliv. [*Hamamelis chinensis* R. Br]

   广东中部到北部的低山灌丛极常见。产中国长江流域以南至北回归线附近。分布日本及印度。

8. 壳菜果属 Mytilaria Lec.

本属 1 种，分布于越南、老挝和中国广东（海南岛不产）、广西、云南。黑石顶 1 种。

1. 壳菜果 Mytilaria laosensis Lec.

   信宜、罗定及封开等地。多生于谷低坡常绿林中，喜湿润，萌蘖力强。分布广西、云南。越南、老挝。

9. 半枫荷属 Semiliquidambar Chang

本属介于枫香树属与蕈树属之间。它和枫香树属的区别在于叶常绿，叶片不等侧分裂或不分裂，果序半球形；它和蕈树属的区别在于叶有三出脉或 2～3 裂，蒴果有宿存花柱和萼齿。

本属有 3 种及 3 个变种，中国特有，分布于浙江、福建、江西、湖南、广东、广西等省（自治区）。广东有 2 种，1 变种。黑石顶 1 种。

1. 半枫荷 Semiliquidambar cathayensis Chang

   广东北部的乐昌、乳源、封开一带。主产于海南岛吊罗山山地常绿林。分布海南、江西、广西。

10. 水丝梨属 Sycopsis Oliv.

本属有 10 种，分布于菲律宾、马来西亚和印度等地。中国 8 种，分布于南部及西南部。广东有 4 种。黑石顶 1 种。

1. 尖水丝梨 Sycopsis dunnii Hemsl. [*Distyliopsis dunnii* Endress]

   广东东部、北部、中部山地常绿林。产福建、湖南、西广、贵州、云南。

80. 莲叶桐科 Hernandiaceae

本科约 4 属，59 种，产亚洲东南部、大洋洲东北部、美洲和非洲西部等热带与亚热带地区。中国有 2 属，15 种，6 变种，主要分布在西南、华南及东南各省区。广东有 2 属，4 种，1 变种。黑石顶有 1 属，2 种。

1. 青藤属 Illigera Bl.

本属约 30 种，产亚洲及非洲的热带与亚热带地区。中国有 14 种，6 变种，产西南、华南及东南部各省区。广东有 3 种，1 变种。黑石顶有 2 种。

1. 小叶基部通常楔形或间有圆形，但绝无心形，叶两面及花序均无毛；花白色 ··· 1. 小花青藤 I. parviflora
1. 小叶基部多少心形，稀圆形，叶两面脉上或脉基部及花序被黄褐色短柔毛；花红色 ··· 2. 红花青藤 I. rhodantha

1. 小花青藤 Illigera parviflora Dunn

   广东各地。生长在低山地区山谷、山坡、溪边的密林或疏林中。分布海南、广西、贵州、云南及福建等省区。越南、马来西亚。

2. **红花青藤** Illigera rhodantha Hance [*I. petalotii* Merr.；*I. rhodantha* Hance var. *angustifoliolata* Y. R. Li；*I. rhodantha* Hance var. *Orbiculata* Y. R. Li]

广东各地。生于低海拔山谷、坡地、灌丛及路旁。分布海南、广西、云南。

81. 翅子藤科 Hippocrateaceae

本科约18属，300种，分布于热带、亚热带地区。中国有3属，13种，产西南部和南部。广东有3属，9种。黑石顶有1属，1种。

1. 翅子藤属 Loeseneriella A. C. Sm.

本属约16种，产热带亚洲和非洲。中国有3种，分布于西南和南部。广东产2种。黑石顶有1种。

1. **雅致翅子藤** Loeseneriella concinna Smith

肇庆、大埔等地。生于海拔500 m的沟谷林中。分布福建、广西。

82. 绣球花科 Hydrangeaceae

本科约16属，200余种，分布于温带和亚热带地区。中国有10属，100余种，南北各省均有。广东产5属，16种。黑石顶有4属8种，2变种。

1. 直立灌木；无不孕花；花柱2～6；浆果 ··· 1. 常山属 Dichroa
1. 木质藤本或直立灌木；有或无不孕花；花柱1或2～5；蒴果。
  2. 木质藤本；无不孕花；花柱1 ··· 3. 冠盖藤属 Pileostegia
  2. 木质藤本或直立灌木；有不孕花，如无不孕花则花柱2～5。
    3. 木质藤本；不孕花仅具1枚增大的萼片，花柱1 ·············· 4. 钻地风属 Schizophragma
    3. 木质藤本或直立灌木；不孕花具3～5枚增大的萼片；花柱2～4 ······ 2. 绣球属 Hydrangea

1. 常山属 Dichroa Lour.

本属约13种，分布于亚洲东南部。中国有14种；广东产3种。黑石顶2种。

1. 小枝和叶无毛或仅有极稀疏的小柔毛；花序圆锥式，多花；子房几乎全部下位 ·· 1. 常山 D. febrifuga
1. 小枝和叶被长柔毛，花序伞房式，叶两面被开展的长毛，在中脉和侧脉上杂有皱曲小柔毛，子房3/4下位 ··· 2. 罗蒙常山 D. yaoshanensis

1. **常山** Dichroa febrifuga Lour. 别名：土常山、鸡骨常山

广东各地。生于山地林下湿润处。分布长江以南各省区。印度尼西亚、印度、中南半岛各国、日本（琉球群岛）。

2. **罗蒙常山** Dichroa yaoshanensis Wu

连山、连县、乳源、新丰、怀集等地，生于山谷水边和林下。分布广西、湖南。

2. 绣球属 Hydrangea Linn.

本属约80种，分布于亚洲、北美洲和拉丁美洲。中国约有30处，主要分布于西部和西南部；广东产8种。黑石顶3种，2变种。

1. 花序伞房式，顶部平坦或成拱形；叶对生；花瓣在开化时不脱落。

2. 子房和蒴果大部分至一半上位。
      3. 小枝灰白色；平滑；叶狭披针形 …………………………………… 3. 柳叶绣球 H. stenophylla
      3. 小枝紫褐色，表皮呈薄片状剥落；叶披针形、椭圆状披针形至长椭圆形 …………
         ……………………………………………………… 3a. 紫枝绣球 H. stenophylla var. decorticate
   2. 子房和蒴果大部分位，突出萼筒部分不超过 1 mm。
      4. 花序轴和花梗密被微柔毛 ……………………………………… 1. 粤西绣球 H. kwangsiensis
      4. 花序轴和花梗无毛或近无毛 ………………………… 2a. 白皮绣球 H. kwangsiensis var. hedyotidea
1. 花序为圆锥花序式；叶有时 3 片轮生，卵形至椭圆形，边缘有细密锯齿；花瓣早落 …………
   …………………………………………………………………………… 2. 圆锥绣球 H. paniculata

1. 粤西绣球 Hydrangea kwangsiensis Hu
   广东西北部。生于山谷林缘和灌丛中。分布广西。

1a. 白皮绣球 Hydrangea kwangsiensis var. hedyotidea（Chun）C. M. Hu ［*H. hedyotidea* Chun；*H. brevipes* Chun］
   广东北部。生于山谷溪边和林下。分布湖南南部。

2. 圆锥绣球 Hydrangea paniculata Sieb.
   广东北部和东北部。生于溪边和林缘等湿地上。产云南、贵州、广西、湖北、湖南、江西、安徽、浙江、福建、台湾。

3. 柳叶绣球 Hydrangea stenophylla Merr. & Chun
   乐昌、仁化等地。生于山地林下或灌丛中。分布江西。

3a. 紫枝绣球 Hydrangea stenophylla var. decorticata Chun ［*H. coenobialis* Chun；*H. coenobialis* var. *acutidens* Chun］
   英德、翁源、乐昌、新丰、连平、博罗等地。生于溪边和疏林下。

3. 冠盖藤属 Pileostegia Hook. f. & Thoms

   本属 3 种，产东南亚地区。中国均有。广东有 2 种。黑石顶 2 种。

1. 小枝、花序和叶下面密被锈色星状绒毛；叶基部多少呈心形 …… 1. 星毛冠盖藤 P. tomentella
1. 小枝、叶和花序无毛或仅有极少数微小的星状毛或柔毛；叶基部楔形 ……………………………
   …………………………………………………………………………………… 2. 冠盖藤 P. viburnoides

1. 星毛冠盖藤 Pileostegia tomentella Hand. -Mazz.
   信宜、高要、惠阳、五华以北各地。生于山地阔叶林内和河边，攀援于树上或石上。产广西、湖南、福建。

2. 冠盖藤 Pileostegia viburnoides Hook. f. & Thoms.
   全省各地。生于山谷林缘和溪边，攀援于树上或石上。分布云南、四川、贵州、广西、湖南、江西、安徽、浙江、福建、台湾。日本（琉球群岛）、越南、印度。

4. 钻地风属 Schizophragma Sieb. & Zucc.

   本属约 8 种，产中国和日本。广东有 2 种，1 变种。黑石顶 1 种。

1. 钻地风 Schizophragma integrifolium（Franch.）Oliv. ［*S. amplum* Chun］
   信宜、乳源等地。生于山谷和溪边，攀援于树上。分布云南、四川、贵州、湖北、湖南、广西、江西、安徽、浙江。
   本种叶形变化较大。Rehder（1991）将叶缘有小齿的标本定为一变种（var. denticulatum Rehd.）；陈焕镛（1954）将其降级为变型，并指出，钻地风的叶通常全缘，但往往也具稀疏小齿。由于区别微细，且不明显，本书未予细分。

83. 水鳖科 Hydrocharitaceae

本科17属，约80种，广布于全世界热带、亚热带，少数分布于温带。中国有9属，20种，1变种，主产长江以南各省区。广东产16种，黑石顶目前未有发现。

84. 田基麻科 Hydrophyllaceae

本科18属，约250种，除大洋洲外遍及世界各地，主产北美洲。中国有1属，1种。广东产1种，黑石顶目前未有发现。

85. 金丝桃科 Hypericaceae

本科约7属，500多种，主要分布于全世界的温带和亚热带地区，少数在热带地区。中国约5属，60多种，全国均有分布。广东有2属，8种。黑石顶有2属，3种。

1. 灌木或乔木；蒴果室背开裂；种子有翅 ·· 1. 黄牛木属 Cratoxylum
1. 灌木或草本；蒴果室间开裂；种子无翅 ·· 2. 金丝桃属 Hypericum

1. 黄牛木属 Cratoxylum Bl.

本属约6种，分布于亚洲东南部。中国约3种，分布于云南以及华南。广东仅有1种。黑石顶有分布。

1. 黄牛木 Cratoxylum cochinchinense (Lour.) Bl. [*Hypericum cochinchinense* Lour.]

广东英德县以南及海南各地。常生于低海拔山地和丘陵的疏林或灌丛中。分布广西、云南。缅甸、泰国、越南、马来西亚、印度尼西亚、菲律宾。

2. 金丝桃属 Hypericum Linn.

本属约400种，主要分布于全世界的温带和亚热带地区，少数在热带。中国约有40多种，全国均有分布，主产地为西南部。广东有7种。黑石顶有2种。

1. 叶对生，其基部完全合生为一体，而茎贯穿其中心；果具黄褐色泡状腺体 ··
   ·· 2. 元宝草 H. sampsonii
1. 叶对生，其基部不合生为一体；果不具黄褐色泡状腺体 ················ 1. 地耳草 H. japonicum

1. 地耳草 Hypericum japonicum Thunb. ex Murray [*H. japonicum* Thunb. ex Murray var. *kainantense* Masamune]

广东各地。生于低海拔至中海拔的旷地上，常见于田边、沟边或草地上。分布中国中部以南地区。分布日本至亚洲南部和东南部、澳大利亚、新西兰、夏威夷等地。

2. 元宝草 Hypericum sampsonii Hance

广东封开、高要、龙门、五华等县以北地区。生于低海拔至中海拔的山谷、丘陵、旷地或沟旁。分布甘肃以南各省区。日本、越南、缅甸、印度等地均有。

86. 仙茅科 Hypoxidaceae

本科5属，约130种，主产南半球和热带亚洲。中国有2属，8种。广东有2属，5种。黑石顶2属，3种。

1. 花多数．排成总状、穗状或头状花序；浆果 ················· 1. 仙茅属 Curculigo
1. 花单生或数朵排成伞形花序；蒴果 ··············· 2. 小金梅草属 Hypoxis

1. 仙茅属 Curculigo Gaertn.

本属有 20 余种，分布于亚洲、非洲、南美洲和大洋洲的热带至亚热带地区。中国有 7 种，主产华南至西南各省区。广东有 4 种。黑石顶产 2 种。

1. 叶宽 3～14 cm；总状花序紧缩成头状；花葶较长，长 10～30 cm ······ 1. 大叶仙茅 C. capitulata
1. 叶宽 0.5～2.5 cm；伞房状总状花序；花葶较短，长 6～7 cm ··········· 2. 仙茅 C. orchioides

1. **大叶仙茅 Curculigo capitulata**（Lour.）Kuntze ［*Leucojum capitulata* Lour.；*Curculigo fuziwarae* Yamamoto］

广东各地。常见。生于山谷密林中阴湿处。分布中国东南部、南部至西南部各省区。印度至马来西亚及澳大利亚。

2. **仙茅 Curculigo orchioides** Gaertn. ［*C. orchioides* Gaertn. var. *minor* Benth.］

广东各地常见。生于林中、草地或荒坡上。分布中国东南部、南部至西南部各省区。东南亚各国至日本。

2. 小金梅草属 Hypoxis Linn.

本属约 100 种，主要分布于热带地区。中国只有 1 种，产东南、华南至西南各省区。广东有 1 种。黑石顶 1 种。

1. **小金梅草 Hypoxis aurea** Lour.

广东各地常见。生于山野荒地和路边草丛。分布中国东部、中南部、南部至西南部各省区。日本及东南亚各国。

87. 茶茱萸科 Icacinaceae

本科约 55 属，400 余种，广布于热带地区，以南半球较多。中国有 13 属，25 种，分布于西南部和南部各省区至台湾。广东有 4 属，4 种。黑石顶有 1 属，1 种。

1. 定心藤属 Mappianthus Hand.-Mazz.

本属有 2 种，一种产印度、印度尼西亚，另一种分布于中国南部至越南北部。广东 1 种。黑石顶 1 种。

1. **甜果藤 Mappianthus iodoides** Hand.-Mazz.

广东惠阳、怀集、平远、阳江、阳春、龙门、肇庆、德庆、新兴、封开。生于海拔 300～800 m 疏林下和灌丛中。分布湖南、福建、广西、贵州、云南。越南。

88. 八角科 Illiciaceae

本科 1 属，约 50 种，分布于亚洲东南部、北美、中美和西印度群岛。中国约有 30 种，产西南部、南部至东南部。广东有 10 种。黑石顶 3 种。

1. 八角属 Illicium Linn.

1. 心皮 10～14（16）枚，很少 8 枚。
  2. 雄蕊 6～21 枚 ··· 3. 匙叶八角 I. spathulatum
  2. 雄蕊 22～41 枚 ·· 1. 红花八角 I. dunnianum

1. 心皮5～9枚（很少10枚） ·· 2. 少药八角　I. oitgandrum
1. 红花八角 Illicium dunnianum Tutcher 别名：野八角、山八角

增城、惠阳、从化等地。生于海拔500～700 m的山谷溪旁、河流两岸或山地密林阴湿处或岩石缝中。分布福建南部、广西、湖南西部、贵州南部和西南部。

2. 少药八角 Illicium oligandrum Merr. et Chun ［*I. cambodianum* sensu Merr.，non Hance；*I. micranthum* sensu Chun，non Dunn］

饶平、博罗、云浮。生于海拔800 m的密林中。分布海南、广西。

3. 匙叶八角 Illicium spathulatum Y. C. Wu ［*I. brevistylum* A. C，Smith］

广东北部及中部。生于溪边、山谷密林中。分布广西东部和湖南。

89. 鸢尾科 Iridaceae

本科约82属，1 700种，广布于全世界热带、亚热带及温带地区，主要分布于非洲南部和热带美洲。中国包括引入栽培的有11属，70余种，主要分布于西南、西北及海南包括引入栽培的有8属，10种。黑石顶1属，1种。

1. 射干属 Belamcanda Adans.

本属仅1种，分布亚洲东部。中国南北各地均有分布。黑石顶也有分布，1种。

1. 射干 Belamcanda chinensis（Linn.）DC.

广东各地。生于沟谷、林缘或山坡草地。分布全国大部分地区。俄罗斯、朝鲜、日本、印度、越南、缅甸、菲律宾。

90. 粘木科 Ixonanthaceae

本科4属，约21种，分布于热带地区，中国产1属，2种。广东有1属，1种。黑石顶1属，1种。

1. 粘木属 Ixonanthes Jack.

本属11种，分布于热带亚洲。中国产2种。广东有1种。黑石顶1种。

1. 粘木 Ixonanthes chinensis Champ.

广东中部以南各地。生于山地林中。分布海南、广西、贵州。

91. 胡桃科 Juglandaceae

本科8属，50余种，分布于北温带和亚洲热带地区。中国有7属，28种。广东6属，11种。黑石顶2属，3种。

1. 雌花组成穗状花序或总状花序，小坚果不具翅，包藏于膜质的三裂苞片内 ·· 1. 黄杞属 Engelhardtia
1. 雌花组成球穗状花序；小坚果具2翅，包藏于木质的苞腋内 ············ 2. 化香树属 Platycarya

1. 黄杞属 Engelhardtia Leschen. ex Bl.

本属约15种，主产亚洲热带和亚热带地区，中国8种，分布于南部至西南部各省区。广东2种。黑石顶2种。

1. 小枝苍白色或灰褐色；小叶 1～2 对。叶有小叶 2 对，顶端短而渐尖，急尖或钝；侧脉每边 5～7 条 ·· 1. 白皮黄杞 E. fenzelii
1. 小枝紫褐色或黑褐色；小叶 3～5 对，顶端渐尖或长渐尖；侧脉每边 9～13 条 ··· 2. 黄杞 E. roxburgiana

1. 白皮黄杞 Engelhardtia fenzelii Merr. 别名：广东黄杞、少叶黄杞

   广东中部、北部和西北部地区。生于海拔 400～800 m 的山地林中。分布广西、湖南、江西、福建、浙江。

2. 黄杞 Engelhardtia roxburgiana Lindl. [*E. chrysolepis* Hance; *E. formosana* Hayata] 别名：黑油换、黄泡木、假玉桂

   广东各地均有分布。喜生于丘陵或山地的阳坡地，较耐干旱，多见于次生林或疏林中。分布中国南部和西南各省区。中南半岛各国。

2. 化香树属 Platycarya Sieb. et Zucc.

本属有 2 种，产日本、朝鲜和中国长江流域及南部各省区；广东 2 种均产。黑石顶 1 种。

1. 圆果化香树 Platycarya longipes Wu 别名：小化香树。

   广东中部和北部地区。常生于海拔 450～800 m 的林中。分布广西、贵州、云南、湖南。

92. 灯心草科 Juncaceae

本科有 8 属，约 400 种，广布于全世界温带和寒带地区，通常生于潮湿地方。中国产 2 属，93 种。广东 1 属，6 种，1 亚种。黑石顶 1 属，2 种。

1. 灯心草属 Juncus Linn.

本属有 240 种，广布于温带和寒带地区。中国有 76 种。广东 6 种，1 亚种。黑石顶 2 种。

1. 叶片退化，仅具叶鞘包围茎基部；总苞片圆柱形，似茎的延长；花序假侧生，花有小苞片；花被片外轮较内轮稍长 ······························ 1. 灯心草 J. effuses
1. 叶有叶片，基生或茎生；总苞片叶状；花序顶生，花无小苞片；花被片等长 ··· 2. 笄石菖 J. prismatocarpus

1. 灯心草 Juncus effuses Linn.

   广东各地。生于河边、池旁、稻田及沼泽潮湿处。除海南外，全国各地几均有。全世界温暖地区。

2. 笄石菖 Juncus prismatocarpus R. Br. [*J. leschenaultii* J. Gay ex Laharpe]

   广东中部、南部地区。生于田边、山坡、草地上。长江流域及其以南各省区有分布。日本、俄罗斯东部、马来西亚、印度至亚洲东南部和澳大利亚。

93. 唇形科 Labiatae

本科约 220 余属，3 500 余种，主产北温带。中国有 99 属，800 余种，分布于全国各地；广东有 51 属，135 种，12 变种。黑石顶有 26 属，40 种。

1. 小坚果侧腹面相接，故常有大而显著的侧生果脐；子果不分裂至深 4 裂，花柱着生在子房裂片之间，绝非基生 ·································· 26. 香科科属 Teucrium

1. 小坚果侧腹面分离,故通常只有小而基生的果脐;子房 4 全裂,花柱基生。
 2. 小坚果核果状,有肉质的外果皮和壳质和内果皮 ……………… 7. 锥花属 Gomphostemma
 2. 小坚果外果皮薄而干燥。
  3. 种子横生;胚根弯曲;果萼 2 裂,后裂片背部有小盾片;子房有柄 ………………………
    ……………………………………………………………………… 24. 黄芩属 Scutellaria
  3. 种子直生;胚根直,向下直伸;果萼与上述不同;子房通常无柄。
   4. 雄蕊直伸或斜上升。
    5. 花药非球形,药室平行或叉开,顶部不贯通(鳞果草属例外)。
     6. 花冠明显二唇形,上唇弧状、镰状或盔状。
      7. 雄蕊 4,花药卵形,药隔非线形,与花丝不以关节相连。
       8. 雄蕊后对比前对长。
        9. 两对雄蕊不互相平行 ……………………………… 1. 藿香属 Agastache
        9. 两对雄蕊互相平行,均于花冠上唇下弧状上升。
         10. 轮伞花序多花,组成顶生穗状花序或圆锥花序;药室平叉 ………
          ……………………………………………………… 15. 荆芥属 Nepeta
         10. 轮伞花序通常有花 2 朵或偶有几朵,腋生;药室成直角叉开或平行 …
          ……………………………………………………… 6. 活血丹属 Glechoma
       8. 雄蕊后对比前对短。
        11. 花萼檐部明显二唇形,结果时喉部被下唇封闭 …… 21. 夏枯草属 Prunella
        11. 花萼檐部近等大的 5 裂,不呈二唇形,结果时喉部张开。
         12. 花冠上唇外凸或盔状,很少近扁平,常被密毛。
          13. 花柱顶端极不相等的 2 裂,前裂片较后裂片远长。
           14. 花萼 10 齿 ………………………………… 10. 锈球防风属 Leucas
           14. 花萼 5 齿 …………………………………… 19. 糙苏属 Phlomis
          13. 花柱顶端相等或近相等的 2 裂。
           15. 小坚果有 3 棱,顶端截平。
            16. 药室极叉开或平叉开;叶不分裂。
            16. 药室平行;叶深裂 ……………………… 9. 益母草属 Leonurus
           15. 小坚果卵形,无棱,顶端圆。
            17. 花冠上唇盔状,长于下唇;轮伞花序腋生 ………………
             …………………………………………… 17. 假糙苏属 Paraphlomis
            17. 花冠上唇短于下唇或等长,稀下唇长于上唇;花序腋生或顶生
             …………………………………………… 11. 斜萼草属 Loxocalyx
         12. 花冠上唇短而扁平或近扁平,通常无毛或略被毛 ………………………
          ………………………………………………………… 5. 广防风属 Epimeredi
      7. 雄蕊 2,花药狭长,药隔通常线形,与花丝间以关节相联 …………………
       ………………………………………………………………… 23. 鼠尾草属 Salvia
     6. 花冠通常为不明显的二唇形,中为明显二唇形,则上唇扁平或微凸,绝非弧状、
      镰状或盔状。
       18. 发育雄蕊 4 枚。
        19. 萼檐明显二唇形,下唇 2 裂片狭长。
         20. 轮伞花序腋生,不再结成顶生穗状花序;苞片小,不重叠;萼檐上唇 3
          齿近等大 ……………………………………………… 2. 风轮菜属 Clinopodium

20. 轮伞花序结成顶生、连续的穗状花序；苞片较大，覆瓦状重叠；萼檐上唇中齿明显短于侧齿 ·· 18. 紫苏属 Perilla
　　19. 萼檐相或近相等的 5 裂 ·· 12. 薄荷属 Mentha
　18. 发育雄蕊 2 枚。
　　21. 雄蕊前对发育，后对退化；萼檐明显二唇形 ··································
　　　　·· 2. 风轮菜属 Clinopodium
　　21. 雄蕊后对发育，前对退化；萼檐明显二唇形 ·················· 14. 石荠苎属 Mosla
5. 花药球形，药室平叉开，顶端贯通为 1 室。
　22. 花冠筒短；雄蕊伸出；果萼非明显二唇形。
　　23. 雄蕊二强，前对显然较长；花丝无毛。
　　　24. 冠檐 4 裂，上唇 1 裂片，全缘或微缺 ·················· 4. 香薷属 Elsholtzia
　　　24. 冠檐 5 裂，上唇 2 裂片 ·································· 8. 香简草属 Keiskea
　　23. 雄蕊 4 枚，近等高；花丝被须毛 ·················· 20. 刺蕊草属 Pogostemon
　22. 花冠筒细长；雄蕊不伸出；果萼明显二唇形 ·················· 25. 筒冠花属 Siphocranion
4. 雄蕊下倾，卧于花冠下唇上，伸出或不伸出。
　25. 萼檐等大或近等大的 5 裂，不呈二唇形 ·················· 22. 香茶菜属 Rabdosia
　25. 萼檐明显二唇形；花冠上唇 4 裂，下唇 1 裂。
　　26. 花冠下唇内凹成舟形。
　　　27. 雄蕊花丝分离 ·· 22. 香茶菜属 Rabdosia
　　　27. 雄蕊花丝基部合生成鞘 ·································· 3. 鞘蕊花属 Coleus
　　26. 花冠下唇扁平或微内凹。
　　　28. 花萼下唇全缘；后对雄花花丝基部有齿状附属器 ·················· 13. 凉粉草属 Mesona
　　　28. 花萼上唇中裂片边缘下延于萼筒，结果时特别明显 ·········· 16. 鸡脚参属 Orthosiphon

1. 藿香属 Agastache Clayt. ex Gronov.

本属有 9 种，8 种产北美洲，1 种产亚洲南部，中国亦产之。黑石顶有栽培。

1. 藿香 Agastache rugosa（Fisch. et Mey.）O. Kunte ［*Lophanthus rugosus* Fisch. et Mey.］

广东北部和东部。常于园圃中少量栽培。供调味和药用。中国南北各省区均有栽培。俄罗斯、朝鲜、日本和北美也有栽培。

2. 风轮菜属 Clinopodium Linn.

本属约 20 种，分布于欧洲、中亚及东亚，中国产 11 种；广东有 3 种。黑石顶 2 种。

1. 轮伞花序腋生，苞叶大，叶状。小苞片极小，比花梗短或不明显，花冠小，长约 4 毫米；雄蕊前对能育，后对不育 ·· 1. 光风轮菜 C. confine
1. 轮伞花序组成顶生总状花序，苞叶小，苞片状，雄蕊前对能育 ·················· 2. 瘦风轮菜 C. gracile

1. 光风轮菜 Clinopoidum confine（Benth.）O. Kuntze ［*Calamintha confines* Hance；*Satureia confines*（Hance）Kudo］

广东北部和东北部。生于山坡、草地和田边。分布河南、湖南、江苏、浙江、安徽、江西、福建、广西、四川和贵州。

2. 瘦风轮菜 Clinopodium gracile（Benth.）Matsum. ［*Calamintha graclis* Benth.；*Satureia gracilis*（Benth.）Briq.；*Calamintha radicans* Vaniot］

广东各地。为一常见杂草。生于村边、路旁、空旷草地等处。广布中国中部、东部、南部及西南部各省区。亚洲东南部和日本均有。

3. 鞘蕊花属 Coleus Lour.

本属约90余种，产东半球热带及澳大利亚。中国有6种，其中1种为园圃栽培；广东有4种，1变种，黑石顶1种。

1. 五彩苏 Coleus sutellarioides（Linn.）Benth. ［*Ocimum scutellarioides* Linn.；*Coleus blumei* Benth.；*C. acuminatus* Benth.］别名：洋紫苏

   广东各地。园圃、庭院等处常栽培供观赏。原产亚洲东南部。中国各地均有种植。

4. 香薷属 Elsholtzia Willd

本属约40种，主产亚洲东部，1种延伸至欧洲及北美，3种产非洲埃塞俄比亚。中国有33种，1变种及5变型；广东有5种。黑石顶1种。

1. 退色香薷 Elsholtzia ciliate（Thunb.）Hyland. ［*Sideritis ciliata* Thunb；*Elsholtzia cristata* Willd；*E. patrini*（Lepech.）Garke；*Mentha patrini* Lepech；*Elsholtaia formosana* Hayata；*E. minima* Nakai］

   广东中部和北部。常生于山野坡地、荒野、路旁和林下。分布中国除新疆、青海和海南外，各省区均产。俄罗斯西伯利亚、朝鲜、日本、印度至中南半岛；据记载，欧洲和北美有栽培。

5. 广防风属 Epimeredi Adans

本属约7～8种，分布于热带亚洲至澳大利亚。中国有下述1种，广东及海南亦产之。黑石顶1种。

1. 广防风 Epimeredi indica（Linn.）Rothm. 别名：马衣草、防风草

   Anisomeles indica（Linn.）O. Kuntze；*Marrubium indicum*（Linn.）Burm.；*Neptea indica* Linn.

   广东各地。生于旷野、村边、路旁、荒地和林缘。分布湖南、浙江、江西、福建、台湾、广西、贵州、云南和西藏。亚洲东南部各地。

6. 活血丹属 Glechoma Linn.

本属约8种，广布于欧、亚大陆温带地区，南北美洲有栽培。中国有5种，南北各省区（海南未见）均有；广东有1种。黑石顶1种。

1. 活血丹 Glechoma longituba（Nakai）Kupr. ［*Glechoma brevituba* Kupr；*G. hederacea* Linn. var. *longituba* Nakai；*G. hederacea* auct, non Linn.］别名：透骨消、金钱薄荷

   广东各地。常生于疏林下、溪边、村边和路旁。除青海、甘肃、新疆、西藏和海南外，中国各省区均产。俄罗斯远东部分和朝鲜。

7. 锥花属 Gomphostemma Wall. ex Benth.

本属约36～40种，产印度、缅甸、泰国、老挝、越南、马来西亚、印度尼西亚与菲律宾。中国有16种，3变种，产云南、广西、广东、海南、江西、福建及台湾等省区的热带及亚热带地区；广东有3种。黑石顶1种。

1. 中华锥花 Gomphostemma chinense Oliv.

   广东各地。生于林下湿地上。分布江西、福建和广西。

8. 香简草属 Keiskea Miq.

本属约6种，分布于亚热东部。中国有5种，见于中部、南部和西南部各省区；广东有2种。黑石顶1种。

1. 大苞香简草 Keiskea elsholtzioides Merr. 别名：香薷状香简草

   广东北部。生于草丛或灌丛中。分布湖南、湖北、浙江、安徽、江西和福建。

9. 益母草属 Leonurus Linn.

本属约20种，分布于欧洲和亚洲温带，少数种在美洲和非洲各地逸生。中国产12种，2变型，广东1种1变种。黑石顶1种。

1. 益母草 Leonurus artemiaia（Lour.）S. Y. Hu ［L. heteropyllus Sweet；L. sibiricus aunt. non Linn. ］
别名：红花艾

广东各地均产。生于村边、路旁、荒野等多种生境。分布中国南北各省区。俄罗斯、日本、朝鲜、亚洲热带、非洲和美洲。

10. 绣球防风属 Leucas R. Br.

本属约100种，多数分布于热带非洲、马达加斯加、阿拉伯半岛、印度、马来西亚，少数种分布至澳大利亚及太平洋群岛屿上；热带美洲至大安的列斯群岛有2种逸生。中国产7种，2变种，均在热带亚热带地区；广东有4种，1变种。黑石顶2种。

1. 叶较小，长0.8～1.3 cm，宽0.6～1 cm，两面被白色绢毛；萼齿近等大 ·· 1. 滨海白绒草 L. chinensis
1. 叶较大，长2.5～4 cm，宽1～2.5 cm，两面密被柔毛；萼齿5长5短 ·· 2. 疏毛白绒草 L. mollissima var. chinensis

1. 滨海白绒草 Leucas chinensis（Retz.）R. Br. ［Phlomis chinensis Retz.］

广东西部和海南。生地海滨荒地上。分布台湾。

2. 疏毛白绒草 Leucas mollissima Benth. var. chinensis Benth.

广东中部以南。常生于山坡、丘陵等较干旱的地方。分布海南、湖北、湖南、福建、台湾、广西、贵州、四川和云南。

11. 斜萼草属 Loxoxalyx Hemsl.

本属约2种，1变种，均产中国。黑石顶1种。

1. 斜萼草 Loxocalyx urticifolius Hemsl.

产湖北、四川、贵州、云南东北部、陕西南部、甘肃东部、河南西部及河北西南部；生于林下沟谷中，潮湿处，海拔1 200～2 700 m。等模式标本采自湖北兴山、房县及四川巫山。

12. 薄荷属 Mentha Linn.

本属约30种，主要分布在北半球温带，极少见于南半球。中国约有12种，其中仅6种为野生种；广东有3种。黑石顶2种。

1. 花冠后裂片2裂；叶较少脉上被毛，茎、叶均被毛 ················· 1. 薄荷 M. haplocalyx
1. 花冠后裂片全缘或近全缘；叶两面无毛 ·················· 2. 留兰香 M. spicata

1. 薄荷 Mentha haplocalyx Briq. ［M. arvensis aunt. non Linn.］

广东各地。栽培或野生于湿地上。分布中国南北各省区。亚洲南部、东南部和东部、俄罗斯远东地区以及美洲北部和中部。

2. 留兰香 Mentha spicata Linn.

广东有栽培，但具体地点不详。原产南欧、加那利群岛、马德拉群岛和俄罗斯。中国仅新疆有野生，华北、华东、华南和西南各省区均有栽培。

13. 凉粉草属 Mesona Bl.

本属约8～10种，星散分布于印度东北部至东南亚及中国东南部。中国产2种，广东产下述1种。黑石顶1种。

1. 凉粉草 Mesona chinensis Benth. [*M. procumbens* Hemsl.；*M. elegans* Hayata] 别名：仙人草

广东各地均产，东部较多。常生于山地沟溪边的疏林下。分布海南、浙江、江西、台湾、广西等省区。

14. 石荠苎属 Mosla Buch. -Ham. ex Maxim.

本属约22种，分布于印度、中南半岛、马来西亚，向南至印度尼西亚及菲律宾，向东北至中国、朝鲜及日本。中国有12种，1变种，广东有4种。黑石顶3种。

1. 花冠檐部近相等的5浅裂；叶线形至线状披针形；小坚果具深的小穴状雕纹 ·· 1. 石香薷 M. chinensis
1. 花冠檐部二唇形，上唇3裂，下唇2裂；小坚果具疏网纹；叶形与上述不同。
   2. 茎、枝密被短柔毛；苞片卵形，长 2.7～3.5 cm，尾状渐尖；花冠里面基部有明显毛环 ·· 2. 石荠苎 M. scabra
   2. 茎、枝无毛或被疏毛；苞片披针形或线状披针形，长约 1 mm；花冠里面无毛环或偶尔有不明显的毛环 ······························· 3. 小鱼仙草 M. dianthera

1. 石香薷 Mosla chinensis Maxim. [*Orthodon chinensis*（Maxim.）Kudo；*Mosla fordii* Maxim；*Orthodon fordii*（Maxim.）Hand. -Mazz.]

广东中部、东部和北部。生于干旱山坡草地上。分布湖北、湖南、江苏、浙江、安徽、江西、福建、台湾、广西、贵州和四川。越南北部。

2. 石荠苎 Mosla scabra（Thunb.）C. Y. Wu et H. W. Li [*Orthodon scaber*（Thunb.）Hand. -Mazz.]

广东各地。生于村边、路旁和荒野，极常见。广布于中国北部、西北部、中部、东部和南部各省区。越南和日本。

3. 小鱼仙草 Mosla dianthera（Buch. -Ham.）Maxim. [*Orthodon diantherum*（Buch. -Ham.）Hand. -Mazz.；*Lycopus diantherrus* Buch. -Ham.；*Melissa nepalensis* Benth.] 别名：热痱草、假渔春

广东各地。生于村边、路旁和山野荒地上。分布广布于中国中部、东部、南部、西南各省区以及陕西南部。印度东北部、孟加拉国、缅甸、中南半岛各国、马来半岛和日本。

15. 荆芥属 Nepeta Linn.

本属约250种，广布亚洲和欧洲的温带，分布中心在地中海地岸、近东和中亚。中国有38种，主产云南、四川、西藏和新疆等地；广东有1种。黑石顶1种。

1. 心叶荆芥 Nepeta fordii Hemsl.

广东北部和东北部。常生于庭院墙边、近村路旁以及屋边等处。分布陕西南部、湖北、湖南及四川。

16. 鸡脚参属 Orthosiphon Benth

本属约45种，以热带非洲种类最多，此为亚洲东南部和澳大利亚。中国南部和西南部有2种，2变种；广东有1种。黑石顶1种。

1. 海南鸡脚参 Orthosiphon rubicundus（D. Don）Benth. var. hainanensis Sun ex C. Y. Wu [*O. lanceolatus* Sun ex C. H. Hu]

广东南部。生于荒地上。分布海南。

17. 假糙苏属 Paraphlonis Prain

本属约24种，产印度、缅甸、泰国、老挝、越南、马来西亚至印度，中国有22种，分布于长江流域及其以南各省区，东至台湾省，广东有9种，1变种。黑石顶1种。

1. 小叶假糙苏 Paraphlomis javanica var. coronata（Vaniot）C. Y. Wu et H. W. Li ［*Lamium coronatum* Vaniot；*Phlomis rugosa* aunt non Benth. ；*Paraphlomis albiflora* aunt. non Hemsl. ］

广东各地。常生于亚热带常绿林下。分布海南、湖南、江西、台湾、广西、四川、贵州、云南。

18. 紫苏属 Perilla Linn.

本属有1种，3变种，产亚洲东部；广东有1种，2变种。黑石顶1种。

1. 紫苏 Perilla frutescens（Linn.）Britt. ［*Ocimum frutescens* Linn.；*Perilla ocymoides* Linn.］别名：白苏、荏。

广东各地均有栽培。中国南北各省区均有种植。亚洲东南部和东部均产。

19. 糙苏属 Phlomis Linn.

本属有100余种，分布于地中海地区、近东、亚洲中部至东部。中国有41种，分布几遍全国，以西南各省种类最多；广东有下述1种。黑石顶1种。

1. 糙苏 Phlomis umbrosa Turcz

广东仅见于北部地区。常生于疏林中或林区草地上。分布广布于中国东北、北部、西北、西南和中部的湖北省。

20. 刺蕊草属 Pogostemon Desf.

本属有60余种，主要分布在亚洲热带，少数产非洲。中国有16种，1变种；广东有5种。黑石顶2种。

1. 野生植物；花较小，花萼长不超过4 mm，不被长绒毛；花冠长不超过7 mm。穗状花序极紧密，单一顶生。穗状花序狭批针状线形，长约6～18 cm，基部宽约1 cm；萼钟形，长约1 mm；茎、叶均被长硬毛；叶柄短或几近无柄 ················· 1. 水珍珠菜 P. auricularius
1. 栽培植物；花大，花萼长7～9 mm，密被长绒毛，花冠长约1 cm或稍过之；叶圆形或阔卵状圆形 ··· 2. 广藿香 P. cablin

1. 水珍珠菜 Pogostemon auricularius（Linn.）Hassk. ［*Mentha auricularia* Linn. ；*Dysophylla auricularia*（Linn.）Bl.］别名：毛水珍珠菜

广东各地。常生于沟溪边及湿地上。分布海南、江西、福建、台湾、广西。

2. 广藿香 Pogostemon cablin（Blanco）Benth. ［*Mentha cablin* Blanco；*Pogostemon patchouly* Pellet.；*P. javanicus* Backer ex Adelb.］别名：藿香

广州、肇庆、湛江和海南等地均有栽培。分布广西、福建、台湾等省区栽培。亚洲各热带地区均有。

21. 夏枯草属 Prunella Linn.

本属约15种（或云仅7种），广布于北温带及非洲北部。中国连引入栽培的共4种，3变种；广东有1种。黑石顶1种。

1. 夏枯草 Prunella vulgaris Linn.

广东各地。生于山地路边、荒坡、草地和溪边等处。几遍全国各地。分布欧洲、北非地区、俄罗斯、印度、巴基斯坦、澳大利亚和北美洲。

22. 香茶菜属 Rabdosia（Bl.）Hassk.

本属约150种，产非洲南部至热带、亚热带亚洲，日本及俄罗斯远东地区。中国产90种；广东有9种，2变种。黑石顶2种。

1. 萼齿三角形，比萼管短 1 倍；叶缘具圆齿 ·· 1. 香茶菜 R. amethystoides
1. 萼齿长三角形，与萼管近等长；叶缘具内弯的粗锯齿 ······························· 2. 溪黄草 R. serra

1. **香茶菜 Rabdosia amethystoides**（Benth.）Hara［*Plectranthus amethystoides* Benth.；*P. sinensis* Miq.］别名：蛇总管

广东中部、东部和北部。生于林下和山地路旁草丛中。分布湖北、江苏、浙江、安徽、江西、福建、台湾、广西、贵州等省区。

2. **溪黄草 Rabdosia serra**（Maxim.）Hara［*Plectranthus serra* Maxim.；*Isodon serra*（Maxim.）Kudo；*Plectranthus lasiocarpus* Hayata*Rabdosia lasiocarpa*（Hayata）Hara；*Isodon lasiocarpus*（Hayata）Kudo］

广东东部和中部。常生于溪边、河岸、山坡、田边和路旁，喜湿润沙质壤土。广布于中国东北部、北部、西北部（陕西和甘肃）、中部、东部、南部和西南部（四川和贵州）各地。俄罗斯远东地区和朝鲜。

23. 鼠尾草属 Salvia Linn.

本属约 700 余种，广布于全世界的热带和温带。中国有 79 种，全国各地都有，以西南部最多，广东有 15 种，3 变种。黑石顶 5 种。

1. 能育雄蕊药隔二下臂彼此分离。
　2. 叶为一或二回状复叶，顶生小叶披针形或菱形，顶端渐尖或尾尖，基部狭楔形 ··· 2. 鼠尾草 S. japonica
　2. 叶为单叶与复叶并存，如为复叶通常只有 2 或 3 片小叶 ······ 4. 地埂鼠尾草 S. scapiformis
1. 雄蕊药隔二下臂彼此靠合或大部靠合而顶部分离。
　3. 叶为复叶或复叶与单叶并存··· 1. 贵州鼠尾草 S. cavaleriei
　3. 叶全为单叶。
　　4. 花大，花冠长 2～4.2 cm，冠筒内无毛环；叶卵圆形或三角状卵圆形，长度稍小于宽度 ·· 5. 一串红 S. splendens
　　4. 花小，花冠长仅 4～6 mm，冠筒内有毛环，叶披针形至椭圆形，长通常超过宽的 2 倍 ··· ·· 3. 雪见草 S. plebeia

1. **贵州鼠尾草 Salvia cavaleriei** Levl.［*S. betonicoides* Levl.；*S. marchandii* Levl.］

广东北部。常生于林下或水沟边。分布广西、四川和贵州。

2. **鼠尾草 Salvia japonica** Thunb.［*S. fortunei* Benth.］

广东中部、北部和东北部，常生于山地林边、路旁等处。分布湖北、江苏、浙江、安徽、江西、福建、台湾、广西。分布日本。

3. **雪见草 Salvia plebeia** R. Br. 别名：荔枝草、癞蛤蟆草

广东各地均产。生于村边、路旁、田野和林边。分布中国除新疆、青海、甘肃和西藏外，各省区均有，海南较少见。亚洲东部和东南部广布，澳大利亚也有。

4. **地埂鼠尾草 Salvia scapiformis** Hance

广东东部。生于山谷林下。产福建和台湾。菲律宾。

5. **一串红 Salvia splendens** Ker-Gawl.

广东各地园圃常有栽培。原产巴西，全球各热带和温带均有栽培。

24. 黄芩属 Scutellaria Linn.

本属约 300 多种，全世界均有分布，但热带非洲少见。中国有 100 余种，南北均产之；广东有 12 种，4 变种。黑石顶 2 种。

1. 花腋生或排成腋生总状花序状；苞叶与茎叶近同形等大或稍小。花药药室裂口被须毛；叶长圆状披针形至近卵形 ·· 1. 半枝莲 S. barbata

1. 花组成顶生总状花序；苞片通常异于茎叶，且较茎叶小很多。叶顶端钝或圆，基部浅心形至心形 ·· 2. 韩信草 S. indica

1. **半枝莲 Scutellaria barbata** D. Don ［S. cavaleriei Levl. et Vaniot；S. adenophylla Miq.；S. komarovii Levl.］别名：狭叶韩信草

广东各地。常生于田梗、草地和溪边。分布中国北部、西北部（陕西）、中部、东部至南部和西南部各省区。

2. **韩信草 Scutellaria indica** Linn. 别名：大力草、耳挖草

广东各地。生于山地路边、草地或林缘。产河南、陕西以及长江流域及其以南各省区。印度、中南半岛各国、日本和朝鲜也有。

25. 筒冠花属 Siphocranion Kudo

本属有 2 种，分布于锡金、印度、缅甸、越南北部和中国亚热带地区。中国有 2 种，广东 2 种。黑石顶 2 种。

1. 花冠大，长达 2.5 cm，冠筒逐渐向喉部扩大；雄蕊插生于花冠喉部；果萼通常长在 1 厘米以上；小苞片较大，长 4～10 mm；茎单一或有时分枝，密被平展或蜷曲的腺柔毛或长柔毛或刚毛状柔毛；叶缘有具胼胝尖的粗锯齿 ·· 1. 筒冠花 S. macranthum
1. 花冠小，长 1.2～1.5 cm，冠筒中部稍横缢；雄蕊插生于冠筒中部稍上方；果萼通常长不超过 1 厘米；小苞片细小，长在 2 mm 以下；茎不分枝，被微柔毛或近无毛；叶边缘有细锐锯齿 ·· 2. 光柄筒冠草 S. nudipes

1. **筒冠花 Siphocranion macranthum**（Hook. f.）C. Y. Wu.

封开。生于亚热带常绿林或混交林内，海拔 1 300～3 200 m。分布云南、四川、贵州、广西。印度东北部、锡金、缅甸北部、越南北部也有。模式标本采自锡金。

2. **光柄筒冠花 Siphocranion nudipes**（Hemsl.）Kudo［*Plectranthus nudipes* Hemsl.；*Hancea nudipes*（Hesml.）Dunn］

广东北部和东北部。生于亚热带常绿林或混交林下。分布湖北、江西、福建、四川、贵州和云南。

26. 香科科属 Teucrium Linn

本属约 100（～300）种，遍布于世界各地，盛产于地中海区。中国有 18 种，10 变种，分布于全国各地，以西南部最多；广东有 6 种。黑石顶 2 种。

1. 萼上唇中齿特大，近圆形或扁圆形，与侧齿明显不同；小坚果有网纹 ······························
 ·· 1. 铁轴草 T. quadrifarium
1. 萼上唇中齿与侧齿均为三角形，等长；小坚果平滑无网纹 ············ 2. 血见愁 T. viscidum

1. **铁轴草 Teucrium quadrifarium** Buch.-Ham. ［*T. kouytchouense* Levl.］

广东中部以北各地。生于山坡、草地和灌丛中。分布江西、福建、湖南、广西、贵州和云南等省区。分布印度东北部、中南半岛至苏门答腊。

2. **血见愁 Teucrium viscidum** Bl. ［*T. stoloniferum* Roxb.；*T. philippinense* Merr.］别名：山藿香

广东各地。生于山地林下湿润处。分布中国长江以南各省区，西至西藏。亚洲南部和东南部。

94. 木通科 Lardizabalaceae

本科有 8 属，约 50 种，大部产于亚洲东部，只有 2 属分布于南美洲的智利。中国有 6 属，

45种，南北均产，但多数分布于长江以南各省区。广东有4属，16种，1变种。黑石顶有2属，7种。

1. 三出复叶；小叶两侧不对称；果较小，卵形，长2 cm以下 ………… 1. 八月瓜属 Holboellia
1. 掌状复叶有小叶3～9片；小叶两侧对称；果较大，椭圆形、长圆形至圆柱形，长3 cm以上 …………………………………………………………………… 2. 野木瓜属 Stauntonia

1. 八月瓜属 Holboellia Wall.

本属约14种，大部分产中国。中国有12种，2变种，产秦岭以南各省区。广东有1种。黑石顶1种。

1. 五月瓜藤 Holboellia angustifolia Wallich [*Holboellia fargesii* Reaub.]

生于海拔500～3 000 m的山坡杂木林及沟谷林中。分布云南、贵州、四川、湖北、湖南、陕西、安徽、广西、广东和福建。

2. 野木瓜属 Stauntonia DC.

本属20余种，分布于印度经中南半岛至日本。中国有23种，产长江以南各省区。广东有11种，1变种。黑石顶6种。

1. 花有蜜腺状花瓣。
 2. 羽状复叶有3片小叶。
  3. 小叶纸质，叶脉在上面不明显，在下面凸起；雄蕊具与药室等长的附属体 ……………………………………………………………………………… 3. 牛藤果 S. elliptica
  3. 小叶近革质，叶脉在两面明显凸起；雄蕊具比药室长的附属体 ……………………………………………………………………………… 1. 三叶野木瓜 S. brunoniana
 2. 掌状复叶有5～7片小叶（近枝顶的有时为3～4片）。
  4. 小叶上面黯淡无光泽；叶脉在下面显著凸起，下面于成长是仍密布明显的浅色斑点 …………………………………………………………………… 4. 斑叶野木瓜 S. maculata
  4. 小叶上面有光泽；叶脉于两面均明显凸起，下面仅在幼嫩时具浅色斑点，成长后淡绿色无斑点 …………………………………………………… 2. 七叶莲 S. chinensis
1. 花无花瓣。
 5. 小叶下面灰绿色，被白粉，无斑点，长8～14 cm，宽6～9.5 cm；侧脉每边3～5条 …………………………………………………………………… 6. 三脉野木瓜 S. trinervia
 5. 花药顶端仅具小的凸头状附属体或无附属体；小叶薄革质或近革质，叶脉不明显；雄花外轮萼片非肉质；花药先端具凸头状附属体；小叶下面粉绿色 … 5. 倒卵叶野木瓜 S. obovata

1. 三叶野木瓜 Stauntonia brunoniana Wall. ex Hemsl

生于山地林中。分布云南南部等地。

2. 七叶莲 Stauntonia chinensis DC. 假荔枝（广东）[*S. dielsiana* Wu]

乐昌、乳源、阳山、英德、清远、平远、和平、惠东、惠阳、高要、珠海、信宜、封开。生于山地林中。中国特有，产香港、福建、广西、湖南和云南。

3. 牛藤果 Stauntonia elliptica Hemsl. [*Parvatia elliptica* (Hemsl.) Gagnep.] 别名：那藤

乐昌、始兴、乳源、连南、连山、英德、怀集、信宜、博罗。生于出土林中。产广西、湖南、四川、云南。印度东北部。

4. 斑叶野木瓜 Stauntonia maculata Merr. 别名：白点木瓜

英德、曲江、乳源、增城、龙门。生于山谷溪边或山地疏林中。分布福建。

5. 倒卵叶野木瓜 Stauntonia obovata Hemsl. ［*Akebia cavaleriei* Level.；*Holboellia obovata*（Hemsl.）Chun；*Stauntonia hebandra* Hayata；*S. hebandra* Hayata var. *angustata* Wu；*S. chinensis* auct. non DC.］

连南、乐昌、乳源、英德、始兴、蕉岭、大埔、封开、河源、龙门、和平、增城、肇庆、阳春。生于山地林中。分布广西、贵州、湖南、江西、福建、台湾、香港、海南。

6. 三脉野木瓜 Stauntonia trinervia Merr. ［*S. glauca* Merr. et Metc.；*S. trinervia* var. *Glauca*］别名：粉叶野木瓜

广东特有，大埔和蕉岭。生于海拔 350～500 m 的山地疏林中。

95. 樟科 Lauraceae

本科约 52 属，2 850 种，产热带、亚热带地区，亚洲南部及巴西最多。中国有 20 属，423 种，43 变种，隶于 2 亚科，5 族中，主产于长江流域以南各省区，华南、西南最多，少数落叶种类可分布到秦岭山脉南部至黄河流域及辽宁南部。广东有 14 属，133 种，9 变种。黑石顶 9 属，50 种。

1. 草质藤本；叶退化为鳞片 ………………………………………………… 2. 无根藤属 Cassytha
1. 乔木或灌木；叶正常。
   2. 叶异型（同一株有全缘叶和 2～3 浅裂的叶）；花单性，先叶开放 …… 9. 檫木属 Sassafras
   2. 叶同型，通常全缘（罕 3 裂）；花两性或杂性，通常后叶开放。
      3. 花排成圆锥花序状、伞房状或总状花序状的聚伞花序，花序基部无总苞。
         4. 花药 4 室。
            5. 果被果托所承托；三出脉（少数为羽状脉） ………………… 3. 樟属 Cinnamomum
            5. 果不被果托所承托；羽状脉 …………………………………… 7. 润楠属 Machilus
         4. 花药 2 室。
            6. 果被增大的花被管包裹，表面常有纵棱 ………………… 4. 厚壳桂属 Cryptocarya
            6. 果不被增大的花被管包裹，表面无纵棱 ………………… 1. 琼楠属 Beilschmiedia
      3. 花排成伞形花序状、稀为伞房花序状的聚伞花序，花序基部通常有总苞。
         7. 花药 2 室；花序基部总苞片 9 片，交互对生 …………………… 5. 山胡椒属 Lindera
         7. 花药 4 室；花序基部总苞片 4～6 片或数片，覆瓦状排列或交互对生，早落。
            8. 花 4 基数，花被裂片 4 ………………………………………… 8. 新木姜子属 Neolitsea
            8. 花 3 基数，花被裂片 6 ………………………………………… 6. 木姜子属 Litsea

1. 琼楠属 Beilschmiedia Nees

本属约 250 种，分布于全球热带地区。中国产 35 种，2 变种，分布于华南、西南及台湾。广东有 11 种。黑石顶 6 种。

1. 顶芽被毛。
   2. 中脉在叶面凹下 ………………………………………………………… 4. 网脉琼楠 B. tsangii
   2. 中脉在叶面凸起或平坦。
      3. 叶两面或至少背面密被腺状小凸点 …………………………… 5. 海南琼楠 B. wangii
      3. 叶两面无腺状小凸点。
         4. 叶较小，长 5～11 cm，宽 2～3（～5）cm，叶柄长 0.6～1.5 cm ……………………
            ……………………………………………………………………… 3. 隐脉琼楠 B. obscurinervia
         4. 叶片较大，长 8～16 cm，宽 4～6 cm，叶柄长 1.0～2.5 cm ……………………
            ……………………………………………………………………… 6. 滇琼楠 B. yunnanensis

1. 顶芽无毛。
　　5. 叶脉在叶面不明显或略明显；果小，长不及 2 cm，常有瘤点 ………… 2. 广东琼楠 B. fordii
　　5. 叶脉在叶两面明显凸起；果大，长 2.5 cm 以上，平滑、具瘤点或具秕 ……………………
　　　　………………………………………………………………………… 6. 琼楠 B. intermedia

1. 广东琼楠 Beilschmiedia fordii Dunn

乳源、从化、始兴、大埔、丰顺、翁源、曲江、博罗、阳春、封开、龙门。生于低海拔地区湿润的山坡或山谷密林或疏林中。分布湖南、广西、四川、江西。越南。

2. 琼楠 Beilschmiedia intermedia Allen [B. discolor Allen]

广州、博罗、增城、肇庆，阳春、阳江、茂名。散生于海拔 400～1 300 m 处的山谷和山坡缓坡土，或在沟边、溪旁森林或灌丛中。分布海南、广西。越南。

3. 隐脉琼楠 Beilschmiedia obscurinervia H. T. Chang

分布广西南部（十万大山）。通常生于海拔 900 m 左右的混交林中。

4. 网脉琼楠 Beilschmiedia tsangii Merr [B. formosana C. E. Chang] 别名：怀德琼楠（《海南植物志》）

信宜、茂名、阳江。常生于低海拔山区湿润的森林中。分布海南、台湾、广西、云南。越南。

5. 海南琼楠 Beilschmiedia wangii Allen 别名：黄志琼楠（《海南植物志》）

信宜、茂名、阳江。常生于低海拔山区的密林或溪边灌丛中。分布海南、广西、云南。越南。

6. 滇琼楠 Beilschmiedia yunnanensis Hu

增城、肇庆、惠阳、江门、德庆、信宜、茂名、湛江。常生于山地、溪边密林中。产海南、广西、云南（南部）。

2. 无根藤属 Cassytha Linn.

本属约有 20 种，产世界热带地区，澳大利亚最多。中国南方产 1 种，广东及海南均有。黑石顶 1 种。

1. 无根藤 Cassytha filiformis Linn. 别名：无头草、无爷藤（海南）、罗网藤

广东各地，生于海拔 50～1 600 m 地区的山坡灌木丛或疏林中。分布海南、湖南、广西、江西、浙江、福建、台湾、云南及贵州等省区。广布于热带。

3. 樟属 Cinnamomum Trew.

本属 250 余种，产亚洲东部热带与亚热带地区及大洋州。中国约 46 种，主产南方各省区，少数种类分布到秦岭南坡。广东有 20 种。黑石顶 12 种。

1. 叶为羽状脉。
　　2. 叶下面侧脉脉腋窝不明显，上面相应处也不明显呈泡状的隆起 …… 9. 黄樟 C. parthenoxylon
　　2. 叶下面侧脉脉腋窝十分明显，上面相应处也有明显呈泡状的隆起 ………………………
　　　　………………………………………………………………… 6. 云南樟 C. glanduliferum
1. 叶三出脉或离基三出脉。
　　3. 叶互生或兼有对生。
　　　　4. 叶全部互生。
　　　　　　5. 叶侧脉脉腋内有腺窝 ………………………………………………… 4. 樟 C. camphora
　　　　　　5. 叶侧脉脉腋内无腺窝。
　　　　　　　　6. 叶背面粉绿色，中脉在两面均凸起；小枝圆柱形 ………… 10. 少花桂 C. pauciflorum
　　　　　　　　6. 叶背面微红；中脉在上面下凹陷，在背面凸起；小枝有棱 … 12. 粗脉桂 C. validinerve

    4. 叶互生或兼有近对生。
        7. 中脉在叶两面均凸起 ……………………………………………………… 7. 天竺桂 C. japonicum
        7. 中脉在叶上面凹下或平，在背面凸起。
            8. 叶卵形至宽卵形，下面幼时明显被白色丝状短柔毛最后变无毛 … 5. 聚花桂 C. contractum
            8. 叶非卵形或宽卵形，下面毛被老时仍多不脱落。
                9. 小枝多少四棱形；叶柄长 1.2～2 cm；果长约 1 cm ………… 2. 肉桂 C. aromaticum
                9. 小枝无棱；叶柄长 5～15 mm；果长 7～8 mm
                    10. 小枝、叶两面被毛 ………………………………………………… 11. 香桂 C. subavenium
    3. 叶对生或近对生。
        10. 叶两面无毛或幼时背面略被毛，老时无毛 ……………………………… 8. 野黄桂 C. jensenianum
        10. 叶幼时两面或背面被毛，老时毛变稀薄。
            11. 叶中脉与侧脉在上面凹下 ……………………………………………… 1. 毛桂 C. appelianum
            11. 叶中脉与侧脉在上面微凸起 …………………………………………… 3. 华南桂 C. austrosinense

1. **毛桂 Cinnamomum appelianum** Schewe ［*C. appelianum* var. *tripartitum* Y. C. Yang；*C. taimoshanicum* Chun ex H. T. Chang］

广东各地山区。生于低海拔至 1 400 m 附近的山坡或谷地的灌丛和疏林中。分布江西、湖南、广西、四川、贵州、云南等省区。

2. **肉桂 Cinnamomum aromaticum** Nees ［*Cinnamomum cassia* Presl］别名：桂（《南方草木状》）、玉桂、桂皮、桂枝

阳春、肇庆、云浮、罗定、信宜、广州、河源等地有栽培。原产中国南部，现海南、广西、福建南部、台湾、云南南部有栽培，广西尤多。印度、老挝、越南至印度尼西亚等有栽培。

3. **华南桂 Cinnamomum austrosinense** H. T. Chang 别名：华南樟

封开、连山、龙门、乳源、大埔、从化。生于海拔 600～700 m 附近的山坡、溪边的阔叶林或灌丛中。分布广西、江西、浙江、福建、湖南、安徽等省区。

4. **樟 Cinnamomum camphora**（Linn.）Presl ［*Laurus camphora* Linn.；*Persea camphora* Spreng.］别名：樟木、香樟、油樟

广东各地。生于低海拔地区的林内、山坡、沟谷、村旁、路旁等地。常种植于庙前、屋后、村边、宅旁，并有百年老树。分布中国长江以南各省区。东南亚各国，欧洲、美洲的许多国家有引种栽培。

5. **聚花桂 Cinnamomum contractum** H. W. Li ［*C. loureiri* auct. non Nees；*C. wilsonii* auct. non Gamble］

封开、连南、从化。生于山坡或沟边的常绿阔叶林中，海拔 1 800～2 800 m。分布云南西北部、西藏东南部。

6. **云南樟 Cinnamomum glanduliferum**（Wall.）Nees

封开。多生于山地常绿阔叶林中，海拔 1 500～2 500（3 000）m。分布产云南中部至北部、四川南部及西南部、贵州南部、西藏东南部。印度、尼泊尔、缅甸至马来西亚也有。

7. **天竺桂 Cinnamomum japonicum** Sieb. ［*C. pedunculatum* Nees；*C. insularimontanum* Hayata；*C. pseudo-loureirii* Hay.；*C. chekiangense* Nakai；*C. chenii* Nakai］

封开。分布江苏、浙江、安徽、江西、福建及台湾。生于低山或近海的常绿阔叶林中，海拔 300～1 000 m 或以下。朝鲜、日本。

8. **野黄桂 Cinnamomum jensenianum** Hand.-Mazz. ［*C. pauciflorum* Chun ex H. T. Chang］别名：稀花桂

广东乐昌、韶关、南雄、和平、大埔、阳山、连州、怀集。生于海拔 500～1 600 m 处的山

坡阔叶林或竹林中。分布四川、湖北、广西、湖南南部、江西及福建。

9. **黄樟 Cinnamomum parthenoxylin** (Jack) Nees [*Laurus porrecta* Roxb.；*C. porrectum* (Roxb.) Kosterm] 别名：山椒（海南）

广东各地。生于海拔1 500 m以下地森林或灌丛中，亦见于村镇路边、宅旁。分布海南、湖南、广西、江西、福建、贵州、云南等省区。印度、巴基斯坦、马来西亚及印度尼西亚。

10. **少花桂 Cinnamomum pauciflorum** Nees

乐昌、南雄、连州、连南、怀集。生于海拔400～1 600 m处的山地林中。分布湖北、湖南西部、广西、四川东部、云南东北部及贵州。分布印度。

11. **香桂 Cinnamomum subavenium** Miq. [*C. albiflorum* var. *kwangtungensis* H. Liou；*C. chingii* Metc.]

乳源、封开、始兴、阳春、阳山、大埔、乐昌、清远、英德。生于中、低海拔地区的山坡或山谷的阔叶林中。分布海南、广西、湖北、湖南、四川、云南、贵州、安徽、浙江、江西、福建及台湾等省区。印度、中南半岛各国、马来西亚及印度尼西亚。

12. **粗脉桂 Cinnamomum validinerve** Hance

封开、怀集、德庆。生于低海拔山区的森林中。分布香港、广西。

4. 厚壳桂属 Cryptocarya R. Br.

本属约350种，分布于热带、亚热带地区，马来西亚尤其多，澳大利亚及智利次之。中国有19种，产于南部、东南部及西南部各省区；广东有9种。黑石顶4种。

1. 叶具离基三出脉。
  2. 叶大，长10～15 cm，宽（2～）3.5～5.5 cm；果扁球形，直径9～12 mm，具12～15条纵棱 ··· 4. 丛花厚壳桂 C. densiflora
  2. 叶小，长7～11 cm，宽（2～）3.5～5.5 cm；果球形或扁球形，直径9～12 mm，具12～15条纵棱 ··· 1. 厚壳桂 C. chinensis
1. 叶具羽状脉。
  3. 幼枝被黄褐色短绒毛；叶背面初时被短绒毛，后无毛；果熟时黑色或蓝黑色 ··· 3. 黄果厚壳桂 C. concinna
  3. 幼枝密被灰黄色短柔毛；叶两面被贴伏灰黄色丝状短柔毛；果熟时暗红色 ··· 2. 硬壳桂 C. chingii

1. **厚壳桂 Cryptocarya chinensis** (Hance) Hemsl. [*Beilschmiedia chinensis* Hance] 别名：香花桂、铜锣桂、华厚壳桂

广东几遍。生于海拔300～1 100 m处的山谷荫蔽的森林中。分布海南、广西、福建、台湾、四川。

2. **硬壳桂 Cryptocarya chingii** Cheng [*C. laui* Merr. & Metc] 别名：仁昌厚壳桂

广东除海边外，几遍及全省山区。生于林中。分布海南、湖南、广西、江西、福建及浙江。越南北部。

3. **黄果厚壳桂 Cryptocarya concinna** Hance 别名：生虫树、香港厚壳桂、黄果桂

广州、高要。生于海拔600 m以下的谷地或缓坡密林中。分布广西、江西、海南、福建及台湾。越南北部。

4. **丛花厚壳桂 Cryptocarya densiflora** Bl. 别名：硬壳槠、大果铜锣桂

怀集、茂名、阳江、紫金等山区。生于海拔650～1 600 m处的山谷、密林中。分布海南、广西、福建及云南。老挝、越南、马来西亚、印度尼西亚、菲律宾及大洋洲。

5. 山胡椒属 Lindera Thunb.

本属约100种，主要分布于亚州温带至热带地区，北美洲有2种，澳大利亚有1种。中国有

40 种，9 变种，2 变型；广东有 14 种，1 变种。黑石顶 5 种。

1. 叶具羽状脉。
   2. 花序具明显总花梗；着生花序的短枝花后发育成正常枝条。
      3. 叶椭圆状披针形，两面侧脉不明显 ·················· 4. 广东山胡椒 L. kwangtungensis
      3. 叶长圆形、椭圆形或披针形，两面侧脉明显 ·············· 5. 滇粤山胡椒 L. metcalfiana
   2. 花序无总花梗或具短（3 mm 以下）总花梗；着生花序的短枝花后不发育成正常枝条 ······
      ·· 3. 香叶树 L. communis
1. 叶具三出脉或离基三出脉。
   4. 花序具明显的总花梗 ··· 2. 鼎湖钓樟 L. chunii
   4. 花序无或近于无总花梗 ·· 1. 乌药 L. aggregata

1. **乌药 Lindera aggregata** (Sims) Kosterm. [*L. strychnifolia* (Sieb. et Zucc.) Kostem.; *Laurus aggregata* Sims; *Daphnidium strychnifolium* Sieb. et Zucc.] 别名：矮樟、旁比树、白叶子树

   广东几遍及全省。生于海拔 200～1 000 m 处的向阳坡地、山谷或疏林与灌丛中。分布湖北、湖南、广西、江苏、安徽、浙江、江西、福建、台湾等省区。越南、菲律宾。

2. **鼎湖钓樟 Lindera chunii** Merr. 别名：陈氏钓樟

   肇庆、新丰、惠阳、阳江。生于低海拔地区的林内及林缘。分布海南、广西。越南。

3. **香叶树 Lindera communis** Hemsl. 别名：千斤香

   广东几遍全省。常见于低海拔地区的森林中。分布秦岭与黄河流域以南除海南外各省区。分布中南半岛各国。

4. **广东山胡椒 Lindera kwangtungensis** (H. Liou) Allen [*L. meissneri* f. *kuangtungensis* H. Liou] 别名：广东钓樟、青绒槁

   广东除沿海外，几遍及全省山区。生于海拔 1 300 m 以下的森林中。分布海南、广西、江西、福建、四川、贵州等省区。

5. **滇粤山胡椒 Lindera metcalfiana** Allen [*L. meissneri* auct. non King]

   广东除海边外，几遍及全省。生于低、中海拔地区的山坡、路旁及森林中。分布海南、广西、福建、云南等省区。

6. 木姜子属 Litsea Lam.

本属约 400 种，分布于亚洲和亚热带地区，少数产大洋州及美洲。中国 72 种，18 变种，主产于黄河以南地区，为森林中习见的树木；广东有 28 种，3 变种。黑石顶 8 种。

1. 落叶乔木或灌木，叶膜质或纸质 ·· 2. 山鸡椒 L. cubeba
1. 常绿乔木或灌木，叶革质或薄革质。
   2. 花被筒在果时不增大或稍增大，果托扁平或呈浅小碟状，完全不包住果实 ················
      ·· 7. 圆叶豺皮樟 L. rotundifolia
   2. 花被筒在果时很增大，果托盘状或杯状，多少包住果实。
      3. 嫩枝无毛或近于无毛；叶柄幼时通常无毛。
         4. 中脉在叶片两面均显著突起；果长圆形，较大，长 15～25 mm，直径 10～14 mm；果托盘状，直径约 1 cm，常呈不规则开裂 ····················· 6. 大果木姜子 L. lancilimba
         4. 中脉在叶片上面下陷；果椭圆形，长 7～8 mm，直径 4～5 mm；果托杯状，直径约 5～6 mm，常不开裂 ·· 8. 桂北木姜子 L. subcoriacea
      3. 嫩枝有毛；叶柄幼时通常有毛。
         5. 嫩枝、叶柄的毛被为微毛或短柔毛，脱落较快，二年生枝多已秃净 ····················
            ·· 4. 华南木姜子 L. greenmaniana

5. 嫩枝、叶柄的毛被为绒毛或柔毛，脱落较晚，二年生枝仍有较多的毛。
  6. 叶片下面无毛或仅沿脉有毛 ……………………………………… 5. 红楠刨 L. kwangsiensis
  6. 叶片下面全面被毛。
    7. 伞形花序数个簇生于短枝上；果梗长约 10 mm；叶长通常为宽的 3 倍以下 ……………
      ……………………………………………………………………… 1. 尖脉木姜子 L. acutivena
    7. 伞形花序多个单生；果梗较短，长约 2～3 mm；叶长通常为宽的 4～5 倍以上 ………
      …………………………………………………………………………… 3. 黄丹木姜子 L. elongata

1. **尖脉木姜子 Litsea acutivena** Hayata ［*L. dolichocarpa* Hayata］别名：尖脉木姜、毛叉树、黄桂
   肇庆、梅县、茂名、信宜。生于山地的密林中。分布海南、香港、广西、福建、台湾。中南半岛东部。

2. **山鸡椒 Litsea cubeba**（Lour.）Pers. ［*Laurus cubeba* Lour.；*Litsea mollifolia* var. *glabrata*（Diels）Chun］别名：山苍子、山苍树、木姜子、毕澄茄、澄茄子、豆豉姜、山姜子、山樟、野樟
   广东山区常见。生于向阳的山地、灌丛、疏林或林缘及路旁，在采代迹地上尤多。分布海南、香港、中南、华东、西南各省区。东南亚各国。

3. **黄丹木姜子 Litsea elongata**（Wall. ex Nees）Benth. et Hook. f. ［*Daphnidium elongata* Nees］别名：黄丹木姜、野枇杷木、黄壳楠、红刨楠、黄丹
   广东山区。生于山坡、路旁、溪旁及森林中。分布海南、香港和西南、华南及华中各省区。尼泊尔、印度。

4. **华南木姜子 Litsea greenmaniana** Allen
   信宜、云浮。生于海拔 1 200 m 以下的山谷森林中。分布香港、广西、福建。

5. **红楠刨 Litsea kwangsiensis** Yang et P. H. Huang
   封开。分布广西南部（上思、容县）。生于山谷或山坡林中，与其他阔叶树混生，海拔 300～1 200 m。

6. **大果木姜子 Litsea lancilimba** Merr. 别名：大叶木姜、毛丹母、青吐木
   汕头、南澳、阳春。生于海拔约 900 m 处的密林中。分布海南、广西、福建南部及云南东南部。越南、老挝。

7. **圆叶豺皮樟 Litsea rotundifolia** Hemsl. ［*Actinodaphne rotundifolia* Merr.］别名：豺皮木姜
   广东几遍及全省。生于低海拔地区的灌木林中或疏林中。分布广西。

8. **桂北木姜子 Litsea subcoriacea** Yang et P. H. Huang
   连州、连山、信宜。生于山谷疏林或密林中。分布湖南西部、广西北部、贵州东部及南部。

7. 润楠属 Machilus Nees

  本属约 100 种，分布于亚洲东南部和东部的热带、亚热带地区。中国有 68 种，3 变种。广东产 23 种。黑石顶 5 种。

1. 花被裂片外面无毛或初时有微柔毛，很快秃净。
  2. 花序生于当年生枝近基部或近顶生；叶嫩时背面密被贴伏短柔毛，老时脱落，侧脉每边 6～8 条 …………………………………………………………………… 3. 木姜润楠 M. litseifolia
  2. 花序顶生或近顶生；叶无毛或近无毛；侧脉每边 7～30 条 …………… 4. 红楠 M. thunbergii
1. 花被裂片外面被毛。
  3. 花被裂片外面被绒毛 ……………………………………………………… 5. 绒毛润楠 M. Velutina
  3. 花被裂片外面被短柔毛或绢毛。
    4. 叶倒卵形至倒卵状披针形，宽 1.5～2 cm，叶柄长 3～5 mm；花序复伞房状，总花梗长 3～5 cm，分枝短 ……………………………………………………… 1. 短序润楠 M. breviflora

4. 叶倒卵状长椭圆形至长椭圆形，宽 2～3（～4）cm，叶柄长 6～14 mm；花序圆锥花序状，总花梗长不及 3 cm，分枝长 ·· 2. 华润楠 M. Chinensis

1. **短序润楠 Machilus breviflora**（Benth.）Hemsl. ［*Alseodaphe breviflora* Benth.］别名：短序桢楠、白皮槁

   惠阳、新丰、肇庆、信宜。生于低海拔地区的丘陵、山谷及溪边。分布海南、广西、香港。

2. **华润楠 Machilus chinensis**（Champ. ex Benth.）Hemsl. ［*Alseodaphne chinensis* Champ. ex Benth.］别名：香港楠木、桢楠、荔枝槁

   广东各地。生于低海拔地区的山坡疏林或矮林或灌丛中。分布海南、广西。越南。

3. **木姜润楠 Machilus litseifolia** S. Lee

   乐昌、英德、阳山、怀集、南雄。生于海拔 800～1 600 m 处的山地阔叶林或灌丛中。分布广西北部、浙江南部、贵州东南部。

4. **红楠 Machilus thunbergii** Sieb. et Zucc.

   广东各地。生于海拔 800 m 以下的山地阔叶林中，尤其阴坡较多。产香港、湖南、广西、山东、江苏、安徽、浙江、江西、福建、台湾。日本、朝鲜。

5. **绒毛润楠 Machilus velutina** Champ ex Benth. ［*Persea velutina*（Champ ex Benth.）Kosterm.］别名：绒毛桢楠

   广东几遍各地。生于低海拔山区湿润的阔叶林中，多见于溪旁。分布海南、湖南、广西、浙江、江西、福建。中南半岛各国。

8. 新木姜子属 Neolitsea Merr.

本属约 85 种，8 变种，分布于印度、马来西亚至日本。中国有 45 种，8 变种，产西南、南部至东部；广东有 16 种，3 变种。黑石顶 8 种。

1. 羽状脉或间有远离基三出脉 ··· 3. 锈叶新木姜子 N. cambodiana
1. 叶离基三出脉。
  2. 叶背面被毛或至少幼时背面被毛。
    3. 叶背面被金黄色或棕红色绢毛 ··· 1. 新木姜子 N. aurata
    3. 叶背面被长或短柔毛。
     5. 叶较大，长 9.5～31 cm ··· 6. 大叶新木姜子 N. levinei
     5. 叶较小，长 4～13 cm。
      6. 叶脉在上面明显；叶柄长 1～2 cm；果直径 5～9 cm ··································
      ··· 7. 显脉新木姜子 N. phanerophlebia
      6. 叶脉在上面不明显；叶柄长 0.5～0.8 cm；果直径 4～6 mm。
       7. 叶厚革质，长 4～6 cm；侧脉第边 2～3 条 ············ 8. 美丽新木姜子 N. pulchella
       7. 叶薄革质，长 6～12 cm；侧脉每边 3～4 条 ········ 2. 短梗新木姜子 N. brevipes
  2. 叶背面无毛。
    8. 叶宽卵形、卵形或卵状长圆形；果直径 1.5～1.6 cm ······ 5. 广西新木姜子 N. kwangsiensis
    8. 叶椭圆形、长圆状椭圆形或卵圆形；果直径约 0.8 cm ······················ 4. 鸭公树 N. chuii

1. **新木姜子 Neolitsea aurata**（Hayata）Koidz. ［*N. kwangtungensis* Chang; *Litsea aurata* Hayata］

   广东北部、中部、西部及东部山区。生于海拔 500～700 m 处的山坡林缘或森林中。分布湖北、湖南、广西、江苏、江西、福建、台湾、四川、贵州及云南。日本。

2. **短梗新木姜子 Neolitsea brevipes** H. W. Li

   乐昌、阳山、连州、怀集。生于海拔 1 300～1 500 m 处的山地溪旁灌丛、疏林或密林中。分布湖南、广西、福建、云南东南部。印度、尼泊尔。

3. 锈叶新木姜子 Neolitsea cambodiana Lec. ［*N. ferruginea* Merr.］别名：锈叶新木姜、辣汁树、石榍、大叶樟

乐昌、仁化、新丰、惠州、茂名。生于海拔 1 000 m 以下的山地森林中。分布海南、湖南、广西、江西南部、福建。柬埔寨、老挝。

4. 鸭公树 Neolitsea chuii Merr.

封开。生于山谷或丘陵的疏林中。分布湖南、广西、福建、云南东南部。

5. 广西新木姜子 Neolitsea kwangsiensis H. Liou

怀集、信宜。生于海拔 500～1 100 m 处的路旁、疏林或山谷密林中。分布广西。

6. 大叶新木姜子 Neolitsea levinei Merr. ［*N. chinensis*（Camble）Chun；*N. lanuginosa* var. *chinensis* Camble］别名：厚壳树（梅县）、土玉桂（乐昌）

乐昌、梅县。生于海拔 300～1 300 m 处的山地、路旁、水旁及林中。分布湖北、湖南、广西、江西、福建、四川、贵州及云南。

7. 显脉新木姜子 Neolitsea phanerophlebia Merr. 别名：显脉新木姜

乐昌、和平、连州。生于海拔 1 000 m 以下的山谷疏林中。分布海南、湖南、广西、江西。

8. 美丽新木姜子 Neolitsea pulchella（Meissn.）Merr. ［*Litsea pulchella* Meissn.］别名：美新木姜。

封开。生于低海拔地区的山坡或山谷森林中。分布广西宁明、福建南靖。

9. 檫木属 Sassafras Trew

本属 250 余种，产亚洲东部热带与亚热带地区及大洋洲。中国约 46 种，主产南方各省区，少数种分布到秦岭南坡。广东有 1 种。黑石顶 1 种。

1. 檫木 Sassafras tzumu（Hemsl.）Hemsl. ［*Pseudosassafras tzumu*（Hemsl）Lecomte］（浙江）别名：刷木

乳源、始兴、乐昌、和平、曲江、阳山、龙川、英德、连南、封平、平远。生于疏林或密林中，村前、屋后亦见种植。分布长江以南各省区。

96. 狸藻科 Lentibulariaceae

本科 4 属，约 230 种，广布全球。中国有 2 属，19 种。广东有 1 属，8 种。黑石顶 1 种。

1. 狸藻属 Utricularia Linn.

本属约 180 种，主产世界热带地区，少数分布至温带。中国有 17 种。广东有 10 种。黑石顶 1 种。

1. 二裂狸藻 Utricularia bifida Linn. 别名：挖耳草、耳挖草

广东各地。生于水田、溪边和空旷湿地上。分布中国南北各地。印度、中南半岛、马来西亚、菲律宾、日本和澳大利亚。

97. 百合科 Liliaceae

本科约 230 属，3 500 种，广布于全世界，但主产温带和亚热带地区。中国产 60 属，560 种，全国均有分布。广东有 28 属，64 种，1 变种。黑石顶 9 属，13 种。

1. 植株具球茎或鳞茎 ………………………………………………………… 6. 百合属 Lilium
1. 植株具根状茎。
  2. 花无梗，排成密集的穗状花序或单朵生于花葶顶端，贴近地面。
    3. 花单朵生于花葶顶端，贴近地面，柱头大，盾状 ………… 2. 蜘蛛抱蛋属 Aspidistra
    3. 花排成密集的穗状花序，柱头非盾状 ………………………… 3. 开口箭属 Campylandra

2. 有梗，排成圆锥花序或聚伞圆锥花序。
    4. 叶茎生。
       5. 花被裂片分离 ·· 4. 山菅兰属 Dianella①
       5. 花被裂片下部合生 ·· 9. 黄精属 Polygonatum
    4. 叶基生。
      6. 花大，花被漏斗状，长 3.5～16 cm ·················· 5. 萱草属 Hemerocallis
      6. 花小，花被非漏斗状，长不超过 2.5 cm。
        7. 肉质植物；边缘具刺状小齿 ····························· 1. 芦荟属 Aloe①
        7. 非肉质植物；边缘无刺状小齿。
          8. 子房上位；花丝较花药为长或与其等长；种子黑色 ·········· 7. 山麦冬属 Liriope
          8. 子房半下位；花丝甚较花药为短；种子蓝色 ················ 8. 沿阶草属 Ophiopogon

1. 芦荟属 Aloe Linn.

本属约 400 种，产于东半球热带地区，主产南非。中国产 1 种，南部各地均有栽培。广东亦有。黑石顶 1 种。

1. 芦荟 Aloe vera（Linn.）N. L. Burm. ［*A. vera* var. *chinensis*（Haw.）Berg；*A. barbadensis* var. *chinensis* Haw.；*A. chinensis*（Haw.）Baker］别名：油葱

广东中部至南部。常见栽培。分布南方各省区和温室常见栽培。印度。

2. 蜘蛛抱蛋属 Aspidistra Ker-Gawl.

本属有 55 种，分布于日本、中国、印度、越南、泰国。中国有 49 种，产于长江以南各省区。广东有 6 种。黑石顶 4 种。

1. 叶线形或披针状线形，禾叶状，宽不超过 2.5 cm ·············· 4. 小花蜘蛛抱蛋 A. minutiflora
1. 叶非线形，不呈禾叶状，宽 3～10 cm。
  2. 花被 6～8 裂，裂片内面具 2～4 条明显或不明显隆起线，隆起线不呈流苏状。
    3. 叶椭圆形至披针形，宽 8～10 cm；花被裂片内面 4 条无乳突的隆起线 ················
      ·· 1. 蜘蛛抱蛋 A. elatior
    3. 叶狭椭圆形或披针形，宽 3～8 cm；花被裂片内面具 2～4 条明显或不明显具乳突的隆起线 ·· 3. 九龙盘 A. lurida
  2. 花被 8～10 裂，裂片内面具 4 条明显流苏状的隆起线 ········ 2. 流苏蜘蛛抱蛋 A. fimbriata

1. 蜘蛛抱蛋 Aspidistra elatior Bl.

    广东各地有栽培。全国各地公园多有栽培。原产日本。

2. 流苏蜘蛛抱蛋 Aspidistra fimbriata Wang et Lang

    博罗、封开。生于山谷林下的岩石上。分布海南、福建。

3. 九龙盘 Aspidistra lurida Ker-Gawl. 别名：山蜈蚣

    广东北部和东部。生于山地密林下或沟旁阴湿处。分布广西、贵州。

4. 小花蜘蛛抱蛋 Aspidistra minutiflora Stapf

    广东中部及西部。生于山地密林下、石缝或石壁上。分布海南、香港、湖南、广西、贵州。

3. 开口箭属 Campylandra Baker

本属约有 20 种，分布于印度至中国。中国有 12 种，产长江以南各省区。广东有 2 种。黑石顶 1 种。

---

① 芦荟属 Aloe，山菅兰属 Dianella 在 APGN 系统中属于刺叶树科 Xanthorrhoeaceae，本书仍置于百合科。

159

1. 开口箭 Campylandra chinensis (Baker) M. N. Tamura et al. [*Tupistra chinensis* Baker; *C. kwangtungensis* Dandy; *T. kwangtungensis* S. S. Ying]

乐昌、乳源、封开。生于山地林下、石边、溪边等阴湿处。分布河南、陕西、长江流域及其以南各省区。

4. 山菅兰属 Dianella Lam.

本属约20种，分布于亚洲、大洋洲的热带地区及非放马达加斯加岛。中国产1种，分布于华南至华西南热带、亚热带地区。广东亦有。黑石顶1种。

1. 山菅兰 Dianella ensifolia (Linn.) DC.

广东各地。生于山坡灌丛中或疏林下。分布海南、云南、四川、贵州、广西、江西、福建、台湾。亚洲、大洋洲热带地区和非洲马达加斯加。

5. 萱草属 Hemerocallis Linn.

本属约有15种，分布于中欧至东亚温带和亚热带地区。中国有11种，各地均有分布或栽培。广东有2种。黑石顶1种。

1. 萱草 Hemerocallis fulva Linn.

广东西部、北部、东部地区。生于溪边、坑边荒草地湿处。全国各地有栽培，秦岭以南除海南外各地均有野生。朝鲜。

6. 百合属 Lilium Linn.

本属约115种，分布于北温带。中国有55种，全国均有分布，尤以西南和中部最多。广东有3种，1变种。黑石顶1种。

1. 野百合 Lilium brownii F. E. Brown ex Miellez 别名：淡紫百合

广东北部和中部。生于山地草坡、灌丛中、山谷湿地或山地阳处。分布香港、福建、浙江、江西、安徽、河南、湖北、湖南、广西、云南、贵州、陕西、甘肃。

7. 山麦冬属 Liriope Lour.

本属有8种，分布于东亚、越南及菲律宾。中国有6种，华北及其以南各地均有产。广东有3种。黑石顶2种。

1. 叶阔线形或倒披针状线形，宽10～35 mm；花葶长于叶 ················ 1. 阔叶山麦冬 L. muscari
1. 叶线形，宽不超过8 mm；花葶短于叶或近等长 ······················· 2. 山麦冬 L. spicata

1. 阔叶山麦冬 Liriope muscari (Decne.) Bailey [*Ophiopogon muscari* Decne.; *O. spicatus* var. *communis* Maxim.; *L. platyphylla* Wang et Tang; *L. yingdeensis* R. H. Miao]

广东各地。生于山地、丘陵和海边等林下潮湿处。长江流域及其以南各省区大多有分布和栽培。日本。

2. 山麦冬 Liriope spicata (Thunb.) Lour. [*Convallaria spicata* Thunb.] 别名：土麦冬

广东各地。生于山地、平地和海边林下或灌丛下等阴处。分布黄河流域及以南各省区。日本、越南。

8. 黄精属 Polygonatum Mill.

本属约60种，分布于北温带。中国有39种，南北均有产。广东有4种。黑石顶1种。

1. 多花黄精 Polygonatum cyrtonema Hua [*P. multiforum* var. *longifolium* Merr.; *P. brachynema* Hand.-Mezz.] 别名：黄精

广东西部和北部。生于山地林下、灌丛和草丛等阴湿处。分布长江和珠江流域各省区。

9. 沿阶草属 Ophiopogon Kcr-Gawl.

本属约有 65 种，分布于亚洲热带和亚热带地区。中国有 47 种，产华南至西南。广东有 10 种。黑石顶 1 种。

1. 狭叶沿阶草 Ophiopogon stenophyllus（Merr.）Roding.

博罗、龙门、高要、信宜、封开。生于山地林下湿处。分布江西、广西、云南。

98. 半边莲科 Lobeliaceae①

本科有 35 属，约 1 000 种，主要分布于热带和亚热带地区。中国连引入的有 3 属，26 种，主产长江以南各省区。广东有 3 属 9 种 1 变种。黑石顶有 2 属 3 种。

1. 果为蒴果，室背开裂为 2 瓣 ·· 1. 半边莲属 Lobelia
1. 果为浆果 ·· 2. 铜锤玉带属 Pratia

1. 半边莲属 Lobelia Linn.

本属有 350 种，分布于热带和亚热带地区，少数至温带地区。中国有 17 种。广东有 5 种。黑石顶 2 种。

1. 直立粗壮草本，高可达 1.5 m；花较大，长 12～25 mm，花冠的上唇裂片较下唇为长 ·········
   ·· 1. 线萼山梗菜 L. melliana
1. 低矮草本，茎高不逾 30 cm，匍匐或上升；花小，长 5～12 mm，花冠的上唇裂片较下唇为短或所的有的裂片平展在下方 ···························· 2. 疏毛半边莲 L. zeylanica

1. 线萼山梗菜 Lobelia melliana Wimm. 别名：韶关大将军

   广东东部至中部，北至乐昌。生于 800 m 以下的沟谷、水边或林中湿地。分布浙江、福建、江西、湖南、广西。

2. 疏毛半边莲 Lobelia zeylanica Linn. 别名：卵叶半边莲

   广东中部、南部至海南岛。生于水田、山沟边等阴湿地。分布云南、广西、福建、浙江和台湾。东亚至东南亚。

2. 铜锤玉带属 Pratia

本属 30～40 种，分布与世界热带亚热带地区，主要分布为大洋洲和亚洲南部。中国有 6 种。广东有 1 种。黑石顶 1 种。

1. 铜锤玉带草 Pratia nummularia（Lam.）A. Br. et Aschers.

   广东各地。常见。生于海拔 60～750 m 的田边、路旁及丘陵、低山草坡或疏林中的潮湿地。分布西南、华南、华东及湖南、湖北、台湾和西藏。印度、尼泊尔，缅甸至巴布亚新几内亚。

99. 马钱科 Loganiaceae②

本科约 28 属，600 种，主要分布于热带、亚热带地区，少数分布于温带地区。中国有 8 属，62 种。广东有 7 属，15 种。黑石顶 5 属，7 种。

---

① 注：亦有学者主张将"半边莲科"归入"桔梗科"作为一个亚科。半边莲属 *Lobelia* 合并铜锤玉带草属 *Pratia*（*FOC*）。

② 注：本书所记载的"马钱科"仍然是广义的，属种统计据 Leenhouts（1962）。由于不同著作中作者划分属种的概念不一，因而世界的属种统计数不尽相同。

1. 叶脉3～5基出；枝上常有螺旋状钩刺 ………………………………………… 5. 马钱属 Strychnos
1. 叶脉羽状；枝无刺。
　　2. 灌木或小乔木。
　　　　3. 叶无星状毛或腺毛；花大，长达5 cm以上；果为浆果 ……………… 2. 灰莉 Fagraea
　　　　3. 叶被星状毛或腺毛；花小，长不到2 cm；果为蒴果 ……………… 1. 醉鱼草属 Buddleja
　　2. 藤本植物。
　　　　4. 蒴果；种子围生薄翅 ………………………………………………… 4. 胡蔓藤属 Gelsemium
　　　　4. 浆果；种子无翅 ……………………………………………………… 3. 蓬莱葛属 Gardneria

1. 醉鱼草属 Buddleja Linn.

本属有100～120种，分布于美洲、非洲及亚洲热带、亚热带地区。中国有40种14变种，分布西南、西北至东南部。广东连引入栽培的有4种。黑石顶1种。

1. 驳骨丹 Buddleja asiatica Lour.

广东各地。生于低海拔灌丛中。分布中国西南部至东南部。印度、中南半岛各国、马来西亚及菲律宾。

2. 灰莉属 Fagraea Thunb.

本属约37种，分布于亚洲东南部、大洋洲及太平洋岛屿。中国1种。广东有分布。黑石顶有分布。

1. 灰莉 Fagraea ceilanica Thunb.

揭西、广州、阳春、阳江、阳西、茂名。生于山地疏或密林中，也有栽培。分布海南、广西、云南和台湾。印度至马来西亚。

3. 蓬莱葛属 Gardneria Wall.

本属有5种，分布于亚洲东部及东南部。中国有3种，产西南部至南部。广东有1种。黑石顶有分布，1种。

1. 狭叶蓬莱葛 Gardneria angustifolia Wall.

封开。生海拔500～800 m山地密林下或山坡灌丛中。分布广西、四川、贵州、云南、安徽、浙江等省区。印度、尼泊尔、不丹、锡金、日本等。

4. 胡蔓藤属 Gelsemium Juss.

本属有3种，1产东南亚，2种产美洲。中国有1种，产西南部至南部。广东1种。黑石顶有分布，1种。

1. 胡蔓藤 Gelsemium elegans（Gardn. & Champ.）Benth. 别名：断肠草

广东各地。生于灌丛中。分布云南、贵州、广西、湖南、浙江和福建。亚洲东南部。

5. 马钱属 Strychnos Linn.

本属约200种，分布于热带、亚热带地区。中国有9种，产西南部和南部。广东有5种。黑石顶3种。

1. 花冠管较花冠裂片为短 ……………………………………………………… 3. 伞花马钱 S. umbellata
1. 花冠管较花冠裂片长或与其等长。
　　2. 花冠长8～9 mm，管与裂片等长；果直径3.5～4 cm ………… 1. 牛眼马钱 S. angustiflora
　　2. 花冠长9～17 cm，管较裂片长；果较小，直径1.5～3 cm …… 2. 三脉马钱 S. cathayensis

1. 牛眼马钱 Strychnos angustiflora Benth.

博罗、广州、珠海、新会、台山、徐闻。生于山地疏林或灌丛中。分布海南、福建、云南。菲律宾、越南和泰国。

2. 三脉马钱 Strychnos cathayensis Merr.

广东各地均有。生于密林中。分布广西、云南。越南。

3. 伞花马钱 Strychnos umbellata（Lour.）Merr. 别名：牛眼珠

广东珠海、台山。常见于低海拔的灌木林中。分布中国南部，包括海南。

100. 桑寄生科 Loranthaceae

本科约65属，1 300种；大多数各类生长在热带地区，少数种类生在温带地区。中国产11属，约60种。广东有9属，约22种。黑石顶9属，16种。

1. 花两性，稀单性，副萼杯状或环状，花被花瓣状。
  2. 每朵花具1枚苞片和2枚合生或离生的小苞片 ················ 5. 鞘花属 Macrosolen
  2. 每朵花仅具苞片1枚。
    3. 花瓣离生，花柱柱状。
      4. 穗状花序，花序轴在花着生处常稍陷入；在5～6数，两性或单性，花药卵圆形 ················ 3. 桑寄生属 Loranthus
      4. 总状或穗状花序，花4～5数，两性，花药长圆形或线形 ······ 2. 离瓣寄生属 Helixanthera
    3. 花冠管状，裂片外折，花柱线状。
      5. 苞片小，非总苞状。
        6. 花5数，花冠辐射对称 ················ 1. 五蕊寄生属 Dendrophthoe
        6. 花4数，花冠两侧对称。
          7. 花托或果的下半部或基部明显地变狭 ················ 6. 梨果寄生属 Scurrula
          7. 花托或果的基部不变狭 ················ 7. 钝果寄生属 Taxillus
      5. 苞片大，轮生，呈总苞状；花5数，花冠辐射对称 ·········· 8. 大苞寄生属 Tolypanthus
1. 花单性。无副萼，花被萼片状，小，离生。
  8. 小枝扁平，相邻节间排列在同一平面上；叶为鳞片状；聚伞花序，花基部有毛，花药2室，合生为聚药雄蕊 ················ 4. 粟寄生属 Korthalsella
  8. 小枝圆形或扁平，相邻节间互相垂直；具叶片或叶为鳞片状；花单朵或排成聚伞花序，花药多室 ················ 9. 槲寄生属 Viscum

1. 五蕊寄生属 Dendrophthoe Mart.

本属约30种，分布于非洲、亚洲和大洋洲的热带地区。中国产1种。黑石顶1种。

1. 五蕊寄生 Dendrophthoe pentandra（Linn.）Miq. ［*Loranthus pentandrus* Linn.］别名：乌榄寄生

广东珠江三角洲及南部、西部。寄生于乌榄、油桐、芒果等植物上。分布广西、云南。菲律宾、越南、马来西亚、印度尼西亚、印度。

2. 离瓣寄生属 Helixanthera Lour.

本属约50种，分布于非洲和亚洲热带和亚洲热带和亚热带地区。中国产7种。广东3种。黑石顶2种。

1. 花5数，总状花序具花20朵以上，嫩枝、叶无毛 ················ 1. 离瓣寄生 H. parasitica
1. 花4数，总状花序具花2～5朵；嫩枝、叶被毛 ················ 2. 油茶离瓣寄生 H. sampsoni

163

1. 离瓣寄生 Helixanthera parasitica Lour. ［*Loranthus pentapetalus* Roxb.］别名：五瓣寄生

   广东各地。为常绿林或村旁杂木林中常见种类，寄主有樟树、木向树及壳斗科等植物。分布广西、云南、贵州、福建。越南、马来西亚、印度尼西亚、菲律宾。

2. 油茶离瓣寄生 Helixanthera sampsoni（Hance）Danser［*Loranthus sampsoni* Hance］

   广东各地。山地疏林或油茶山较常见，寄生于油茶或樟科等植物。分布广西东南部。

3. 栗寄生属 Korthalsella Van Tiegh.

本属约25种，分布于马达加斯加、澳大利亚、亚洲东南部、日本。中国有1种。黑石顶1种。

1. 栗寄生 Korthalsella japonica（Thunb.）Engler［*Viscum japonicum* Thunb.；*Korthalsella opuntia*（Thunb.）Merr.］

   广东各地林区。少见。通常寄生于山茶科或壳斗科植物上。分布中国东部和西南部各省区，北至秦岭南坡。马达加斯加、澳大利亚、亚洲东南部、日本。

4. 桑寄生属 Loranthus Jacq.

本属约10种，分布于欧洲和亚洲的温带和亚热带地区。中国产6种。广东有1种。黑石顶1种。

1. 桐树桑寄生 Loranthus delavayi Van Tiegh.［*Hyphear delavayi*（van Tiegh.）Danser；*L. owatarii* Matsum. et Hayata］

   广东中部、北部和东部山地林区。常寄生于壳斗科植物上。分布中国东南至西南各省区。越南、缅甸。

5. 鞘花属 Macrosolen（Blume）Reichb.

本属约40种，分布于亚洲东南部。中国有5种。广东有3种。黑石顶2种。

1. 花序具花2朵，聚生，叶柄长1～2 mm；果具喙状花柱基 …… 1. 双花鞘花 M. bibracteolatus
1. 花序具花4～8朵，叶柄长5～10 mm ……………………………… 2. 鞘花 M. cochinchinensis

1. 双花鞘花 Macrosolen bibracteolatus（Hance）Danser［*Loranthus bibracteolatus* Hance；*Elytranthe bibracteolata*（Hance）Lecomte］

   广东北部、西部山地林区。常寄生于樟树上或大戟科、灰木科等植物上。分布海南、广西、云南。越南、缅甸。

2. 鞘花 Macrosolen cochinchinensis（Lour.）Van Tiegh［*Loranthus cochinchinensis* Lour.；*Elytranthe cochinchinensis*（Lour.）G. Don］别名：杉寄生、狭叶鞘花、枫木鞘花

   广东各地常见。常寄生于木向树、杉树或其他树上。分布广西、云南、贵州、四川。越南、印度东部、马来西亚、印度尼西亚、菲律宾等。

6. 梨果寄生属 Scurrula Linn.

本属约60种，分布于亚洲东南部和南部。中国产11种。广东有2种。黑石顶1种。

1. 红花寄生 Scurrula parasitica Linn.［*Loranthus parasiticus*（Linn.）Merr.；*L. gracilifolius* auct. non Schult］别名：桑寄生

   广东各地。寄生于柚、黄皮、油茶及其他树上。分布台湾、福建、江西、广西、贵州、四川、云南。亚洲东南部。

7. 钝果寄生属 Taxillus Van Tiegh.

本属约30种，分布于亚洲东南部和南部。中国产15种。广东有5种，1变种。黑石顶3种。

1. 成长叶两面无毛 ……………………………………………………… 1. 广寄生 T. chinensis

1. 成长叶下面被毛
    2. 成长叶下面被锈色树枝状毛,花冠长 1.8～2.2 cm,果皮具颗粒状体 ·················
    ··· 2. 锈毛钝果寄生 T. levinei
    2. 成长叶下面被褐色或红褐色星状毛,果具颗粒状体 ············· 3. 桑寄生 T. sutchuenensis

1. **广寄生** Taxillus chinensis（DC.）Danser［*Loranthus chinensis* DC.］别名:桑寄生、梧州寄生茶
   广东各地。能寄生于70多种植物上。寄生在油茶、油桐、橡胶树、桃、李、龙眼、杨桃等。广西、福建。越南、马来西亚、菲律宾。

2. **锈毛钝果寄生** Taxillus levinei（Merr.）H. S. Kiu［*Loranthus levinei* Merr.；*Taxillus rutilus* Danser, syn. nov.］
   广东北部、中部和东部山区。常寄生于壳斗科植物上。分布福建、江西、湖南、广西等省区。

3. **桑寄生** Taxillus sutchuenensis（Lecomte）Danser［*Loranthus sutchuenensis* Lecomte］别名:桑上寄生
   广东北部和西北部高山林区。常寄生于壳斗科植物上。分布中国东南和西南各省区。

8. 大苞寄生属 **Tolypanthus**（Blume）Reichb.

本属4种,分布于印度、斯里兰卡和中国。中国2种。广东有1种。黑石顶有分布,1种。

1. **大苞寄生** Tolypanthus maclurei（Merr.）Danser［*Loranthus maclurei* Merr.］
   广东东部、中部和北部。常见于山谷或溪流两岸的树木上,寄主有油茶、山柿、继木或壳斗科植物等。分布福建、江西、湖南、广西、贵州。

9. 槲寄生属 **Viscum** Linn.

本属约70种,分布于东半球的热带至温带地区,大多数种类生长在非洲。中国约产11种。广东有5种。黑石顶4种。

1. 植株具正常叶片。
    2. 叶倒卵形或长椭圆形。顶端钝,具3～5脉;果具小瘤体,基部收缩呈长约1 mm 的柄 ·····
    ·· 4. 瘤果槲寄生 V. ovalifolium
    2. 叶披针形或镰刀形。顶端渐尖,具5～7脉;果平滑,下半部收缩呈长约3～4 mm 的柄 ····
    ·· 3. 柄果槲寄生 V. multinerve
1. 成长植株仅具退化的鳞片状叶。
    3. 小枝的节间明显扁平,宽2 mm 以上;节间宽4～6 mm;边缘厚,纵肋5～7条;果长圆形,长5～7 mm ···························· 2. 枫香槲寄生 V. liquidambaricolum
    3. 小枝的节间稍扁,宽约2 mm;果卵形,长4～6 mm ······ 1. 棱枝槲寄生 V. diospyrosicolum

1. **棱枝槲寄生** Viscum diospyrosicolum Hayata［*V. angulatum* auct. non Heyne ex DC.］
   广东各地。常寄生于樟树、柿树和壳斗科植物上。分布中国东南和西南各省区。

2. **枫香槲寄生** Viscum liquidambaricolum Hayata 别名:枫树寄生、螃蟹脚
   广东各地山区。常寄生在枫香树上,也寄生于油桐或壳斗科等植物上。分布台湾、福建、湖南、广西、贵州、云南、四川等省区。越南北部、印度、泰国等国。

3. **柄果槲寄** Viscum multinerve Hayata［*V. stipitatum* Lecomte］
   广东（除北部外）各地林区。常寄生于壳斗科植物上。分布台湾、福建、广西、贵州、云南。越南北部。

4. **瘤果槲寄生** Viscum ovalium DC.［*V. orientale* auct. non. Willd］
   广东除北部、东部外,各地均产,南部较普遍。常寄生在栽培的柿树及柚等果树上。分布海

南、广西、云南。亚洲东南部。

101. 千屈菜科 Lythraceae

本科约25属，550种，主要分布于热带和亚热带地区，尤以热带美洲最盛，少数延伸至温带。中国有11属，18种；广东有9属，24种。黑石顶1属2种。

1. 节节菜属 Rotala Linn.

本属约50种，主产亚洲及非洲热带地区，少数产澳大利亚、欧洲及美洲。中国有6种。广东全有。黑石顶1种。

1. 叶片非近圆形，长度大于宽度；蒴果开裂成2～3瓣 ················· 1. 节节菜 R. indica
1. 叶片近圆形，基部钝形或近心形；小苞片披针形或钻形，花瓣长约为花萼裂片的2倍；朔果开裂成3～4瓣 ················· 2. 圆叶节节菜 R. rotundifolia

1. 节节菜 Rotala indica（Willd.）Koehne

广东各地。常见。生于水田或潮湿地上。分布中国西南部、中部和东部。印度、斯里兰卡、印度尼西亚、越南、菲律宾和日本。

2. 圆叶节节菜 Rotala rotundifolia（Buch.-Ham. ex Roxb.）Koehne

广东各地广布。常见。生于水田或潮湿地上。分布中国东部、中部和西南部。印度、斯里兰卡、印度尼西亚、越南、菲律宾、日本。

102. 木兰科 Magnoliaceae

本科共15属，约240种，分布于亚洲东部和南部，北美洲东南部，中美及大、小安的列斯群岛，墨西哥南部，南美哥伦比亚、委内瑞拉、巴西东部等地区的热带、亚热带和温带，以温带及亚热带种类最盛。中国有11属，约百余种，主要分布于东南部至西南部，东北部及西北部则甚少。广东产5属，31种和5变种。黑石顶3属，9种。

1. 花顶生；心皮腹面与花轴愈合 ················· 1. 木莲属 Manglietia
1. 花腋生；心皮仅基部与花轴愈合，雌蕊群具显著的柄；幼叶在芽中对折。
  2. 心皮分离，果时形成狭长穗果状的聚合果；成熟蓇葖沿背缝线或同时沿腹缝线2瓣裂；宿存于果轴上 ················· 2. 合笑属 Michelia
  2. 心皮部分互相连合，受精后全部合生，果时形成近肉质、椭圆形或倒卵形的聚合果；成熟蓇葖厚木质，裂为2个厚木质的果瓣，自果轴脱落 ················· 3. 观光木属 Tsoongiodendron

1. 木莲属 Manglietia Bl.

本属约30余种，分布于亚洲热带、亚热带和温带。中国约有20余种，主要分布于长江流域以南，多为常绿阔叶林的主要树种。广东连栽培的1种共8种。黑石顶3种。

1. 叶柄上的托叶痕长达叶柄的1/3～1/4；小枝、芽、叶背、叶柄和果柄密被锈褐色绒毛；花梗长6～10 cm ················· 3. 毛桃木莲 M. moto
1. 叶柄上的托叶痕长不及叶柄长的1/4；小枝、芽、叶背、叶柄和果柄的毛被非如上述。
  2. 花梗细弱，向下弯垂，长达4 cm以上，紧接花被下具1环苞片脱落痕 ················· 1. 桂南木莲 M. conifera
  2. 花梗粗壮挺直，长4 cm以下 ················· 2. 木莲 M. fordiana

1. **桂南木莲 Manglietia chingii** Dandy ［*M. chingii* Dandy］别名：仁昌木莲

    广东北部的仁化、乐昌、乳源、连南和西部的信宜等县。生于海拔 700～1 700 m 的山地林中。分布广西西北部、西南部及中部。

2. **木莲 Manglietia fordiana** Oliv. ［*Magnolia fordiana*（Oliv.）Hu］

    广东山林间的常见树种。适宜生于海拔 1 300 m 以下肥沃的酸性土壤，常混生于常绿阔叶林中，为比较速生的树种。分布海南、湖南、江西、福建、广西、贵州、云南。

3. **毛桃木莲 Manglietia moto** Dandy 别名：毛桃

    广东北部、中部及西部。生于海拔 400～900 m 的山地，与马蹄荷、蕈树、桦树及壳斗科科植物混交成林。产湖南南部和广西西部、中部及北部。

2. 含笑属 Michelia Linn.

本属约 50 余种，分布于亚洲热带、亚热带及温带。中国约产 35 种，产于西南部至东部，南部较多。广东连栽培的 2 种，共有 15 种，2 变种。适宜生长于温暖湿润气候、酸性土壤，为常绿阔叶林的重要组成树种。木材淡黄褐色，纹理直，结构细，质轻软，有香气，耐腐朽，可供板料、家具、细木工等用；有些种类花芳香，树形优美，为提取芳香油及庭园观赏的重要树种。黑石顶 5 种。

1. 托叶与叶柄贴生，叶柄上有托叶痕 ·· 5. 野含笑 M. skinneriana
1. 托叶与叶柄分离；叶柄上无托叶痕。
    2. 植株各部无毛；叶背面被白粉 ··· 4. 深山含笑 M. maudiae
    2. 芽、托叶背面、花梗、苞片背面被毛。
        3. 叶网脉细密，两面明显凸起；花被片 9 片；雌蕊群被毛。
        3. 叶薄革质，叶背侧脉细长，仅叶柄沟上有细毛；蓇葖长圆形或卵形，扁而偏斜，长 1.2～1.5 cm ·· 1. 乐昌含笑 M. chapensis
            4. 叶片革质，倒卵形或倒卵状椭圆形；芽鳞、嫩枝、叶柄、托叶及花梗的毛被紧贴 ······ ··· 3. 醉香含笑 M. macclurei
            4. 叶基部阔楔形，圆钝或近心形，两边常不对称；花被片倒卵形，长 6～7 cm；药隔伸出长约 2 mm ··· 2. 金叶含笑 M. foveolata

1. **乐昌含笑 Michelia chapensis** Dandy ［*M. tsoi* Dandy］别名：广东含笑

    广东北部及西北部。生长于 500～1 500 m 的沙壤土的山地常绿阔叶林中。分布江西南部、湖南南部、广西东北及东南部。越南北部。

2. **金叶含笑 Michelia foveolata** Merr. ex Dandy

    乐昌、乳源、仁化、英德、连南、怀集、高要、封开等县。生于海拔 500～1 800 m 阴湿山谷混交林中。分布贵州东南部、湖南南部、江西、广西南部、云南东南部。越南北部。

3. **醉香含笑 Michelia macclurei** Dandy 别名：火力楠

    广东中部、东南部，南至海南岛，生长于海拔 1 000 m 以下，常与壳斗科植物混生成林，或组成小片纯林。分布广西。越南北部。

4. **深山含笑 Michelia maudiae** Dunn

    广东北部、中部、南部及沿海岛屿。生长于海拔 600～1 500 m 的密林中，常与马蹄荷、覃树及壳斗科树种混生，为华南地区常绿阔叶林中的优势树种之一。

5. **野含笑 Michelia skinneriana** Dunn

    广东中部以北山地。生于 1 200 m 以下的山谷、山坡、溪边密林中。分布广西、湖南、江西、福建、浙江。

    本种与含笑相近似，但后者为广泛栽培的观赏灌木，叶较短小而上半部宽圆，先端钝短尖，花被片质厚，常绿红色，雌蕊群无毛等特征与本种不同。

3. 观光木属 Tsoongiodendron Chun

中国特有属，仅有1种。黑石顶1种。

1. **观光木 Tsoongiodendron odorum** Chun 别名：香花木

乐昌、仁化、英德、高要、阳春、茂名等县及海南岛的五指山。生长于海拔100～1 000 m山地林缘或疏林间。分布福建南部、江西、广西。

103. 金虎尾科 Malpighiaceae

本科约65属，1 280种，全球热带地区均有分布，原产南美洲。中国有4属，17种，2变种，另外引入栽培的2属，2种；广东有4属，5种（其中2属2种为引入栽培种）。黑石顶有1属，1种。

1. 风车藤属 Hiptage Gaertn.

本属约25种，分布于毛里求斯、印度、中南半岛各国、马来西亚、斐济等地。中国有7种，1变种，分布于西南部、南部至台湾等省区；广东仅见1种。黑石顶有1种。

1. **风车藤 Hiptage benghalensis**（Linn.）Kurz 别名：黄牛叶（海南岛）

生于山地沟谷旁的密林或疏林中。广东中部和南部地区及海南。分布云南、广西、福建、台湾等省区。印度、斯里兰卡、马来西亚、菲律宾、印度尼西亚。

104. 锦葵科 Malvaceae①

本科约50属，1 000种，广布于世界各地，主产于热带、亚热带地区。中国产18属，约85种；广东野生及栽培的共有14种，45种，1亚种和3变种。黑石顶4属，6种。

1. 雄蕊管全部或上半部有多数具花药的分离花丝，顶部截平或5齿裂；花具小苞片（副萼），稀无（草木槿）。
  2. 花柱枝或柱头与心皮同数，5枚，稀3或8～10枚，果为蒴果。
    3. 花萼5浅裂或5深裂，稀2～3浅裂，开花时一侧不开裂，开花后宿存 ·· 2. 木槿属 Hibiscus
    3. 花萼顶端具不整齐的5齿，开花时一侧开裂，开花后脱落 ········ 1. 黄葵属 Abelmoschus
  2. 花柱枝为心皮倍数，通常为10枚，果为分果 ······················· 4. 梵天花属 Urena
1. 雄蕊管顶部分裂为多数具花药的花丝，花柱或花柱枝与心皮同数；果为分果，稀蒴果 ··· 3. 黄花稔属 Sida

1. 黄葵属 Abelmoschus Medicus

本属约10种，产亚洲南部、东南部和澳大利亚北部。中国约8种；广东连栽培的有4种，1亚种，2变种。黑石顶1种。

1. **黄葵 Abelmoschus moschatus**（Linn.）Medicus ［*Hibiscus abelmoschus* Linn.］ 别名：假山稔

广东各地。生于田边、水沟旁、溪畔或村庄附近灌木丛中或旷地上。中国南方各省区均有。原产亚洲热带地区，现全世界热带地区均有栽种或逸为野生。

---

① 注：APG系统的锦葵科 Malvaceae，合并梧桐科 Sterculiaceae、木棉科 Bombacaceae 和椴科 Tiliaceae（Bayer et al., 1999），排除原属椴树科的斜翼属（*Plagiopteron*）（Coughenour et al., 2011）。

2. 木槿属 Hibiscus Linn.

本属约250种，分布于热带、亚热带地区，主产于非洲，仅少数种类生长于温暖地区。中国有20余种；广东有13种，其中部分为栽培植物。黑石顶2种。

1. 小枝、叶和花梗均被绒毛或粗长毛……………………………………… 1. 木芙蓉 H. mutabilis
1. 叶和花梗无毛或短柔毛 ………………………………………………… 2. 木槿 H. syriacus

1. **木芙蓉 Hibiscus mutabilis** Linn. 别名：芙蓉花

广东各地庭园常见栽培。原产中国，除东北、西北外，各地均有栽培，雷州半岛较少。热带地区均有栽种。

2. **木槿 Hibiscus syriacus** Linn. 别名：鸡肉花

广东各地农村常有栽种。分布全国各地广泛栽培。热带、亚热带地区均有种植。

3. 黄花稔属 Sida Linn.

本属约150种，广布于热带和亚热带地区，主产地为美洲。中国约有15种，分布于长江以南各省区；广东有9种。黑石顶1种。

1. **白背黄花稔 Sida rhombifolia** Linn. [*S. rhombifolia* var. *corynocarpa* (Wall.) S. Y. Hu; *S. obovata* Wall.]

广东平原和沿海地区。生于旷地或疏林中或海岛的荒地上。分布中国西南各省，广西、福建、台湾均有。热带、亚热带地区。

4. 梵天花属 Urena Linn.

本属约6种，广布于热带地区，中国热带和亚热带地区有2～3种；广东产2种。黑石顶2种。

1. 侧枝斜伸；分裂叶通常3～5浅裂或深裂至叶片中部；副萼的裂片长三角形，结果时直立，紧贴于果实 ………………………………………………………………… 1. 肖梵天花 U. lobata
1. 侧枝常平展；分裂叶通常3～5裂，裂缺深达叶片中部或中部以下；副萼的裂片线表至披针形。结果时开展 ……………………………………………………………… 2. 梵天花 U. procumbens

1. **肖梵天花 Urena lobata** Linn. 别名：地桃花、痴头婆 [*U. lobata* var. *chinensis* (Osbeck) S. Y. Hu; *U. chinensis* Osbeck, *nom. nud.*]

广东各地。生于村庄或路旁旷地上或草坡。分布中国西南至东南部各省区均有，热带地区广布。

2. **梵天花 Urena procumbens** Linn. 别名：狗脚迹

广东各地。散生于路旁、草坡或荒地上。分布中国东南部各省区。

105. 竹芋科 Marantaceae

本科约30属，400种，分布于热带地区，主产于美洲。中国原产及引入栽培的共5属，10余种；广东有4属，8种及1变种，其中竹芋块茎含淀粉，广东南部常见栽培，其余引入的种类多半供观赏。黑石顶1属，1种。

1. 柊叶属 Phrynium Willd.

本属约30种，产亚洲及非洲的热带地区。中国有5种，产南部及西南部；广东有4种。黑石顶1种。

1. 柊叶 Phrynium capitatum Willd.

   广东省各地均有。生于林中荫湿处。分布广西、云南等省区。亚洲南部广布。

106. 藜芦科 Melanthiaceae

本科有 3 属，约 65 种，分布于北温带和亚热带。中国产 2 属，26 种。广东有 1 属，3 种，2 变种。黑石顶 1 属，1 种。

1. 重楼属 Paris Linn.

本属约 24 种，分布于欧洲和亚洲的温带、亚热带地区。中国有 22 种。广东有 3 种，2 变种。黑石顶 1 种。

1. 七叶一枝花 Paris polyphylla Sm.

   乐昌、始兴、连山、蕉岭、广州、罗定、阳春等地。生于林下。分布江西、江苏、湖南、湖北、广西、贵州、云南、四川、西藏。不丹、印度、尼泊尔和越南。

107. 野牡丹科 Melastomataceae

本科约 240 属，3 000 余种，分布于世界热带、亚热带地区，中、南美洲最多，亚洲次之，大洋洲、非洲及欧洲南部略少。中国有 24 属，160 种，产长江以南各省区；广东有 14 属，53 种，3 变种。黑石顶 12 属，43 种，7 变种。

1. 叶具基出脉；子房（2～）4～5（6）室，中轴胎座或近基生的侧膜胎座；种子多数，小，长约 1 mm。
  2. 种子弯曲；叶通常密被糙毛或刚毛。
    3. 雄蕊同型，等长 ·· 8. 金锦香属 Oabeckia
    3. 雄蕊异型，5 长、5 短 ·· 6. 野牡丹属 Melastam
  2. 种子劲直；叶无毛或被疏毛、糠秕。
    4. 草本、亚灌木至灌木；蒴果顶端开裂或室背开裂。
      5. 花通常排成顶生、稀腋生的伞房花序状、复伞房花序状或穗状花序状的聚伞花序；子房顶端无膜质冠，而具小齿。
        6. 雄蕊 8 枚；叶背及花萼无腺点 ························· 1. 棱果花属 Barthea
        6. 雄蕊 4 枚；叶背及花萼通常被黄色透明腺点 ········· 2. 柏拉木属 Blaetua
      5. 花排成伞形花序状、蝎尾状或复伞房花序状的聚伞花序；子房顶端通常具膜质冠，冠顶具毛。
        7. 花排成聚伞花序，或为圆锥花序状或伞房花序状的聚伞花序。
          8. 雄蕊同型，等长。
            9. 花药钻形或披针形，长 4.5 mm 以上，花药背着 ······ 9. 锦香草属 PhylkWthia
            9. 花药倒心形，长不及 1 哪，花药基着 ················· 10. 肉穗草属 Sarcopyramis
          8. 雄蕊异型，不等长。
            10. 长雄蕊的花药基部无瘤，短雄蕊的花药基部具小瘤，药隔通常膨大，基部下延成短柄 ·· 3. 野海棠属 Bredia
            10. 长、短雄蕊的花药基部均无小瘤，药隔不膨大，基部不下延成短柄，或仅微凸起 ·· 4. 异药花属 Fordiophyton
        7. 花排成蝎尾状聚伞花序或再组成圆锥花序状的聚伞花序。

11. 花 4 或 5 数，由蝎尾状聚伞花序组成圆锥花序状的聚伞花序；叶大，通常为圆形或宽椭圆形 ·················· 12. 虎颜花属 Tigridiopalma
11. 花 3 数，蝎尾状聚伞花序；叶通常非圆形或宽椭圆形，宽 5 cm 以下 ············ 11. 蜂斗草属 Sonerila
4. 攀援状灌木；浆果，不开裂。·················· 5. 酸脚杆属 Medinilla
1. 叶具羽状脉；子房 l 室，特立中央胎座；种子 1（～12）颗，直径 4 mm 以上 ·················· 7. 谷木属 Memecylon

1. 棱果花属 Barthea Hook. f.

1. 棱果花 Barthea barthei（Hance ex Benth.）Krass.

乳源、乐昌、连州、英德、阳山、博罗、深圳、新会、阳春、阳江、阳西、电白。常见。生于海拔 400～1 300 m 山谷或山顶疏密林中。分布香港、福建、台湾、湖南、广西。

2. 柏拉木属 Blastus Lour.

本属约 12 种，分布于中国、印度东部及日本琉球群岛。广东及海南有 8 种，3 变种。黑石顶有 8 种，2 变种。

1. 花排成顶生的圆锥状聚伞花序，总花梗长 4 cm 以上，花冠粉红色或红色。
  2. 叶背散生黄色小腺点。
    3. 花萼被黄色小腺点。
      4. 花药长约 8 mm，萼裂片长 1～1.5 mm。
        5. 花瓣长约 2.5 mm，萼裂片长三角形 ·················· 1. 线萼金花树 B. apricus
        5. 花瓣长约 4 mm，萼裂片短三角形 ·········· 1a. 长瓣金花树 B. apricus var. longiflorus
      4. 花药长约 3 mm，萼裂片长不及 1 mm ·················· 7. 少花柏拉木 B. pauciflorus
    3. 花萼密被微柔毛及黄色腺毛 ·················· 6. 留行草 B. ernae
  2. 叶背仅脉上被黄色小腺点。
    6. 萼片匙形，不反折。
      7. 幼枝、叶背面密被锈色微柔毛和疏腺点 ·················· 2. 匙萼柏拉木 B. cavaleriei
      7. 幼枝、叶背面的基出脉被微柔毛及开展的腺毛 ·················· 2a. 腺毛柏拉木 B. cavaleriei var. tomentosus
    6. 萼片卵形，反折。
      8. 幼枝、花序、叶柄被锈色微柔毛及疏腺点 ·················· 5. 金花树 B. dunnianus
      8. 幼枝、花序、叶柄被腺状刺毛 ·········· 5a. 腺毛金花树 B. dunnianus var. Glandulo-setosus
1. 花排成腋生或荨生的伞形状聚伞花序，花总梗通常不超过 3.5 cm 或无总花梗，花冠通常白色。
  9. 小枝无毛 ·················· 3. 柏拉木 B. cochinchinensis
  9. 小枝被毛。
    10. 花排成荨生的伞房状聚伞花序，小枝被腺状柔毛或腺状长柔毛 ·················· 8. 刺毛柏拉木 B. setulosus
    10. 花排成多歧聚伞花序，小枝被微柔毛及小腺点 ·················· 4. 南亚柏拉木 B. cognisuxii

1. 线萼金花树 Blastus apricus（Hand. -Mazz.）H. L. Li

乳源、乐昌、南雄、曲江、始兴、连州、英德、阳山、翁源、连平、新丰、从化、清远、龙门、河源、和平、兴宁、大埔、蕉岭、平远、广州、肇庆、怀集。常见。生于海拔 300～800 m 的山谷、疏密林下湿润的地方。分布江西、福建、湖南。

1a. 长瓣金花树 Blastus apricus（Hand.-Mazz.）H. L. Li var. **longiflorus**（Hand.-Mazz.）C. Chen [*B. longiflorus* Hand.-Mazz.]

乳源、英德、新丰、从化。少见。生于海拔 200～600 m 的山谷的疏密林下。分布江西、广西。

2. 匙萼柏拉木 Blastus cavaleriei Lévl. et Van.

乐昌、乳源、从化。少见。生于海拔 100～1 200 m 的山谷疏密林下或潮湿路旁或灌丛中。分布广西、云南、湖南、贵州。

3. 柏拉木 Blastus cochinchinensis Lour.

广东各地均有。常见。生于海拔 200～1 300 m 的开阔林内。分布福建、台湾、广西、海南、云南。印度、越南。

4. 小花柏拉木 Blastus cogniauxii Stapf

始兴。少见。生于海拔 1 220 m 以下的山谷、山坡荫湿地方。分布海南。越南至印度尼西亚。

5. 金花树 Blastus dunnianus Lévl.

乐昌、乳源、连州、连山、连南、曲江、阳山、龙门、和平、博罗、广宁、怀集、封开、信宜。常见。生于海拔 230～1 300 m 的山谷、山坡疏密林下。分布江西、福建、湖南、广西、贵州。

5a. 腺毛金花树 Blastus dunnianus Lévl. var. **glandulo-setosus** C. Chen

乐昌、乳源、连山、连南、封开。少见。生于海拔 400～1 400 m 的山谷或山顶密林下。分布湖南南部。

6. 留行草 Blastus emae Hand.-Mazz.

乐昌、南雄、仁化、肇庆。少见。生于海拔 350～800 m 的山谷林下、溪边水旁。分布江西、湖南。

7. 少花柏拉木 Blastus pauciflorus（Benth.）Guillaum.

南雄、曲江、英德、翁源、清远、龙川、梅州、大埔、蕉岭、惠阳、博罗、肇庆。常见。生于低海拔的山坡林下。香港、湖南有分布。

8. 刺毛柏拉木 Blastus setulosus Diels

肇庆。少见。生于海拔 250～860 m 的山谷林下。广西有分布。

3. 野海棠属　Bredia Blume

本属约 30 种，分布于亚洲南部及东部。中国有 14 种，2 变种，产华南、东南、西南。广东有 5 种，黑石顶有 3 种。

1. 小灌木，茎直立，分枝多。
   2. 叶无柄或柄极短 ………………………………………………… 2. 短柄野海棠 B. sessilifolia
   2. 叶柄长 5～25 mm ……………………………………………………… 3. 鸭脚茶 B. sinensis
1. 亚灌木或近草本，茎通常匍匐上升 ……………………………… 1. 长萼野海棠 B. longiloba

1. 长萼野海棠 Bredia longiloba（Hand.-Mazz.）Diels

连州、阳山。少见。生于海拔 600～900 m 的山坡、山谷疏林下。分布江西、湖南。

2. 短柄野海棠 Bredia sessilifolia H. L. Li

肇庆、信宜、阳春、高州。少见。生于海拔 800～1 200 m 的山地林中。分布广西、贵州。

3. 鸭脚茶 Bredia sinensis（Diels）H. L. Li

蕉岭、大埔、梅州。少见。生于海拔 400～1 200 m 的山谷、山坡林下。分布浙江、江西、福建、浙江。

4. 异药花属　Fordiophyton Stapf

本属约 11 种，分布于越南及中国华南、西南及东南各省区。广东有 7 种，2 变种，黑石顶有 4 种，2 变种。

1. 植株匍匐；茎高不过 3 cm ……………………………………… 1. 短茎异药花 F. brevicaule
1. 植株直立、高大，高 30 cm 以上。
　2. 由聚伞花序组成圆锥花序。
　　3. 花萼及花梗具腺毛。
　　　4. 叶面无毛或有时于基出脉行间具极疏的细糙伏毛，叶柄无毛 ……… 4. 肥肉草 F. fordii
　　　4. 叶面及叶柄被疏柔毛，有时叶面被腺毛或毛基部有白色小腺点 ………………………
　　　　……………………………………………… 4a. 毛柄肥肉草 F. fordii var. pilosum
　　3. 花萼及花梗无毛，仅萼片被腺毛 ………………… 4 b. 光萼肥肉草 F. fordii var. vernicinum
　2. 伞形花序或不明显的聚伞花序，或由伞形花序组成的圆锥花序。
　　5. 叶片心形或卵状心形，基部心形；叶柄长（3～）6～15 cm；长雄蕊花药基部呈短角状，略钝；由伞形花序组成圆锥花序 ………………………… 2. 心叶异药花 F. cordifolium
　　5. 叶片广披针形至卵形，或长圆状披针形至椭圆形，基部楔形、近楔形或浅心形；叶柄长 5.5 cm 以下；长雄蕊花药基部呈羊角状伸长；伞形花序或不明显的聚伞花序 …………
　　……………………………………………………………………… 3. 异药花 F. faberi

1. 短茎异药花 Fordiophyton brevicaule C. Chen

　　阳春、阳江等地。少见。生于低海拔地区荫湿的地方。

2. 心叶异药花 Fordiophyton cordifolium C. Y. Wu ex C. Chen

　　信宜。少见。生于山谷林下潮湿的地方。

3. 异药花 Fordiophyton faberi Stapf

　　乐昌、乳源、阳山。少见。生于海拔 600～1 100 m 的林下或岩石上潮湿的地方。分布四川、贵州、云南。

4. 肥肉草 Fordiophyton fordii（Oliv.）Krass.

　　乐昌、乳源、始兴、连州、连南、仁化、阳山、翁源、龙门、龙川、和平、五华、惠阳、博罗、肇庆、阳春、广宁、怀集。常见。生于海拔 540～1 700 米的山谷疏密林下荫湿的地方。分布浙江、海南、江西、福建、广西、湖南、贵州。

4a. 毛柄肥肉草 Fordiophyton fordii（Oliv.）Krass. var. **pilosum** C. Chen

　　乐昌、乳源。少见。生于海拔 540～1 000 m 的山谷疏密林下荫湿的地方。分布湖南。

4b. 光萼肥肉草 Fordiophyton fordii（Oliv.）Krass. var. **vernicinum** Hand.-Mazz.

　　翁源、连平、和平。少见。生于海拔约 800 m 的山谷、山坡疏林下。

5. 酸脚杆属　Medinilla Gaud.

本属约 400 种，分布于亚洲南部、大洋洲及非洲热带地区。中国约有 16 种，1 变种，产华南及台湾和云南南部、西藏南部。广东有 5 种，黑石顶仅 1 种。

1. 北酸脚杆 Medinilla septentrionalis（W. W. Smith）H. L. Li

　　肇庆、阳春、罗定、信宜、茂名、高州。少见。生于海拔 200 m 以上的山谷、山坡密林荫湿处。分布云南、广西。缅甸、越南、泰国。

6. 野牡丹属　Melastoma Linn.

本属约 100 种，分布于亚洲南部及东南部、太平洋群岛至大洋洲北部。中国有 9 种，1 变种，产长江流域以南各省区，广东有 7 种，黑石顶有 6 种。

1. 植株矮小，茎匍匐上升，逐节生根，高 10～60 cm 以下，小枝披散；叶片长 4 cm，宽 2 cm 以下。
  2. 叶面通常仅边缘被糙伏毛，有时基出脉行间具 1～2 行疏糙伏毛；小枝被疏糙伏毛；花瓣长 1.2～2 cm，花萼被糙伏毛；植株高 10～30 cm ················· 3. 地菍 M. dodecandrum
  2. 叶面、小枝密被糙伏毛；花瓣长 2～2.5 cm，花萼密被略扁的糙伏毛；植株高 30～60 cm ··· 4. 细叶野牡丹 M. intermedium
1. 植株直立，高 0.5～3 m，小枝斜上；叶片长 4～15 cm，宽 1.4～5 cm。
  3. 花大，花瓣长 3～5 cm，果直径 1.2 cm 以上 ··················· 6. 毛菍 M. sanguineum
  3. 花小，花瓣长 2～2.5 cm，果直径 1 cm 以下；茎上毛被，毛长 5 mm 以下。
    4. 茎被平展的长粗毛及短柔毛 ····················· 5. 展毛野牡丹 M. normale
    4. 茎密被紧贴的鳞片状糙伏毛。
      5. 叶片披针形、卵状披针形或近椭圆形，叶面被糙伏毛，基出脉 5；萼片广披针形 ·· 1. 多花野牡丹 M. affine
      5. 叶片卵形或广卵形，叶面密被糙伏毛和短柔毛，基出脉 7；萼片卵形或略宽 ··· 2. 野牡丹 M. candidum

1. **多花野牡丹 Melastoma affine** D. Don

  乐昌、广州、龙门、阳春。常见。生于海拔 300～1 830 m 的山坡、山谷林下或疏林下。分布香港、海南、广西、贵州、云南、台湾。中南半岛至澳大利亚、菲律宾以南。

2. **野牡丹 Melastoma candidum** D. Don

  广东各地均有分布。常见。生于海拔约 1 200 m 以下的旷野、路旁、山坡松林下或开朗灌草丛中。分布福建、台湾、广西、云南。越南、日本。

3. **地菍 Melastoma dodecandrum** Lour.

  广东各地均有分布。常见。生于海拔 1 250 m 以下的旷野、路旁、山坡矮草丛中。分布浙江、江西、福建、湖南、广西、贵州。越南。

4. **细叶野牡丹 Melastoma intermedium** Dunn

  乐昌、翁源、花都、龙门、和平、河源、大埔、陆丰、惠东、广州、阳春。常见。生于海拔约 1 300 m 以下的山坡或田边矮草丛中。分布香港、海南、福建、台湾、广西、贵州。

5. **展毛野牡丹 Melastoma normale** D. Don

  乐昌、连山、英德、阳山、从化、清远、五华、大埔、广州、东莞、南海、深圳、肇庆、阳江、阳春、封开、信宜、高州、化州。常见。生于海拔 150 m 以上的开朗山坡灌草丛中或疏林下。分布西藏、四川、台湾、福建以南各省区。尼泊尔、印度、缅甸、马来西亚及菲律宾等地。

6. **毛菍 Melastoma sanguineum** Sims

  广东各地均有分布。常见。生于海拔 400 m 以下的低海拔地区。分布广西。印度、马来西亚至印度尼西亚。

7. 谷木属　**Memecylon** Linn.

  本属约 130 种，分布于亚洲、非洲及大洋洲热带地区、东南亚及太平洋诸岛最多。中国有 11 种，产华南及福建、云南、西藏等省区。广东有 7 种，黑石顶有 5 种。

1. 叶较大，叶片长 5.5～11.0 cm，宽 2.0～3.8 cm ··················· 1. 谷木 M. ligustrifolium
1. 叶较小，叶片长 1.5～3.0 cm，宽 0.7～3.0 cm。
  2. 萼齿明显，三角形或卵状三角形，或披针形或三角状披针形。
    3. 萼齿三角形或卵状三角形，长约 0.8 mm；果扁球形，具 8 条隆起的纵肋 ·· 3. 棱果谷木 M. octocoststum

3. 萼齿披针形或三角状披针形，长约 1.5 mm；果无纵肋 ……… 4. 少花谷木 M. pauciflorum
　2. 萼齿不明显，呈微波状。
　　4. 叶片两面密布小突起，粗糙，无光泽；膨大的圆锥形药隔脊上具 1 环状体，花瓣广卵形
　　　………………………………………………………………… 5. 细叶谷木 M. scutellatum
　　4. 叶片两面光亮；膨大的圆锥形药隔脊上无环，花瓣广披针形 … 2. 黑叶谷木 M. nigrescens

1. 谷木 Memecylon ligustrifolium Champ. ex Benth. ［M. scutellatum Hook. & Arn.］
　　乐昌、英德、阳山、新丰、翁源、清远、花都、大埔、丰顺、饶平、南澳、揭阳、惠阳、博罗、广州、深圳、珠海、高要、台山、阳春、阳江、怀集、德庆、郁南、信宜、封开、高州。生于海拔 160～1 340 m 的密林下。分布香港、云南、广西、福建、海南。

2. 黑叶谷木 Memecylon nigrescens Hook. et Arn.
　　惠东、博罗、深圳、珠海、肇庆、海康等地。少见。生于海拔 300～1 000 m 的山坡疏、密林中。分布香港、海南。越南。

3. 棱果谷木 Memecylon octocostatum Merr. et Chun
　　阳江、台山、徐闻等地。少见。生于山谷、山坡疏、密林中。分布海南。

4. 少花谷木 Memecylon pauciflorum Blume
　　电白、廉江、高州。少见。生于山坡林中阳处。海南有分布。分布印度、缅甸、越南、马来西亚及澳大利亚。

5. 细叶谷木 Memecylon scutellatum（Lour.）Hook. et Arn.
　　揭阳、博罗、珠海、高州、茂名、廉江、遂溪、海康、徐闻。少见。生于疏密林中。广西、海南有分布。

8. 金锦香属 Osbechia Linn.

　　本属约 50 种，分布于东半球热带、亚热带地区。中国有 12 种，2 变种，产长江流域以南各省区；广东有 8 种，1 变种。黑石顶 2 种。

1. 草本或亚灌木；叶线形或线状披针形，宽 3～8（～15）3.0 mm …… 1. 金锦香 O. chinensis
1. 灌木；叶长圆状披针形、卵形至卵状披针形，宽 1.5～3.0 cm ………… 2. 朝天罐 O. Opipara

1. 金锦香 Osbeckia chinensis Linn.
　　乐昌、乳源、始兴、连州、仁化、英德、阳山、新丰、翁源、连平、清远、龙门、和平、河源、梅州、大埔、海丰、陆丰、惠东、惠阳、博罗、增城、广州、深圳、肇庆、台山、阳江、阳春、怀集、云浮、德庆、罗定、信宜、茂名、徐闻。常见。生于海拔 600 m 以下的草坡或疏林下。分布长江流域以南各省区。越南、澳大利亚、日本。

2. 朝天罐 Osbeckia opipara C. Y. Wu et C. Chen
　　南雄、连山、连南、阳山、英德、翁源、花都、河源、蕉岭、广州、阳春、怀集。常见。生于海拔 250～800 m 的山林或灌木丛中。分布台湾、贵州及长江流域以南各省区。越南、泰国。

9. 锦香草属　Phyllagathis Blume

　　本属约 50 种，分布于亚洲热带、亚热带地区。中国有 28 种，5 变种，产长江流域以南各省区。广东有 10 种，3 变种，黑石顶有 6 种，2 变种。

1. 灌木至亚灌木，茎高 30 cm 以上，总花梗长 4 cm 以下。
　2. 叶片基部楔形或钝，若为圆形，则小枝被紧贴的刺毛或长粗毛。
　　3. 雄蕊等长，总花梗长 1 cm 以下或几无梗。
　　　4. 花萼无毛，萼裂片顶端渐尖 ……………………………………… 6. 刺蕊锦香草 P. setotheca
　　　4. 花萼被扭曲的刺毛，萼裂片顶端钝 ……… 6a. 毛萼锦香草 P. setotheca var. setotuba

    3. 雄蕊稍不等长，总花梗长 2.5～6.0 cm。
        5. 小枝及叶柄无毛，花药长 3 mm，萼筒无毛 ·················· 5. 秃柄锦香草 P. nudipes
        5. 小枝被微柔毛并杂有疏腺毛，叶柄被微柔毛，两侧还有髯毛或刺毛，花药长 6 mm，萼筒被疏腺毛 ·················· 1. 毛柄锦香草 P. anisophylla
  2. 叶片基部心形或浅心形，若为圆形或钝，则小枝被微柔毛 ·················· 4. 叶底红 P. fordii
1. 草本，茎高不及 20 cm，总花梗长 4～15 cm。
    6. 雄蕊 8 枚全能育，等长。
        7. 叶背面基出脉及侧脉被开展的长粗毛 ·················· 2. 锦香草 P. cavaleriei
        7. 叶背面基出脉及侧脉被开展的长粗毛及短刺毛 ·················· 2a. 短毛熊巴掌 P. cavaleriei var. Tankahkeei
    6. 雄蕊 8 枚中 4 枚为退化雄蕊 ·················· 3. 红敷地发 P. elattandra

1. 毛柄锦香草 Phyllagathis anisophylla Diels

　　乐昌、乳源、连山。少见。生于海拔 700～1 100 m 的山谷、山坡疏密林下或石缝间。分布广西、湖南。

2. 锦香草 Phyllagathis cavaleriei (Lévl. et Van.) Guillaum

　　乐昌、乳源、连山、连南、英德、大埔、广宁、封开、德庆、信宜；生于海拔 400～1 500 m 的山谷、山坡疏密林下湿处。分布湖南、江西、福建、广西、云南、贵州。常见。

2a. 短毛熊巴掌 Phyllagathis cavaleriei (Lévl. et Van.) Guillaum var. **tankahkeei** (Merr.) C. Y. Wu ex C. Chen

　　乳源、连山、阳山、大埔等地。少见。生于海拔 300～1 400 m 的山谷、山坡密林下。分布江西、福建、湖南、广西、云南、贵州。

3. 红敷地发 Phyllagathis elattandra Diels

　　郁南、罗定、信宜、连山。常见。生于海拔 200～910 m 的山坡、山谷疏林下。广西有分布。

4. 叶底红 Phyllagathis fordii (Hance) C. Chen [*Bredia fordii* (Hance) Diels]

　　乐昌、连南、梅州、肇庆、阳春、信宜。少见。生于海拔 100～1 350 m 的山地疏密林下。分布香港、浙江、江西、福建、广西、贵州。

5. 秃柄锦香草 Phyllagathis nudipes C. Chen

　　连山。少见。生于海拔 500～1 200 m 的山谷疏密林下或草丛中。分布广西、湖南。

6. 刺蕊锦香草 Phyllagathis setotheca H. L. Li

　　珠海、阳春、湛江。少见。小灌木。见于山谷林下荫湿的地方。分布于广西。越南北部。

6a. 毛萼锦香草 Phyllagathis setotheca H. L. Li var. **setotuba** C. Chen

　　阳春、阳江。少见。小灌木。生于海拔 960 m 左右的山谷林下、水边或石逢间。

10. 肉穗草属　Sarcopyramis Wall.

　　本属约 6 种，分布于亚洲热带及尼泊尔。中国有 4 种，1 变种，产华南、东南及西南各省区。广东产 2 种，黑石顶 2 种。

1. 叶片卵形或椭圆形，边缘具疏浅波状齿，长 1～3 (～5) cm，宽 0.7～2 (～2.5) cm；萼片长方形与萼管垂直，有时边缘羽状分裂，背部有刺状尖头或呈三角形的翅 ·················· 1. 东方肉穗草 S. bodinieri var. delicat
1. 叶片广卵形或卵形，边缘具细锯齿，长 (2～) 5～10 cm，宽 (1～) 2.5～4.5 cm；萼齿顶端平截，具流苏状长缘毛膜质的盘 ·················· 2. 楮头红 S. nepalensis

1. 东方肉穗草 Sarcopyramis bodinieri Lévl. et Van. var. **delicata**（C. B. Robins.）C. Chen

   乐昌。少见。生于山地林中。分布福建、台湾。

2. 楮头红 Sarcopyramis nepalensis Wall. 别名：尼泊尔肉穗草

   乐昌、乳源、南雄、曲江、连州、连山、连南、英德、阳山、翁源、新丰、连平、龙门、和平、梅州、惠东、博罗、肇庆、高要、封开。常见。生于海拔 600～1 600 m 的密林下或溪边。分布西藏、江西、福建、浙江、湖南、湖北、广西、云南、四川、贵州。尼泊尔、缅甸至马来西亚。

11. 蜂斗草属　**Sonerila** Roxb.

本属约 170 种，分布于亚洲热带。中国有 12 种，2 变种，产南部。广东有 5 种，2 变种。黑石顶有 4 种，1 变种。

1. 植株通常高 15 cm 以上，叶片长 2.5～6.0 cm，花药长 3～8 mm。
   2. 茎具纵棱，棱及叶柄具明显的狭翅。
      3. 萼裂片长三角形，长约 3 mm，顶端渐尖 ·························· 1. 翅茎蜂斗草 S. alata
      3. 萼裂片卵状三角形，长约 1 mm，顶端急尖 ············ 1a. 短萼蜂斗草 S. alata var. triangula
   2. 茎具钝纵棱，棱及叶柄无翅或翅极狭，不明显。
      4. 茎、叶柄被微柔毛及小腺毛或叶柄仅被微柔毛，花瓣长约 1 cm ······ 3. 溪边蜂斗草 S. rivularis
      4. 茎、叶柄被长粗毛，花瓣 7 mm 以下 ······················· 2. 蜂斗草 S. cantonensis
1. 植株高 11 cm 以下，叶片长不及 3 cm，花药长 1.8～3.5 mm ············ 4. 三蕊草 S. tenera

1. 翅茎蜂斗草 Sonerila alata Chun et How ex C. Chen

   连山、连南、英德、翁源。少见。常见于林下荫湿处。

1a. 短萼蜂斗草 Sonerila alata Chun et How ex C. Chen var. **triangula** C. Chen

   英德。少见。亚灌木或草本。生于海拔约 500 m 的山谷疏林下。分布广西。

2. 蜂斗草 Sonerila cantonensis Stapf

   乳源、始兴、英德、新丰、从化、龙门、和平、大埔、惠东、陆丰、博罗、肇庆、高要、阳春、怀集、封开、德庆、罗定、信宜、化州、高州。常见。生于海拔 300～1 300 m 的山坡、山谷密林荫湿处。分布香港、广西、云南、福建。越南。

3. 溪边桑簕草 Sonerila rivularis Cogn.

   连山、英德、翁源、和平、龙川、兴宁、蕉岭、新会、阳春、云浮、信宜、高州、茂名。生于海拔 400～830 m 的山地、山谷灌丛。分布广西、福建。越南。

4. 三蕊草 Sonerila tenera Royle

   连山、始兴、阳山、翁源、连平、和平、博罗、封开。生于海拔 600～1 400 m 的林下或草地上。分布香港、云南、广西、江西。印度、缅甸、越南、菲律宾。

12. 虎颜花属　**Tigridiopalma** C. Chen

本属为中国特有单属种，产广东西南部。黑石顶 1 种。

1. 虎颜花 Tigridiopalma magnifica C. Chen

   阳春、电白、茂名、信宜、高州。生于海拔约 400～700 m 的山谷密林荫湿处。按《中国物种红色名录》的标准，为极濒危物种。现为国家二级保护植物。

108. 楝科 Meliaceae

本科约 50 属，1 400 种，广布于热带、亚热带地区，少数产温带地区。中国有 15 属，约 60 种，另有引种的 3 属；广东有 16 属，29 种，5 变种。黑石顶有 3 属，4 种。

1. 花丝几乎全部合生成管，其连合的程度至少达花药着生的部位。
　　2. 子房每室有胚珠 1～2 颗，种子无翅 ·· 2. 楝属 Melia
　　2. 子房每室有胚珠 4～8 颗或更多；种子有翅或无翅 ·················· 1. 麻楝属 Chukrasia
1. 花丝分离或至少上半部分离 ·· 3. 香椿属 Toona

1. 麻楝属 Chukrasia A. Juss.

本属 1～2 种，广布于亚洲和非洲热带地区。中国产 1 种及 1 变种；广东皆有。黑石顶 1 种。

1. 麻楝 Chukrasia tabularia A. Juss.

　　连县、乳源、阳江、昌江、白沙、保亭、陵水和崖县。生于低海拔林中。分布广西。越南至印度。

2. 楝属 Melia Linn.

本属约 15 种，产热带和亚热带地区。中国有 3 种；广东有 2 种。黑石顶 1 种。

1. 苦楝 Melia azedarach Linn 别名：苦楝

　　广东各地。常有栽培或野生。生于低海拔旷野、路旁或疏林中。分布中国黄河以南地区常见，北部较少见，多为栽培。广布于亚洲热带和亚热带地区，现各温带地区常有栽培。

3. 香椿属 Toona M. T. Roem.

本属约 15 种，分布于热带亚洲与大洋洲。中国有 3 种及 1 变种；广东皆有。黑石顶 2 种。

1. 小叶全缘；雄蕊 5 枚；种子两端有翅 ··· 1. 红楝子 T. ciliata
1. 小叶多少有齿缺；雄芯 10 枚，其中 5 枚不发育；种子一端有翅 ············· 2. 香椿 T. sinensis

1. 红楝子 Toona ciliata T. Roem.

　　乐昌、博罗、高要、崖县。生于低海拔林剿。分布广西、云南。分布印度、越南、马来西亚、印度尼西亚。

2. 香椿 Toona sinensis (A. Juss.) Roem. [Cedrela sinensis A. Juss]

　　连县、英德、乐昌、乳源、封开、高要等地。生于疏林中或栽培于村边路旁。分布中国西南部、中部至东部及华北地区。朝鲜。

109. 防己科 Menispermaceae

本科约 65 属，370 种，多产于热带和亚热带。中国约 20 属，70 余种。广东有 13 属，27 种。黑石顶 9 属，15 种。

雄株检索表

1. 雄蕊花丝合生。
　　2. 萼片分离，排成 2 轮（粉防己为 1 轮）；聚伞花序复作伞形花序式排列，或因聚伞花序无梗而集成头状花序 ··· 8. 千金藤属 Stephania
　　2. 萼片合生。如分离，则仅 1 轮；聚伞花序复作总状花序、穗状花序式或圆锥花序式排列 ·· 2. 轮环藤属 Cyclea
1. 雄蕊花丝分离（细圆藤属 Pericampylus 的花丝互相粘合，但触之即分离）。
　　3. 花药纵裂。
　　　　4. 花瓣内面基部二侧内折，抱着花丝。
　　　　　　5. 草质藤本；叶基部箭形或近戟形，如为心形，则老枝有显著凸起之皮孔 ··· 9. 青牛胆属 Tinospora

5. 木质藤本；叶基部心形至截平，很少近圆形；老枝无显著凸之皮孔 ·· 7. 细圆藤属 Pericampylus
　　4. 花瓣（或内轮花被）基部二侧不内折。
　　　　6. 雄蕊3，花丝短而粗厚，顶端明显扩大，有角；茎、枝和根的折断面鲜黄色或橙黄色 ··· 4. 天仙藤属 Fibraurea
　　　　6. 雄蕊5或6，花丝仅顶部稍膨大；茎、枝和根的折断面不呈黄色 ············ ··· 5. 夜花藤属 Hypserpa
　3. 花药横裂。
　　　7. 花瓣顶端2裂；基部二侧内折 ·· 1. 木防己属 Cocculus
　　　7. 花瓣顶端不裂。
　　　　8. 萼片有黑色条纹；花瓣基部二侧内折；叶片通常为三角状圆形，长、宽近相等，或长度稍大于宽度 ·································· 3. 秤钩风属 Diploclisia
　　　　8. 萼片无黑色条纹；花瓣基部二侧不内折；叶片椭圆状卵形或卵形，长约为宽之2倍 ·· 6. 粉绿藤属 Pachygone

雌株检索表

1. 心皮2～6个。
　2. 无不育雄蕊；聚伞花序或退化仅序1花，单生或数个簇生 ······ 5. 夜花藤属 Hypserpa
　2. 不育雄蕊存在；花序具多花；心皮3个。
　　3. 萼片有黑色条纹；不育雄蕊6；萼片和花瓣区别明显；叶片通常三角状近圆形，二面无毛 ··· 3. 秤钩风属 Diploclisia
　　3. 萼片无黑色条纹。
　　　4. 不育雄蕊6或无不育雄蕊 ··· 1. 木防己属 Cocculus
　　　4. 不育雄蕊3或6。
　　　　5. 不育雄蕊3；花被不分化为萼片和花瓣 ················ 4. 天仙藤属 Fibraurea
　　　　5. 不育雄蕊6；萼片和花瓣分化明显。
　　　　　6. 叶两面无毛或仅下面近叶柄着生处有疏柔毛。
　　　　　　7. 叶基箭形或近戟形，块根连珠状 ···················· 9. 青牛胆属 Tinospora
　　　　　　7. 叶基钝或圆，有时心形至截平；无连珠状块根 ······ 6. 粉绿藤属 Pachygone
　　　　　6. 叶至少下面有毛。
　　　　　　8. 老枝有显著凸起（疣状）之皮孔；核果长约10 mm ······ 9. 青牛胆属 Tinospora
　　　　　　8. 老枝无显著凸起之皮孔；核果长约5 mm ············ 7. 细圆藤属 Pericampylus
1. 心皮1个；无不育雄蕊；萼片和花瓣常较雄花的少。
　9. 聚伞花序复作伞形花序式排列，或因聚伞花序无梗而集成头状花序 ······ 8. 千金藤属 Stephania
　9. 聚伞花序复作总状花序、穗状花序或圆锥花序式排列 ············ 2. 轮环藤属 Cyclea

1. 木防己属 **Cocculus** DC.

本属约8种，分布于热带地区。中国有2种；广东全产。黑石顶1种。

1. 木防己 Cocculus orbiculatus (Linn.) DC. [*Menispermum orbiculatum* Linn；*Cocculus trilobus* (Thunb.) DC；*C. sarmentosus* (Lour.) Diels]

广东各地，南部较少见。生疏林中或灌丛中。分布中国大部分地区，亚洲南部和东南部。

2. 轮环藤属 **Cyclea** Arnott ex Wight

本属约30种，分布于亚洲东南部，中国约12种，产西南部至东南部。广东6种。黑石顶3种。

据报道，本属植物的根部大多含有生物碱。从毛叶轮环藤、轮环藤、铁藤和粉叶轮环藤的根中均分离得左旋箭毒碱，其碘甲烷化物是一种强效肌松剂。

雄株检索表

1. 萼片合生，背面被毛 ………………………………………………………… 1. 毛叶轮环藤 C. barbata
1. 萼片分离，背面无毛。
   2. 叶仅下面近叶柄着生处散生稀疏长毛，花在花序上常簇生；萼片长 1～1.2 mm …………
     …………………………………………………………………… 2. 粉叶轮环藤 C. hypoglauca
   2. 叶两面被毛或仅下面被密毛；花在花序离上常单生；萼片长约 3 mm ……… 3. 轮环藤 C. racemosa

雌株检索表

1. 心皮和核果被毛或核果成熟时近无毛；也下面绿色，密被毛。
   2. 萼片长 2～2.5 mm；无毛；叶两面或仅下面有毛，萼片和花瓣均 2 片；花瓣经萼片小很多；核果内果皮背部两侧各具 3 行疣状小凸起，胎座迹不穿孔 ……………… 3. 轮环藤 C. racemosa
   2. 萼片长 0.5～1 mm，背面被毛；花瓣和萼片几乎等长 ………………… 1. 毛叶轮环藤 C. barbata
1. 心皮和核果均无毛；叶仅下面叶柄着生处散生稀疏长毛，下面粉绿色；萼片 2，近圆形，径 0.8 毫米，无毛；核果背部二侧各具 3 列疣状小凸起，胎座迹不穿孔 ………………………………
     ………………………………………………………………… 2. 粉叶轮环藤 C. hypoglauca

1. **毛叶轮环藤 Cyclea barbata** Miers 别名：毛参箕藤、银不换

    湛江。缠绕于林中、林缘或村边的灌木上。产中南半岛至印度尼西亚。

2. **粉叶轮环藤 Cyclea hypoglauca** (Schauer) Diels [*Cissamelos hypoglauca* Schauer] 别名：金锁匙、百解藤、假山豆根

    广东各地。生疏林中或灌丛中。分布中国南部。

3. **轮环藤 Cyclea racemosa** Ollv.

    广东北部。常缠绕于要中或山地路边的乔木或灌木上。分布中国西南部至南部。

    据 D. Oliver (1890) 和 L. Diels (1910) 记载，本种雄花萼片合生成坛状，作者检查过广东标本和少量四川标本，发觉花萼虽呈坛状，但萼片是完全分离的。由于其他特征都和原记载一致，故暂时仍定为该种。

3. 秤钩风属 Diploclisia Miers

本属共 2 种，产亚洲东南部。广东 2 种均有。黑石顶 2 种。

1. 花序腋上生；聚伞花序作伞房花序式排列；核果倒卵形，长约 1 cm …… 1. 秤钩风 D. affinis
1. 花序生于无叶老茎上；聚伞花序作圆锥花序式排列；核果倒卵状长圆形，长 1.5～2 cm ……
   …………………………………………………………………… 2. 苍白秤钩风 D. glaucescens

1. **秤钩风 Diploclisia affinis** (Oliv.) Diels [*Cocculus affinis* Oliv; *Diploclisia chinensis* Merr.]

    广东北部和中部。生林缘或灌丛中。分布中国长江流域及其以南各省区。

2. **苍白秤钩风 Diploclisia glaucescens** (Bl.) Diels [*Cocculus glaucescens* Bl.] 别名：电藤

    广东东部和南部。常生林中。分布中国西南部至南部。亚洲热带。

4. 天仙藤属 Fibraurea Lour.

本属约 5 种，分布于亚洲热带。中国 1 种，见于南部。黑石顶 1 种。

1. **天仙藤 Fibraurea recisa** Pierre [*F. tinctoria* auct. non Lour.] 别名：黄藤、藤黄连

    肇庆和湛江地区。生密林中。分布广西和云南。越南北部。

5. 夜花藤属 Hypserpa Miers

本属约 9 种，产亚洲热带至大洋洲。中国只 1 种。黑石顶 1 种。

1. 夜花藤 Hypserpa nitida Miers 别名：夜香藤、青藤

    广东除韶关地区北部外各地都有。生于林中。分布云南、广西、福建。亚洲东南部。

6. 粉绿藤属 Pachygone Miers ex Hook. f. et Thoms.

本属约余种，分布在亚洲东南部至大洋洲。广东 1 种。黑石顶 1 种。

1. 粉绿藤 Pachygone sinica Diels

    韶关、惠阳和肇庆地区。常生林中。分布广西。

    据 L. Diels 的原记载，本种有 6 个心皮，但检查模式标本（辛树帜 5 315），发现心皮数为 3 个，偶有 4 个，未见有 6 个。

7. 细圆藤属 Pericampylus Miers

本属约 3 种，产亚洲东南部。中国仅下述 1 种。黑石顶 1 种。

1. 细圆藤 Pericampylus glaucus (Lam.) Merr. [*Menispermum glaucum* Lam.] 别名：蛤仔藤

    广东各地。生林中或灌丛中。分布中国西南部至东南部。亚洲东南部。

8. 千金藤属 Stephania Lour.

本属约 50 余种，多产于东半球热带。中国有 30 余种。广东 6 种。黑石顶 4 种。

1. 叶两面无毛；雄花有 2 轮萼片。
    2. 无块根；叶卵状三角形，长度大于宽度；花序被短硬毛；雌花花被辐射对称 ··· 3. 粪箕笃 S. longa
    2. 有块根；叶三角状近圆形或扁圆形，长、宽近相等或宽度稍大于长度；花序无毛；雌花花被左右对称。
        3. 枝、叶含红色液汁；花被染紫色 ························· 1. 血散薯 S. dielsiana
        3. 枝、叶均不含红色液汁；萼片绿色，花瓣橙黄；叶较大，长、宽均在 10 cm 以上，雄性小聚伞花序有梗 ································· 2. 海南地不容 S. hainanensis
1. 叶两面或仅下面被紧贴柔毛；雄花只有一轮萼片；主根肉质，柱状 ······ 4. 粉防己 S. tetrandra

1. 血散薯 Stephania dielsiana Y. C. Wu 别名：金不换

    广东北部、西部和南部各地。生林中、林缘或溪边多石砾的地方。分布广西和贵州南部。

2. 海南地不容 Stephania hainanensis H. S. Lo et Y. Tsoong [*S. sinica* auct. non Diels] 别名：华千金藤

    中国特有。产海南岛的琼中、白沙和儋县等地。

3. 粪箕笃 Stephania longa Lour. 别名：黎壁叶、粪箕藤

    广东各地常见。生村边、旷野、山地等处的灌丛中。分布中国南部和东南部。越南。

4. 粉防己 Stephania tetrandra S. Moore

    本省各地都有，以东部和北部较常见。生村边、旷野、林缘等处的灌丛中。分布中国东部和南部。

9. 青牛胆属 Tinospora Miers ex Hook. f. et Thoms.

本属约 30 余种，分布于东半球热带，中国有 6 或 7 种；广东有 2 或 3 种。黑石顶 1 种。

据报道（Kew Bull. 36：417. 1981），光叶青牛胆 [T. glabra (Burm. f.) Merr.] 亦产海南，因无标本，故暂未收载。

1. 中华青牛胆 Tinospora sinensis (Lour.) Merr. [Campylus sinensis Lour.]

广东各地，中部和南部常见。生林中或灌丛中，亦常见栽培。分布广西和云南。中南半岛各国、印度和斯里兰卡。

110. 粟米草科 Molluginaceae

本科约14属，90多种，主产热带和亚热带地区。中国有2属，约6种，主要分布于东南部至西南部；广东有2属，6种，黑石顶有1属，1种。

1. 粟米草属 Mollugo Linn.

本属约20种，主要分布在热带和亚热带地区，少数产欧洲和北美，中国有5种，分布于东部至西南部；广东皆有。黑石顶1种。

1. 粟米草 Mollugo pentaphylla Linn. [M. stricta Linn.]

广东各地常见。生长于中海拔至低海拔的山谷草丛、旷地、田野、海边沙地。分布中国东部至西南部，北至山东。亚洲东南部和非洲。

111. 桑科 Moraceae

本科约70余属，1 800多种，主要分布在热带和亚热带地区，少数在温带地区。中国约有16属，150多种，主要分布在长江以南各省区。广东有14属，63种，1亚种和12变种。黑石顶5属，31种。

1. 花多数，生于隐头花序内 ………………………………………………… 4. 榕属 Ficus
1. 花不生于隐头花序内，组成各式花序或单生。
   2. 雌花组成穗状花序或头状花序或数朵生于长的总花梗上，或数朵聚生于叶腋或单生（但不埋藏于花托内）………………………………………………………… 5. 桑属 Morus
   2. 雌花组成头状花序或密集于球形至圆筒形、椭圆形的花序堆上，如果雌花单身，则埋藏于花托内。
      3. 雄花序为穗状花序或葇荑花序；雌花序为头状花序；花丝在蕾中回折 …………………………………………………………………………………………… 2. 构属 Broussonetia
      3. 雌雄花序均为头状花序或密集于球形至圆筒形、椭圆形的花序轴上；花丝在蕾中直立。
         4. 雌雄异株；头状花序；雄蕊4枚 ……………………………… 3. 葨芝属 Chdrania
         4. 雌雄同株；花密集于球形至圆筒形、椭圆形的花序轴上；雄蕊1枚 ……………………………………………………………………………………… 1. 桂木属 Artocarpus

1. 桂木属 Artocarpus J. R. &. G. Forst.

本属约47种，分布于亚洲南部、东南部；其中面包树（A. altilis）和波罗蜜（A. heterophyllus）栽培于热带地区。中国约10余种，产湖南、江西以南各省区。广东有5种和1亚种。黑石顶2种。

1. 叶较大，长可达27 cm，宽可达11 cm，顶端渐尖或短渐尖；聚花果表面与上述不同 ……………………………………………………………………………… 1. 白桂木 A. hypargyreus
1. 叶较小，最长不超过13 cm，宽不超过4 cm，顶端长渐尖，渐尖部分长可达2 cm；聚花果表面有很多弯曲、圆柱形、长达5 mm的凸出体 ……… 2. 二色波罗蜜 A. styracifolius

1. 白桂木 Artocarpus hypargyreus Hance 别名：将军树。

本省各地。常生于低海拔至中海拔丘陵或山谷疏林中。分布云南、广西、湖南、江西、福建。

2. 二色波罗蜜 Artocarpus styracifolius Pierre ［*A. bicolor* Merr. & Chun］

本省各地。常生于中海拔的山谷、山坡疏林中。分布广西、贵州、云南。越南、老挝。

2. 构属 Broussonetia L'Hérit. ex Vent.

本属约8种，分布于亚洲东部和波利尼西亚。中国有3种，分布于山西以南各省区。广东有2种。黑石顶2种。

1. 灌木；叶柄长0.4～1.8 cm；雄花序长0.4～1.8 cm；雄花序长2.5～3 cm，成熟的聚花果直径0.8～1 cm ·· 1. 楮 B. kazinoki
1. 乔木；叶柄长1.5～10.5 cm；雄花序长6～8 cm；成熟的聚花果直径1.5～2 cm ············ ··· 2. 构 B. papyrifera

1. 楮 Broussonetia kazinoki Sieb. & Zucc. ［*B. kaempferi* Sieb.］别名：藤构、小构树

广东各地。常生于灌丛中。分布中国陕西以南各省区。分布日本、越南。

2. 构 Broussonetia papyrifera（Linn.）L'Hérit. ex Vent. ［*Morus Papyrifera* Linn.］

广东各地。常生于低海拔的山谷、丘陵或旷野；也有栽培。分布中国山西以南各省区。印度、越南、日本、美国等地有栽培。

3. 葨芝属 Cudrania Trec.

本属约9种，分布于东半球的热带地区。中国产5种，分布于河北以南各省区，广东有3种。黑石顶2种。

1. 侧脉纤细，多数，在叶背面不明显，叶柄长不过1.6 cm；聚花果直径达5 cm ················· ··· 1. 葨芝 C. cochinchinensis
1. 侧脉较粗，少数，在叶背面明显，叶柄长达3.5 cm；聚花果直径1～2.5 cm ················· ·· 2. 柘树 C. tricuspidata

1. 葨芝 Cudrania cochinchinensis（Lour.）Kudo & Masamune ［*Vanieria cochinchinensis* Lour.； *Maclura cochinchinensis*（Lour.）Corner］

广东各地。生于低海拔至中海拔的山谷、丘陵、旷野灌丛或林中。分布中国东南部至西南部。非洲东部、亚洲南部和东南部至澳大利亚。

2. 柘树 Cudrania tricuspidata（Carr.）Bureau ［*Maclura tricuspidata* Carr.］

本省北部。常生于丘陵或山谷沟边。分布河北以南各省区，尤以长江流域一带较多。日本、朝鲜、越南。

4. 榕属 Ficus Linn.

本属有800多种，产热带和亚热带地区，主要在亚洲东南部。中国有120种左右，分布于中部以南各省区，南部和西南部最多。广东有38种，12变种。黑石顶23种。

1. 花序簇生于无叶的短枝或树干上。
  2. 叶通常对生，卵形、卵状长圆形、椭圆形或倒卵状椭圆形，长6～45 cm，宽3～24 cm，两面粗糙，有短粗毛 ·· 10. 对叶榕 F. hispida
  2. 叶通常互生，无毛或有疏毛。
    3. 叶阔卵形或长圆状卵形 ··· 19. 杂色榕 F. variegata
    3. 叶长圆形、倒卵状长圆形或长圆状倒披针形，很少近菱形 ············ 5. 水同木 F. fistulosa

1. 花序1至多个生于小枝叶腋或已落叶的叶腋或无叶的小枝上。
　　4. 灌木或乔木。
　　　　5. 花序无或近于无总花梗。
　　　　　　6. 花序基部不收狭成柄。
　　　　　　　　7. 花序有毛。
　　　　　　　　　　8. 叶广卵形或近圆形，长10～27 cm，宽8～25 cm，边缘有小锯齿，3～5浅裂，背面密被黄褐色短绒毛；花序直径2.0～2.5 cm ·················· 7. 黄毛榕 F. fulva
　　　　　　　　　　8. 叶非广卵或近圆形，两面多少有毛；花序直径0.6～2.0 cm ··· 9. 粗叶榕 F. hirta
　　　　　　　　7. 无序无毛。
　　　　　　　　　　9. 叶柄长0.5～1.0 cm；侧脉5～6对，纤细，网脉仅在背面稍明显 ·················
　　　　　　　　　　　·· 12. 榕树 F. microcarpa
　　　　　　　　　　9. 叶柄长1～6 cm。
　　　　　　　　　　　　10. 侧脉纤细而较密，7～10对，网脉在两面均明显；叶顶端具钝的短尖头，叶长4.5～10.0 cm，宽2.0～5.5 cm ··· 3a. 近无柄雅榕 F. concinna var. subsessilis
　　　　　　　　　　　　10. 侧脉较粗而疏离，5～10对，网脉仅在背面稍明显；叶顶端钝短尖或钝短渐尖，叶长6～15 cm；宽2.0～7.5 cm ··· 21a. 黄葛树 F. virens var. sublanceolata
　　　　　　6. 花序基部骤然收狭成柄 ·· 13. 九丁树 F. nervosa
　　　　5. 花序有总花梗。
　　　　　　11. 花序基部收窄成柄。
　　　　　　　　12. 叶边缘具粗齿，不分裂或3～5裂，或不规则3至多裂 ············ 2. 无花果 F. carica
　　　　　　　　12. 叶全缘或仅上部有不规则的齿缺。
　　　　　　　　　　13. 花序梨形或近梨形，基部渐狭。
　　　　　　　　　　　　14. 花序梨形，长2.0～3.5 cm，果成熟时无毛；叶无毛，很少在背面叶脉上有短毛，顶端渐尖或骤尖，尖头部分长可达2 cm ············ 16. 舶梨榕 F. pyriformis
　　　　　　　　　　　　14. 花序近梨形，长0.8～2.3 cm，果成熟时有毛，叶有毛，顶端短尖或短渐尖 ·· 1. 石榕树 F. abelii
　　　　　　　　　　13. 花序球形或近球形。
　　　　　　　　　　　　15. 叶小提琴形，很少倒卵形而中部多少收狭 ············· 14. 琴叶榕 F. pandurata
　　　　　　　　　　　　15. 叶非上述形状。
　　　　　　　　　　　　　　16. 叶较狭，狭长圆状披针形、线状披针形或阔线形。
　　　　　　　　　　　　　　　　17. 叶于后腹面常墨绿色，背面白绿色。
　　　　　　　　　　　　　　　　　　18. 叶狭长圆状披针形或线状披针形；侧脉与中脉几成直角展出 ············
　　　　　　　　　　　　　　　　　　·················· 6 b. 窄叶台湾榕 F. formosana var. shimadai
　　　　　　　　　　　　　　　　　　18. 叶阔线形；侧脉弧形上举 ··· 6a. 线叶台湾榕 F. formosana var. angustissima
　　　　　　　　　　　　　　　　17. 叶干后两面的颜色与上述的不同，线状披针形 ······ 18. 竹叶榕 F. stenophylla
　　　　　　　　　　　　　　16. 叶较阔，非上述的形状。
　　　　　　　　　　　　　　　　19. 叶干后腹面常墨绿色，背面白绿色，边全缘或呈浅波状，上部有时具不规则的齿缺。
　　　　　　　　　　　　　　　　　　20. 叶膜质 ·· 6. 台湾榕 F. formosana
　　　　　　　　　　　　　　　　　　20. 叶厚纸质至亚革质 ········· 8a. 菱叶冠毛榕 F. gasparriniana var. laceratifolia
　　　　　　　　　　　　　　　　19. 叶干后两面的颜色与上述的不同，边全缘 ······ 4. 矮小天仙果 F. erecta
　　　　　　11. 花序基部圆形或钝，不收狭成柄。
　　　　　　　　21. 花序干后有褐色秕糠状小鳞片；叶顶端长渐尖，渐尖部分长1～2.5 cm；靠边2条基出脉沿边缘上升至叶片中部，侧脉2～3对 ·················· 11. 青藤公 F. langkokensis

21. 花序的被盖物及叶顶端，叶脉非上述情况。
　　22. 侧脉 7～10 对，纤细而较密，网脉在两面明显，叶较小，长 4.5～10 cm，宽 2～5.5 cm；花序球形，直径 5～8 mm；总花梗长 1～5 mm ·············· 3. 雅榕 F. concinna
　　22. 侧脉较疏离，网脉不明显或仅在背面明显；叶较大。
　　　　23. 花序通常着生于已落叶的小枝上，直径 5～8 mm；总花梗长 2～5 mm；叶基部通常钝或圆形，稀渐狭或浅心形 ·············· 21. 笔管榕 F. virens
　　　　23. 花序着生于叶腋，直径 5～15 mm；总花梗长 3～20 mm；叶基部楔形 ·············· 20. 变叶榕 F. variolosa
4. 攀援灌木或乔木。
　　24. 花序梨形或倒卵形，近球形、大，长 2.5～6.5 cm，宽 1.5～4 cm，幼时以气根爬于墙壁上或树上，叶小而薄，心状卵形，成长时叶大而厚，卵状椭圆形或长圆状椭圆形，基部微心形 ·············· 15. 薜荔 F. pumila
　　24. 花序近球形或稍圆锥形，远较小。
　　　　25. 叶片背面有很小的短绒毛，叶椭圆形、长圆形或卵形，长 2.5～6.5 cm，宽 1.2～3 cm，顶端钝急尖；侧脉 2～4 对 ·············· 17a. 纽榕 F. sarmentosa var. impressa
　　　　25. 叶片背面无毛，叶披针形或长圆状披针形，长 3～10.5 cm，宽 1～3.5 cm，顶端长渐尖或短渐尖；侧脉 8～10 对 ·············· 17 b. 光叶匍茎榕 F. sarmentosa var. lacrymans

1. 石榕树 Ficus abelii Miq.
　　广东各地。生于低海拔至中海拔的山谷或溪边潮湿地上。分布江苏、福建、江西、湖南、贵州、广西。印度、缅甸、老挝、越南、柬埔寨。
2. 无花果 Ficus carica Linn. 别名：优昙钵、蜜果
　　广东北部至南部均有栽培。分布中国中南部各省有栽培。原产亚洲西部至地中海地区，现栽植于全世界的温暖地区。
3. 雅榕 Ficus concinna Miq. [*F. Parvifolia* Miq.] 别名：小叶榕
　　翁源、阳山、丰顺。生于山地林中。分布福建、广西、云南。亚洲南部至东南部。
3a. 近无柄雅榕 Ficus concinna var. **subsessilis** Corner 别名：无柄小叶榕、万年青
　　与雅榕的区别是花序无或近于无总花梗。连山、南雄。生于山谷或旷地。分布云南、广西、江西、浙江、印度、泰国。
4. 矮小天仙果 Ficus erecta Thumb. [*F. beecheyana* Hook.]
　　广东中部以北各地。生于中海拔的山谷沟边林中。分布中国中南部、东南部至西南部。日本、越南。
5. 水同木 Ficus fistulosa ReinW. ex B1. [*F. harlandii* Benth.] 别名：尖刀树（增城）
　　广东东部至西南部。生于中海拔山谷沟边林中。分布台湾、福建、广西、云南、亚洲南部至东南部。
6. 台湾榕 Ficus formosana Maxim. 别名：长叶牛奶树、羊奶子（海南岛）
　　广东各地、生于低海拔至高海拔的旷野、山地疏林中。分布台湾、福建、江西、湖南、广西、云南、越南。
6a. 线叶台湾榕 Ficus formosana var. **angustissima** W. C. Ko
　　广东特产。极少见。见于清迈。生于湿润的阴坡或水旁岩石上。
6b. 窄叶台湾榕 Ficus formosana var. **shimadai** (Hayata) W. C. Chen [*F. pandurata* var. *angustifolia* Cheng; *F. formosana* var. *angustifolia* (Cheng) Migo.]
　　广东各地。生于低海拔至中海拔的旷野、山地灌丛或疏林中。分布台湾、福建、江西、贵

州、广西、云南、越南。

7. 黄毛榕 Ficus fulva Reinw. ex Bl. 别名：毛稞（澄迈）。

　　广东各地。生于山谷或溪边林中。分布福建、广西、云南。亚洲南部至东南部。

8. 菱叶冠毛榕 Ficus gasparriniana var. **laceratifolia** (H. Léveillé & Vaniot) Coener [*Ficus laceratifolia* H. Léveillé & Vaniot]

　　封开。生于海拔600～1 300 m山脚，路边灌丛中。分布贵州（安龙、册亨、贵阳、湄潭）、四川（峨眉、乐山、雅安）、云南（泸水、碧江、景洪等县）、广西（都安、隆林、龙津）、湖北、福建。

9. 粗叶榕 Ficus hirta Vahl [*F. simplicissima* sensu Migo, non Lour；*F. simplicissima* var. *hirta* Migo.] 别名：三龙爪、亚丫木、佛掌榕

　　广东各地。生于低海拔至高海拔的旷野、山地灌丛或疏林中。产中国东南部至西南部。亚洲南部至东南部。

10. 对叶榕 Ficus hispida Linn. f. 别名：牛奶子、牛奶树

　　广东各地。生于山谷、水旁、旷野及低海拔的疏林中。分布广西、贵州、云南。亚洲南部、东南部至澳大利亚。

11. 青藤公 Ficus langkokensis Drake [*F. harmandii* Gagnep.] 别名：金钱结（曲江）、细梓银稔木（茂名）、尖尾榕

　　广东各地。生于中海拔的山谷、沟边林中。分布福建、广西、云南。印度、老挝、越南。

12. 榕树 Ficus microcarpa L. 别名：细叶榕。

　　广东各地，生于低海拔的林中或旷地。野生或广泛种植。分布中国东南部、南部至西南部。亚洲南部至大洋洲。

13. 九丁树 Ficus nervosa Heyne ex Roth 别名：凸脉榕

　　广东东部至西南部。生于中海拔的山谷林中。分布中国东南部至西南部。斯里兰卡、印度、缅甸、越南。

14. 琴叶榕 Ficus pandurata Hance [*F. formosana* var. *angustissima* W. C. Ko；*F. formosana* var. *linearis* Migo；*F. pandurata* var. *angustifolia* W. C. Cheng；*F. pandurata* var. *holophylla* Migo；*F. pandurata* var. *linearis* Migo.]

　　广东各地。生于山野间或村庄附近旷野。分布中国东南部至西南部。越南也有分布。

15. 薜荔 Ficus pumila Linn. 别名：王不留行、馒头郎、凉粉果

　　广东各地。生日旷野或村边残墙破壁或树上。分布长江以南各省区。日本、越南。

16. 舶梨榕 Ficus pyriformis Hook. & Arn. [*F. rectinervia* Merr.] 别名：梨状牛奶子、长身牛奶仔、梨果榕

　　广东各地。生于中海拔的山谷、沟边。分布福建、广西、云南。越南。

17. 纽榕 Ficus sarmentosa var. **impressa** (Champ. ex Benth.) Corner [*F. impressa* Champ. ex Benth.；*F. foveolata* var. *impressa* (Champ. ex Benth.) King] 别名：爬藤榕，葡枝榕

　　广东西南部至东部。生于山地较阴湿的地方。分布河北以南各省区。越南。

17a. 光叶葡茎榕 Ficus sarmentosa var. **lacrymans** (Levl) Corner [*F. Lacrymans* Levl.；*F. kwangtungensis* Merr.]

　　广东北部至西南部。生于海拔至中海拔的旷野丛或山地林中。分布江苏至四川以南各省区。越南。

18. 竹叶榕 Ficus stenophylla Hemsl. 别名：竹叶牛奶树

　　广东北部、中部至西南部。生于旷野、丘陵或山谷沟边。分布长江以南各省区。越南、泰国。

19. 杂色榕 Ficus variegate Blume〔*F. chlorocarpa* Benth.；*Ficus variegate*var. *chlorocarpa*（Benth.）King〕

广东中部至西南部。生于低海拔至中海拔的丘陵或山地疏林中。分布福建、越南、泰国。

20. 变叶榕 Ficus variolosa Lindl. ex Benth. 别名：击常木

广东各地，生于低海拔至高海拔的旷野、山地灌丛或林中。分布中国东南部至西南部。越南、老挝。

21. 笔管榕 Ficus virens Ait 别名：串珠榕

广东各地、生于旷野或山谷林中。分布中国东南部至西南部。亚洲南部至大洋洲。

21a. 黄葛树 Ficus virens var. sublanceolata（Miq.）Corner〔*F. saxophila*var. *sublanceo lata* Miq.〕别名：大叶榕

与笔管榕不同在于花序无总花梗。花果期为全年。广东中部至西南部。生于旷野或山谷林中。常有栽培。分布中国东南部至西南部。亚洲南部至大洋洲。

5. 桑属 Morus Linn.

本属约10多种，分布于温带和热带地区，主要在温带地区。中国约有9种，各地均有。广东有4种。黑石顶2种。

1. 通常栽培；叶大，长达19 cm，宽达11.5 cm；叶柄长达6.3 cm；雄花序长2～3.5 cm；花柱分裂部分较不裂部分长 ··· 1. 桑 M. alba
1. 野生；叶较小长不过9 cm，宽不过5.5 cm，叶柄长不过1.5 cm；雄花序长1.5～2 cm；花柱分裂部分较不裂部分短或近等长 ··· 2. 鸡桑 M. australis

1. 桑 Morus alba Linn.

广东各地。多为栽培，亦有野生。多生于村边旷地。分布全国各地。原产中国，现广植于各地。

2. 鸡桑 Morus australis Poir.〔*M. acidosa* Griff.〕

广东北部。生于山地林中。分布河北以南各省区。日本、朝鲜；越南、老挝、柬埔寨间有栽培。

112. 芭蕉科 Musaceae

本科3属，60余种，主要分布于亚洲及非洲热带地区。中国有3属，11种。广东有1属5种。黑石顶1属2种。

1. 芭蕉属 Musa Linn.

本属约40种，南亚至东南亚种类最多。中国连栽培种在内有9种；广东有5种。黑石顶2种。

1. 花序下垂，每一苞片内有花2列，多朵；浆果倒向 ··· 1. 香蕉 M. acuminata
1. 花序直立，每一苞片内有花1～3朵；浆果不倒向 ··· 2. 红蕉 M. coccinea

1. 香蕉 Musa acuminatac Dwarf Cavendish〔*M. cavandishii* Lamb.；*M. sinensis* Sagot ex Bak〕

广东东部、西部、南部。封开有栽培。中国台湾、福建、广西、云南等省区均有栽培，中国原产。西印度群岛、南美洲、非洲某些地区大规模种植。

2. 红蕉 Musa coccinea Andr.〔*M. uranoscopos* Lour., non Rumph.〕

封开有栽培。分布云南、广西。越南、印度尼西亚和欧洲庭园中亦有栽培。

113. 杨梅科 Myricaceae

本科 2 属，约 40 种（亦有学者认为应分为 3 或 4 属，有 50 种），分布于东亚、非洲、美洲及欧洲部分地区的温带至热带地区，澳大利亚不产。中国有 1 属，4 种，1 变种。广东有 1 属，3 种。黑石顶 1 属，3 种。

1. 杨梅属 Myrica Linn.

约 40 种，分布于亚洲东南部、中非、南非、北欧及美洲。中国有 4 种，4 变种，产东南部。广东有 3 种。黑石顶 2 种。

1. 灌木；叶两面上腺体，上面的腺体脱落后留下凹点 ···
   ·· 1. 青杨梅 M. adenophora（黑石顶无分布）
1. 乔木；叶两面无腺体或仅下面有腺体。
   2. 嫩枝及叶柄无毛；雄花序不分枝 ·································· 3. 杨梅 M. rubra
   2. 嫩枝及叶柄被绒毛；雄花序分枝 ·································· 2. 毛杨梅 M. esculenta

1. **青杨梅** Myrica adenophora Hance

   徐闻。生于山谷林中。分布于广东华南地区、台湾。

2. **毛杨梅** Myrica esculenta Hailton ex D. Don

   花县、英德、封开、阳江等地。生于疏林中。分布云南、四川、贵州和广西。亚洲东南部。

3. **杨梅** Myrica rubra（Lour.）Sieb. et Zucc.

   广东大陆的东部、北部至南部。野生或栽培，喜酸性土壤。分布长江以南各省区。越南、菲律宾、朝鲜、日本。

114. 肉豆蔻科 Myristicaceae

本科约 16 属，380 种，分布于全球热带地区，以南美洲最丰富。中国有 3 属，约 15 种，产台湾、广东、广西和云南。广东产 1 种，黑石顶目前未有发现。

115. 桃金娘科 Myrtaceae

本科约有 100 属，3 000 种以上，主要分布于热带美洲、澳洲及热带亚洲。中国约有 16 属，160 余种，主产于靠近热带的低纬度地区。广东有 13 属，79 种 6 变种。黑石顶 7 属 16 种。

1. 果为蒴果；叶多互生，少数对生。
   2. 叶线形，对生，长不超过 1 cm；雄蕊 5～10 ·················· 2. 岗松属 Baeckea
   2. 叶扁平，互生，长 1 cm 以上；雄蕊多数 ·················· 4. 桉属 Eucalyptus
1. 果为浆果或核果，不开裂；叶对生。
   2. 叶 3～5 基出脉，花 5 数，子房 1～3 室，常具假隔膜 ············ 6. 桃金娘属 Rhodomyrtus
   2. 叶具羽状脉，靠近叶缘具锁状边脉。萼片分离或花开前连合，但开花时分裂。
      4. 果有种子多粒，种皮坚硬，骨质或木质；胚弯曲。
         5. 叶具明显腺点，花和果均较小，每室有种子 2 至数粒 ········ 3. 子楝树属 Decaspermum
         5. 叶无明显腺点；花和果均较大，种子极多 ·················· 5. 番石榴属 Psidium
      4. 果有种子 1～2 粒，种皮薄膜状；胚直。

6. 果实顶端无突起的萼；胚不分裂为 2 片子叶；花药叉开，顶孔开裂 ·· 1. 肖蒲桃属 Acmena

6. 果实顶端有突起的萼；胚分裂为 2 片子叶；药室平行，纵裂 ········ 7. 蒲桃属 Syzygium

1. 肖蒲桃属 Acmena DC.

本属约 11 种，分布于印度、马来西亚、印度尼西亚至澳大利亚。中国南部产 1 种，广东亦有。黑石顶 1 种。

1. 肖蒲桃 Acmena acuminatissima（Bl.）Merr. et Perry

广东中部及南部。低海拔至中海拔的林中。分布于中国南部。中南半岛各国、马来西亚、印度尼西亚和菲律宾。

2. 岗松属 Baeckea Linn.

本属约 68 种，主要分布澳大利亚。中国仅 1 种。广东 1 种。黑石顶 1 种。

1. 岗松 Baeckea frutescens Linn.

广东常见。生于低丘及荒山上，酸性土指示植物。分布于中国南部。东南亚各地。

3. 桉属 Eucalyptus L' Her.

本属约 600 种，集中于澳大利亚及其附近岛屿。中国目前有 70 余种，其中半数是新中国成立后引入的。广东 21 种，4 变种。黑石顶 2 种。

1. 树皮薄，光滑，灰色，常为条装或大片状脱落，圆锥花序 ················· 1. 柠檬桉 E. citriodora
1. 树皮厚，宿存，粗糙，常深裂，伞形花序 ······································· 2. 大叶桉 E. robusta

1. 柠檬桉 Eucalyptus citriodora Hook. f.

广东各地有栽培。喜生于肥沃壤土上，原产澳大利亚。福建、广西、海南有栽培。

2. 大叶桉 Eucalyptus robusta Smith

广东各地有栽培。原产澳大利亚，喜沼泽地及沿海沙壤土。分布华南各省区。

4. 子楝树属 Decaspermum J. R. et G. Forst.

本属约 40 种，分布于热带亚洲、西南太平洋及大洋洲。中国有 7 种，产华南至西南地区。广东 6 种，黑石顶 2 种。

1. 花 4 数 ·· 1. 华夏子楝树 D. esquirolii
1. 花 3 数 ·· 2. 子楝树 D. gracilentum

1. 华夏子楝树 Decaspermum esquirolii（Lévl.）Chnag et Miau

阳山、乳源等地。山坡杂林中。分布台湾、广西及贵州南部。

2. 子楝树 Decaspermum gracilentum（Hance）Merr. et Perry

广东西部、南部。生于疏林中。分布广西、越南。

5. 番石榴属 Psiadium Linn.

本属约 150 种，产热带美洲；中国引种 2 种，广东 2 种。黑石顶 1 种。

1. 番石榴 Psidium guajava Linn.

广东各地。生于荒地或低丘陵。分布华南至西南。热带地区广泛栽培。

6. 桃金娘属 Rhodomyrtus（DC.）Reichenb.

本属约 18 种，分布于热带亚洲及大洋洲。中国 1 种。广东 1 种。黑石顶有分布，1 种。

1. 桃金娘 Rhodomyrtus tomentosa (Ait.) Hassk.

广东各地。生于丘陵坡地上，为酸性土指示植物。分布华东南及西南。亚洲。

7. 蒲桃属 Syzygium Gaertn.

本属有 500 余种，主要分布于热带亚洲。中国约有 70 种。广东 38 种，2 变种。黑石顶 8 种。

1. 嫩枝四棱，偶有二棱。
   2. 萼管棒形，长 8～13 mm ·· 3. 子凌蒲桃 S. championi
   2. 萼管倒圆锥形，长 2～4 mm。
      3. 叶长 1.5～3 cm，宽 1～2 cm；叶柄长 2 mm；花梗长 1～2 mm；萼齿浅波状 ············
         ·· 2. 赤楠 S. buxifolium
      3. 叶长 4～7 cm，宽 2～3 cm；叶柄长 3～5 mm；花梗长 2～5 mm；萼齿短三角形 ······
         ··· 1. 华南蒲桃 S. austro-sinense
1. 嫩枝压扁或圆柱形。
   4. 花瓣连成帽状体。
      5. 果球形。
         6. 叶片卵状披针形或卵状长圆形；萼管有白粉，干后皱缩 ············ 6. 香蒲桃 S. odoradum
         6. 叶片狭椭圆形、椭圆形或倒卵状椭圆形；萼管无白粉，平滑 ································
            ··· 5. 广东蒲桃 S. kwantungense
      5. 果椭圆形 ··· 7. 红枝蒲桃 S. rehderianum
   4. 花瓣分离。
      7. 花序腋生 ··· 4. 小花蒲桃 S. hacei
      7. 花序顶生 ·· 8. 锡兰蒲桃 S. zeylanicum

1. 华南蒲桃 Syzygium austro-sinense (Merr. et Perry) Chang et Miau

广东各地。生于中海拔的常绿林中。分布长江流域及以南。

2. 赤楠 Syzygium buxifolium Hook. et Arn.

广东各地。生于疏林及灌丛中。分布长江流域及以南。

3. 子凌蒲桃 Syzygium championii (Benth.) Merr. et Perry 别名：小花蒲桃

罗浮山。生于中海拔的常绿林。分布广西。越南。

4. 小花蒲桃 Syzygium hancei Merr. et Perry

广东各地，北部较少。生于低海拔疏林。

5. 广东蒲桃 Syzygium kwangtungense (Merr.) Merr. et Perry

广东西部。生于低海拔常绿林。分布广西。

6. 香蒲桃 Syzygium odoratum (Lour.) DC.

广东常见。平地疏林或低山常绿林。分布广西。越南。

7. 红枝蒲桃 Syzygium rehderianum Merr. et Perry

广东中部和北部。生于常绿林。分布广西。

8. 锡兰蒲桃 Syzygium zeylanicum (Linn.) DC.

广东西部。生于中海拔常绿林。分布广西。南亚及东南亚。

116. 紫金牛科 Myrsinaceae

本科有 32～35 属，1 000 余种，主要分布于南、北半球热带和亚热带地区，南非及新西兰亦有。中国有 6 属，约 120 种，主要产于长江流域以南各省区。广东有 6 属，61 种，9 变种。黑石顶有5属，27种，1变种。

1. 子房半下位或下位；花萼基部或花梗上具1对小苞片；种子多数，有棱角 … 3. 杜茎山属 Maesa
1. 子房上位；花萼基部或花梗上无小苞片；种子1粒，通常为球形或圆柱形。核果状浆果，通常为球形；花药无横隔；生长于坡地乔、灌木林中。
   2. 伞房、伞形、聚伞花序，或由上述花序组成圆锥花序，稀总状花序，有长的总花梗或着生于特殊花枝顶端；花冠裂片螺旋状排列；柱头点尖；花两性 ………… 1. 紫金牛属 Ardisia
   2. 总状、伞形花序或花簇生成近头状花序，稀圆锥花序式伞房花序，伞形花序与簇生者同着生于具覆瓦状排列苞片的小短枝顶端；花冠裂片覆瓦状或镊合状排列；稀螺旋状排列；柱头各式；花杂性。
      3. 总状花序，稀圆锥花序式的伞形或伞房花序，通常为攀援灌木，稀藤本 ……………………………………………………………………………………… 2. 酸藤子属 Embelia
      3. 伞形花序或近于头状花序，着生于具覆瓦状排列苞片的小短枝顶端；通常为灌木或小乔木。
         4. 花通常近于头状花序，基部具1苞片；花丝较长；柱头流苏状或扁平，稀点尖；叶缘通具齿 ……………………………………………………… 4. 铁仔属 Myrsine
         4. 花通常排成伞形花序或近于头状花序，花序着生于具覆瓦状排列苞片的小短枝顶端；花丝短或几无；柱头伸长，圆柱形或中部以上扁平呈舌状；叶缘通常全缘 ………………………………………………………………………………… 5. 密花树属 Rapanea

1. 紫金牛属 Ardisia Swartz

本属约260余种，分布于美洲热带、太平洋群岛、亚洲东部至南部，少数分布于澳大利亚。中国60余种。广东有35种，8变种。黑石顶13种。

1. 叶全缘，边缘无腺点或微波状而边缘具不明显腺点。
   2. 叶长8 cm以上，宽2 cm以上；花序腋生或侧生，稀着生于侧生特殊花枝顶端 ……………………………………………………………………… 12. 罗伞树 A. quinquegona
   2. 叶长5.5 cm. 宽1.6 cm以下；花序着生于侧生特殊花枝顶端 ……… 5. 灰色紫金牛 A. fordii
1. 叶具各式齿，边缘具腺点，无腺点者，边缘具锯齿或啮蚀状细齿。
   3. 叶缘具各式圆齿，齿间或齿尖具腺点。
      4. 花萼长为花冠的1/2或2/3以下。
         5. 幼枝和叶均无毛。
            6. 叶边缘腺点生于齿间 ……………………………………… 7. 郎伞木 A. hanceana
            6. 叶边缘腺点通常位于齿尖，略突出 …………………… 3. 朱砂根 A. crenata
         5. 幼枝被微柔毛或鳞片，叶背被微柔毛。
            7. 叶革质至坚纸质，侧脉与中脉几垂直，具明显远离的边缘脉。
               8. 叶革质或厚坚纸质，长圆形至椭圆状披针形，边缘齿尖具腺点；植株高1～2 m；子房被微柔毛 ………………………………… 11. 山血丹 A. punctata
               8. 叶坚纸质，狭卵形或卵状披针形，或椭圆形至近长圆形，边缘腺点不明显；植株高10～15 cm或略高；子房无毛 …………… 1. 九管血 A. brevicaulis
            7. 叶坚纸质至膜质；侧脉与中脉成锐角，无边缘脉 ……… 4. 百两金 A. crispa
      4. 花萼与花冠几等长。
         9. 萼片两面被毛，稀内面几无毛；特殊花枝近顶端具叶或退化叶；植株具明显的茎 ……………………………………………………………………… 9. 虎舌红 A. mamilata
         9. 萼片里面无毛，花序上无叶；植株无茎或茎极短 ……… 10. 莲座紫金牛 A. primulaefolia

3. 叶边缘具锯齿或啮蚀状细齿
　　10. 叶长 12 cm 以下。
　　　　11. 茎幼时被长柔毛；叶被柔毛或长柔毛；萼片披针形至披针状钻形。叶基部心形 ………………………………………………………………………… 8. 心叶紫金牛 A. maclurei
　　　　11. 茎幼时被微柔毛或鳞片；叶无毛或被鳞片；萼裂片三角状卵形。
　　　　　　12. 总花梗通常长不超过 1 cm, 有花 3～5 朵 …………………… 2. 小紫金牛 A. chinensis
　　　　　　12. 总花梗长 2～4 cm, 有花多朵 ………………………………… 13. 三花紫金牛 A. triflora
　　10. 叶长 20 cm 以上。叶两面无毛或仅背面脉上被微柔毛；花序大，长 20～35 cm ………………………………………………………………………………… 6. 走马胎 A. gigantifolia

1. 九管血 Ardisia brevicaulis Diels
　　英德、乐昌、曲江、乳源、连县、阳山。生于海拔 800 m 以下山间疏、密林下阴湿处。分布台湾至西南，北至湖北，南至广东中部。

2. 小紫金 Ardisia chinensis Benth.
　　乐昌、乳源、翁源、南雄、始兴、大埔、从化、阳春、封开、新丰及南部沿海等地。生于低海拔山谷密林下溪边湿润处。分布浙江、江西、福建、台湾、广西。

3. 朱砂根 Ardisia crenata Sims
　　我省绝大部分地区。生于疏、密林下。分布台湾至西藏东南部。日本、印度、印度尼西亚。

4. 百两金 Ardisia crispa (Thunb) A. DC.
　　乳源、仁化。生于海拔 800 m 以下山谷、山坡的林下。分布长江以南各省区。日本、印度尼西亚（爪哇）。

5. 灰色紫金牛 Ardisia fordii Hemsl.
　　粤中及粤北。见于海拔 100～800 m 疏、密林下阴湿的地方、河边及溪旁。分布广西。

6. 走马胎 Ardisia gigantifolia Stapf
　　全省大部分地区。生于山间疏、密林下阴湿的地方。分布福建、江西、广西、云南。越南。

7. 郎伞木 Ardisia Ardisia hanceana Mez
　　广东各地。生于海拔 800 m 以下山谷、坡地的疏密林中，阳处、阴湿处或溪旁。分布海南、广西。

8. 心叶紫金牛 Ardisia maclurei Merr.
　　仁化、高要（鼎湖山）。生于山坡、山谷密林下阴湿的石上或水旁。分布海南、广西、贵州。

9. 虎舌红 Ardisia mamillata Hance
　　我省除东部少数地区外，其余几乎均有。生于山谷密林下阴湿的地方。分布湖南、福建、广西、四川、贵州。越南。

10. 莲座紫金牛 Ardisia primulaefolia Gardn. et Champ.
　　本省几乎各地区都有。生于密林下阴湿的地方。分布海南、福建、江西、广西、云南。越南。

11. 山血丹 Ardisia punctata Lindl.
　　本省除海南岛外，其他地区都有。生于山谷、山坡密林下，水旁或阴湿地方。分布福建、江西、浙江、湖南、广西。

12. 罗伞树 Ardisia quinquegona Bl.
　　全省各地。生于海拔 200～8 000 m 的山坡疏、密林中，或林中溪边阴湿处。分布台湾、福建、广西、云南。琉球群岛南部至马来半岛。

13. 五花紫金牛 Ardisia triflora Hemsl.

封开、高要（鼎湖山）。生于疏林下或竹林下。

2. 酸藤子属 Embelia Burm. f

本属约140余种，分布于太平洋群岛、亚洲南部及非洲等热带及亚热带地区，少数种类分布于澳大利亚。中国有20种。广东有7种和1变种。黑石顶6种及1变种。

1. 叶全缘。
  2. 叶片长2 cm以上，宽1 cm以上，互生，不成二列。
    3. 叶片倒卵状椭圆形或长圆状椭圆形；圆锥花序顶生；花通常5数。
      4. 叶片薄，坚纸质，叶面光滑，无皱纹，小枝无毛，果直径3～4 mm ················· 5. 白花酸藤果 E. ribes
      4. 叶片较厚，革质，近肉质或坚纸质，叶面常具皱纹，小枝常被柔毛，果直径2～3 mm ················· 5a. 厚叶白花酸藤果 E. ribes var. pachyphylla
    3. 叶片倒披针形至卵形或长圆状卵形，总状序腋生；花通常4枚。
      5. 叶片倒披针形或狭倒卵形；花序长约1 cm；果直径约1～1.5 mm ················· 2. 长叶酸藤子 E. longifolia
      5. 叶片倒卵形或长圆状倒卵形，花序长3～8 mm，果直径约5 mm ··· 1. 酸藤子 E. laeta
  2. 叶片长1～2 cm，宽0.6～1 cm，互生，二列 ················· 4. 当归藤 E. parviflora
1. 叶缘具锯齿。
  6. 叶缘具细密锯齿，侧脉不明显，网脉明显，隆起 ················· 6. 网脉酸藤子 E. rudis
  6. 叶缘具粗齿或上半部具粗齿或近全缘，侧脉明显，网脉不甚明显 ················· 3. 多脉酸藤子 E. oblongifolia

1. 酸藤子 Embelia laeta (Linn.) Mez

广东中部以南大部分地区。生于海拔100～800 m的山坡疏、密林下或林缘、草坡灌木丛中。分布台湾、福建、江西、广西、云南。越南、泰国、老挝、柬埔寨。

2. 长叶酸藤子 Embelia longfolia (Benth.) Hemsl.

乐昌以南大部分山区。生于海拔300～800 m的山地疏、密林中或路边灌木丛中。分布江西、福建、广西、贵州、云南及四川。

3. 多脉酸藤子 Embelia oblongifolia Hemsl.

广东中部及南部。生于300～900 m的山谷、山坡密林中，或溪边、河边林中。分布广西、贵州、云南。越南。

4. 当归藤 Embelia parviflora Wall.

乐昌至从化一带及海南岛中部山区。生于海拔300～800 m的山间密林中或林缘土质肥厚的地方。分布福建、广西、贵州、云南。印度、缅甸、印度尼西亚。

5. 白花酸藤果 Embelia ribes Burm. f.

广东中部以南各地。生于海拔800 m以下的疏林内及灌木丛中。分布福建、广西、贵州、云南等省区。

5a. 厚叶白花酸藤果 Embelia ribes Burm. f. var. pachyphylla Chun ex C. Chen.

广东乐昌以南大部分地区。生于200～800 m的林中或灌木丛中。分布广西、云南。

6. 网脉酸藤子 Embelia rudis Hand.-Mazz.

广东大部分地区。生于海拔200～900 m的山坡灌木丛中或林中。分布台湾、福建、浙江、江西、湖南、广西、贵州、四川。

3. 杜茎山属 Maesa Forsk.

本属约200余种，主要分布于东半球热带地区，少数分布于澳大利亚和太平洋群岛，非洲约有 4 种。中国约 29 种，分布于长江流域以地各省区。广东有 12 种。黑石顶 5 种。

1. 花冠裂片通常与花冠管等长或略长，稀略短［小叶杜茎山（M. parvifolia）中有少数的花冠］。
　　2. 小枝、花序被毛或鳞片。
　　　　3. 叶面无毛或被微柔毛 ·· 3. 金珠柳 M. montana
　　　　3. 叶面被糙伏毛或仅脉上被毛。
　　　　　　4. 成熟叶两面被糙伏毛；果被长硬毛 ····························· 1. 毛穗杜茎山 M. insigni
　　　　　　4. 成熟叶叶面仅脉上被毛；果无毛 ································· 4. 鲫鱼胆 M. perlarius
　　2. 小枝、花序通常无毛。··· 3. 金珠柳 M. montana
1. 花冠裂片通常较花冠管短或仅为花冠的 1/3 或更短。
　　5. 叶片长为宽的 5 倍以上，叶面叶脉深凹，其余部分隆起 ········· 5. 柳叶杜茎山 M. salicifolia
　　5. 叶片长为宽的 2～3 倍以下，叶面叶脉平坦或隆起，不深凹，其余部分不隆起 ···············
　　　·· 2. 杜茎山 M. japonica

1. **毛穗杜茎山 Maesa insignis** Chun
　　信宜。见于山坡、丘陵地疏林下。分布广西、贵州。
2. **杜茎山 Maesa japonica**（Thunb.）Moritzi
　　见于海拔 100～800 m 的杂木林下。几乎全省各地均产。分布台湾至西南各省区。日本及越南（北方）。
3. **金珠柳 Maesa montana** A. DC.
　　广东大部分山区。生于海拔 200～800 m 的间杂木林下或疏林下。从台湾至西南各省区均有。印度经缅甸至泰国。
4. **鲫鱼胆 Maesa perlarius**（Lour.）Merr.
　　广东大部分地区。生于海拔 200～800 m 的间杂木林下或疏林下。从台湾至贵州以南沿海各省区。越南、泰国。
5. **柳叶杜茎山 Maesa salicifolia** Walker
　　高要（鼎湖山）和惠阳（莲花山）。生于石灰岩山坡、杂木林中阴湿的地方。

4. 铁仔属 **Myrsine** Linn.

本属约 5（～7）种，从亚速尔群岛经非洲、沙特阿拉伯、巴基斯坦、阿富汗、印度北部至中国西南至中南部。中国有 4 种，广东有 2 种。黑石顶 2 种。

1. 叶背面无小窝孔，边缘中部以上具锐齿，叶柄下延至小枝上；花通常 4 数 ························
　　··· 1. 针齿铁仔 M. semiserrata
1. 叶背面具小窝孔，边全缘或有时中部以上具 1～2 对齿，叶柄不下延；花通常 5 数 ···········
　　·· 2. 光叶铁仔 M. stolonifera

1. **针齿铁仔 Myrsine semiserrata** Wall.
　　广东中部以北各地山区。生于海拔 500～900 m 的山坡疏密林内、路旁、沟边、石灰岩山坡等阳处。分布海南、湖北、湖南、广西、四川、贵州、云南及西藏。印度、缅甸。
2. **光叶铁仔 Myrsine stolonifera**（Koidz.）Walker
　　广东大部分山区。生于海拔 250～800 m 的疏、密林中潮湿的地方，或土壤瘠薄的山坡阳处。分布浙江、福建、台湾、广西、贵州、云南。日本。

5. 密花树属 **Rapanea** Aubl.

本属约 140（～200）种，分布于热带和亚热带或温带地区，中国有 7 种。广东有 4 种。黑石顶 1 种。

1. 密花树 Rapanea neriifolia（Sieb. et Zucc.）Mez

广东大部分山区有分布。生于海拔 100～800 m 的混交林或苔藓盛生的林中，亦见于林缘、路旁灌木丛中。分布从西地各省区至台湾。缅甸、越南、日本。

117. 紫茉莉科 Nyctaginaceae

本科 30 属，290 种，多分布于热带和亚热带地区。中国现在 4 属 11 种。广东有 4 属 9 种。黑石顶栽培 2 属 2 种。

1. 木本，花常 3 朵簇生，各包藏于一大而美丽的苞片内 ·················· 1. 宝巾属 Bougainvillea
1. 草本，花 1 至数朵生于～5 裂的总苞内，无小苞片 ··················· 2. 紫茉莉属 Mirabilis

1. 宝巾属 Bougainvillea Comm ex Juss.

本属约 14 种，分布于中、南美洲。中国引入栽培的有 2 种，广东皆有。黑石顶 1 种。

1. 宝巾 Bougainvillea glabra Choisy 别名：勒杜鹃

广东各地有栽培。植于庭园内或盆栽。长江流域及以南常见栽培。原产巴西。

2. 紫茉莉属 Mirabilis Linn.

本属约 60 种，产温带美洲，中国现有 2 种及 1 变种，广东 1 种。

1. 紫茉莉 Mirabilis jalapa Linn.

广东各地有栽培或逸为野生。长江流域及以南常见栽培。原产秘鲁。

118. 蓝果树科（紫树科）Nyssaceae

本科 3 属 12 种，分布于北美洲及亚洲。中国 3 属，广东 2 属，3 种。黑石顶 1 属，1 种。

1. 蓝果树（紫树）属 Nyssa Gronov. ex Linn.

本属约 10 种，中国 7 种，广东 1 种。黑石顶有 1 种。

1. 蓝果树（紫树）Nyssa sinensis Oliv.

广东各地。生于海拔 300 m 以上山谷、溪边林中。分布长江流域以南地区。

119. 金莲木科 Ochnaceae

本科有 40 属，约 600 种，主产于美洲热带。中国有 3 属，4 种。广东均有。黑石顶 2 属 2 种。

1. 雄蕊 10 枚或多数，花药条形，顶孔开裂；无退化雄蕊；子房深裂，3～12 室，胚珠每室 1 颗，核果，不开裂 ·· 1. 金莲木属 Ochna
1. 雄蕊 5 枚，花药戟形，纵裂；有多数退化雄蕊；子房全缘，1 室，胚珠多数；蒴果，开裂 ··· 2. 合柱金莲木属 Sinia

1. 金莲木属 Ochna Linn.

本属约 85 种，分布于非洲和亚洲热带地区。中国仅有 1 种，黑石顶有分布。

1. 金莲木 Ochna integerrima（Lour.）Merr.

广东西南部。生于山谷石旁或溪边林下较湿润的地方。分布广西。印度、巴基斯坦，缅甸至马来西亚。

2. 合柱金莲木属 Sinia Diels

本属仅 1 种，分布于中国广西、广东。黑石顶有分布。

1. 合柱金莲木（辛木，线齿木）Sinia rhodoleuca Diels

广东西部及西北部。生于海拔 600 m 以下的山谷水边。分布广西。

120. 铁青树科 Olacaceae

本科约 26 属，260 种，产于热带及亚热带地区。中国有 5 属，8 种，1 变种，主产南方各省区。广东有 3 属 5 种。黑石顶 1 属 1 种。

1. 青皮木属 Schoepfia Schreb.

本属约 35 种，分布于热带、亚热带地区。中国有 3 种，1 变种，主产南方各省区。广东产 2 种。黑石顶 1 种。

1. 华南青皮木 Schoepfia chinensis Gardn. & Champ.

广东大部分山区县市。生于低海拔的山谷、溪边密林或疏林中。分布长江流域及以南地区。

121. 木犀科 Oleaceae

本科约 28 属，600 余种，广布于热带和温带地区。中国有 11 属，178 种，6 亚种，25 变种和 15 变型，南北各地均有分布。广东共有 7 属，51 种，2 变种。黑石顶 6 属，13 种。

1. 翅果，奇数羽状复叶 ·· 2. 白蜡树属 Fraxinus
1. 核果或浆果；单叶、指状三出复叶或奇数羽状复叶（素馨属）。
　2. 核果。
　　3. 花冠裂片在花蕾时呈覆排列；花通常簇生于叶腋，或有时组成短小的圆锥花序 ············
　　　·· 6. 木犀属 Osmanthus
　　3. 花冠裂片在花蕾时镊合状排列；花通常组成圆锥花序。
　　　4. 花冠深裂至近基部或在基部成对合生 ··························· 1. 流苏树属 Chionanthus
　　　4. 花冠裂，裂片短于花冠管·· 5. 木犀榄属 Olea
　2. 浆果。
　　3. 花冠裂片在花蕾时呈镊合状排列；种子具胚乳 ····················· 4. 女贞属 Ligustrum
　　3. 花冠裂片在花蕾时呈覆状排列；种子无胚乳·························· 3. 素馨属 Jasminum

1. 流苏树属 Chionanthus Linn.

本属约 100 种，分布于热带，亚热带地区，中国有 8 种，1 变种，产于西南部、东南部及北部。广东有 4 种。黑石顶 1 种。

1. 枝花李榄 Chionanthus ramiflorus Roxb.

广东各地。生于中低海拔常绿林或山坡灌丛。西南地区及台湾。南亚、东南亚至大洋洲。

2. 白蜡树属 Fraxinus Linn.

本属 65 种，主要分布于北半球温带地区，少数种类可至热带，中国有 27 种，1 变种，其中 1 种为引种栽培。广东有 5 种。黑石顶 1 种。

1. 白蜡树 Fraxinus chinensis Roxb.

广东各地。生于山地杂木林中。中国广布。分布越南、朝鲜。

3. 素馨属 Jasminum Linn.

本属 200 余种，主要分布于东半球的温带至热带地区。中国有 43 种，广布于秦岭山脉以南各省区。广东连栽培的共有 10 种，1 变种。黑石顶 4 种。

1. 叶为复叶。
    2. 顶生小叶与侧生小叶近等大；花萼裂片三角形，长约 1 mm ……… 1. 清香藤 J. lanceolarium
    2. 顶生小叶约为侧生小叶的 2 倍；花萼裂片钻形，长 2～2.5 mm ……… 4. 华素馨 J. sinense
1. 叶为单叶。
    3. 花萼裂片短小，三角形，通常长不超过 2 mm ……………………… 3. 亮叶素馨 J. seguinii
    3. 花萼裂片细长，钻形或钻状线形，长 2 mm 以上 ………………… 2. 厚叶素馨 J. pentaneurum

1. 清香藤 Jasminum lancelarium Roxb. 别名：光清香藤

   广东各地。山地灌丛、山谷密林或水边。分布中国西北、西南、南部、东南部至台湾。分布印度、缅甸、越南。

2. 厚叶素馨 Jasminum pentaneurum Hand.-Mazz.

   广东各地。生于低海拔山坡、山谷。分布广西。越南。

3. 亮叶素馨 Jasminum seguinii Lévl. 别名：大力素馨

   封开。生于山坡草地、溪边灌丛或林中。分布海南、广西、贵州、四川、云南。泰国。

4. 华素馨 Jasminum sinense Hemsl. 别名：华清香藤

   广东各地。生于中低海拔的混交林或山坡、灌丛。分布长江流域及其以南地区、甘肃东南部。

4. 女贞属 Ligustrum Linn.

本属约 45 种，分布于欧洲、北非、东亚、东南亚至澳大利亚。中国连栽培有 29 种，1 亚种，9 变种，1 变型。广东有 9 种，2 变种。黑石顶 3 种。

1. 叶两面或一面密被小腺点；核果椭圆形或长圆形 ……………………… 1. 华女贞 L. lianum
1. 叶两面无腺点。
    2. 果肾形，稍弯曲；花序轴及其分枝无毛和皮孔；叶革质 ……… 2. 女贞 L. lucidum
    2. 果近球形，不弯曲；花梗较短，长不超过 3 mm；花丝与花冠裂片等长或稍长 …………
       ……………………………………………………………………………… 3. 小蜡 L. sinense

1. 华女贞 Ligustrum lianum Hsu

   广东各地。生于中低海拔山谷、山坡或旷野。分布长江流域以南。

2. 女贞 Ligustrum lucidum Ait. 别名：白蜡树。

   广东各地。生于海拔 800 m 以下的混交林中、林缘或谷地。长江流域及其以南各省区和陕西、甘肃南部；其他地区多见于栽培。

3. 小蜡 Ligustrum sinense Lour. 别名：山指甲。

   广东各地。生于海拔 100～800 m 的山坡、山谷或林中。分布长江流域及以南各省区。越南。

5. 木犀榄属 Olea Linn.

本属 40 余种，分布于亚洲、大洋洲、南太平洋群岛以及热带非洲和欧洲南部。中国连栽培的有 15 种，1 亚种，1 变种，分布于华南和西南地区。广东有 4 种。黑石顶 2 种。

1. 果干时具纵沟纹 8～10 条，较大，长 1.5～1.8 cm；叶长 10～16 cm，侧脉在上面凹入，下面突起 ……………………………………………………………………… 1. 海南木犀榄 O. hainanensis

1. 果干时不具纵沟纹，较小，长不超过 1.4 cm；叶长 5～10 cm，侧脉在下面凹入，常不明显 ·· 2. 异株木犀榄 O. tsongii

1. 海南木犀榄 Olea hainanensis Li

  广东西部。生于低海拔山谷、溪边树林中。分布海南。

2. 异株木犀榄 Olea tsongii（Merr.）P. S. Green 别名：白茶木

  广东各地。生于海拔 800 m 以下的山谷、平地或海边。分布西南地区、香港、海南。印度、缅甸、越南。

6. 木犀属 Osmanthus Lour.

本属约 30 种，大部分种类分布于亚洲东部至东南部，少数种类见于美洲。中国有 25 种，3 变种，主产于南部和东南部。广东有 11 种，1 变种。黑石顶 2 种。

1. 叶边反卷，基部阔楔形，花序排列紧密；花冠裂片边缘无毛或仅先端具疏睫毛 ···················· ··· 1. 厚边木犀 O. marginatus
1. 叶边不反卷，基部狭楔形；花序排列疏松，花冠裂片具睫毛或微睫毛 ······ 2. 小叶月桂 O. minor

1. 厚边木犀 Osmanthus marginatus（Champ. ex Benth.）Hemsl.

  广东各地。生于山谷溪边、路旁密林或疏林中。分布长江流域以南各省区。日本（南部）。

2. 小叶月桂 Osmanthus minor P. S. Green

  广东各地。生于山谷、山坡密林或疏林中。分布广西、江西、浙江、福建、香港。

122. 柳叶菜科 Onagraceae

本科 18 属，约 650 种，全球广布。中国 7 属，约 70 种。广东 5 属，15 种。黑石顶 1 属，3 种。

1. 丁香蓼属 Ludwigia Linn.

本属约 80 种，世界广布。中国 9 种，分布于长江流域以南地区。广东 7 种。黑石顶 3 种。

1. 植株被开展的粗毛；萼片较长，6～9 mm ·· 2. 毛草龙 L. octovalvis
1. 植株无毛或仅被微毛；萼片较短，1.5～4.5 mm。
 2. 雄蕊 8 枚；蒴果上部每室具种子多列，下部 1 列 ························· 1. 草龙 L. hyssopifolia
 2. 雄蕊 4～6 枚；蒴果每室具种子 1～2 列；成熟蒴果圆柱形 ······ 3. 细花丁香蓼 L. perennis

1. 草龙 Ludwigia hyssopifolia（G. Don）Exell

  广东各地。生于池塘、沟边及水田等湿润环境。分布云南、广西、台湾。热带亚洲、非洲及澳大利亚。

2. 毛草龙 Ludwigia octovalvis（Jacq.）Raven

  广东各地。生于池塘、沟边及水田等湿润环境。分布长江流域以南。热带及亚热带地区。

3. 细花丁香蓼 Ludwigia perennis Linn

  粤西及广州。生于池塘、沟边及水田等湿润环境。分布广西、福建、海南、台湾。

123. 山柚子科 Opiliaceae

本科约 9 属，60 种，大多数种类分布于亚洲和非洲的热带地区，少数至澳大利亚东北部和美洲的热带地区。中国有 5 属、5 种，产云南、广西、广东及台湾等省区。广东产 1 种，黑石顶目前未有发现。

124. 兰科 Orchidaceae

本科约 700 属，20 000 种，分布于全球热带和亚热带地区，少数种类分布于到温带地区。中国有 171 属，1 247 种及许多亚种、变种和变型。广东有 95 属，306 种，1 亚种，2 变种。黑石顶 25 属 38 种。

1. 能育雄蕊 3 枚，与侧生花瓣对生 ………………………………………… 17. 三蕊兰属 Neuwiedia
1. 能育雄蕊 1 枚，若 2 枚则位于蕊柱前后方，与中萼片和唇瓣对生。
   2. 果荚果状，不开裂；种子有厚的外种皮 ………………………………… 25. 香荚兰属 Vanilla
   2. 果为蒴果状，开裂；种子无厚的外种皮。
     3. 腐生植物，无绿叶 …………………………………………………… 2. 无叶兰属 Aphyllorchis
     3. 自养植物，具绿叶。
       4. 地生植物；叶不具关节；花粉团粒粉质，柔软。
         5. 叶折扇状，纸质或薄革质 ……………………………………… 24. 竹茎兰属 Tropidia
         5. 叶非折扇状、革质或膜质。
           6. 先花后叶；叶宽卵形至心形，具掌状脉 …………………… 16. 芋兰属 Nervilia
           6. 花叶同期；叶非上述。
             7. 花药仅以狭窄的基部与蕊柱相连，顶端常变狭而延长，后期整个花药枯萎或脱落；花粉团柄从花药顶端伸出。
               8. 柱头 1 枚 ………………………………………………… 12. 斑叶兰属 Coodyera
               8. 柱头 2 枚 ………………………………………………… 1. 开唇兰属 Anoectochilus
             7. 花药以宽阔的基部或背部与蕊柱合生，顶端不变狭，宿存；花糟团柄从花药基部伸出。
               9. 柱头 1 牧。
                 10. 蕊喙折叠状；苞片通常叶状 ……………………… 4. 苞叶兰属 Brachyemythis
                 10. 蕊喙不折叠；苞片不为叶状 ……………………… 20. 舌唇兰属 Plaranthera
               9. 柱头 2 牧 ……………………………………………… 13. 玉凤花属 Habenaria
       4. 附生植物，稀地生植物；叶常具关节；花粉团蜡质，稍坚硬或坚硬。
11. 植物合轴生长，通常具假鳞茎或肥厚的根状茎、块茎等；花粉团稍坚硬，通常不具粘盘柄。
   12. 花粉团 2 个。
     13. 唇瓣基部不为囊状，亦无距；花粉团无柄，直接粘附于粘盘上；叶基部无明显的长柄及由长柄套叠而成的假茎 ………………………………………… 9. 兰属 Cymbidium
     13. 唇瓣基部凹陷成囊状或具距；花粉团以柄连接粘盘上；叶基部具长柄，叶柄互相套叠而成假茎 ………………………………………………… 11. 美冠兰属 Eulophia
   12. 花粉团 4～8 个。
     14. 花粉团 8 个。
       15. 蕊柱无明显的蕊柱足；不具萼囊 …………………………… 3. 竹叶兰属 Arundina
       15. 蕊柱具明显的蕊柱足，萼囊明显
         16. 附生草本 ………………………………………………………… 10. 毛兰属 Eria
         16. 地生草本。
           17. 叶 1 片 ……………………………………………… 15. 球柄兰属 Mischobulbum
           17. 叶 2 片以上。

　　　　18. 叶带状或狭披针形，生于压扁的球形假鳞茎顶端；唇瓣中裂片具柄，柄上具2
　　　　　　枚肥厚的附属物，无距 ·· 23. 苞舌兰属 Spathoglottis
　　　　18. 叶柄圆形或椭圆状披针形，若为狭披针形，则不具球形的假鳞茎；唇瓣中裂片
　　　　　　无柄和附属物。
　　　　　　19. 植株较小，叶近基生；唇瓣基部与蕊柱翅多少合生成管；蕊柱通常较短 ······
　　　　　　　··· 6. 虾脊兰属 Calanthe
　　　　　　19. 植株较高大，叶疏生于长茎状的假鳞茎上或紧密互生于大型的假鳞茎顶端；
　　　　　　　唇瓣基部与蕊柱翅离生；蕊柱长而粗壮 ······························ 18. 鹤顶兰属 Phaius
　　14. 花粉团4个，仅 Appendicula 为6个。
　　　　20. 花序从假鳞茎基部或根状茎上发出。
　　　　　　21. 唇瓣基部凹陷成囊状 ·· 19. 石仙桃属 Pholidata
　　　　　　21. 唇瓣基部平坦或稍凹陷，但绝非囊状 ··································· 5. 石豆兰属 Bulbophyllum
　　　　20. 花序从茎或假鳞茎种上部或顶端发出。
　　　　　　22. 花粉团无柄，亦无明显的粘盘和粘盘柄，偶见粘质物 ······ 14. 羊耳蒜属 Liparis
　　　　　　22. 花粉团有柄，或有时具粘盘柄，稀无柄而直接附着于粘盘上或粘质物上。
　　　　　　　23. 花期具叶；假鳞茎与叶均长期存活 ······························ 8. 贝母兰属 Coelogyne
　　　　　　　23. 花期无叶或叶极幼嫩；假鳞茎与叶均短命，每年更新 ·····················
　　　　　　　　·· 21. 独蒜兰属 Pleione
11. 植物单轴生长，不具假鳞茎或肥厚的根状茎、块茎等；花粉团十分坚硬，通常以粘盘柄连接
　　于粘盘。
　　24. 每个花粉团半裂或具沟 ·· 22. 寄树兰属 Robiquetia
　　24. 每个花粉团裂为不等大的2片 ·· 7. 隔距兰属 Cleisostom

1. 开唇兰属 Anoectochilus Bl.

　　本属约40种，分布于亚洲和大洋洲。中国有20种，2变种。广东有4种，1变种。黑石顶1种。

1. 金线兰 Anoectochilus roxburghii (Wall.) Lindl. 花叶开唇兰

　　广东北部、西部、南部。生于常绿阔叶林下或沟谷阴湿处。分布华南、华东及西南地区。日本、东南亚地区。

2. 无叶兰属 Aphyllorchis Bl.

　　本属约20种，分布于喜马拉雅地区、亚洲热带地区至澳大利亚。中国5种。广东2种。黑石顶1种。

1. 无叶兰 Aphyllorchis montana Rchb. f.

　　广东西部及中部。生于林下或疏林下。分布香港、海南、台湾、广西、云南。东南亚和日本。

3. 竹叶兰属 Arundina Bl.

　　本属有1～2种，分布于热带亚洲和西印度洋群岛。中国1种，广东其他地区与黑石顶均有分布。

1. 竹叶兰 Arundina graminifolia (D. Don) Hochr.

　　广东各地。生于草坡、溪谷旁、灌丛下或林中。分布长江以南。东南亚、琉球群岛和塔希提岛。

4. 苞叶兰属 Brachyemythis Lindl.

　　本属约32种，分布于热带非洲、亚洲。中国有2种，广东1种。黑石顶1种。

1. 短矩苞叶兰 Brachyemythis galeandra（Rchb. f.）Summerh.

  广东北部及西部。生于山坡灌丛下或山顶草丛中或沟边阴湿处。分布华南、西南及台湾。印度、缅甸、越南、泰国。

5. 石豆兰属 Bulbophyllum Thou.

  本属约 1 000 种，分布于亚洲、非洲、美洲等热带和亚热带地区和大洋洲。中国有 93 种，3 变种。广东有 26 种。黑石顶有 2 种。

1. 假鳞茎疏生、彼此相距 10 mm 以上 ………………………………… 1. 广东石豆兰 B. kwangtungense
1. 假鳞茎聚集而生 ……………………………………………………………… 2. 齿瓣石豆兰 B. levinei

1. 广东石豆兰 Bulbophyllum kwangtungense Schltr.

  广东各地。生于海拔约 800 m 的山坡林下岩石上。分布香港、江西、福建、浙江、湖南、湖北、广西、贵州、云南。

2. 齿瓣石豆兰 Bulbophyllum levinei Schltr.

  广东乳源、始兴、新丰、龙门、博罗、封开等地。少见。生于海拔 800 m 的山地林中树干上或沟谷岩石上。分布香港、福建、江西、浙江、湖南、广西。

6. 虾脊兰属 Calanthe R. Br.

  本属 150 种，分布于亚洲热带和亚热带地区，巴布亚新几内亚、澳大利亚、热带非洲及中美洲。中国有 49 种，5 变种。广东 15 种。黑石顶 4 种。

1. 苞片早落；叶柄与叶鞘连接处有关节；蕊喙不裂 ……………………… 1. 密花虾脊兰 C. densiflora
1. 苞片宿存；叶柄与叶鞘连接处无关节；蕊喙 2～3 裂。
 2. 唇盘上有 3～4 列小瘤突；中萼片顶端 2 裂 ……………………… 4. 长距虾脊兰 C. sylvatica
 2. 唇盘上有 3～7 条脊突或褶片；中萼片顶端不裂或微凹。
  3. 萼片和花瓣柠黄色或黄色带褐色 ……………………………… 2. 钩距虾脊兰 C. graciliflora
  3. 萼片和花瓣白色或白色带淡紫色 ……………………………… 3. 车前虾脊兰 C. plantaginea

1. 密花虾脊兰 Calanthe densiflora Lindl.

  博罗、惠东、新会、封开、阳春、信宜等地。生于混交林下和山谷溪边。分布海南、台湾、广西、云南、四川和西藏。不丹、锡金、印度和越南。

2. 钩距虾脊兰 Calanthe graciliflora Hayata［C. hamata Hand. -Mazz.］

  广东北部、中部和西部地区。生于山谷溪边、林下等阴湿处。分布香港、台湾、江西、浙江、安徽、湖南、湖北、广西、云南、贵州和四川。

3. 车前虾脊兰 Calanthe plantaginea Lindl. 别名：大叶虾脊兰

  广东乐昌、乳源、龙门、怀集等地。生于山地常绿阔叶林下。分布云南、西藏。克什米尔地区、印度、尼泊尔、锡金、不丹。

4. 长距虾脊兰 Calanthe sylvatica（Thou.）Lindl.［C. masuca（D. Don）Lindl.］

  广东北部、西部、南部。生于山谷溪边林中阴湿处。分布台湾、湖南、香港、广西、云南、西藏。东南亚至非洲南部和马达加斯加。

7. 隔距兰属 Cleisostoma Bl.

  本属约 100 种，分布于热带亚洲和大洋洲。中国有 17 种，1 变种。广东有 7 种，1 变种。黑石顶 1 种。

1. 大序隔距兰 Cleisostoma paniculatum（Ker-Gawl.）Garay

  广东北部和中部。生于常绿阔叶林中树干上或沟谷林下岩石上。分布海南、香港、台湾、福建、江西、广西、贵州、云南、四川。泰国、越南、印度东北部。

8. 贝母兰属 Coelogyne Lindl.

本属约 200 种，分布于亚洲热带和亚热带至大洋洲。中国有 26 种。广东 3 种。黑石顶 1 种。

1. 流苏贝母兰 Coelogyne fimbriata Lindl.

广东北部、中部和西部地区。生于溪旁岩石上或林中、林缘树干上。分布香港、海南、广西、江西、云南、西藏。越南、老挝、柬埔寨、泰国、马来西亚和印度。

9. 兰属 Cymbidium Sw.

本属约 48 种，妥布于亚洲热带和亚热带地区。中国有 29 种，广东 15 种，1 亚种。黑石顶 3 种。

1. 叶片倒披针状长圆形至狭椭圆形 ················· 2. 兔耳兰 C. lancifolium
1. 叶片带形。
　2. 叶片宽 10～15（～25）mm，绿色，花茎常短于叶 ·········· 1. 建兰 C. ensifolium
　2. 叶片宽（15～）20～30 mm，暗绿色，花茎常长于叶，花序具 10～20 朵花 ················· 3. 墨兰 C. sinense

1. 建兰 Cymbidium ensifolium（Linn.）Sw.

广东各地。生于疏林下、灌丛中、山谷旁。分布香港、海南、台湾、福建、江西、浙江、安徽、湖南、广西、贵州、云南和四川。东南亚和南亚各国，北至日本。

2. 兔耳兰 Cymbidium lancifolium Hook.　[C. macleshoseae S. Y. Hu]

广东北部和中部等地。生于疏林下、林缘或溪谷旁。分布长江以南。自喜马拉雅地区至东南亚以及日本南部和新几内亚岛。

3. 墨兰 Cymbidium sinense（Jackson ex Andr.）Willd.

广东北部、中部及西部等地。生于林下、溪谷旁湿润但排水良好的荫蔽处。分布香港、海南、台湾、福建、江西、安徽、广西、贵州、云南、四川。东南亚、日本（琉球群岛）。

10. 毛兰属 Eria Lindl.

本属约 370 种，分布于亚洲热带至大洋洲，中国有 43 种。广东有 15 种。黑石顶 1 种。

1. 半柱毛兰 Eria corneri Rchb. f.

广东北部、西部和南部。生于林中树上或林下岩石上。分布香港、海南、台湾、福建、广西、贵州和云南。日本和越南。

11. 美冠兰属 Eulophia R. Br. ex Lindl.

本属约 200 种，主要分布于非洲，其次亚洲热带和亚热带、美洲和澳大利亚。中国 14 种。广东 6 种。黑石顶 1 种。

1. 黄花美冠兰 Eulophia flava（Lindl.）Hook. f.

广东中部地区。生于溪边岩石缝中或开旷草坡。分布香港、海南、广西。东南亚。

12. 斑叶兰属 Goodyera R. Br.

本属约 40 种，主要分布于北温带，向南可达墨西哥、东南亚、太平洋岛屿、澳大利亚和非洲。中国产 29 种，广东 11 种。黑石顶 3 种。

1. 叶面上具白色或黄色的网状脉纹或斑纹 ············· 1. 大花斑叶兰 G. biflora
1. 叶面上无网状脉纹和斑纹。
　2. 叶面沿中脉具 1 条白色带 ···················· 3. 绒叶斑叶兰 G. velutina

    2. 叶面沿中脉无白色带 ·· 2. 高斑叶兰 G. procera

1. 大花斑叶兰 Goodyera biflora（Lindl.）Hook. f.

广东乳源、封开、信宜等地。生林下阴湿处。分布华中、华东、西南及台湾。尼泊尔、印度、朝鲜半岛南部、日本。

2. 高斑叶兰 Goodyera procera（Ker-Gawl.）Hook.

广东各地。生于林下。分布香港、海南、台湾、福建、浙江、安徽、广西、贵州、云南、四川、西藏东南部。东亚及东南亚。

3. 绒叶斑叶兰 Goodyera velutina Maxim.

广东河源、封开等地。生于林下阴湿处。分布海南、台湾、福建、浙江、湖南、湖北、广西、云南、四川。朝鲜半岛南部、日本。

13. 玉凤花属 Habenaria Willd.

本属约 600 种，分布于全球热带，亚热带至温带地区。中国有 55 种。广东有 12 种。黑石顶 1 种。

1. 橙黄玉凤花 Habenaria rhodocheila Hance

广东各地。生于山坡或沟谷林下阴处地上或岩石上覆土中。分布香港、海南、福建、江西、湖南、广西、贵州。东南亚。

14. 羊耳蒜属 Liparis L. C. Rich.

本属约 250 种，分布于世界热带和亚热带地区，有些种类达北温带。中国有 52 种。广东 18 种，黑石顶 3 种。

1. 叶草质或膜质，叶柄无关节；常为地生兰·· 3. 见血青 L. nervosa
1. 叶纸质或厚纸质；叶柄与假鳞茎连接处具关节；常为附生兰。
    2. 每个假鳞茎上只具 1 片叶 ·· 1. 镰翅羊耳蒜 L. bootanensis
    2. 每个假鳞茎上具 2～3 片叶 ·· 2. 黄花羊耳蒜 L. luteola

1. 镰翅羊耳蒜 Liparis bootanensis Griff. ［*L subplicata* T. Tang et F. T. Wang］

广东各地。生于林缘、林中或山谷阴处的树上或岩壁上。分布香港、海南、台湾、福建、江西、广西、贵州、云南、四川和西藏。南亚及东南亚。

2. 黄花羊耳蒜 Liparis luteola Lindl.

阳春、封开。生于山谷、林下。分布海南。

3. 见血青 Liparis nervosa（Thunb. ex A. Murray）Lindl.

广东各地。生于林下、溪谷旁湿润处。分布香港、台湾、福建、江西、浙江、湖南、广西、贵州、云南、四川和西藏。全世界热带与亚热带地区。

15. 球柄兰属 Mischobulbum Schltr.

全属约 8 种，分布于中国、东南亚至新几内亚岛和太平洋岛屿。中国仅 1 种。广东与黑石顶有分布。

1. 心叶球柄兰 Mischobulbum cordifolium（Hook. f.）Schltr.

广东英德、大埔、饶平、博罗、阳春等地。生于沟谷林下阴湿处。分布香港、台湾、福建、广西。越南。

16. 芋兰属 Nervilia Comm. ex Gaud.

全属约 50 种，分布于亚洲、大洋洲和非洲的热带与亚热带地区。中国有 7 种 2 变种。广东有 2 种。黑石顶 2 种。

1. 叶两面均无毛；叶柄开约 7 cm ·················· 1. 毛唇芋兰 N. fordii
1. 叶两面均有粗毛；叶柄长 1.5～3 cm ·················· 2. 毛叶芋兰 N. plicata

1. 毛唇芋兰 Nervilia fordii（Hance）Schltr.

生于山坡或沟谷林下阴湿处。广东乳源、连州、阳山、博罗、怀集、封开、云浮、阳春等地。分布香港、广西和四川中部至西部。泰国。

2. 毛叶芋兰 Nervilia plicata（Andr.）Schltr.

广东惠东、封开等地。生于林下或沟谷阴湿处。分布香港、福建、甘肃、广西、云南、四川。东南亚、新几内亚岛、澳大利亚。

17. 三蕊兰属 Neuwiedia Bl.

本属约有 10 种，产东南亚至新几内亚岛和太平洋岛屿。中国有 1 种。广东与黑石顶均有分布。

1. 三蕊兰 Neuwiedia singapureana（Baker）Rolfe ［N. veratrifolia Bl.］

广东西部、南部。生于林下。分布香港、海南、云南。东南亚。

18. 鹤顶兰属 Phaius Lour.

本属约 40 种，分布于非洲热带地区、亚洲热带和亚热带地区至大洋洲。中国有 8 种。黑石顶 2 种。

1. 花茎低于叶，花黄色 ·················· 1. 黄花鹤顶兰 P. flavus
1. 花茎高于叶，花白色或内面棕色 ·················· 2. 鹤顶兰 P. tankervilleae

1. 黄花鹤顶兰 Phaius flavus（Bl.）Lindl. ［Phaius maculatus Lindl.］

广东各地。生于山坡林下阴湿处。分布香港、海南、台湾、福建、湖南、广西、贵州、云南、四川和西藏。东南亚和新几内亚岛。

2. 鹤顶兰 Phaius tankervilleae（Banks ex L'Herit.）Bl.

广东北部、西部、南部。生于林缘、沟谷或溪边阴湿处。分布香港、海南、台湾、福建、广西、云南和西藏。亚洲热带、亚热带地区以及大洋洲。

19. 石仙桃属 Pholidota Lindl. ex Hook.

本属约 30 种，分布于亚洲热带和亚热带，南达澳大利亚和太平洋岛屿。中国有 14 种。广东 2 种。黑石顶 1 种。

1. 石仙桃 Pholidota chinensis Lindl.

广东各地。生于林中或林缘树上、岩壁上或岩石上。分布香港、海南、福建、浙江、广西、贵州、云南和西藏。越南、缅甸。

20. 舌唇兰属 Platanthera L. C. Rich.

本属约 150 种，主要分布于北温带，向南达中南美洲的热带非洲、亚洲。中国有 41 种，3 亚种。广东 5 种。黑石顶 1 种。

1. 密花舌唇兰 Platanthera hologlottis Maxim.

封开、乳源、连州等地。生于山谷溪边林下阴湿处。分布福建、江西、浙江、江苏、安徽、湖南、河北、山东、内蒙古、吉林、辽宁、黑龙江、云南、四川。俄罗斯、东亚地区。

21. 独蒜兰属 Pleione D. Don

本属约 19 种，主要分布于中国秦岭以南，西至喜马拉雅地区，南至缅甸、老挝和泰国。中国有 16 种。广东 4 种。黑石顶 2 种。

1. 唇瓣上有4～5条纵褶片 ·· 1. 独蒜兰 P. bulbocodioides
1. 唇瓣上有4～7行垂髯毛或流苏状毛 ····································· 2. 毛唇独蒜兰 P. hookeriana

1. **独蒜兰 Pleione bulbocodioides**（Franch.）Rolfe

    广东北部。生于林下或灌木林缘腐植质丰富的土壤上或苔藓覆盖的岩石上。分布湖南、江西、湖北、安徽、陕西、甘肃、广西、贵州、云南、四川、西藏。

2. **毛唇独蒜兰 Pleione hookeriana**（Lindl.）B. S. Williams

    广东北部。生于树干上，灌木林缘苔藓覆盖的岩石上或岩壁上。分布广西、贵州、湖南、云南和西藏。尼泊尔、不丹、印度、缅甸、老挝和泰国。

22. 寄树兰属 Robiquetia Gaud.

本属约40种，分布于东南亚至澳大利亚和太平洋岛屿。中国有2种。广东2种。黑石顶1种。

1. **寄树兰 Robiquetia succisa**（Lindl.）Seidenf. et Garay

    广东中部及西部等地。生于疏林中树干上。分布香港、海南、福建、云南。东南亚。

23. 苞舌兰属 Spathoglottis Bl.

本属约46种，分布于热带亚洲至大洋洲和太平洋岛屿。中国有3种，广东1种，黑石顶有分布。

1. **苞舌兰 Spathoglottis pubescens** Lindl.

    广东北部、西部及南部。生于山坡草丛中或疏林下。分布香港、福建、江西、浙江、湖南、广西、贵州、云南、四川。东南亚。

24. 竹茎兰属 Tropidia Lindl.

本属约20种，分布于亚洲热带和太平洋岛屿，有些种类见于中美洲与北美洲东南部。中国4种。广东2种。黑石顶有1种。

1. **短穗竹茎兰 Tropidia curculigoides** Lindl.

    深圳、肇庆、封开、阳春等地。生于林下或沟谷旁阴处。分布香港、海南、台湾、广西、云南、西藏。东南亚地区。

25. 香荚兰属 Vanilla Plumier ex p. miller

本属约70种，分布于全球热带地区。中国2～3种，分布于西南至华南。广东自然分布1种，引种1种。黑石顶1种。

1. **香果兰 Vanilla annamica** Gagnep.

    封开。生于山谷疏林中，附生于树上。分布海南。越南。

125. 列当科 Orobanchaceae

本科15属，约150种，分布于全世界，以北温带为主。中国有9属，40种。广东产3属，3种。黑石顶1种。

1. 野菰属 Aeginetia Linn.

本属4种，产东亚和南亚。中国有3种。广东产1种。黑石顶1种。

1. **野菰 Aeginetia indica** Linn. 别名：烟斗草

    广东各地。生于疏林下或草丛中。分布长江流域及其以南各省区。印度、中南半岛各国、菲律宾和日本。

126. 酢浆草科 Oxalidaceae

本科 7～10 属，约 100 种，主产南美洲，次为非洲、亚洲很少。中国有 3 属，约 10 种，分布于南北各地。广东有 3 属，6 种，其中杨桃属已成半驯化的引入栽培乔木，是南方的秋冬季木本水果之一。黑石顶 3 种。

1. 乔木，奇数羽状复叶，肉质浆果 ·· 1. 杨桃属 Averrhoa
1. 草本，指状 3 出叶，蒴果 ·· 2. 酢浆草属 Oxalis

1. 杨桃属 Averrhoa Linn.

本属 2 种，原产亚洲热带及亚热带地区。中国 2 种，广东 1 种。黑石顶 1 种。

1. 杨桃 Averrhoa carambola Linn. 别名：五敛子、三敛

广东南部各地有栽种。分布台湾、福建、广西、云南四省区省南部。原产马来西亚。

2. 酢浆草属 Oxalis Linn.

本属约 800 种，主产南美洲。中国约有 7 种，全国广布。广东有 3 种。黑石顶 2 种。

1. 一年生草本；花较小，黄色 ·· 1. 酢浆草 O. corniculata
1. 多年生草本；花白色或紫红色；较大 ·· 2. 红花酢浆草 O. corymbosa

1. 酢浆草 Oxlis corniculata Linn. （唐本草）别名：酸味草、鸠酸

广东各地。生于草地、路旁、石缝边缘、菜地等处。中国广布。全世界热带至温带地区。

2. 红花酢浆草 Oxalis corymbosa DC.

广东各地。生于草地、菜地。中国南部。原产南美，现广布于热带地区。

127. 小盘木科 Pandaceae[①]

本科约 10 种，分布于非洲和亚洲热带地区。中国产 1 种，广东有分布。黑石顶 1 种。

1. 小盘木 Microdesmis casearifolia Planch. [*M. casearifolia* f. *sinensis* Pax.]

广东各地。生于沿海平原或低海拔的山地、山谷常绿阔叶林中。分布香港、海南、广西、云南。中南半岛各国、印度尼西亚、菲律宾。

128. 露兜树科 Pandanaceae

本科共 3 属，有 800 多种，广布于亚洲、非洲和大洋洲热带和亚热带地区，大多为海岸或沼泽植物。中国有 2 属，7 种，2 变种。广东有 1 属，5 种，1 变种。黑石顶 1 属，2 种。

1. 露兜树属 Pandanus Linn.

本属有 600 多种，分布于东半球热带和亚热带地区。中国有 5 种，2 变种。广东有 5 种，1 变种。黑石顶 2 种。

1. 草本。雄花具 5～7（～9）枚雄蕊；柱头分叉 ······························ 1. 露兜草 P. austrosiensis

---

[①] 有学者依本属（重阳木属）植物体无白色乳汁、花无花盘、胚珠无珠孔塞等特征，将小盘木属 Microdesmis Hook. f. ex. Hook. 和另外 3 个小属从大戟科分出，成立小盘木科（**Pandaceae**）。

1. 灌木或小乔木。每一雄花通常有 10 枚雄蕊；宿存柱头刺状 ·················· 2. 簕古子 P. forceps

1. 露兜草 Pandanus austrosiensis T. L. Wu ［P. austrosiensis var. longifolius L. Y. Zhou ex X. W. zhong］

从化、高要、连山、郁南等地。生于林中、河边或路旁。分布海南、广西。菲律宾。

2. 簕古子 Pandanus forceps Martelli 别名：雷公锯（连山）

连山、廉江、封开、阳春等地。生于山坡疏林下。分布南、香港。越南。

129. 罂粟科 Papaveraceae

本科约 38 属 700 多种，主要分布于北温带，尤以地中海区、西亚、中亚至东亚及北美洲西南部为多。中国有 18 属，362 种，产南北各省，但以西南部最为集中。广东产 2 种，黑石顶目前未有发现。

130. 西番莲科 Passifloraceae

本科 16 属约 600 种，分布于热带及温带地区。中国 2 属，约 23 种，分布于南部及西南部地区。广东有 2 属，9 种。黑石顶 1 种。

1. 西番莲属 Passiflora Linn.

本属约 500 种，主产于热带和亚热带美洲。中国产 19 种，分布于东南部和西南部，以云南最多。广东有 8 种。黑石顶 1 种。

1. 广东西番莲 Passiflora kwangtungensis Merr.

广东各地。生于低海拔的山地疏林或灌丛。分布广西东北部。

131. 泡桐科 Paulowniaceae

1. 泡桐属 Paulownia Sieb. et Zucc.

本科 1 属 7 种，均产中国。广东产 2 种。黑石顶 2 种。

1. 枝、叶被星状茸毛；花序不分枝；花白色或浅紫色，长 8～10 cm ······ 1. 白花泡桐 P. fortunei
1. 枝、叶被顶部具小腺体的毛；花序呈圆锥花序状分枝；花紫色，长达 5 cm ·· 2. 台湾泡桐 P. kawakamii

1. 白花泡桐 Paulownia fortunei（Seem.）Hemsl. 别名：泡桐

广东南北均有产或栽培，但以北部较常见。生于山地、丘陵或溪边疏林内。分布长江以南各省区均有野生或栽培。越南、老挝。

2. 台湾泡桐 Paulownia kawakamii Ito ［P. viscosa Hand.-Mazz.］

粤北地区、广州（栽培）。生于山地水旁、山坡、山顶等疏林内或灌丛中。分布长江流域至南岭地区。

132. 五列木科 Pentaphylacaceae

本科 1 属，1 种，分布于马来西亚、印度尼西亚、中南半岛至中国南部。中国有 1 种，广东亦产。黑石顶 1 种。

1. 五列木属 Pentaphylax Gardn. et Champ.

1. 五列木 Pentaphylax euryoides Gardn. et Champ.

广东各地。生于中低海拔的常绿阔叶林中。分布华南至西南各省区。东南亚。

133. 商陆科 Phytolaccaeae

本科12属，100种，分布于热带及温带地区、主产热带美洲和非洲南部。中国连引种栽培的有2属，6种。广东有1属，2种。黑石顶2种。

1. 商陆属 Phytolacca Linn.

本属35种，分布于热带、亚热带地区，主产美洲。中国有5种，南北均产。广东连引入的有2种。

1. 雄蕊、心皮8枚，心皮离生；果序近直立 ·· 1. 商陆 P. acinosa
1. 雄蕊、心皮10枚；心皮合生；果序下垂 ·· 2. 美洲商陆 P. americana

1. 商陆 Phytolacca acinosa Roxb.

主产粤北及粤东地区，其他地区较少见。生于山谷水边、林下、路旁、宅边。分布几乎遍及全国。朝鲜、日本和印度亦有。

2. 美洲商陆 Phytolacca americana Linn.

封开、肇庆、广州等地。栽培或逸为野生。江苏等地有栽培。原产北美，现许多地区均有。

134. 透骨草科 Phrymaceae

本科仅1属，1种，2亚种，间断分布于北美东部及亚洲东部。中国有1亚种。分布东北、华北、陕西、甘肃南部、四川及其以南（海南、台湾除外）。广东不产，黑石顶目前未有发现。

135. 胡椒科 Piperaceae

本科8属3 000余种，分布于热带亚热带温暖地区。中国4属，70余种，分布于南方地区。广东3属，22种，3变种。黑石顶1属，6种。

1. 胡椒属 Piper Linn.

本属约2 000种，主要分布于热带地区。中国约60种，产西南、东南及台湾。广东18种，2变种。黑石顶6种。

1. 苞片圆形或近圆形，极少为阔椭圆形，腹面仅中部着生于花序轴上。
  2. 叶无毛或仅背面沿脉上被极细的粉状短柔毛。
    3. 下部叶常心形，如不为心形，则苞片边缘不整齐而具浅齿；果下部嵌生于花序轴中并与其合生。
      4. 叶柄和叶背脉上被极细的粉状短柔毛（需放大镜观察），苞片全缘 ·· 6. 假蒟 P. sarmentosum
      4. 叶柄和叶背脉上无毛，苞片边缘常有浅齿 ············· 2. 华南胡椒 P. austrosinense
    3. 叶基部渐狭或钝；苞片全缘；果离生或基部嵌生于花序轴中并与其合生 ·· 3. 山蒟 P. hancei

2. 叶片至少背面被毛或脉上被向上弯曲的粗毛。
　　5. 叶背面被不分枝的单毛 ………………………………………………… 1. 小叶爬崖香 P. arboricola
　　5. 叶背面被分枝的复毛 ……………………………………………………… 5. 毛蒟 P. puberulum
1. 苞片长圆形或倒卵状长圆形，腹面贴生于花序轴上，仅边缘分离 …… 4. 变叶胡椒 P. mutabile

1. **小叶爬崖香 Piper arboricola** C. DC.

　　广东各地。生于密林或疏林中。分布南部各省区。越南。

2. **华南胡椒 Piper austrosinense** Tseng

　　广东各地。生于密林或疏林中。分布广西、海南。

3. **山蒟 Piper hancei** Maxim.

　　广东各地。生于密林或疏林中。分布中国南方各省区。

4. **变叶胡椒 Piper mutabile** C. DC.

　　广东西部。生于山坡及山谷疏林。分布广西。越南。

5. **毛蒟 Piper puberulum**（Benth.）Maxim.

　　广东各地。生于密林或疏林中。分布广西、海南及西南地区。

6. **假蒟 Piper sarmentosum** Roxb.

　　广东各地。生于疏林或村旁。分布中国南部和西南部。印度，东南亚。

136. 海桐花科 Pittosporaceae

　　本科有9属，约360种，9属均见于澳大利亚，其中海桐花属（Pittosporum）的种类最多，广泛分布于大洋洲和西南太平洋各岛屿及亚洲热和亚热带地区。中国有1属，约50种。广东有1属，9种，4变种。黑石顶1属，1种，1变种。

1. 海桐花属 Pittosporum Banks ex Soland.

　　本属约300种。中国有49种，6变种。广东有9种，4变种。黑石顶1种，1变种。

1. 叶倒披针形或狭长圆形，宽2～3.5 cm ……………………………………… 1. 光海桐 P. glabratum
1. 叶线状披针形，宽1～2 cm ……………………………… 1a. 狭叶海桐 P. glabratum var. neriifolium

1. **光海桐 Pittosporum glabratum** Lindl. 别名：一朵云

　　本省中部及北部。生于山地常绿林及次生疏林中。分布湖南、广西、贵州。

1a. **狭叶海桐 Pittosporum glabratum** Lindl. var. **neriifolium** Rehd. et Wils. ［*P. cavaleriei* Lévl.］

　　本省中部及北部。生于山地疏林及灌丛中。分布江西、湖南、广西、贵州、湖北。

137. 车前草科 Plantaginaceae

　　本科有3属，260种，广布于全世界。中国有1属，约13种。广东有1属，2种。黑石顶1属，2种。

1. 车前草属 Plantago Linn.

　　本属约250种，广布于全世界。中国有约13种。广东有1种。黑石顶2种。

1. 植株较小，高小于30 cm ………………………………………………………………… 1. 车前 P. asiatica
1. 植株高大，高30～80 cm ……………………………………………………………… 2. 大车前 P. major

1. 车前 Plantago asiatica Linn.

   广东各地。生于村前屋后荒地和潮湿的草地上。分布中国南北各地。欧洲、亚洲。

2. 大车前 Plantago major Linn. 别名：车轮菜、钱贯草。

   广东各地。生于村前屋后荒地和潮湿的草地上。分布中国南北各地。欧洲、亚洲。

138. 禾本科 Poaceae (Gramineae)

本科分为竹亚科和禾亚科两个亚科，约700属，11 000余种，广布于全世界。中国有226属，约1 795种。广东有149属，492种，2亚种，26变种和2变型。黑石顶46属，74种。

1. 秆多年生，木质；秆箨与叶有明显区别，箨片缩小而无中脉；叶片具短柄，与叶鞘相连处具关节，故易自叶鞘上脱落 ·· I. 竹亚科 Bambusoideae
1. 秆一年生或多年生，草质；秆箨与叶无区别，箨片即叶片发达，具明显中脉，无柄亦无关节，故不易自叶鞘上脱落 ·· II. 禾亚科 Pooideae

I. Bambusoideae 竹亚科

本亚科有85属，1 400种，分布于亚洲、美洲、澳大利亚和非洲。中国有34属，534种。广东有23属，177种。黑石顶7属11种。

1. 根状茎粗短型。
   2. 花序的前出叶宽，具2脊 ·· 2. 簕竹属 Bambusa
   2. 花序的前出叶窄，具1脊 ·· 3. 牡竹属 Dendrocalamus
1. 根状茎细长型。
   3. 小穗无柄。
      4. 雄蕊6枚 ·· 5. 大节竹属 Indosasa
      4. 雄蕊3枚。
         5. 秆节间于分枝一侧扁平；秆中部每节分枝通常2，不等，具次级分枝 ·· 6. 刚竹属 Phyllostachys
         5. 秆节间近圆柱形或稍呈四棱形，在分枝一侧不扁平。秆每节分枝3；花序具非叶状苞片，小穗圆柱形 ·· 7. 唐竹属 Sinohambusa
   3. 小穗具柄。
      6. 秆每节分枝通常1，上部节上偶具多枝；叶大型 ·· 4. 箬竹属 Indocalamus
      6. 秆每节分枝（1～）3～7；叶小型至中型 ·· 1. 青篱竹属 Arundinaria

1. 青篱竹属 Arundinaria Michaux

本属约65种，分布于东亚及北美洲，主产中国和日本。中国约40种。广东20种，1变种。黑石顶2种。

1. 箨耳缺失或不明显 ·· 1. 茶秆竹 A. amabilis
1. 箨耳存在 ·· 2. 篱竹 A. hindsii

1. 茶秆竹 Arundinaria amabilis McCl.

   广宁、怀集。生于河流沿岸的山坡上。分布广西、湖南、福建、江西。

2. 篱竹 Arundinaria hindsii Munro

   广东各地。生于山地。分布香港、福建、浙江、江西、湖南、广西。

2. 簕竹属 Bambusa Schreber

本属100余种，分布于亚洲、非洲和大洋洲的热带及亚热带地。中国有80余种。广东有69

种，10 变种。黑石顶有 3 种。

1. 箨片狭窄，基部仅为箨鞘顶端的 1/3；秆壁较薄；秆每节分枝近相等，稀主枝较明显 ……………………………………………………………………………………………… 1. 箪竹 B. cerosissima
1. 箨片宽，基部为箨鞘顶端的 1/2～3/4；秆壁较厚；秆每节分枝具 1～3 明显主枝。
   2. 秆的下部分枝交织成网状，秆全为正常 …………………………… 2. 车筒竹 B. sinospinosa
   2. 秆的下部分枝不交织成网状，秆有正常和畸形两类 ………………… 3. 佛肚竹 B. ventricosa

1. 箪竹 Bambusa cerosissima McClure 别名：细单竹

    仁化、曲江、清远、英德、大埔、广州、阳江、阳春。常见栽培。分布广西。

2. 车筒竹 Bambusa sinospinosa McClure

    广东各地。多生于河流两岸及村落附近。分布华南和西南地区。

3. 佛肚竹 Bambusa ventricosa McClure

    广东省内大部分地方有栽培。分布中国南方各。马来西亚、美洲均有引种栽培。

3. 牡竹属 Dendrocalamus Nees

    本属约有 40 余种，分布在亚洲的热带和亚热带广大地区。中国已知有 30 种。广东有 15 种。黑石顶 1 种。

1. 麻竹 Dendrocalamus latiflorus Munro

    广东各地。乔林状、丛生。分布香港、福建、台湾、广西、海南、四川、贵州、云南等地。分布越南、缅甸。

4. 箬竹属 Indocalamus Nakai

    本属约含 20 种以上，均产中国。广东 8 种。黑石顶 2 种。

1. 竿中部箨上的箨片为广三角形、长三角形或卵状披针形，直立而紧贴竿，基部向内收窄成为近圆弧形或近截平的圆形 ……………………………………………………………… 1. 箬叶竹 I. longiauritus
1. 竿中部箨上的箨片为窄披针形、线状披针形或狭三角状锥形，基部不向内收窄 ………………………………………………………………………………………………… 2. 箬竹 I. tessellatus

1. 箬叶竹 Indocalamus longiauritus Hand. -Mazz.

    广东北部、中部和西部地区。生于山坡和路旁。灌木状、散生。分布河南、湖南、福建、江西、香港、广西、四川、贵州等。

2. 箬竹 Indocalamus tessellatus（Munro）Keng. f.

    广东北部、西部和南部。灌木状、散生。生于山坡路旁。分布浙江、福建、江西、海南、贵州等地。

5. 大节竹属 Indosasa Nakai

    本属约 15 种，分布于亚洲东部和南部，中国已知有 13 种。广东 2 种。黑石顶 1 种。

1. 大节竹 Indosasa crassiflora McClure

    广州、阳春等地。少见。乔木状、散生。分布广西等地。

6. 刚竹属 Phyllostachys Sieb. et Zucc.

    本属 50 余种，均产于中国。广东 12 种。黑石顶 1 种。

1. 紫竹 Phyllostachys nigra（Loddl ex Lindl.）Munro ［Bambusa nigra Lodd. ex Lindl.］

    广东西部、北部和中部。灌木状或小乔木状、散生。中国南北各地多有栽培。印度、日本及欧美许多国家均有引种栽培。

7. 唐竹属 Sinohambusa Makino ex Nakai

本属约10种，分布于中国及越南。中国10种。广东8种。黑石顶1种。

1. 满山爆竹 Sinobambusa tootsik（Sieb.）Makino var. laeta（McClure）Wen [S. laeta McClure]
广东西部和中部。乔木状、散生。生于山地林中。分布福建。

II. Pooideae 禾亚科

本亚科共550属，6 000余种，遍布于世界各地。中国有191属，1 200余种。广东有125属，315种，25变种，2亚种。黑石顶39属，63种。

1. 小穗有1至多朵小花（若有2朵小花，则全能育）；小穗轴延伸于顶生小穗之外（䅟属除外）。
  2. 小穗有2至多朵能育小花。
    3. 总状或指状花序。
      4. 小穗有1朵小花 ·· 37. 鼠尾粟属 Sporobolus
      4. 小穗有2至多朵小花。
        5. 外稃顶端有2～4裂齿 ·· 25. 类芦属 Neyraudia
        5. 外稃顶端无裂齿 ·· 12. 䅟属 Eleusine
    3. 圆锥花序，开展或紧缩成穗状。
      6. 植株高1 m以上；大型圆锥花序 ···································· 4. 芦竹属 Arundo
      6. 植株高20～60 cm；非大型圆锥花序。
        7. 外稃具3脉 ·· 13. 画眉草属 Eragrostis
        7. 外稃具5至多脉。
          8. 外稃顶端具小尖头；小穗脱节于颖之下 ······················ 21. 淡竹叶属 Lophatherum
          8. 外稃无芒；小穗脱节于颖之上 ······························ 7. 假淡竹叶属 Centotheca
  2. 小穗仅有1朵能育小花，有时还有其他雄花或不育小花。
    9. 颖退化或不存在 ·· 27. 稻属 Oryza
    9. 颖发育。
      10. 叶宽线形或宽披针形，有横脉。
        11. 秆高2～3 m；大型圆锥花序长达50 cm；小穗有2朵小花，第一小花不育，第二小花能育 ·· 39. 棕叶芦属 Thysanolaena
        11. 秆高1.5 m以下；圆锥花序长2～40 cm；小穗仅有1朵小花 ··· 36. 稃䅟属 Sphaerocaryum
      10. 叶狭窄，无横脉 ·· 15. 耳稃草属 Garnotia
1. 小穗有2朵小花，且小穗轴不延伸；第一小花雄性或不育，有时退化为1枚外稃，第二小花能育。
  12. 小穗脱节于颖之上。
    13. 第二外稃顶端既无芒亦无小尖头 ······································ 19. 柳叶箬属 Isachne
    13. 第二外稃顶端有芒或芒状小尖头 ······································ 3. 野古草属 Arundinella
  12. 小穗脱节于颖之下，有时附带小穗的其他结构。
    14. 小穗单生（如果成对着生则同形）；能育小花无芒。
      15. 花序中有不育小枝所成的刚毛，或穗轴延伸至最上端小穗的后方而成1尖头或刚毛。
        16. 小穗一部分或全部托以由不育小枝或穗轴延伸成的刚毛。
          17. 小穗脱落时，其下的刚毛宿存 ······························ 34. 狗尾草属 Setaria
          17. 小穗脱落时，其下的刚毛一起脱落 ·························· 30. 狼尾草属 Pennisetum
        16. 小穗下无托附的刚毛，仅穗轴顶端延伸于最上端小穗之后形成1尖头。

15. 花序中无不育的小枝所成的刚毛，穗轴不延伸至最上端小穗的后方。
　　18. 小穗单生或 2～3 枚，规则或不规则地排列于穗轴的一侧。
　　　　19. 颖或外稃具芒，或短芒 ……………………………………… 26. 求米草属 Oplismenus
　　　　19. 颖和外稃皆无芒。
　　　　　　20. 穗形总状花序或指状花序。
　　　　　　　　21. 第二外稃厚纸质或软骨质，边缘膜质，不内卷 ……… 11. 马唐属 Digitaria
　　　　　　　　21. 第二外稃坚硬，边缘内卷 …………………………… 29. 雀稗属 PaspaILun
　　　　　　20. 圆锥花序 ……………………………………………………… 5. 臂形草属 Brachiaria
　　18. 小穗单生或数枚簇生，但不排列于穗轴一侧而为圆锥花序。
　　　　22. 小穗两侧压扁
　　　　　　23. 第二小花基部具附属体或凹痕 …………………………… 17. 距花黍属 Ichnanthus
　　　　　　23. 第二小花基部无附属体或凹痕 …………………………… 10. 弓果黍属 Cyrtococcum
　　　　22. 小穗背腹压扁。
　　　　　　24. 圆锥花序分枝开展 ………………………………………… 28. 黍属 Panicum
　　　　　　24. 圆锥花序紧缩成穗状或较疏散 …………………………… 33. 囊颖草属 Sacciolepis
14. 小穗成对着生，一有柄，一无柄；能育小花具 1 膝曲的芒。
　25. 小穗嵌入或紧贴花序轴；第二外稃无芒。
　　26. 总状花序单生于秆顶 ……………………………………………… 24. 毛俭草属 Mnesithea
　　26. 总状花序腋生或顶生 ……………………………………………… 16. 球穗草属 Hackelochloa
　25. 小穗不嵌入或紧贴花序轴；第二外稃通常有芒，稀无芒。
　　27. 成对小穗同形，皆能育。
　　　　28. 圆锥花序开展或紧缩。
　　　　　　29. 穗轴无关节。
　　　　　　　　30. 小穗有芒，形成开展的圆锥花序 ………………………… 23. 芒属 Miscanthus
　　　　　　　　30. 小穗无芒，形成紧缩呈穗状的圆锥花序 ……………… 18. 白茅属 Imperata
　　　　　　29. 穗轴有关节 ………………………………………………… 32. 甘蔗属 Saccharum
　　　　28. 总状花序单生或数枚排成指状
　　　　　　31. 总状花序单生 ……………………………………………… 31. 金发草属 Pogonatherum
　　　　　　31. 总状花序（1）2 至数枚指状排列。
　　　　　　　　32. 蔓生草本 ………………………………………………… 22. 莠竹属 Microstegium
　　　　　　　　32. 直立草本 ………………………………………………… 14. 金茅属 Eulalia
　　27. 成对小穗异形且异性。
　　　　33. 总状花序呈圆锥状花序状排列于秆顶，主轴长于最下面的长分枝，无佛焰苞。
　　　　　　34. 总状花序轴与小穗柄中央具浅槽而边质厚 …………… 6. 细柄草属 Capillipedium
　　　　　　34. 总状花序轴与小穗柄中央不具浅槽。
　　　　　　　　35. 无柄小穗背腹压扁，基盘短而钝圆，第一颖下部革质，平滑而有光泽 …………
　　　　　　　　　　……………………………………………………………… 35. 高粱属 Sorghum
　　　　　　　　35. 无柄小穗两侧压扁，基盘长而尖锐，第一颖全部厚纸质，无光泽 ………………
　　　　　　　　　　……………………………………………………………… 8. 金须茅属 Chrysopogon
　　　　33. 总状花序单生、双生或呈指状排列，有时为具佛焰苞的假圆锥花序。
　　　　　　36. 无柄小穗第一小花雄性，具发育完全的内稃。
　　　　　　　　37. 有柄小穗从完全退化至存在而为雌性，小穗柄下半部与无柄小穗第一颖的基部愈
　　　　　　　　　　合 ……………………………………………………………… 1. 楔颖草属 Apocopis
　　　　　　　　37. 有柄小穗存在，小穗柄不与第一颖的基部愈合 ……… 20. 鸭嘴草属 Ischaemum

213

36. 无柄小穗第一小花退化成 1 枚外稃，无内稃。
　　38. 无柄小穗的第二外稃的芒着生于稃体的基部，第一颖脉上具瘤状突起或刺瘤 ………… 2. 荩草属 Arthraxon
　　38. 无柄小穗的第二外稃的芒非着生于稃体的基部，第一颖脉上无瘤状突起。
　　　　39. 能育小穗背部压扁，第一颖的两侧内折而于上部有 2 脊 ……… 9. 香茅属 Cymbopogon
　　　　39. 能育小穗圆筒形，第一颖内卷而有圆形的边 ………………………… 38. 菅属 Themeda

1. 楔颖草属 Apocopis Nees

本属约 15 种，分布于热带亚洲。中国有 4 种。广东 3 种。黑石顶 1 种。

1. 楔颖草 Apocopis paleacea（Trin.）Hochr.

　　粤西。生于山坡草地上。分布华南及西南。

2. 荩草属 Arthraxon Beauv.

本属 26 种，分布于东半球的热带与亚热带地区。中国有 12 种，6 变种。广东 3 种。黑石顶 1 种。

1. 荩草 Arthraxon hispidus（Thunb.）Makino［A. hispidus（Thunb.）Makino var. cryptatherus（Hack.）Honda］

　　广东北部及中部。生于山坡草地阴湿处。分布全国各地。欧、亚、非三大洲的温暖区域。

3. 野古草属 Arundinella Raddi

本属约 56 种，广布于热带、亚热带。中国有 20 种，3 变种。广东有 5 种。黑石顶 3 种。

1. 第二外稃顶端具芒。
　　2. 第二外稃顶端芒的两侧无刚毛 …………………………………………… 3. 石芒草 A. nepalensis
　　2. 第二外稃顶端芒的两侧各具 1 条刚毛 ………………………………… 2. 刺芒野古草 A. setosa
1. 第二外稃顶端无芒或有时具长 0.2～0.6 mm 的小尖头 …………………… 1. 毛秆野古草 A. hirta

1. 毛秆野古草 Arundinella hirta（Thunb.）Tanaka［A. anomala Steud.］

　　广东各地。生于山坡灌丛、道旁、林缘、田边及水沟旁。除新疆、西藏、青海未见之外，全国各省。俄罗斯东部、朝鲜、日本及中南半岛各国。

2. 刺芒野古草 Arundinella setosa Trin.

　　广东中部及南部。生于山坡草地、灌丛、松林或松栎林下。分布华东、华中、华南及西南各省。

3. 石芒草 Arundinella nepalensis Trin.［A. virgata Janow.］

　　广东各地。生于山坡草丛中。分布湖北、湖南、福建、香港、广西、云南、贵州、西藏等。热带东南亚至大洋洲、非洲。

4. 芦竹属 Arundo Linn.

本属约 5 种，分布于全球热带、亚热带。中国有 2 种。广东 1 种，黑石顶 1 种。

1. 芦竹 Arundo donax Linn.

　　广东中部以南。多生于河岸上或溪涧旁。分布安徽、台湾、香港、海南、广西、四川、云南、贵州、湖南、江西、福建、台湾、浙江、江苏。

5. 臂形草属 Brachiaria Griseb.

本属约 50 种，广布全世界热带地区。中国有 7 种，4 变种。广东 4 种，黑石顶 1 种。

1. 毛臂形草 Brachiaria villosa（Lam.）A. Camus

　　广东乐昌、始兴、阳山、南澳、海丰等地。生于田野和山坡草地。分布河南、陕西、甘肃、安徽、江西、浙江、湖南、湖北、云南、四川、贵州、福建、台湾、广西等。亚洲东部。

6. 细柄草属 Capillipedium Stapf

本属约14种，分布于东半球的温带、亚热带和热带地区。中国有5种。广东2种。黑石顶2种。

1. 秆坚硬似小竹；无柄小穗第一颖背部扁平 ································ 1. 硬秆子草 C. assimile
1. 秆质地较柔软；无柄小穗第一颖背部具沟槽 ····························· 2. 细柄草 C. parviflorum

1. 硬秆子草 Capillipedium assimile（Steud.）A. Camus ［*C. glaucopsis*（Steud.）Stapf］

广东各地。生于河边、林中或湿地上。分布华中、华东、华南及西南地区。东南亚、日本。

2. 细柄草 Capillipedium parviflorum（R. Br.）Stapf

广东各地。生于山坡草地、河边、灌丛中。分布华东、华中、西南地区。欧、亚、非三大洲之热带与亚热带地区。

7. 假淡竹叶属 Centotheca Desv.

本属有4种，分布于东半球热带地区。中国有1种。广东有1种。黑石顶1种。

1. 假淡竹叶 Centotheca lappacea（Linn.）Desv. ［*C. latifolia*（Osbeck）Trin］

广东中部及南部。生于林下、林缘、山谷。分布华南各省区。热带非洲、澳大利亚、印度、马来西亚。

8. 金须茅属 Chrysopogon Trin.

本属约20种，分布于世界的热带和亚热带地区。中国有3种。广东3种。黑石顶1种。

1. 竹节草 Chrysopogon aciculatus（Retz.）Trin.

广东各地。生于向阳贫瘠的山坡草地或荒野中。分布华南及西南。亚洲和大洋洲的热带地区。

9. 香茅属 Cymbopogon Spreng.

本属有70余种，分布于东半球热带和亚热带地区。中国有24种。广东有6种。黑石顶1种。

1. 青香茅 Cymbopogon caesius（Nees ex Hook. et Arn.）Stapf

广东东部及南部。生于开旷干旱草地上。分布西南及华南地区。印度、阿富汗、巴基斯坦、斯里兰卡、中南半岛各国、东非和阿拉伯。

10. 弓果黍属 Cyrtococcum Stapf

本属约10余种，主产非洲和亚洲热带地区。中国有2种，3变种。广东有2种。黑石顶1种。

1. 散穗弓果黍 Cyrtococcum accrescens（Trin.）Stapf ［*C. patens*（Linn.）A. Camus. var. *latifolium*（Honda）Ohwi］

广东始兴、深圳、阳春、郁南等地。生于山地或丘陵林下。分布湖南、台湾、香港、海南、广西、云南、贵州、西藏等。印度至马来西亚，日本南部。

11. 马唐属 Digitaria Hill.

本属约300余种，分布于全世界热带地区。中国有24种，广东13种，黑石顶2种。

1. 第一颖微小；第二颖长为小穗的 1/3～2/3 ································ 1. 升马唐 D. ciliaris
1. 第一颖不存在；第二颖短小，长不超过小穗 1/4 ························· 2. 海南马唐 D. setigera

1. 升马唐 Digitaria ciliaris（Retz.）Koel. ［*D. adscendens*（H. B. K.）Henr.］

广东各地。生于路旁、荒野、荒坡。分布中国南北各省。世界热带、亚热带地区。

2. 海南马唐 Digitaria setigera Roth ex Roem. et Schult. ［D. pruriens（Fisch. ex Trin）Buse］

    生路边沙地、山坡。分布海南、台湾。印度、锡金、缅甸。

12. 穄属 Eleusine Gaertn.

    本属9种，全产热带和亚热带。中国2种。广东2种。黑石顶1种。

1. 牛筋草 Eleusine indica（Linn.）Gaertn. 别名：蟋蟀草

    广东各地。生于荒芜之地及路旁。分布全国南北各省。全世界温带和热带地区。

13. 画眉草属 Eragrostis Wolf

    本属有300余种，分布于全世界的热带与温带区域。中国有32种。广东有23种。黑石顶6种。

1. 小花随小穗轴的关节自上而下逐节脱落 ·· 4. 鲫鱼草 E. tenella
1. 小花不随小穗轴节间脱落。
  2. 一年生草本。
    3. 小花的外稃与内稃同时脱落 ··· 5. 牛虱草 E. unioloides
    3. 小花的外稃和内稃迟落或宿存 ··· 3. 画眉草 E. pilosa
  2. 多年生草本。
    4. 圆锥花序紧缩成穗状 ··· 1. 华南画眉草 E. nevinii
    4. 圆锥花序不紧缩成穗状。
      5. 花序分枝较短而坚硬，基部常密生小 ·· 6. 长画眉草 E. zeylanica
      5. 花序分枝较长而细软，基部裸露不生小穗 ·· 2. 宿根画眉草 E. perennans

1. 华南画眉草 Eragrostis nevinii Hance 别名：广东画眉草

    清远、英德、广州、云浮、阳江、高州、遂溪、徐闻等地。生于荒地山坡上。分布华南各省及台湾、上海等地。

2. 宿根画眉草 Eragrostis perennans Keng

    广东乐昌、英德、广州等。生于田野路边以及山坡草地。分布福建、广西、贵州等。东南亚地区。

3. 画眉草 Eragrostis pilosa（Linn.）Beauv. ［E. afghanica Gandog.］

    广东北部、西部、南部等地。生于荒芜田野草地。分布全国各地，全世界温暖地区。

4. 鲫鱼草 Eragrostis tenella（Linn.）Beauv. ex Roem. et Schult.

    广东各地。生于田野或荫蔽之处。分布湖北、香港、福建、台湾、广西等。东半球热带地区。

5. 牛虱草 Eragrostis unioloides（Retz.）Nees. ex Steid. ［E. formosana Hayata］

    广东各地。生于荒山、草地、庭园、路旁等地。分布华南各地和云南、江西、福建、台湾等省。亚洲和非洲的热带地区。

6. 长画眉草 Eragrostis zeylanica Nees et Mey. 别名：锡兰画眉草

    广东各地。生于山坡、路边、草地。分布华东、华南、西南等地。东南亚、大洋洲各地。

14. 金茅属 Eulalia Kunth

    本属约30种，分布于旧大陆热带和亚热带地区，中国有14种，广东有5种，黑石顶1种。

1. 金茅 Eulalia speciosa（Debeaux）Kuntze.

    广东各地。生于山坡草地。分布陕西南部、华东、华中、华南以及西南各地。朝鲜、印度。

15. 耳稃草属 Garnotia Brongn.

本属约30种，分布于亚洲东部和南部，澳大利亚东北部以及太平洋诸岛。中国8种，4变种。广东4种，1变种。黑石顶1种。

1. 耳稃草 Garnotia patula（Munr.）Benth. ［*G. poilanei* A. Camus］

   广东各地。生于林下、山谷和湿润的田野路旁。分布福建、香港、海南、广西。中南半岛各国。

16. 球穗草属 Hackelochloa Kuntze

本属有2种，1种分布于全世界，1种分布于亚洲。中国2种，广东1种。黑石顶1种。

1. 球穗草 Hackelochloa granularis（Linn.）Kuntze.

   广东北部、中部、西部地区。生于空旷草地上。分布湖南、江西、福建、台湾、海南、香港、广西、云南、贵州、四川。全球热带地区。

17. 距花黍属 Ichnanthus Beauv.

本属约26种，分布于热带地区。中国有1变种。广东与黑石顶亦有分布。

1. 大距花黍 Ichnanthus pallens var. major（Nees）Stieber ［*I. vicinus*（F. M. Bail.）Merr.］

   广东各地。生于山谷林下阴湿处。分布华中、华南及西南。亚洲、大洋洲、非洲、南美洲热带地区。

18. 白茅属 Imperata Cyrillo

本属约含10种，分布于全世界的热带和亚热带。中国有4种。广东1种，1变种。黑石顶1种。

1. 白茅 Imperata cylindrica（Linn.）Beauv.

   广东各地。生于谷地河床至干旱草地、空旷地、堤岸和路边。分布华南、华东、华中、西南和山东、河南、陕西等省区。东半球热带和温带地区。

19. 柳叶箬属 Isachne R. Br.

约90余种，分布于全世界的热带或亚热带地区。中国有18种。广东有9种。黑石顶3种。

1. 小穗的两小花同质同形，第一小花多为两性，少数为雄性，稃革质，第二小花稃质稍软而薄
   2. 小穗长1.2～1.8 mm ……………………………………………… 1. 白花柳叶箬 I. albens
   2. 小穗长2～2.5 mm ……………………………………………… 2. 柳叶箬 I. globosa
1. 小穗的两小花异质异形，第一小花为雄性，稃革质，第二小花两性，稃革质 …………………………………………………………………………… 3. 海南柳叶箬 I. hainanensis

1. 白花柳叶箬 Isachne albens Trin. ［*I. elatiuscula* Ohwi］

   广东信宜、阳春等地。生于山坡、谷地、溪边或林缘草地中。分布华南及西南等地。东南亚、巴布亚新几内亚。

2. 柳叶箬 Isachne globosa（Thunb.）Kuntze.

   广东北部、西部、南部等地。生于低海拔的缓坡、平原草地中。分布东北、华东、西南和华南等地。日本、印度、马来西亚、菲律宾、太平洋诸岛以及大洋洲。

3. 海南柳叶箬 Isachne hainanensis Keng f.

   封开。生于山谷湿地或沼泽地中。分布海南。

20. 鸭嘴草属 Ischaemum Linn.

本属约70种，分布于全世界热带至温带南部。中国有12种。广东6种，1变种。黑石顶2种。

1. 小穗对无明显的芒，或只有无柄小穗具芒 …………………………… 1. 有芒鸭嘴草 I. aristatum

1. 小穗对均具芒 ·· 2. 细毛鸭嘴草 I. ciliare
1. 有芒毛鸭嘴草 Ischaemum aristatum Linn.
    广东各地。生山坡路旁。分布华东、华中、华南及西南。分布印度、中南半岛及东南亚。
2. 细毛鸭嘴草 Ischaemum ciliare Retz.
    广东各地。生于山坡草丛中和路旁及旷野草地。分布华南及西南。印度、越南、菲律宾等中南半岛和东南亚均有分布。

21. 淡竹叶属 Lophatherum Brongn

本属含2种，分布于东南亚及东亚。中国有2种。广东1种。黑石顶1种。

1. 淡竹叶 Lophatherum gracile Brongn
    广东全省山区县广布。生于山地疏林下。分布长江流域和华南、西南诸省。新几内亚、印度、马来西亚和日本。

22. 莠竹属 Microstegium Nees

本属约20种，分布于亚洲及非洲。中国有14种。广东5种1变种。黑石顶2种。

1. 无柄小穗第一颖背部无毛或上部具微毛；第二外稃芒长 1~2 cm ······ 1. 刚莠竹 M. ciliatum
1. 无柄小穗第一颖背部被糙硬毛，脊上有篦齿状硬纤毛；第二外稃芒长 5~8 mm ················
   ·· 2. 蔓生莠竹 M. vagans

1. 刚莠竹 Microstegium ciliatum（Trin.）A. Camus.
    广东深圳、惠东、从化等地。生于阴坡林缘、沟边湿地。分布湖南、江西、福建、台湾、香港、海南、广西、云南、四川等。东南亚。
2. 蔓生莠竹 Microstegium vagans（Nees ex Steud.）A. Camus
    广东各地。生于林缘和林下阴湿地。分布东北、华东、华南、西南。东南亚。

23. 芒属 Miscanthus Anderss.

本属约14种，分布于东南亚，非洲有数种。中国有7种，广东3种。黑石顶2种。

1. 花序轴长达花序的2/3以上，长于总状花序分枝 ···························· 1. 五节芒 M. floridulus
1. 花序轴长达花序的1/2以下，短于总状花序分枝 ································ 2. 芒 M. sinensis

1. 五节芒 Miscanthus floridulus（Lab.）Warb. ex Schum. et Laut.
    广东各地。生于低海拔撂荒地与丘陵潮湿谷地和山坡或草地。分布华中、华东、华南及西南等。自亚洲东南部太平洋诸岛至波利维亚。
2. 芒 Miscanthus sinensis Anderss.
    广东各地。生于山地、丘陵和荒坡原野。分布几遍全国各地。朝鲜、日本、菲律宾、越南、老挝、马来西亚。

24. 毛俭草属 Mnesithea Kunth

本属约30种，分布于热带地区。中国有4种。广东2种。黑石顶1种。

1. 毛俭草 Mnesithea mollicoma（Hance）A. Camus.
    广东东部、中部、南部等地。生于草地和灌丛中。分布香港、海南、广西等。中南半岛各国。

25. 类芦属 Neyraudia Hook. f.

本属含4种，分布于东半球热带、亚热带地区。中国有4种。广东2种，黑石顶1种。

1. 类芦 Neyraudia reynaudiana（Kunth）Keng ex Hithc.
    广东各地。常见。分布长江流域以南各省。

26. 求米草属 Oplismenus P. Beauv.

本属约 20 种，广布于全世界温带地区。中国有 4 种，11 变种。广东有 3 种，6 变种。黑石顶有 3 种。

1. 花序分枝长 2～6 cm。
  2. 小穗孪生 ·· 1. 竹叶草 O. compositus
  2. 小穗单生 ·· 2. 疏穗竹叶草 O. patens
1. 花序分枝短缩，有时下部分枝延伸，但长仅达 2 cm ················ 3. 求米草 O. undulatifolius

1. 竹叶草 Oplismenus compositus (Linn.) Beauv. ［O. patens Honda］
    广东各地。生于荒地潮湿处。分布华中、华南及西南。全世界东半球热带地区也分布。

2. 疏穗竹叶草 Oplismenus patens Honda 别名：开展竹叶草
    生于山地林下阴湿处。分布台湾、海南、云南。日本。

3. 求米草 Oplismenus undulatifolius (Arduino) Beauv.
    广东北部、西部等地。生于疏林阴湿处。分布全国各省区。世界温带和亚热带地区。

27. 稻属 Oryza Linn.

本属约 24 种，分布于全世界的热带和亚热带。中国 5 种，广东 4 种，1 亚种。黑石顶栽培 1 种。

1. 稻 Oryza sativa Linn.
    全省各地均有栽培。全国有栽培。全世界广为栽培。

28. 黍属 Panicum Linn.

本属约 500 种，分布于全世界热带和亚热带，少数分布达温带；中国 18 种，2 变种，广东 14 种，黑石顶 4 种。

1. 颖果平滑
  2. 浆片纸质，多脉 ·· 4. 铺地黍 P. repens
  2. 浆片腊质，具 3～5 脉。
    3. 多处生草本，第一颖为小穗的 1/2 以上 ·················· 3. 心叶稷 P. notatum
    3. 一年生草本；第一颖长为小穗的 1/3～1/2 ·················· 1. 糠黍 P. bisulcatum
1. 颖果具横皱纹或乳突 ·· 2. 短叶黍 P. brevifolium

1. 糠黍 Panicum bisulcatum Thunb. ［P. acroanthum var. brevipedicellatum Hack.］
    乐昌、始兴、阳山、广州、高要、封开、阳春、郁南等地。生于荒野潮湿地。分布中国东南部、南部、西南部、和东北部。印度、菲律宾、日本、朝鲜以及大洋洲。

2. 短叶黍 Panicum brevifolium Linn. ［P. brevifolium var. hirtifolium (Ridly) Jansen］
    乐昌、南澳、惠东、广州、深圳、高要、阳春、茂名等地。生于阴湿地和林缘。分布华南、西南。非洲和亚洲热带地区。

3. 心叶稷 Panicum notatum Retz. ［P. montanum Roxb.］
    广东各地。生于林缘。分布福建、台湾、海南、香港、广西、云南、西藏。菲律宾、印度尼西亚、爪哇。

4. 铺地黍 Panicum repens Linn. ［P. arenarium Brot.］
    广东各地。生于海边以及潮湿处。分布中国东南各地。世界热带和亚热带地区。

29. 雀稗属 Paspalum Linn.

本属约 330 种，分布于全世界热带和亚热带。中国有 16 种。广东有 9 种。黑石顶 2 种。

1. 小穗被微毛 ·· 1. 长叶雀稗 P. longifolium

1. 小穗无毛 ·· 2. 圆果雀稗 P. orbiculare

1. 长叶雀稗 Paspalum longifolium Roxb.

广东各地。生于潮湿山坡田边。分布湖南、江西、福建、台湾、海南、香港、广西、云南。印度、马来西亚至大洋洲以及日本。

2. 圆果雀稗 Paspalum orbiculare Forst.

广东中部、西部、南部。生于低海拨的荒坡、草地、路旁及田间。分布香港、广西、云南。亚洲东南部至大洋洲均有分布。

30. 狼尾草属 Pennisetum Rich.

本属约140种，主要分布于全世界热带、亚热带地区，少数种类可达温寒地带，中国有11种，2变种。广东3种。黑石顶1种。

1. 狼尾草 Pennisetum alopecuroides (Linn.) Spreng

广东各地。生于田岸、荒地、道旁及小山坡上。分布中国自东北、华北经华东、中南及西南各省。缅甸、巴基斯坦、越南、菲律宾、马来西亚、大洋洲及非洲。

31. 金发草属 Pogonatherum Beauv.

本属约4种，分布于亚洲和大洋洲的热带和亚热带地区。中国有3种。广东3种。黑石顶1种。

1. 金丝草 Pogonatherum crinitum (Thunb.) Kunth.

广东各地。生于山边、路旁、溪边、石缝瘠土。分布华南及西南。日本、中南半岛各国、印度。

32. 甘蔗属 Saccharum Linn.

本属35～40种，多分布于亚洲的热带与亚热带。中国有12种，广东7种，黑石顶1种。

1. 斑茅 Saccharum arundinaceum Retz.

广东各地。常见。生于山坡和河岸溪涧草地。分布河南、陕西、华中、华南、西南。东南亚。

33. 囊颖草属 Sacciolepis Nash

本属约30种，分布于热带和温带地区。中国3种1变种。广东2种。黑石顶2种。

1. 小穗斜披针状卵形，长2.0～2.5 mm ··· 1. 囊颖草 S. indica
1. 小穗卵球形，长1.5～2.0 mm ··· 2. 鼠尾囊颖草 S. myosuroides

1. 囊颖草 Sacciolepis indica (Linn.) A. Chase [S. indica A. Chase var. angusta (Trin.) Keng]

广东各地。生于湿地或淡水中，常见于稻田边、林下等地。分布华南、华东、中南各省区。分布印度至日本及大洋洲。

2. 鼠尾囊颖草 Sacciolepis myosuroides (R. Br.) A. Camus.

广东中部、西部。生于湿地、水稻田边或浅水中。分布华南、西南地区及西藏。亚洲热带和大洋洲。

34. 狗尾草属 Setaria Beauv.

本属约130种，广布于全世界热带和温带地区。中国15种，3亚种，5变种。广东9种，1亚种，1变种。黑石顶3种。

1. 圆锥花序疏松或稍紧密，部分小穗下有1条刚毛。
   2. 植物粗状高大，基部直立；叶宽2～7 cm；叶鞘被较粗疣基毛 ··· 2. 棕叶狗尾草 S. palmifolia

2. 植株细弱矮小，基部倾斜或横卧，叶宽 0.5～3 cm；叶鞘无疣基毛或有较细的疣基毛 …………………………………………………………………………………… 3. 皱叶狗尾草 S. plicta

1. 圆锥花序紧缩，每小穗下有 1 至数条刚毛 …………………………… 1. 莠狗尾草 S. geniculata

1. 莠狗尾草 Setaria geniculata（Lam.）Beauv.

广东北部、西部、南部。生于山坡、旷野或路边的干燥或湿地。分布湖南、江西、福建、台湾、香港、广西、云南。两半球的热带和亚热带。

2. 棕叶狗尾草 Setaria palmifolia（Koen.）Stapf

广东中部以南。生于山坡或谷地林下阴湿处。分布华中、华南、西南。原产非洲，广布于大洋洲、美洲和亚洲的热带和亚热带地区。

3. 皱叶狗尾草 Setaria plicta（Lam.）T. Cooke.   [S. excurrens（Trin.）Miq.]

广东北部、西部、南部。生于山坡林下、沟谷地阴湿处或路边杂草地上。分布华中、华东、华南、西南。分布印度、尼泊尔、斯里兰卡、马来西亚、马来群岛、毛里求斯岛、日本。

35. 高粱属 Sorghum Moench

本属约 30 种，分布于全世界热带、亚热带和温带地区。中国有 5 种。广东 5 种。黑石顶 1 种。

1. 光高粱 Sorghum nitidum（Vahl.）Pers.

乐昌、连州、阳山、南澳、紫金、惠东、广州、阳春等地。生于向阳山坡草丛中。分布华东、华中、华南及西南。印度、斯里兰卡、中南半岛、日本、菲律宾及大洋洲。

36. 稗荩属 Sphaerocaryum Nees ex Hook. f.

本属仅 1 种，广布于亚洲热带和亚热带地区。黑石顶 1 种。

1. 稗荩 Sphaerocaryum malaccense（Trin.）Pilger.   [S. pulchella（Roth）A. Camus]

乐昌、博罗、深圳、阳春等地。生于灌丛或草甸中。分布安徽、浙江、江西、福建、台湾、香港、广西、云南。印度、斯里兰卡、马来西亚、菲律宾、越南、缅甸。

37. 鼠尾粟属 Sporobolus R. Br.

本属约有 150 种，广布于全球之热带，美洲产最多。中国有 5 种。广东 4 种。黑石顶 1 种。

1. 鼠尾粟 Sporobolus fertilis（Steud.）W. D. Clayt.   [S. indicus var. purpureo-suffusus（Ohwi）Koyama]

广东北部、西部及南部。生于田野路边、山坡草地及山谷阴处或林下。分布河南、山东、安徽、湖南、江苏、江西、福建、海南、香港、广西、云南、四川、贵州。

38. 菅属 Themeda Forssk.

本属 27 种。分布于亚洲和非洲的湿暖地区及大洋洲。中国 13 种。广东 5 种。黑石顶 2 种。

1. 无柄小穗具长 2～8 cm 芒 ……………………………………………………… 1. 苞子草 T. caudata
1. 无柄小穗无芒或芒长不超过 1 cm …………………………………………………… 2. 菅 T. villosa

1. 苞子草 Themeda caudata（Nees）A. Camus

广东北部、西部胶南部。生于山坡草丛、林缘。分布华南及西南地区。印度、缅甸、越南、斯里兰卡、菲律宾。

2. 菅 Themeda villosa（Poir.）A. Camus.   [T. gigantea var. villosa（Poir.）Keng]

广东北部及中部地区。生于山坡灌丛、草地或林缘向阳处。分布华中、华南及西南。印度、中南半岛、马来西亚、菲律宾。

39. 棕叶芦属 Thysanolaena Nees

单种属，分布于亚洲热带。中国也有。广东及黑石顶也有分布。

1. 棕叶芦 Thysanolaena maxima（Roxb.）Ktze. [*T. agrostis* Nees]

广东各地。生于丛林中、山上、或山谷中。分布福建、台湾、香港、海南、广西、云南、贵州。越南、菲律宾、美国。

139. 远志科 Polygalaceae

本科约 12 属，800 种，广布于全世界，热带和亚热带地区较多。中国有 5 属，40 多种，全国广布。广东 5 属，22 种，1 变种。黑石顶 4 属，9 种。

1. 草本或灌木；蒴果。
 2. 雄蕊 4～5 枚；萼片 5 片，近相等 ················· 2. 齿果草属 Salomonia
 2. 雄蕊 8 枚；萼片 5 片，内面 2 片较大，花瓣状或翼状 ················· 1. 远志属 Polygala
1. 攀援灌木或乔木；核果或不开裂翅果。
 3. 攀援灌木；花瓣 3 片；翅果 ················· 3. 蝉翼藤属 Securidaca
 3. 直立乔木；花瓣 5 片或 4 片；核果 ················· 4. 黄叶树属 Xanthophyllum

1. 远志属 **Polygala** Linn.

本属约 600 种，分布于全世界。中国约有 40 种，南北各地均产。广东有 16 种，1 变种。黑石顶 5 种。

1. 花萼在结果时脱落。
 2. 灌木或亚灌木，高 1 m 以上。
  总状花序；叶脉在两面不很明显或仅背面明显。
   3. 花的龙骨瓣背脊上具一束呈树状的分枝的附属物；蒴果扁球形或近圆形，有狭翅；种子具膜质而延伸的假种皮，被短柔毛 ················· 1. 黄花远志 P. fallax
   3. 花的龙骨瓣背脊上具 2 片倒三角形或卵形的附属物；蒴果阔棍棒形，无翅；种子无伸长的假种皮而被很长的柔毛 ················· 5. 细叶远志 P. wattersi
 2. 草本，高 50 cm 以下 ················· 4. 岩生远志 P. latouchei
1. 花萼在结果时宿存。
 4. 内面 2 片萼片斜倒卵状长圆形，顶端圆开；蒴果无缘毛，叶披针形、卵状披针形、线状披针形或线形，顶端渐尖；总状花序较叶长 ················· 3. 香港远志 P. hongkongensis
 4. 内面 2 片萼片镰刀状，顶端短尖；蒴果具缘毛，叶椭圆形或线状长圆形至长圆状披针形，顶端钝圆而具小短尖，总状花序较叶短 ················· 2. 金不换 P. glmerata

1. 黄花远志 Polygala fallax Hemsl. 别名：黄花倒水莲
 广东各地。生于中低海拔的湿润灌丛中。分布长江流域以南。
2. 金不换 Polygala glomerata Lour. 别名；金牛草、坡白草、华南远志
 广东各地。生于空旷草地。华南地区广布。印度经马来西亚至大洋洲。
3. 香港远志 Polygala hongkongensis Hemsl.
 广东各地。生于低海拔的山谷、路边草地。分布湖南、江西。
4. 岩生远志 Polygala latouchei Franch. 别名：大叶金不换
 广东各地。生于低海拔山谷石缝中或山坡草地上。分布江西、福建、广西。
5. 细叶远志 Polygala wattersi Hance 别名：长毛远志
 封开。生于山坑密林中。分布云南、贵州、四川、广西。越南。

2. 齿果草属 **Salomonia** Lour.

本属约 8 种，产热带亚洲和大洋洲。中国有 2 种，分布于西南部和东部。广东 2 种。黑石顶

1. 茎有狭翅；叶具短柄；叶片心形或卵状三角形；蒴果顶端不凹陷，边缘的齿三角形 ············ 1. 齿果草 S. cantoniensis
1. 茎无翅；叶无柄；叶片椭圆形或卵状长圆形蒴果顶端凹陷，边缘的齿篦齿状 ············ 2. 缘毛齿果草 S. oblongifolia

1. 齿果草 Salomonia cantoniensis Lour.

广东各地。生于海拔 200～700 m 的山坡、平地空旷草地上。分布云南、广西、贵州、湖南、江西和福建。印度、越南、马来西亚至澳大利亚。

2. 缘毛齿果草 Salomonia oblongifolia DC.

广东各地。生于空旷草地。分布华南、云南。印度、东南亚和澳大利亚。

3. 蝉翼藤属 Securidaca Linn.

本属约 90 种，分布于热带美洲，少数产热带亚洲。中国 2 种，广东均有分布。黑石顶 1 种。

1. 蝉翼藤 Securidaca inappendiculata Hassk.

广东中部、南部。较少见。生于低海拔密林。分布广西、云南。印度和东南亚。

4. 黄叶树属 Xanthophyllum Roxb.

本属约 60 种，分布于亚洲至大洋洲。中国有 3 种，产西南和华南地区。广东 1 种。黑石顶 1 种。

1. 黄叶树 Xanthophyllum hainanensis Hu 别名：黄壳果、门力、黄杨

英德、连山、清远、从化、肇庆、怀集、广宁、罗定、封开、阳春、阳江、电白、高州、茂名。生于低海拔林中。分布广西、海南。

140. 蓼科 Polygonaceae

本科约 50 属，1 150 多种，主产北温带。中国有 15 属，235 种，37 变种，广布全国。广东有 6 属，39 种，1 变种，黑石顶 4 属 11 种。

1. 花被 6 深裂，裂片不等大，结果时增大呈翅状 ················ 4. 酸模属 Rumex
1. 花被裂片 4～5 深裂，等大，结果时不增大成翅状。
　2. 花柱 2，宿存，果时变硬，顶端钩状，伸出花被外；花被 4 深裂 ······ 1. 金线草属 Antenoron
　2. 花柱 2～3 裂，结果时不变硬，顶端不呈钩状伸出花被外；花被 5（～4）裂。
　　3. 瘦果与宿存花被片等长或稍超出 ················ 3. 蓼属 Polygonum
　　3. 瘦果超出宿存花被 1～2 倍 ················ 2. 荞麦属 Fagopyrum

1. 金线草属 Antenoron Rafin.

本属约 3 种，分布于东亚、菲律宾和北美洲。中国有 1 种，2 变种。广东有 1 种。黑石顶 1 种。

1. 金线草 Autenoron filiforme (Thunb.) Rob. et Vant.

广东各地。生于山地疏林内或山谷湿润处。分布广西、福建。越南、朝鲜。

2. 荞麦属 Fagopyrum Gaertn.

本属约 8 种，分布于亚洲及东非。中国有 8 种，南北均有。广东有 2 种。黑石顶 1 种。

1. 荞麦 Fagopyrum esculentum Moench.

广东各地，栽培或逸为野生。生于荒地或山坡杂草丛中。全国各地均有栽培。欧洲、亚洲。

3. 蓼属 Polygonum Linn.

本属约 600 种，广布于全球。中国有 120 种，各省均有分布。广东有 29 种，1 变种。黑石顶 8 种。

1. 有刺植物 ··· 7. 小花蓼 P. muricatum
1. 无刺植物。
  2. 叶两面无毛
    3. 花单性，雌雄异株；圆锥花序 ·· 3. 虎杖 P. cuspidatum
    3. 花两性；头状或总状花序 ·· 2. 火炭母 P. chinense
  2. 叶两面或下面被毛，或至少脉上、边缘被毛。
    4. 总花梗被腺毛 ·· 1. 头花蓼 P. capitatum
    4. 总花梗无腺毛。
      5. 总状花序长 1～3 cm ··· 6. 小蓼 P. minus
      5. 总状花序长 5～15 cm。
        6. 叶卵形或披针形，宽 1.5～3.0 cm，无透明腺点；花被长约 2 mm ·· 8. 簇蓼 P. posumbu
        6. 叶披针形，宽 0.5～1.5 cm，两面有透明腺点。
          7. 花被长约 4 cm；瘦果双凸镜形 ··· 5. 蚕茧蓼 P. japonicum
          7. 花被长 2.5～3.0 mm；瘦果三棱形 ··· 4. 水蓼 P. hydropiper

1. 头花蓼 Polygonum capitatum Buch-Ham. ex D. Don

    广东中部和西部。生于山地。分布广西、贵州、云南、西藏。印度、锡金、尼泊尔、孟加拉。

2. 火炭母 Polygonum chinense Linn.

    广东各地。生于水沟旁或湿地上。分布中国东南部和西南部。日本、印度至马亚西亚。

3. 虎杖 Polygonum cuspidatum Sieb. et Zucc. 别名：山茄子、散血草

    广东各地。生于山区草地。分布陕西、甘肃、河北、河南及其以南各省区。朝鲜、日本。

4. 水蓼 Polygonum hydropiper Linn. 别名：辣蓼

    广东各地。生于湿地或水中。中国南北广布。广布于温带及亚热带地区。

5. 蚕茧蓼 Polygonum japonicum Meisn.

    广东广州、深圳。生于路旁草地。分布江苏、浙江、湖北、四川、福建、台湾。日本。

6. 小蓼 Polygonum minus Huds

    广州。生于沙地和湿地。中国南北均有分布。欧洲、亚洲。

7. 小花蓼 Polygonum muricatum Meissn. 别名：水湿蓼

    广东各地。生于山坡、路旁潮湿地。分布广西。

8. 簇蓼 Polygonum posumbu Buch.-Ham. ex D. Don

4. 酸模属 Rumex Linn.

本属约 200 种，广布于全球。中国有 26 种，3 变种。广东有 5 种。黑石顶 1 种。

1. 皱叶酸模 Rumex crispus Linn. 别名：雀麦花

    广东和平、封开。生于山地疏林下或路旁、田梗及沟边。中国广布。欧洲、亚洲广布。

141. 雨久花科 Pontederiaceae

本科9属，约33种，广布于热带和亚热带。中国有2属，5种（其中1属，1种为外来种）。广东有2属，3种。黑石顶2属，2种。

1. 花辐射对称，花被片离生；雄蕊6枚，其中1枚较大，余5枚较小、等大 ··· 2. 雨久花属 Monochoria
1. 花稍两侧对称，花被片基部合生成管；雄蕊6枚，3长3短 ············· 1. 凤眼蓝属 Eichhonia

1. 凤眼蓝属 Eichhornia Kunth

本属约7种，分布于美洲和非洲的热带和暖温带。中国引种1种，已逸为野生。广东各地均有。黑石顶也有分布。黑石顶1种。

1. 凤眼蓝 Eichhornia crassipes (Mart.) Solms

广东各地。生于水塘、沟渠及稻田中。广布中国长江、黄河流域及华南各省。亚洲热带地区。原产热带美洲。

2. 雨久花属 Monochoria Presl

本属约7种，分布于非洲东北部、亚洲东南部至澳大利亚南部。中国产4种，南北均有分布。广东有2种。黑石顶1种。

1. 鸭舌草 Monochoria vaginalis (Burm. f.) Presl ex Kunth

广东各地。生于稻田、沟旁、浅水池塘等水湿处。分布中国南北各省区。日本、马来西亚、菲律宾、印度、尼泊尔、不丹。

142. 马齿苋科 Portulacaceae

本科约20属，500多种，主要分布在美洲的热带和亚热带地区，少数在东半球。中国有2属，约6种，主要分布在东南部至西南部。广东有2属；4种，1亚种。黑石顶2种。

1. 花单生或2至多朵簇生成头状，子房半下位；蒴果盖裂；叶较小，不超过4 cm，多少有腋毛 ·· 1. 马齿苋属 Portulaca
1. 花组成顶生的圆锥花序、状花序或聚伞花序，很少单生，子房上位；蒴果2～3片裂；叶较大，长4 cm以上；无毛 ·· 2. 土人参属 Talinum

1. 马齿苋属 Portulaca Linn.

本属约200种；常见于热带、亚热带地区。中国约有5种，主要分布于东南至西南部。广东有3种，1亚种。黑石顶1种。

1. 马齿苋 Portulaca oleracea Linn. 别名：瓜子菜、马苋

广东各地。生于旷地、路旁和园地。全国广布。广布于热带至温带地区。

2. 土人参属 Talinum Adans.

本属约50种，分布于热带和亚热带地区。中国有1种，见于长江以南各省区，栽培或逸为野生。黑石顶1种。

1. 土人参 Talinum paniculatum (Jacq.) Gaert. 别名：飞来参、玉参

广东各地。生于林边、园地或空地。分布长江以南各省区、北至陕西等地。原产热带美洲。

143. 眼子菜科 Potamogetonaceae

本科有 2 属，约 100 种，分布于全世界，以北半球温带地区最为丰富。中国有 1 属，28 种，4 变种，分布南北方各省。广东产 7 种，黑石顶目前未有发现。

144. 报春花科 Primulaceae[①]

本科共 22 属，1 000 余种，主产北半球温带及高寒地区，中国有 13 属，约 500 种。广东有 6 属，25 种，5 变种和 1 变型。黑石顶 1 属 7 种。

1. 珍珠菜属 Lysimachia Linn.

本属约 180 种，广布于世界温带和亚热带地区。中国约有 130 种，主要产西南、中南和东南部，北部种类较少。广东有 19 种，1 亚种，4 变种，部分种类为民间常用草药。黑石顶 5 种，2 变种。

1. 花黄色，单生于叶腋或数朵集生于茎端。
    2. 叶互生。叶卵形至卵状披针形，无黑色腺体 …… 7. 阔叶假排草 L. sikokiana subsp. petelotii
    2. 叶对生或轮生。
        3. 茎匍匐或披散。花数朵集生于茎端 …………………………… 3. 临时救 L. congestiflora
        3. 茎直立。
            4. 叶对生，茎端 2 对有时密集成轮生状。
                5. 叶片、花冠密生黑色腺条 ………………………… 1. 广西过路黄 L. alfredii
                5. 叶片、花冠密生黑色腺点 ………………………… 4. 大叶过路黄 L. fordiana
            4. 叶 5 至多片轮生茎端，极少有 2 轮的，下部叶退化成鳞片状；叶和花冠有时具极稀疏的黑色腺条 ………………………… 6. 狭叶落地梅 L. paridiformis var. stenophylla
1. 花白色，排成顶生或总状花序。
    6. 地下茎横走；总状花序细长；果梗与蒴果近等长或更短 …………… 5. 星宿菜 L. fortunei
    6. 无地下茎；果梗比蒴果长 2～6 倍 ……………………………………… 2. 泽珍珠菜 L. candida

1. **广西过路黄 Lysimachia alfredii** Hance 别名：过路黄

    广东北部和东北部。生于山谷、溪边及林下。分布福建、江西、湖南、广西。

2. **泽珍珠菜 Lysimachia candida** Lindl.

    广东各地。路旁、田边、水沟边等湿润处。分布华中、华东、华南及西南地区。越南、缅甸、印度。

3. **临时救 Lysimachia congestiflora** Hemsl. 别名：聚花过路黄

    广东北部和西北部。生于路旁草地、田埂、溪边等湿润处。分布长江以南各省区。印度。

4. **大叶过路黄 Lysimachia fordiana** Oliv. 别名：大叶排草

    广东各地。生于山谷、溪边和林下。分布广西、云南。

5. **星宿菜 Lysimachia fortunei** Maxim. 别名：假辣蓼

    广东中部以北各地。生于路旁、田埂及溪边草丛中。分布华中、华东、华南、西南及台湾。朝鲜、日本。

---

① 注：J. Hutchinson（1959）继 C. L. Blume 之后，将本科中的蜡烛果属（**Aegiceras**）独立成蜡烛果科（**Aegicerataceae**），本书暂不采纳这种意见。

6. **狭叶落地梅** Lysimachia paridiformis Franch. var. **stenophylla** Franch. 别名：追风伞、伞叶排草

   广东北部和西北部。生于林下及阴湿沟边。分布云南、四川、贵州、广西、湖南、湖北。

7. **阔叶假排草** Lysimachia sikokiana Miq. subsp. **petelotii** (Merr.) Chen et C. M. Hu

   广东各地。生于林下及溪边。分布云南、四川、贵州、湖南、广西。越南。

145. 山龙眼科 Proteaceae

本科约60属，1300种，主产大洋洲和非洲南部，少数分布至亚洲热带和南美洲。中国有4属，约24种。广东有3属，10种，1变种。黑石顶2属，3种。

1. 叶二回状分裂；花两性，花蕾通常弯曲；果为蓇葖果；种子具翅 ………… 1. 银桦属 Grevillea
1. 叶不分裂；花蕾直；果为坚果或核果；种子无翅 …………………………… 2. 山龙眼属 Helicia

1. 银桦属 Grivillea R. Br.

本属约170种，主产大洋洲。中国南部栽培有1种。黑石顶1种。

1. **银桦** Grevillea robusta A. Cunn. ex R. Br.

   广东各地栽培作行道树。分布云南、四川、广西、福建等省区。原产澳大利亚。

2. 山龙眼属 Helicia Lour.

本属约90种，分布于亚洲东南部和大洋洲。中国约有18种，产东南至西南各省区。广东有7种和1变种。黑石顶2种。

1. 嫩枝、叶和花序均无毛 …………………………………………………… 1. 小果山龙眼 H. cochinchinensis
1. 嫩枝、叶或芽被毛 ………………………………………………………… 2. 网脉山龙眼 H. reticulata

1. **小果山龙眼** Helicia cochinchinensis Lour. 别名：羊屎果

   广东各地。海拔900 m以下的丘陵山地湿润常绿阔叶林中。分布中国长江以南各省区。越南、日本。

2. **网脉山龙眼** Helicia reticulata W. T. Wang 别名：萝卜树

   广东各地。海拔800 m以下的山地湿润常绿阔叶林中。分布中国东南至西南各省区。

146. 毛茛科 Ranunculaceae

本科约有62属，2400余种，主要分布于北半球温带和寒温带。中国有42属，880多种。广东有12属，38种，7变种。黑石顶4属，11种。

1. 花柱在果期延长呈羽毛状；藤本。
   2. 无花瓣；退化雄蕊有时存在；顶生小叶不变成卷须 ………………… 1. 铁线莲属 Clematis
   2. 具花瓣；无退化雄蕊；顶生小叶变成卷须 …………………………… 2. 锡兰莲属 Naravelia
1. 花柱在果期不延长呈羽毛状；直立草本。
   3. 无花瓣，叶基生并茎生；花下无总苞 ………………………………… 4. 唐松草属 Thalictrum
   3. 具花瓣 …………………………………………………………………… 3. 毛茛属 Ranunculus

1. 铁线莲属 Clematis Linn.

本属约有300种，广布于各大洲。中国约127种，全国各地均有生长，主要分布在长江中下洲地区及西南、华南各省区。广东有21种，3变种。黑石顶7种。

1. 能育雄蕊的药隔突出或明显 ································· 4. 丝铁线莲 C. filamentosa
1. 能育雄蕊的药隔不突出或不明显。
　2. 叶通常为三出复叶，小枝偶有单叶。
　　3. 小叶片3浅裂或边缘具齿，有时全缘 ················ 6. 鼎湖铁线莲 C. tinghuensis
　　3. 小叶片不具裂齿，全缘。
　　　4. 腋生花序基部有多数宿存芽鳞 ··················· 1. 小木通 C. armandii
　　　4. 腋生花序基部通常无宿存芽鳞。
　　　　5. 花大，直径2.5～4 cm；萼片长1.5～2 cm，内面被毛 ···············
　　　　　　·· 3. 厚叶铁线莲 C. crassifolia
　　　　5. 花小，直径1.5～2 cm；萼片长0.～1.2 cm，内面无毛 ··············
　　　　　　·· 5. 毛柱铁线莲 C. meyeniana
　2. 叶常为羽状复叶或二回三出复叶，偶有单叶或三出复叶。
　　6. 小叶片薄革质；瘦果圆柱状 ······················ 7. 柱果铁线莲 C. uncinata
　　6. 小叶片纸质；瘦果扁平 ·························· 2. 威灵仙 C. chinensis

1. **小木通 Clematis armandii** Franch. 别名：土木通

广东西北部。生于山坡、山谷及灌丛。分布湖南、湖北、福建以及西南和西北地区。越南。

2. **威灵仙 Clematis chinensis** Osbeck 别名：铁脚威灵仙、黑须公

广东各地。生于山坡、草地或丘陵灌丛。分布中国中部、东南部至西南部各省区及台湾。越南。

3. **厚叶铁丝莲 Clematis crassifolia** Benth.

广东西部和北部。生于山谷及平地。分布广西和香港。

4. **丝铁线莲 Clematis filamentosa** Dunn 别名：甘木通

广东各地。生于潮湿的密林和灌丛。分布云南、广西、福建、香港、海南。

5. **毛柱铁线莲 Clematis meyeniana** Walp.

广东西部和北部。生于山坡疏林、山谷灌丛和溪旁。分布华南及西南地区。老挝、越南和日本。

6. **鼎湖铁线莲 Clematis tinghuensis** C. T. Ting

封开、肇庆。生于山地灌丛。

7. **柱果铁线莲 Clematis uncinata** Champ. 别名：钩铁线莲

广东北部。生于山地灌丛及林缘。分布长江中下游地区及华南、西南和西北各省区。越南。

2. 锡兰莲属 Naravelia Adans.

本属约有11种，分布于亚洲南部及东南部。中国有2种。广东有1种。黑石顶1种。

1. **两广锡兰莲 Naravelia pilulifera** Hance 别名：拿拉藤

广东中部及西部。生于路旁、山地、灌丛中。分布广西、海南。

3. 毛茛属 Ranunculus Linn.

本属有400多种，广布于全球温、寒带地区，主要分布在亚洲和欧洲。中国有90种及14变种。广东产3种。黑石顶2种。

1. 植物体被开展或贴伏的茸毛 ·························· 1. 毛茛 R. japonicus
1. 植物体近无毛 ···································· 2. 石龙芮 R. sceleratus

1. 毛茛 Ranunculus japonicus Thunb.

   广东各地。生于山谷、山坡、平地及溪边。中国除西藏以外各省区有分布。朝鲜、日本和俄罗斯远东地区。

2. 石龙芮 Ranunculus sceleratus Linn.

   广东各地。生于石灰岩土坡、灌丛、路边及潮湿处。全国广布。

4. 唐松草属 Thalictrum Linn.

本属 200 多种，分布于北半球及南美洲。中国约有 75 种，全国广布，以西南地区最多。广东 5 种，1 变种。黑石顶 1 种。

1. 尖叶唐松草 Thalictrum acutifolium （Hand. -Mazz.）B. Boivin

   广东各地。生于山谷、山地和疏林中。分布华东、华中及西南地区。

147. 鼠李科 Rhamnaceae

本科约 58 属，900 种，广布于世界温带至热带地区。中国产 14 属，130 多种。广东产 12 属，43 种，2 变种。黑石顶 6 属，13 种。

1. 叶具羽状脉。
   2. 短枝或枝顶常变成刺；核果浆果状；花无梗。
      3. 直立灌木或乔木；花具梗 …………………………………………… 4. 鼠李属 Rhamnus
      3. 攀援灌木；花无梗 …………………………………………… 5. 雀梅藤属 Sageretia
   2. 枝不变成刺；核果非浆果状；花具梗。
      4. 核果球形，顶部具长达 5 cm 的翅；花瓣倒心形，顶部凹缺 ……… 6. 翼核果属 Ventilago
      4. 核果柱状卵形至柱状长圆球形，花瓣匙形、倒卵状匙形或扇形 … 1. 勾儿茶属 Berchemia
1. 叶具 3～5 基出脉。
   5. 有刺植物，核果杯状或草帽状，周围具木栓质翅 …………………………… 3. 马甲子属 Paliurus
   5. 无刺植物，乔木；花序轴果时膨大、扭曲、味甜可食 …………………… 2. 枳椇属 Hovenia

1. 勾儿茶属 Berchemia Neck. ex DC.

本属约 30 种，分布于东非至亚洲东部和东南部。中国有 18 种。广东 4 种，1 变种。黑石顶 3 种。

1. 叶小，长不超过 4 cm；侧脉每边 4～9 条 …………… 3. 光枝勾儿茶 B. polyphylla var. leioclada
1. 叶大，长 5～14 cm；侧脉每边 8～11 条。
   2. 叶顶端长渐尖，果倒卵形，宽 5～7 mm ………………………… 1. 越南勾通儿茶 B. annamensis
   2. 叶顶端急尖、饨或圆；果椭圆球形至柱状长圆球形，宽 4～5 mm ……………………………
   ……………………………………………………………………………… 2. 多花勾儿茶 B. floribunda

1. 越南勾儿茶 Berchemia annamensis Pitard

   广东各地。生于密林或灌丛中。分布广西。越南。

2. 多花勾儿茶 Berchemia floribunda （Wall）Brongn. 别名：勾儿茶、老鼠屎

   广东各地。生于山地沟旁、路旁和林缘灌丛中或疏林下。分布黄河以南各省区。印度、锡金、不丹、尼泊尔、日本。

3. 光枝勾儿茶 Berchemia polyphylla Wall. ex Laws. var. **leioclada** Hand-Mazz.

   广东各地。生于山地路旁，沟旁或林缘。分布陕西、湖北及长江流域以南地区。越南。

2. 枳椇属 Hovenia Thunb.

本属有 3 种，分布于东亚、中南半岛和印度，世界各地常有栽培。中国产 3 种，1 变种。广

东均有分布或栽培。黑石顶2种。

1. 嫩枝、叶柄、花序轴和花梗被淡黄色短柔毛 ··· 1. 枳椇 H. acerba
1. 嫩枝、叶柄、花序轴和花梗无毛 ·· 2. 北枳椇 H. dulcis

1. 枳椇 Hovenia acerba Lindl. 别名：拐枣、鸡爪子

广东各地。生于村边疏林、旷地或栽培于庭园。分布长江流域及其以南各省区。印度和中南半岛。

2. 北枳椇 Hovenia dulcis Thunb.

广东中部以北。生于村边疏林或栽培于庭园。分布长江流域及其以南各省区。日本和朝鲜。

3. 马甲子属 Paliurus Toul ex Mill.

本属8种，分布于欧洲南部至亚洲东部及南部。中国有5种，分布于西南、华中、华东及华南。广东有3种。黑石顶2种。

1. 叶菱形或卵形，叶背、花序和果无毛；果径达30 mm ·················· 1. 铜钱树 P. hemsleyanus
1. 叶圆形或卵圆形，叶背、花序和果被茸毛；果径达14 mm ············ 2. 马甲子 P. ramosissimus

1. 铜钱树 Paliurus hemsleyanus Rehd.

广东中部至北部。石山、河堤和路旁等处。分布长江流域及其以南各地。

2. 马甲子 Paliurus ramosissimus（Lour.）Poir. 别名：白棘、棘盘子

广东各地。生于山地路旁或疏林下，河边、海边和路边灌丛等地。分布长江流域及其以南各省区。朝鲜、日本和越南。

4. 鼠李属 Rhamnus Linn.

本属约200种，分布于全世界温带至热事地区。中国产57种。广东有13种。黑石顶2种。

1. 叶长圆形或卵状长圆形；种子背面具长约为种子1/2的沟 ················· 1. 山绿柴 R. brachypoda
1. 叶倒卵形或倒卵状披针形，长4～8 cm；花柱不裂 ························ 2. 长叶冻绿 R. crenata

1. 山绿柴 Rhamnus brachypoda C. Y. Wu ex Y. L. Chen

广东各地。生于山坡、山谷和路旁灌丛或林下。分布长江以南地区。

2. 长叶冻绿 Rhamnus crenata Sieb. et Zucc. 别名：黄药

广东各地。生于山地向阳处。分布黄河以南各省区。

5. 雀梅藤属 Sageretia Brongn.

本属30余种，主要亚洲东部，少数产美洲和非洲。中国产16种，广东有7种。黑石顶3种。

1. 叶两面无毛或伏叶背脉腋处被疏髯毛。
   2. 侧脉每边7～9条；叶柄长8～15 mm ····································· 1. 钩刺雀梅藤 S. hamosa
   2. 侧脉每边5～7条；叶柄长5～12 mm ····································· 2. 亮叶雀梅藤 S. lucida
1. 叶初时两面或背面被茸毛，后变无毛或仅在背面脉上被毛 ···················· 3. 雀梅藤 S. thea

1. 钩刺雀梅藤 Sageretia hamosa（Wall）Brrogn.

广东中部以北。生于山坡、路旁以及沟谷疏林下。分布中国长江流域至北回归线。

2. 亮叶雀梅藤 Sageretia lucida Merr. 别名：钩状雀梅藤

广东各地。生于海拔300～800 m的疏密林中。分布海南、广西、福建。

3. 雀梅藤 Sageretia thea（Osbeck）Johnst. 别名：酸味

广东中部以北。生于村边、路旁、沟旁或丘陵地灌丛中。分布长江流域及其以南各省区。印度、越南、朝鲜和日本。

6. 翼核果属 Ventilago Gaertn.

本属约 35 种，主产亚洲的热带、亚热带地区，非洲产 2 种。中国有 6 种。广东和海南产 2 种。黑石顶 1 种。

1. 翼核果 Ventilago leiocarpa Benth. 别名：血风根、青筋藤

广东各地。生于山地、路旁、水边灌丛中或疏林下。分布台湾、广西、湖南、云南、海南。印度、缅甸、越南。

148. 红树科 Rhizophoraceae

本科约 16 属，120 多种，主产热带地区。中国有 6 属，13 种，1 变种。广东产 5 属，9 种，1 变种。黑石顶 1 属 2 种。

1. 竹节树属 Carallia Roxb.

本属约 10 种，分布于东半球热带地区。中国有 4 种，分布于西部和西南部。广东有 2 种。黑石顶均有分布。

1. 叶全缘 ·· 1. 竹节树 C. brachiata
1. 叶具锐锯齿 ·· 2. 旁杞木 C. pectinifolia

1. 竹节树 Carallia brachiata（Lour.）Merr.

广东中部以南。丘陵灌丛或山谷杂木林中。分布广西、海南。印度、斯里兰卡、马来西亚于澳大利亚北部。

2. 旁杞木 Carallia pectinifolia W. C. Ko

广东西部至西南。生于山地湿润的杂木林或灌丛。分布广西、云南。

149. 马尾树科 Rhoiptelleaceae

本科是一个单型科，仅 1 属 1 种，分布于中国大部地区及越南。产贵州、广西、云南。广东不产。

150. 蔷薇科 Rosaceae

本科约 124 属，3 300 余种，世界各地均有分布，以北温带较多。中国有约 51 属，1 000 余种，产全国各地。广东有 24 属，140 种，34 变种，3 变种，其中引种 10 种和 1 变种。黑石顶 13 属，42 种，6 变种。

1. 子房下位或半下位；梨果，稀浆果状或小核果状。
  2. 枝有刺，常绿植物，心皮 5 枚 ································· 7. 火棘属 Pyracantha
  2. 枝无刺。
    3. 奇数羽状复叶；落叶植物；子房 2～5 室，每室有 2 颗胚珠 ············ 13. 花楸属 Sorbus
    3. 单叶。
      4. 托叶大；花组成常被茸毛的圆锥花序；梨果较小，长 2.5～4.0 cm，直径 1～5 cm；子房 2～5 室，每室具 2 颗胚珠 ··· 3. 枇杷属 Eriobotrya
      4. 托叶小，常早落；花组成伞形、伞房、圆锥、总状、聚伞等花序。
        5. 花组成伞形、伞房、圆锥、总状、聚伞等花序；梨果较小，直径 3～15 mm。
          6. 果有宿存萼裂片；子房半下位，2～5 室················· 4. 石楠属 photinia

6. 果无宿存萼裂片，果顶端有一圆环或浅窝。
  7. 落叶植物；复伞房花序；子房半下位或下位，2～5室 ……… 13. 花楸属 Sorbus
  7. 常绿植物；总状、伞房或圆锥花序；子房下位，2室 …… 10. 石斑木属 Raphiolepis
 5. 花组成伞形总状花序；梨果较大，直径1～8 cm。
  8. 花柱离生；花药深红色或紫色；果常有石细胞 ………………………… 8. 梨属 Pyrus
  8. 花柱基部合生；花药黄色；果常无石细胞 ……………………………… 5. 苹果属 Malus
2. 子房上位；核果、小核果或瘦果。
 9. 小核果或瘦果；心皮多数或1～8枚生于膨大的花托上。
  10. 心皮多数；每心皮2胚珠；多数小核果聚生于花托上而形成聚合果 ……………………………………………………………………………………… 12. 悬钩子属 Rubus
  10. 心皮多数或1～8枚；每心皮1胚珠；瘦果。
   11. 心皮多数。
    12. 枝常具刺或刺毛；多数瘦果着生于球形、坛形或杯形，颈部缢缩的肉质萼筒内 ………………………………………………………………………………… 11. 蔷薇属 Rosa
    12. 枝无刺或刺毛；瘦果非着生在肉质萼筒内；副萼片大，叶状，宿存 ……………………………………………………………………………… 2. 蛇莓属 Duchesnea
   11. 心皮通常2枚；花组成顶生的总状花序；有花瓣；柱头微扩大，2裂 ……………………………………………………………………………………… 1. 龙芽草属 Agrimonia
 9. 核果；心皮1枚；萼在果时脱落；叶片的基部和边缘及叶柄常具腺体。
  13. 花萼5裂；花瓣大，易与萼裂片区分；叶缘常具锯齿 ……………… 6. 樱桃属 Prunus
  13. 花萼5～6裂；花瓣小或缺，不易与萼裂片区分；叶全缘 ……… 9. 臀果木属 Pygeum

1. 龙芽草属 Agrimonia Linn.

  本属约15种，分布于北温带和热带高山及拉丁美洲。中国有2种，1亚种，2变种，分布于各省区。广东有1种，2变种。黑石顶1种，1变种。

1. 花直径6～9 mm；果较大，连钩刺长7～8 mm，宽3～4 mm；小叶片下面脉上被疏柔 ……………………………………………………………………………………… 1. 龙芽草 A. pilosa
1. 花直径4～5 mm；果较小，连钩刺长4～5 mm，宽2.0～2.5 mm；小叶片下面脉上被疏长硬毛 ……………………………………………………… 2. 小花龙芽草 A. nipponica var. occidentalis

1. 龙芽草 Agrimonia pilosa Ledeb. 别名：瓜香草、施州龙芽草、石打穿
  广东北部、中部及东部。生于低海拔山谷、溪边、丘陵灌丛、草地。分布中国各省区。欧洲、东亚。

2. 小花龙芽草 Agrimonia nipponica Kordz. var. occidentalis Skalicky
  广东各地。生于中低海拔山谷溪边、丘陵灌丛或旷野草丛。分布长江流域以南。老挝。

2. 蛇莓属 Duchesnea J. E. Smith

  本属约有6种，分布于亚洲、欧洲及北美洲。中国有2种。广东均有。黑石顶1种。

1. 蛇莓 Duchesnea indica（Andr.）Focke 别名：地锦、蛇泡草、龙吐珠、三爪风
  广东各地。生于中、低海拔的山坡、溪旁、田野、草地。分布辽宁以南各省区。亚洲、欧洲、美洲。

3. 枇杷属 Eriobotrya Lindl.

  本属约30种，分布于亚洲温带及亚热带地区。中国有13种。广东有4种。黑石顶2种。

1. 叶下面的被毛老时脱落；侧脉7～14对 ……………………………… 1. 香花枇杷 E. fragrans

1. 叶下面密被锈色茸毛，老时仍不脱落；侧脉 11～21 对 ·················· 2. 枇杷 E. japonica
1. 香花枇杷 Eriobotrya fragrans Champ. ex Benth.
　　广东各地。中低海拔山地林中。分布香港、广西、江西、湖南。
2. 枇杷 Eriobotrya japonica（Thunb.）Lindl.
　　广东各地栽培或野生。生于低海拔的山地、丘陵、旷野或村边。中国黄河流域以南广布。日本、印度、越南、缅甸、泰国、印度尼西亚。

4. 石楠属 Photinia Lindl.

　　本属 60 余种，分布于亚洲东部及南部。中国 40 余种。广东有 13 种，2 变种。黑石顶 5 种 1 变种。

1. 花组成复伞房花序。
　　2. 总花梗和花梗无毛，叶片下面无腺点。
　　　　3. 叶侧脉 25～30 对；叶柄长 2～4 cm；花序宽 10～16 cm ············· 4. 石楠 P. serrulata
　　　　3. 叶侧脉 10～18 对；叶柄长 0.5～1.5 cm；花序宽 4～10 cm ······ 1. 光叶石楠 P. glabra
　　2. 总花梗和花梗稍被柔毛；叶片下面布满黑色腺点。
　　　　4. 叶边上有显著的带腺锯齿，萼筒外面有柔毛·························· 3. 桃叶石楠 P. prunifolia
　　　　4. 叶边有显明重锯齿，萼筒无毛 ············ 3a. 桃叶石楠齿叶变种 P. prunifolia var. denticulata
1. 花组成伞房、伞形或聚伞花序。伞房或伞形花序，宽 3～5 cm；有总花梗，花梗和叶柄无毛或被柔毛。
　　5. 叶侧脉 6～9 对，在叶上面凹陷；花梗长 4～10 mm；雄蕊长于花瓣 ··························
　　　　··· 2. 陷脉石楠 P. impressivena
　　5. 叶侧脉 5～7 对，在叶上面不凹陷；花梗 1.5～2.5 cm；雄蕊较花瓣短 ··························
　　　　·· 5. 小毛叶石楠 P. villosa var. parvifolia

1. 光叶石楠 Photinia glabra（Thunb.）Maxim.
　　广东各地。生于海拔 150～800 m 的山地。分布长江流域以南各省区。日本、泰国、缅甸。
2. 陷脉石楠 Photinia impressivena Hayata 别名：青凿树
　　广东各地。生于低海拔山谷林中。分布台湾、福建、广西、海南。
3. 桃叶石楠 Photinia prunifolia（Hook. & Arn.）Lindl.
　　广东各地。生于海拔 800 m 以下山地。分布长江流域以南地区。日本、越南。
3a. 桃叶石楠齿叶变种 Photinia prunifolia（Hook. & Arn.）Lindl. var. **denticulata** Yu
　　广东各地。生于山坡路边竹林中。分布华中以及长江流域及其以南地区。
4. 石楠 Photinia serrulata Lindl.
　　广东各地。生于低海拔山地林中，分布黄河流域以南。日本、印度尼西亚。
5. 小毛叶石楠 Photinia villosa（Thunb.）DC. var. **parvifolia**（Pritz.）P. S. Hsu et L. C. Li
　　广东各地。生于海拔 150～800 m 的山地。分布华中以及长江流域及其以南地区。

5. 苹果属 Malus Mill.

　　本属约 35 种，广布于北温带。中国有 20 余种。广东有 3 种。黑石顶 1 种。

1. 尖嘴林檎 Malus melliana（Hand.-Mazz.）Rehd.
　　广东各地。中低海拔山地林中。分布浙江、安徽、江西、湖南、福建、广西、贵州、云南。

6. 樱桃属 Prunus Linn.

　　本属 280 余种，主要分布于半球的温带地区，少数分布于热带和亚热带地区。中国约 100

种，全国各地均有分布，尤以长江和黄河流域为多。广东有 22 种。黑石顶 8 种。

1. 花单生、2 致数朵簇生或组成伞形、伞房、短总状花序。
  2. 花单生或 2～3 朵簇生；幼叶在芽中多呈席卷状，少呈对折状；花瓣顶端不凹亦不裂。
    3. 花单生或有时 2 朵同生于 1 芽内；花梗长在 3 mm 以下或近无梗；子房和核果被毛；花先叶开放；花丝等长。
      4. 侧芽 3，有顶芽；幼叶在芽中呈对折状；叶长圆状披针形或阔披针形，基部楔形；萼管绿色且具红色斑点 ………………………………………………………… 3. 桃 P. persica
      4. 侧芽单生，无顶芽；幼叶在芽中呈席卷状；萼管与上述不同 ………… 2. 梅 P. mume
    3. 花 2～3 朵簇生，稀单生；花梗长可达 2 cm；子房和核果无毛；花先叶开放或与叶同时开放；花丝长短不等 ………………………………………………… 5. 李 P. salicina
  2. 花数朵组成伞形、伞房、短总状花序，稀单生或 2～3 朵簇生；幼叶在芽中呈对折状；花瓣顶端下凹或 2 裂；稀圆钝。
    5. 花与叶同开；叶两面无毛 ………………………………………… 6. 山樱花 P. serrulata
    5. 花先叶开放；叶背面多少被毛，稀无毛 ……………………… 1. 钟花樱桃 P. campanulata
1. 花多数，组成长总状花序。
  6. 叶背面有黑色小腺点 ………………………………………… 4. 腺叶桂樱 p. phaeosticta
  6. 叶背面无小腺点。
    7. 叶片全缘，稀于中上部有疏龄 ……………………………… 7. 尖叶桂樱 P. undulata
    7. 叶边缘有疏或钝锯齿 ……………………… 8. 钝齿尖叶桂樱 P. undulata f. microbotrys

1. **钟花樱桃 Prunus campanulata** Maxim. 别名：福建山樱花

    广东各地。生于海拔 600～800 m 的山地林中。分布浙江、福建、台湾、广西。日本、越南。

2. **梅花 Prunus mume** Sieb. et Zucc. 别名：酸梅、乌梅

    广东各地。生于海拔 150～800 m 的山地、丘陵或平地。中国各地均有栽培。日本、朝鲜。

3. **桃 Prunus persica**（Linn.）Batsch

    广东各地有栽植，亦有野生。中国原产，广泛分布。世界各地均有栽植。

4. **腺叶桂樱 Prunus phaeosticta**（Hance）Maxim. 别名：腺叶野樱

    广东各地。生于中低海拔林中。分布长江流域以南。印度、缅甸、孟加拉、泰国、越南。

5. **李 Prunus salicina** Lindl.

    广东各地。生于低海拔的山地林中、丘陵及村边。分布陕西、甘肃及华中、华东、西南地区。日本、印度、美国等地有栽培。

6. **山樱花 Prunus serrulata** Lindl. 别名：樱花

    广东乐昌。生于山谷林中。分布黑龙江、河北、山东、江苏、安徽、江西、湖南、贵州等省区。日本、朝鲜。

7. **尖叶桂樱 Prunus undulata** Buch. -Ham. ex D. Don

    信宜、怀集、乐昌。生于山谷溪边林中。分布湖南、江西、广西、四川、贵州、云南、西藏。南亚至东南亚。

8. **钝齿尖叶桂樱 Prunus undulata** Buch. -Ham. ex D. Don f. **microbotrys**（Yu et Tu）W. C. Chen

    乐昌、乳源、连平、英德、阳山、清远、平和、平远、龙门、从化、封开、怀集。生于海拔 300～800 m 的山地林中。分布湖南、江西、广西、四川、贵州、云南。

7. 火棘属 Pyracantha M. Roem.

本属约 10 种，产亚洲东部至欧洲南部。中国有 7 种。广东有 2 种。黑石顶 1 种。

1. **火棘 Pyracantha fortuneana**（Maxim.）Li

    粤西及粤东。生于丘陵和山地林中、灌丛、草地及路旁。分布陕西、河南及以南地区。南亚。

8. 梨属 Pyrus Linn.

本属约 25 种，分布于亚洲、欧洲至北非洲。中国有 14 种。广东有 3 种，1 变种，其中栽培 1 种。黑石顶 2 种，1 变种。

1. 叶边缘有刺状锯齿；花梗长 3.5～5.0 cm；果直径 5～8 cm ·················· 2. 梨 P. pyrifolia
1. 叶边缘有钝锯齿；花梗长 1.5～3.0 cm；果直径约 1 cm。
    2. 叶片基部圆形或宽楔形；子房 2（3）室 ·························· 1. 豆梨 P. calleryana
    2. 叶片基部宽楔形；子房 3～4 室 ····················· 1a. 楔叶豆梨 P. calleryana var. koehnei

1. **豆梨 Pyrus calleryana** Dcne. 别名：棠梨

    广东各地。生于海拔 200～800 m 的山地林中。分布华中、华东及华南地区。越南。

1a. **楔叶豆梨 Pyrus calleryana** var. **koehnei**（Schneid.）Yu

    广东各地。生于海拔 80～900 m 的山地。分布广西、福建、浙江。

2. **梨 Pyrus pyrifolia**（Burm. f.）Nakai 别名：沙梨

    广东各地。生于低海拔的丘陵、平地或林缘。分布华中及其以南地区。日本等地有栽培。

9. 臀果木属 Pygeum Gaertn.

本属有 40 余种，主要产于南非、亚洲和大洋洲。中国约有 6 种，主产华南至西南地区。广东有 2 种。黑石顶 1 种。

1. **臀果木 Pygeum topengii** Merr. 别名：臀形果、荷包李、木虱罗

    广东各地。生于海拔 250～800 m 的山地林中。分布海南、香港、福建、广西、云南、贵州。

10. 石斑木属 Raphiolepis Lindl.

本属约 15 种，分布于亚洲东部。中国有 7 种，3 变种。广东有 6 种，1 变种。黑石顶 3 种。

1. 叶无毛或仅在下面被疏茸毛。
    2. 叶片卵形、长圆形、卵状披针形或披针形；总花梗和花梗被锈色茸毛；花梗长 5～15 mm；雄蕊 15 枚，与花瓣等长或比花瓣稍长 ····················· 2. 石斑木 R. indica
    2. 叶片披针形、长圆状披针形，稀倒卵状长圆形；总花梗和花梗被短柔毛；花梗长 3～5 mm；雄蕊 20 枚，短于花瓣 ························· 3. 柳叶石斑木 R. salicifolia
1. 叶下面密被锈色茸毛或疏被锈色短柔毛 ····················· 1. 锈毛石斑木 R. ferruginea

1. **锈毛石斑木 Raphiolepis ferruginea** Metcalf

    广东各地。生于海拔 250～800 m 的山地林中或灌丛。分布广西、福建。

2. **石斑木 Raphiolepis indica**（Linn.）Lindl. 别名：车轮梅、春花、子京公

    广东各地。生于中、低海拔的灌丛或林中。分布长江流域以南。日本、东南亚。

3. **柳叶石斑木 Raphiolepis salicifolia** Lindl.

    广东各地。生于中低海拔山地林中。分布广西、福建。越南。

11. 蔷薇属 Rosa Linn.

本属约有 200 种，广泛分布于亚、欧、北非各洲。中国有 93 种。广东有 9 种，6 变种，其中 2 种及 1 变种为栽培种。黑石顶 4 种，1 变种。

1. 托叶大部分贴生在叶柄上，宿存。
　2. 花单生或数朵集生；花柱离生。
　　4. 灌木；花数朵集生或单生，直径 4～5 cm；花梗长 2.5～6 cm；托叶离生部分耳状；花柱约与雄蕊等长 ·· 1. 月季花 R. chinensis
　　4. 攀援灌木；花单生，直径 3～3.5 cm；花梗长 0.6～1.2 cm；托叶离生部分披针形；花柱比雄蕊短 ·· 4. 亮叶月季 R. lucidissima
　2. 花组成圆锥花序或伞房花序；花柱合生。
　　5. 花组成圆锥花序，托叶边缘篦齿状，花柱无毛 ·· 5. 粉团蔷薇 R. multiflora var. cathayensis
　　5. 花组成伞房花序，托叶边缘全缘或具锯齿，花柱有毛 ·· 2. 软条七蔷薇 R. henryi
1. 托叶与叶柄分离或基部与叶柄贴生，脱落 ·· 3. 金樱子 R. laevigata

1. **月季花 Rosa chinensis** Jacq.
　广东各地普遍栽培。全国各地广泛栽培。
2. **亮叶月季 Rosa lucidissima** Lévl.
　广东西部。生于海拔 900 m 以下的山地。湖北、四川、贵州、广西。
3. **软条七蔷薇 Rosa henryi** Bouleng
　广东山区县。生于中低海拔丘陵、山谷。分布华中、华东及西南地区。
4. **金樱子 Rosa laevigata** Michx. 别名：刺梨子、山石榴、山鸡头子
　广东各地。生于低海拔至中海拔的山地、丘陵、平地。分布华中、华东及西南地区。

12. 悬钩子属 Rubus Linn.

本属 700 余种，分布于全世界，主产地在北半球温带，少数分布至热带和南半球。中国有 194 种。广东有 47 种，8 变种，其中栽培 1 种。黑石顶 12 种，1 变种。

1. 叶为羽状或掌状（指状）复叶，具小叶（3～）5～9（～11）片，或有时具单小叶。
　2. 叶两面被毛。
　　3. 花红色；子房被毛 ·· 7. 茅莓 R. parvifolius
　　3. 花白色；子房无毛。
　　　4. 枝和叶无黄色腺点；叶缘有锯齿 ·· 11. 红腺悬钩子 R. sumatranus
　　　4. 枝及叶两面有黄色腺点；叶缘具重锯齿 ·· 10. 空心泡 R. rosaefolius
　2. 叶两面无毛，稀幼时被毛或上面被疏毛 ·· 5. 白花悬钩子 R. leucanthus
1. 单叶。
　5. 直立灌木，稀匍匐或近蔓生。
　　6. 托叶与叶柄合生；子房有毛 ·· 3. 山莓 R. corchorifolius
　　6. 托叶与叶柄离生；子房无毛 ·· 6. 大乌泡 R. multibracteatus
　5. 攀援或藤状灌木，稀蔓生。
　　7. 花常组成大型圆锥、总状或近总状花序。
　　　8. 花常组成大型圆锥花序 ·· 8. 梨叶悬钩子 R. pirifolius
　　　8. 花组成总状或近总状花序。
　　　　9. 花红色；花丝宽扁而短，花药稍具长柔毛；枝密被灰白色茸毛，老时渐脱落 ·· 4. 华南悬钩子 R. hanceanus

9. 花白色；花丝线形，花药无毛；枝被长柔毛、紫红色腺毛及刺毛 ·················
　　　　　··· 12. 东南悬钩子 R. tsangorum
　7. 花组成总状、圆锥、伞房等花序或簇生，稀单生。
　　　10. 花组成总状花序或数朵簇生。
　　　　11. 枝密被红褐色长腺毛、软刺毛和淡黄色长柔毛，常无刺；叶下面被长柔毛；花梗长
　　　　　5～14 mm ·· 2. 周毛悬钩子 R. amphidasya
　　　　11. 枝被锈色茸毛，疏生小刺；叶下面密被锈色茸毛；花梗长3～6 mm。
　　　　　12. 叶片心状长卵形，边缘3～5裂，顶生裂片明显长于侧生裂片 ·················
　　　　　　··· 9. 锈毛莓 R. reflexus
　　　　　12. 叶片心状宽卵形或近圆形，边缘3～7裂，顶生裂片与侧生裂片几等长 ········
　　　　　　·· 9a. 深裂锈毛莓 R. reflexus var. lanceolobus
　4. 花组成总状、圆锥、伞房等花序，簇生或稀单生 ················ 1. 粗叶悬钩子 R. alceaefolius

1. 粗叶悬钩子 Rubus alceaefolius Poir.
　　广东各地。生于中低海拔的山地、丘陵、平地。分布长江流域以南。日本、东南亚。
2. 周毛悬钩子 Rubus amphidasys Focke ex Diels
　　广东北部、西部。生于海拔600～700 m的山谷林中。分布华中、华东及西南地区。
3. 山莓 Rubus corchorifolius Linn.
　　广东各地。生于低海拔丘陵山地。除东北、甘肃、青海、新疆、西藏外，全国均有分布。朝鲜、日本、缅甸、越南。
4. 华南悬钩子 Rubus hanceanus Ktze.
　　广东北部、西部。生于低海拔山地。分布福建、湖南、广西。
5. 白花悬钩子 Rubus leucanthus Hance 别名：白钩簕藤
　　广东各地。生于低海拔丘陵山地。分布长江流域以南。越南、老挝、柬埔寨、泰国。
6. 大乌泡 Rubus multibracteatus Lévl. et Vant.
　　广东西部、北部。生于中海拔山地。分布广西、贵州、云南。泰国、越南、老挝、柬埔寨。
7. 茅莓 Rubus parvifolius Linn.
　　广东各地。生于低海拔至中海拔的山地、丘陵。中国南北均有分布。日本、朝鲜、越南。
8. 梨叶悬钩子 Rubus pirifolius Smith
　　广东各地。生于低海拔至中海拔的山地、丘陵。分布福建、台湾、广西、西南地区。东南亚。
9. 锈毛莓 Rubus reflexus Ker 别名：蛇包簕、大叶蛇簕
　　广东各地。生于中低海拔的山地丘陵。分布江西、湖南、浙江、福建、台湾、广西。
9a. 深裂锈毛莓 Rubus reflexus Ker var. **lanceolobus** Metc.
　　广东各地。生于海拔600 m以下的山地丘陵。分布湖南、福建、广西、贵州。
10. 空心泡 Rubus rosaefolius Smith 别名：蔷薇莓
　　广东各地。生于海拔500 m以下的丘陵山地。分布长江流域及其以南。亚洲、大洋洲、非洲。
11. 红腺悬钩子 Rubus sumatranus Miq. 别名：牛奶莓、腺毛悬钩子
　　广东各地。生于中低海拔山地、丘陵。分布华中、华东、华南及西南。东亚、印度及东南亚。
12. 东南悬钩子 Rubus tsangorum Hand.-Mazz.
　　广东各地。生于海拔560～900 m的山地。分布江西、安徽、湖南、浙江、福建、广西。

13. 花楸属 Sorbus Linn.

本属 80 余种，分布于亚洲、欧洲、北美洲。中国有 50 余种。广东有 5 种，1 变种。黑石顶 2 种。

1. 叶侧脉直达锯齿尖端，6～18 对；果直径约 1 cm ·················· 1. 美脉花楸 S. caloneura
1. 叶侧脉不达锯齿尖端，7～11 对；果直径约 1.5 cm ················ 2. 疣果花楸 S. granulosa

1. 美脉花楸 Sorbus caloneura（Stapf）Rehd.

广东各地。生于中低海拔的山谷、溪边或山坡。分布湖北、湖南、四川、贵州、云南、广西。越南。

2. 疣果花楸 Sorbus granulosa（Bertol.）Rehd.

广东各地。生于中、高海拔的山地林中。分布云南、贵州、广西。印度及东南亚。

151. 茜草科 Rubiaceae

本科约 637 属，10 700 多种，广布于热带和亚热带地区，少数分布至北温带。中国现有 97 属，约 675 种，主要分布于南部的和东南部。广东有 70 属，254 种，4 亚种，16 变种。黑石顶 29 属，62 种，1 变种，1 亚种。

1. 花多数，组成密花、圆球形的头状花序；总花梗顶端膨大成球形。
   2. 果每室有多颗种子；叶对生。
      3. 木质藤木；茎枝有钩状刺 ·································· 27. 钩藤属 Uncaria
      3. 灌木或乔木；茎枝无钩状刺。
         4. 头状花序顶生。
            5. 头状花序单生 ·································· 18. 乌檀属 Nauclea
            5. 头状花序多数，排成伞房花序式或聚伞状圆锥花序式。
               6. 头状花序排成伞房花序式，侧生花序轴分枝；花萼裂片比萼管长；叶基部渐尖；叶柄长 0.7～1.0 cm ·································· 14. 黄棉木属 Metadina
               6. 头状花序排成聚伞状圆锥花序式，侧生花序轴不分枝；花萼裂片比萼管短；叶基部心形或钝；叶柄长 3～6 cm ·································· 25. 鸡仔木属 Sinoadina
         4. 头状花序腋生或顶生，或两者兼有。
            7. 顶芽明显，圆锥形；托叶全缘，稀顶端凹缺；头状花序腋生，稀为顶生 ·································· 22. 槽裂木属 Pertusadina
            7. 顶芽不明显，由托叶疏松包裹；托叶深 2 裂；头状花序顶生和腋生 ·································· 1. 水团花属 Adina
   2. 果每室有 1 颗种子；叶对生或轮生 ·································· 7. 风箱树属 Cephalanthus
1. 花序与上述不同或花单生；总花梗顶端不膨大。
   8. 花冠裂片镊合状排列。
      9. 果每室有 2 至多颗种子。
         10. 果成熟时开裂。
            11. 花 4 数，稀 5 数；花盘小，4 浅裂 ·································· 11. 耳草属 Hedyotis
            11. 花 5 数，稀 4 或 6～7 数；花盘 2 裂 ·································· 19. 蛇根草属 Ophiorrhiza
         10. 果成熟时不开裂。
            12. 花萼裂片中常有 1 片（很少全部）增大成叶状，色白而有柄 ·································· 16. 玉叶金花属 Mussaenda

12. 花萼裂片正常，不增大成叶状。
　　　　13. 果2室或有2分核 ··· 17. 腺萼木属 Mycetia
　　　　13. 果5室 ·· 28. 尖叶木属 Urophyllum
9. 果每室有1颗种子。
　　14. 果为聚花果；花多朵聚合成头状；萼管彼此粘合 ················ 15. 巴戟天属 Morinda
　　14. 果非聚花果；花各式排列；萼管彼此分离。
　　　　15. 萼管顶端截平、近截平或浅裂。
　　　　　　16. 木质藤本、灌木或乔木 ································· 5. 鱼骨木属 Canthium
　　　　　　16. 直立、匍匐或攀援草本 ·································· 23. 茜草属 Rubia
　　　　15. 萼裂片明显，常4～5，有时2或6。
　　　　　　17. 草本。
　　　　　　　　18. 托叶与叶柄合生成鞘。
　　　　　　　　　　19. 花组成聚伞花序；具总花梗 ················ 12. 红芽大戟属 Knoxia
　　　　　　　　　　19. 花组成头状花序或花多朵簇生于叶鞘内；无总花梗 ······ 4. 丰花草属 Borreria
　　　　　　　　18. 托叶分离或基部联合成鞘状（部分） ·············· 11. 耳草属 Hedyotis
　　　　　　17. 乔木，灌木或藤本。
　　　　　　　　20. 灌木；枝叶揉之有臭气 ···························· 20. 鸡矢藤属 Paederia
　　　　　　　　20. 乔木或直立灌木，稀攀援。
　　　　　　　　　　21. 花或花序腋生；核果 ························· 13. 粗叶木属 Lasianthus
　　　　　　　　　　21. 花或花序顶生，很少兼有腋生；蒴果、浆果或核果 ··· 24. 九节属 Psychotria
8. 花冠裂片旋转状或覆瓦状排列。
　22. 花冠裂片旋转状排列。
　　　23. 果每室有2或多颗种子。
　　　　24. 子房1室，侧膜胎座；花单朵顶生或2～3朵簇生 ············ 10. 栀子属 Gardenia
　　　　24. 子房2室，非侧膜胎座；花至少至多朵簇生或组成花序，稀单生。
　　　　　　25. 有刺灌木或乔木，有时攀援状 ··························· 6. 山石榴属 Catunaregan
　　　　　　25. 无刺灌木或乔木。
　　　　　　　　26. 花单性，雌雄异株 ···································· 9. 狗骨柴属 Diplospora
　　　　　　　　26. 花两性。
　　　　　　　　　　27. 果每室有2～3颗种子。
　　　　　　　　　　　　28. 花序生于侧生短枝的顶端或老枝的节上；柱头2裂 ··············
　　　　　　　　　　　　　　 ·· 3. 白香楠属 Alleizettella
　　　　　　　　　　　　28. 花序顶生或腋生；柱头不裂或2裂 ·········· 26. 乌口树属 Tarenna
　　　　　　　　　　27. 果每室有4颗以上的种子。
　　　　　　　　　　　　29. 聚伞花序腋生或与叶对生，或生于无叶的节上；胚珠和种子沉没于肉质的
　　　　　　　　　　　　　　胎座中；叶干时非黑褐色 ························· 2. 茜树属 Aidia
　　　　　　　　　　　　29. 聚伞花序顶生；胚珠和种子不沉没于肉质胎座中；叶干时黑褐色（部分）
　　　　　　　　　　　　　　 ·· 26. 乌口树属 Tarenna
　　　23. 果每室有1颗种子。
　　　　30. 花柱长伸出，伸出部分长超过花冠裂片 ····················· 21. 大沙叶属 Pavetta
　　　　30. 花柱不伸出或稍伸出，伸出部分长不超过花冠裂片 ········ 26. 乌口树属 Tarenna
　22. 花冠裂片覆瓦状排列。
　　　31. 藤本或攀缘灌木；种子边缘有流苏状的翅 ··················· 8. 流苏子属 Coptosapelta
　　　31. 直立乔木或灌木；种子边缘无流苏状的翅 ················· 29. 水锦树属 Wendlandia

239

1. 水团花属 Adina Slaish.

本属有 3 种，分布于中国、越南、朝鲜和日本。广东有 2 种。黑石顶 1 种。

1. 水团花 Adina pilulifera（Lam.）Franch. ex Drake 别名：水杨梅、假马烟树

广东各地。生于低海拔山地丘陵，常生于溪沟边。分布长江流域以南。日本、越南。

2. 茜树属 Aidia Lour.

本属约有 50 多种，分布于非洲，亚洲和大洋洲。中国有 7 种，主要分布于西南部至东南部，广东有 4 种。黑石顶 3 种

1. 嫩枝无毛。
  2. 总花梗极短或近于无；花梗长 5～16 mm；花萼外面疏被紧贴的锈色柔毛 ··· 1. 香楠 A. canthioides
  2. 总花梗较长；花梗通常长不超过 5 mm；花萼外面无毛·············· 2. 茜树 A. cochinchinensis
1. 嫩枝被锈色柔色 ·· 3. 多毛茜草树 A. pycnantha

1. 香楠 Aidia canthioides（Champ. ex Benth.）Masamune

广东各地。生于中低海拔的山坡、山谷及丘陵。分布福建、台湾、香港、广西、云南、海南。日本、越南。

2. 茜树 Aidia cochinchinensis Lour.

广东各地。生于中低海拔的山坡、山谷及丘陵。分布中国中部、南部。亚洲至大洋州。

3. 多毛茜草树 Aidia pycantha（Drake）Tirv. 别名：毛山黄皮

广东各地。生于海拔 800 m 以下。分布福建、香港、广西、海南。越南。

3. 白香楠属 Alleizettella Pitard

本属约 2 种，分布于越南和中国，中国有 1 种，产于福建、广东、香港、广西、海南。黑石顶 1 种。

1. 白果香楠 Alleizettella leucocarpa（Champ. ex Benth.）Tirv.

广东各地。生于海拔 200 m～800 m 山坡和山谷。分布福建、香港、广西。越南。

4. 丰花草属 Borreria G. Meyer

本属约 150 种，分布于热带和亚热带地区。中国有 5 种，分布于西南部和东南部各省区。广东有 3 种。黑石顶 1 种。

1. 丰花草 Borreria stricta（Linn. f.）G. Meyer

广东各地。生于草地上常见。分布长江以南。热带非洲和亚洲。

5. 鱼骨木属 Canthium Lam.

本属 50 余种，分布于亚洲热带地区以及非洲和大洋州。中国有 3 种，1 变种。广东均有。黑石顶 2 种。

1. 植物无刺；小枝无毛 ··· 1. 鱼骨木 C. dicoccum
1. 植物具刺；小枝被毛 ··· 2. 猪肚木 C. horridum

1. 鱼骨木 Canthium dicoccum（Gaertn.）Teysmann et Binnedijk

广东各地。生于杂木林内。分布海南、广西、云南、海南。印度、斯里兰卡。

2. 猪肚木 Canthium horridum（Bl.）

广东各地。低海拔灌丛。分布海南、香港、广西、云南、海南等省区。印度、中南半岛各国、东南亚。

6. 山石榴属 Catunaregam Wolf

本属约10种，分布于亚洲南部和东南部至非洲。中国有1种，见于南方。广东亦有。黑石顶1种。

1. **山石榴** Catunaregam spinosa（Thumb.）Tirv. 别名：牛头簕、刺榴、簕牯树、簕泡木

广东各地。生于海拔800 m以下。分布海南、台湾、广西、香港、澳门、云南。亚洲南部和东南部、东非热带地区。

7. 风箱树属 Cephalanthus Linn.

本属约有6种，分布于亚洲、非洲和美洲。中国有1种。黑石顶1种。

1. **风箱树** Cephalanthus tetrandrus（Roxb.）Ridsd. et Bakh. f.

广东各地。生于低海拔山地、丘陵、旷野、村边。分布长江流域以南地区。南亚、东南亚。

8. 流苏子属 Coptosapelta Korth.

本属13种，分布于亚洲南部和东南部，南至巴布亚新几内亚。中国有1种。广东有分布。黑石顶1种。

1. **流苏子** Coptosapelta diffusa（Champ. ex Benth.）Van Steenis

广东各地。海拔100～800 m处的山地或丘陵。分布长江流域及以南地区。日本。

9. 狗骨柴属 Diplospora DC.

本属约10种，分布于亚洲的热带和亚热带地区，中国有3种，分布于长江流域以南。广东有2种。黑石顶均有分布。

1. 叶和叶柄无毛；网脉在下面不明显 ················· 1. 狗骨柴 D. dubia
1. 叶和叶柄有毛；网脉在下面明显 ················· 2. 毛狗骨柴 D. fruticosa

1. **狗骨柴** Diplospora dubia（Lindl.）Masamune 别名：青凿树

广东各地。生于海拔800 m以下。分布长江流域以南各省区。日本、越南。

2. **毛狗骨柴** Diplospora fruticosa Hemsl. 别名：小狗骨柴

广东各地。生于中低海拔处的山谷、溪边。分布江西、湖北、湖南、广西及西南地区。越南。

10. 栀子属 Gardenia Ellis

本属约250种，分布于东半球的热带及亚热带。中国有5种，1变种，产于中部以南各省区，广东有3种，1变种。黑石顶2种。

1. 乔木；花萼裂片长4～5 mm；果有明显或不明显的纵棱 ············ 1. 海南栀子 G. hainanensis
1. 灌木；花萼裂片长10～30 mm；果有5～9条翅状纵棱 ············ 2. 栀子 G. jasminoides

1. **海南栀子** Gardenia hainanensis Merr. 别名：黄机树

广东各地。低海拔山坡、山谷。海南。

2. **栀子** Gardenia jasminoides J. Eills 别名：水横枝、黄果子

广东各地。生于海拔800 m以下的旷野、丘陵、山坡、山谷。分布中国中部以南各省区。亚洲、太平洋岛屿、美洲。

11. 耳草属 Hedyotis Linn.

本属约420余种，广布于热带及亚热带地区，罕有分布到温带地区。中国有59种，3变种。广东有38种，2变种。黑石顶6种。

1. 果不开裂、迟裂、仅顶端开裂。
   2. 果不开裂，花序腋生 ·· 1. 耳草 H. auricularia
   2. 果迟裂或仅顶端开裂。
      3. 果无毛 ··· 5. 纤花耳草 H. tenelliflora
      3. 果被毛，叶两面有刺手硬毛 ····························· 6. 粗叶耳草 H. verticillata
1. 果室间或室背开裂。
   4. 果室间开裂。
      5. 直立草本或亚灌木；果顶端不隆起 ····················· 2. 剑叶耳草 H. caudatifolia
      5. 藤状灌木；果顶端隆起 ···································· 4. 牛白藤 H. hedyotidea
   4. 果室背开裂，罕不裂；花序有花1～4朵，无总花梗 ············ 3. 白花舌蛇草 H. diffusa

1. **耳草 Hedyotis auricularia** Linn.

    广东各地。生于林缘、灌丛及草地。分布中国南部和西南部。南亚、东南亚、澳大利亚。

2. **纤花耳草 Hedyotis tenelliflora** Bl.

    广东各地。生于山谷两旁坡地或田埂上。分布长江流域以南。印度、越南、马来西亚、菲律宾。

3. **粗叶耳草 Hedyotis verticillata** (Linn.) Lam.

    广东各地。生于中低海拔丘陵地带的草丛或疏林中。分布广西、云南、贵州及香港。

4. **剑叶耳草 Hedyotis caudatifolia** Merr. et Metcalf

    广东各地。生于路边山坡、草地或沟边。分布长江以南地区。

5. **牛白藤 Hedyotis hedyotidea** (DC.) Merr.

    广东各地。生于沟谷灌丛或丘陵坡地。分布海南、广西、云南、贵州、福建等省区。

6. **白花蛇舌草 Hedyotis diffusa** Willd.

    广东各地。生于水田、田埂和草地。分布安徽、云南、香港、广西、海南。热带亚洲。

12. 红芽大戟属 Knoxia Linn.

    本属约20余种，分布于亚洲热带地区和大洋洲。中国有3种，广东有2种。黑石顶1种。

1. **红芽大戟 Knoxia corymbosa** Willd.

    广东各地。生于海拔600 m以下的林中湿地。分布广西、云南、贵州、台湾、海南。印度、中南半岛各国，南至澳大利亚北部。

13. 粗叶木属 Lasianthus Jack

    本属约有180种，分布于亚洲、大洋洲和非洲。中国有33种，4亚种，3变种，产长江流域及其以南各省区。广东有22种，2亚种，2变种。黑石顶3种。

1. 花2朵至多朵簇生于叶腋，无总花梗或总花梗极短 ················ 1. 粗叶木 L. chinensis
1. 花簇生于腋生总花梗上。
   2. 叶较大，有侧脉9～14对 ···································· 2. 长梗粗叶木 L. filipes
   2. 叶较小，有侧脉4～6对 ···································· 3. 罗浮粗叶木 L. fordii

1. **粗叶木 Lasianthus chinensis** (Champ.) Benth.

    广东各地。海拔800 m以下山地、丘陵。分布香港、福建、台湾、广西、云南、海南。

2. **长梗粗叶木 Lasianthus filipes** Chun. ex Lo.

    广东西部、中部及南部。生于低海拔山地。分布福建、广西、云南。越南、印度、东南亚。

3. 罗浮粗叶木 Lasianthus fordii Hance

肇庆、和平、信宜、茂名、惠阳、龙门、云浮、佛冈、封开、化州、阳春、高州、罗定、新丰、始兴、博罗、广州、从化。生于海拔 150～800 m 处的山谷溪边林中、林缘。分布海南、香港、福建、广西、台湾、云南、四川。日本、菲律宾、泰国、越南、柬埔寨、印度尼西亚、巴布亚新几内亚。

14. 黄棉木属 Metadina Bakh. f.

本属为单种属，分布于南亚至东南亚。中国长江流域以南各地。广东亦有。黑石顶 1 种。

1. 黄棉木 Metadina trichotoma (Zoll. et Mor.) Bakh. f.

广东各地。生于低海拔山谷。分布长江流域以南。印度和东南亚。

15. 巴戟天属 Morinda Linn.

本属约 150 种，广布于热带、亚热带和温带地区。中国有 27 种，6 变种。分布于长江流域以南各省区。广东有 13 种，4 变种。黑石顶 4 种。

1. 枝、叶密被伸展长柔毛；侧脉每边 7～10 条；萼顶具 4～5 齿；果大，直径 1～2 cm ………………………………………………………………………… 1. 大果巴戟 M. cochinchinensis
1. 枝、叶无毛或被紧贴硬毛、粗短毛、短柔毛；侧脉每边 3～7（～9）条；萼无齿或具 1～3 齿；果较小，直径不及 1.5 cm。
   2. 嫩枝和叶两面光滑无毛；叶椭圆形、长圆形或椭圆状披针形；托叶长 6～15 mm；侧脉每边 6～9 条 ………………………………………………………… 2. 糠藤 M. howiana
   2. 嫩枝和叶多少被毛。
      3. 叶倒卵形至线状披针形；叶面中脉不呈线状凸起，无皮刺状硬粗毛；萼顶常见 1～3 针状或波状 …………………………………………………………… 4. 鸡眼藤 M. parvifolia
      3. 叶椭圆形、长圆形或倒卵状长圆形；叶面中脉上半部线状凸起，常疏被皮刺状粗硬毛；花萼外侧具 1 特大萼齿（有时可变白色，叶状）及 2 极小齿 …… 3. 巴戟天 M. officinalis

1. 大果巴戟 Morinda cochinchinensis DC. 别名：黄心藤、大果巴戟天

广东中部、西部。生于海拔 800 m 以下的山坡、山谷、溪边。分布广西、海南。越南北部。

2. 糠藤 Morinda howiana S. Y. Hu

阳江、五华。生于山谷、溪边林下或路旁、山坡灌丛中。分布海南。

3. 巴戟天 Morinda officinalis How 别名：巴戟、鸡肠风

广东各地。生于山地林下或灌丛，或栽培。分布福建、广西、海南。越南。

4. 鸡眼藤 Morinda parvifolia Bartl. ex DC. 别名：小叶羊角藤、细叶巴戟天、土藤

广东各地。生于平地、沟边、路旁、丘陵地的灌丛、疏林或裸地。分布福建、台湾、广西、海南。菲律宾、越南。

16. 玉叶金花属 Mussaenda Linn.

本属约有 120 种，分布于亚洲、非洲和大洋州。中国有 31 种，1 变种，产于西南部、南部至东部。广东有 14 种，其中有 2 种栽培。黑石顶 5 种。

1. 花萼裂片与萼管等长或较短。
   2. 小枝被毛 ……………………………………………………………… 4. 小玉叶金花 M. parviflora
   2. 小枝无毛或近无毛 …………………………………………………………… 1. 楠藤 M. erosa
1. 花萼裂片比萼管长。
   3. 花萼裂片的长度为萼管的 2 倍或 2 倍以上。
      4. 小枝被贴伏短柔毛；花萼管陀螺形 …………………………………… 5. 玉叶金花 M. pubescens

4. 小枝密被锈色或灰色柔毛；花萼管椭圆形 ·················· 2. 海南叶金花 M. hainanensis
3. 花萼裂片长不超过萼管长的 2 倍 ····················· 3. 广东玉叶金花 M. kwangtungensis

1. 楠藤 Mussaenda erosa Champ. 别名：厚叶白纸扇

    广东各地。海拔 160～800 m 处的山地林中或灌丛。长江流域以南。日本、中南半岛。

2. 海南玉叶金 Mussaenda hainanensis Merr. 别名：加辽莱藤

    封开、龙门。生于海拔 65～750 m 处的山地、丘陵的林中或灌丛。分布海南、广西。

3. 广东玉叶金花 Mussaenda kwangtungensis Li

    广东中部及北部。低海拔山谷林中。分布香港、广西。

4. 小玉叶金花 Mussaenda parviflora Miq.

    清远、高要。生于山谷林中。分布台湾。日本。

5. 玉叶金花 Mussaenda pubescens Ait. f. 别名：野血纸扇、良口茶

    广东各地。生于山地、丘陵及旷野中。分布长江流域以南。

17. 腺萼木属 Mycetia Reinw.

本属约有 30 余种，分布于亚洲热带、亚热带地区。中国有 15 种，3 变型，产于西南部至南部。广东有 4 种，1 变型。黑石顶 1 种。

1. 华腺萼木 Mycetia sinensis (Hemsl.) Craib.

    广东各地。生于低海拔山谷溪边林中。分布江西、湖南、广西、云南、福建、海南。

18. 乌檀属 Nauclea Linn.

本属约有 10 种，分布于亚洲、非洲和大洋洲。中国连引入栽培的有 2 种。广东均有。黑石顶 1 种。

1. 乌檀 Nauclea officinalis (Pierre ex Piotard) Merr. et Chun 别名：胆木

    广东各地。生于低海拔山谷林中。分布广西、云南、海南。东南亚。

19. 鸡矢藤属 Paederia Linn.

本属约 50 种，大部分分布于亚洲热带地区，其他热带地区亦有少量分布。中国有 11 种，分布于西南部和中南部至东部，但以西南部为多。广东有 4 种，1 变种。黑石顶 1 种 1 变种。

1. 茎、叶无毛；花冠通常浅紫色 ····················· 1. 鸡矢藤 P. scandens
1. 茎、叶被毛；花冠白色 ······················ 1a. 毛鸡矢藤 P. scandens var. tomentos

1. 鸡矢藤 Paederia scandens (Lour.) Merr.

    广东各地。生于海拔 800 m 以下山坡、沟谷或旷野。分布中国长江以南。印度和中南半岛各国。

1a. 毛鸡矢藤 Paederia scandens (Lour.) Merr. var. **tomentosa** (Bl.) Hand.-Mazz.

    广东各地。生于海拔 800 m 以下山坡、沟谷或旷野。分布香港、江西、广西、云南、海南。

20. 蛇根草属 Ophiorrhiza Linn.

本属约有 200 种，分布于亚洲的热带和亚热带地区以及大洋洲。中国有 72 种，1 变种，2 变型，产于长江流域及以南地区。广东有 10 种，1 变型。黑石顶 3 种。

1. 小苞片于结果时宿存。
    2. 叶长 4～10 cm，侧脉 6～8 对；柱头和花药内藏 ················· 2. 日本蛇根草 O. japonica
    2. 叶长 12～16 cm. 侧脉 9～15 对；柱头和花药稍伸出 ········ 1. 广州蛇根草 O. cantoniensis
1. 小苞片无或很小且很快脱落 ····················· 3. 短小蛇根草 O. pumila

1. 广州蛇根草 Ophiorrhiza cantonensis Hance

   广东各山区县。生于海拔 300～800 m 处的山谷溪边及潮湿林下。分布香港、湖南、海南及西南地区。

2. 日本蛇根草 Ophiorrhiza japonica Bl.

   广东各地。生于中低海拔山谷溪边和林下湿地。分布长江流域及以南地区。日本、越南。

3. 短小蛇根草 Ophiorrhiza pumila Champ. ex Benth.

   广东各地。生于山谷溪边林中，草丛。分布长江流域以南。越南。

21. 大沙叶属 Pavetta Linn.

本属约 400 余种，分布于非洲南部和亚洲热带地区。中国有 6 种，1 变型，主要分布于西南部和南部。广东有 4 种，1 变型。黑石顶 1 种。

1. 香港大沙叶 Pavetta hongkongensis Bremek. 别名：广东大沙叶

   广东各地。生于中、低海拔处灌木丛。分布广西、香港、云南、海南。越南。

22. 槽裂木属 Pertusadina Ridsd.

本属约有 4 种，分布于中国、马来西亚、菲律宾、巴布亚新几内亚。中国有 1 种。广东有分布。黑石顶 1 种。

1. 海南槽裂木 Pertusadina hainanensis Rodsd. 别名：海南水团花

   广东封开。生于中低海拔处的山谷。分布香港、浙江、福建、湖南、广西、贵州、海南。

23. 九节属 Psychotria Linn.

本属约 1 000 种，广布于热带和亚热带地区。中国有 18 种，1 变种，分布于西南部至东部。广东有 7 种，1 变种。黑石顶 4 种。

1. 直立灌木或小乔木；果红色或黑色。

   2. 叶无毛。

      3. 叶干时榄绿色；果长圆形或近球形；果柄纤细，长 5～10 mm …… 1. 溪边九节 P. fluviatilis

      3. 叶干时淡红色或红褐色，果球形；果柄较粗，长 1～6 mm ………… 4. 假九节 P. tutcheri

   2. 叶下面或仅在下面脉腋内被毛 …………………………………………… 2. 九节 P. rubra

1. 攀缘或匍匐藤本，常以气根攀附于树干或岩石上；果白色 ………… 3. 蔓九节 P. serpens

1. 溪边九节 Psychotria fluviatilis Chun ex W. C. Chen

   广东各地。生于海拔 500～800 m 处的山谷溪边。分布海南、广西。

2. 九节 Psychotria asiatica Linn. 别名：山打大刀、大丹叶、暗山公、暗山香、山大颜、吹筒管

   广东各地。生于海拔 1 500 m 以下。分布长江流域以南。日本、印度、东南亚。

3. 蔓九节 Psychotria serpens Linn. 别名：葡匐九节、穿根藤、蜈蚣藤

   广东各地。生于海拔 800 m 以下。分布浙江、福建、台湾、香港、广西、海南。日本、朝鲜、东南亚。

4. 假九节 Psychotria tutcheri Dunn

   广东各地。生于海拔 300～1 000 m 处的山坡、山谷。分布香港、福建、广西、云南、海南。越南。

24. 鸡仔木属 Sinoadina Ridsd.

本属仅 1 种，分布于东亚及泰国、缅甸。广东有分布。黑石顶 1 种。

1. 鸡仔木 Sinoadina racemosa（Sieb. et Zuce.）Ridsd. 别名：水冬瓜

广东各地。生于中低海拔的山谷溪边林中。分布长江流域及以南地区。日本、泰国、缅甸。

25. 茜草属 Rubia Li

本属约有 70 余种，分布于地中海沿岸、非洲、亚洲温带和亚热带以及美洲。中国有 36 种，2 变种，产全国各省区，以云南、四川、西藏和新疆的种类最多。广东有 3 种。黑石顶 3 种。

1. 叶薄草质，长为宽的 4～8 倍 ·· 1. 金剑草 R. alata
1. 叶纸质至近膜质，长不及宽的 3 倍。
  2. 叶披针形或卵状披针形，宽 0.5～2.5 cm，顶端渐尖或长渐尖；基出脉 5 条 ··· 3. 多花茜草 R. wallichiana
  2. 叶心形、阔卵状心形或近圆心形，宽 1～4.5 cm，顶端急类或骤尖；基出脉 5～7 条 ··· 2. 东南茜草 R. argyi

1. 金剑草 Rubia alata Roxb. 别名：红丝线

新丰、信宜、和平、怀集、蕉岭、阳山、乐昌、曲江、浮源、英德、连南、翁源、五华、大埔、连州、从化、龙门、阳春、连山。生于海拔 200～850 m 处的山坡林缘、灌丛、村边和路边。分布甘肃、陕西、安徽、浙江、福建、台湾、江西、河南、湖北、湖南、广西、贵州、云南、四川。

2. 东南茜草 Rubia argyi（Lévl. et Vant.）Hara ex L. A. Lauener et D. K. Ferguson 别名：主线草

连州、乳源、英德、怀集、信宜、连平、阳山、和平、乐昌、连南、罗定。生于海拔 300～800 m 处的山谷林中、林缘、灌丛、路边和村边等。分布陕西、江苏、安徽、浙江、江西、福建、台湾、河南、湖北、湖南、广西、云南、四川。朝鲜、日本。

3. 多花茜草 Rubia wallichiana Decne. 别名：三爪龙

乐昌、乳源、曲江、博罗、仁化、连州。生于海拔 400～1 600 m 处的山谷林中或丘陵灌丛、林缘、旷野草地或村边园篱内。分布海南、江西、湖南、香港、广西、四川、云南。

26. 乌口树属 Tarenna Geartn.

本属约有 370 种，分布于亚洲的热带和亚热带地区，非洲的热带地区以及大洋洲。中国有 17 种，1 变型，主要分布于西南部及东部。广东有 7 种。黑石顶 4 种。

1. 花冠管与花冠裂片近等长或短于花冠裂片。
  2. 叶两面无毛 ·· 3. 披针叶乌口树 T. lancilimba
  2. 叶两面被毛 ·· 4. 白花苦灯笼 T. mollissima
1. 花冠管比花冠裂片长。
  3. 果有种子 2 颗 ·· 2. 假桂乌口树 T. attenuata
  3. 果有种子 6～20 颗 ·· 1. 尖萼乌口树 T. acutisepala

1. 尖萼乌口树 Tarenna acutisepala How ex W. C. Chen

广东北部。生于中低海拔处的山坡或山谷。分布江苏、江西、福建、湖南、广西、四川。

2. 假桂乌口树 Tarenna attenuata（Voigt）Hutch. 别名：树节

广东各地。生于海拔 900 m 以下的开阔地以及林下、灌丛。分布香港、广西、云南。印度、越南、柬埔寨。

3. 披针叶乌口树 Tarenna lancilimba W. C. Chen

广东封开。生于海拔 150～900 m 处的山地。分布广西。越南。

4. 白花苦灯笼 Tarenna mollissima（Hook. et Arn.）Rob.

广东各地。生于海拔200～900 m处的山地、丘陵及沟边。分布长江流域以南。越南。

27. 钩藤属 Uncaria Schreber

本属约有34种，广布于亚洲、澳大利亚、非洲及热带美洲。中国有11种，1变型。广东有6种。黑石顶4种。

1. 叶无毛，稀可在下面脉上被短柔毛。
  2. 叶侧脉5对；头状花序不计花冠直径11 mm；小蒴果长8～10 mm ·· 3. 侯钩藤 U. rhynchophylloides
  2. 叶侧脉4～8对；头状花序不计花冠直径5～8 mm；小蒴果长5～6 mm ·· 2. 钩藤 U. rhynchophylla
1. 叶被硬毛或糙伏毛。
  3. 小枝被硬毛；花冠裂片长圆形；果序直径4.5～5 cm ·················· 1. 毛钩藤 U. hirsuta
  3. 小枝密被锈色短柔毛；花冠裂片长倒卵形；果序直径2.0～2.5 ······ 4. 攀茎钩藤 U. scandens

1. 毛钩藤 Uncaria hirsuta Havil.

广东各地。生于低海拔山地、丘陵的林中或灌丛。分布台湾、福建、广西、贵州。

2. 钩藤 Uncaria rhynchophylla（Miq.）Miq. ex Havil.

广东各地。生于低海拔山地、丘陵的林中或灌丛。分布长江流域及以南地区。日本。

3. 侯钩藤 Uncaria rhynchophylloides How

广东各地。生于低海拔山地、丘陵的林中、林缘或灌丛。分布广西。

4. 攀茎钩藤 Uncaria scandens（Smith）Hutch.

广东各地。生于低海拔山地、丘陵的林中或灌丛。分布广西及西南省区。南亚、东南亚。

28. 尖叶木属 Urophyllum Jack ex Wall.

本属约有150种，分布于亚洲热带亚热带地区至非洲。中国有3种，产于广东、广西和云南。广东有1种。黑石顶1种。

1. 尖叶木 Urophyllum chinense Merr. et Chun

广东各地。生于低海拔山地。分布广西、云南。越南。

29. 水锦树属 Wendlandia Bartl. ex DC.

本属约有90多种，主要分布于亚洲热带和亚热带地区，极少数分布于大洋洲。中国有30种，10亚种，3变种。广东有4种，1亚种，1变种。黑石顶2种，1亚种。

1. 托叶反折的裂片宽约2倍于小枝；花冠长3.5～5.0 mm，花冠管远比花冠裂片长。
  2. 叶较阔，宽椭圆形、长圆形、卵形或长圆状披针形，下面密被灰褐色柔毛 ·· 2. 水锦树 W. uvariifolia
  2. 叶较狭，常为长圆形或长圆状披针毛，下面被疏柔毛 ·· 3. 中华水锦树 W. uvariifolia subsp. chinensis
1. 托叶反折的裂片比小枝略宽；花冠长约2.5 mm，花冠管比花冠稍短 ·· 1. 短筒水锦树 W. brevituba

1. 短筒水锦树 Wendlandia brevituba Chun et How ex W. C. Chen

广东各地。生于山谷林中。分布广西。

2. 水锦树 Wendlandia uvariifolia Hance

广东各地。生于海拔50～800 m处的山地林中、林缘、灌丛或溪边。分布海南、台湾、广西、贵州、云南。越南。

2a. 中华水锦树 Wendlandia uvariifolia Hance subsp. chinensis（Merr.）Cowan

广东各地。生于低海拔的山坡、山谷、丘陵。分布广西。

152. 芸香科 Rutaceae

本科约155属，1 000种，主产热带和亚热带，温带较少，中国连引进的共28属，约150种，主产西南部和南部。广东连引入栽种的共19属，62种，3变种。黑石顶9属，20种。

1. 心皮离生；蓇葖果。
   2. 叶互生；茎枝有刺 ………………………………………………… 9. 花椒属 Zanthoxylum
   2. 叶对生；茎枝无刺 …………………………………………………… 4. 吴茱萸属 Evodia
1. 心皮合生；核果或浆果。
   3. 核果；花单性；很少两性或杂性（则中为单叶或单小叶）。
      4. 攀援灌木；茎枝有刺。叶具3小叶；核果有小核5～8 ………… 8. 飞龙掌血属 Toddalia
      4. 直立灌木；茎枝无刺；单叶；核果有小核1～5个 ……………… 7. 茵芋属 Skimmia
   3. 浆果；花两性，很少因雄蕊不育而趋向单性。
      5. 雄蕊为花瓣数的2倍；浆果无汁胞。
         6. 花瓣镊合状排列；子房室常扭转；子叶折叠 ………………… 6. 小芸木属 Micromelum
         6. 花瓣覆瓦状排列；子房室不扭转；子叶平凸。
            7. 羽状复叶；茎枝无刺 ………………………………………… 3. 黄皮属 Clausena
            7. 单叶或单小叶；茎枝有或长或短的刺 ……………………… 1. 酒饼簕属 Atalantia
      5. 雄蕊为花瓣数的3倍或更多；浆果通常有汁胞。
         8. 子房2～5室，偶更多，每室胚珠2～5颗 …………………… 5. 金橘属 Fortunella
         8. 子房6～15室，每室胚珠4～12颗或更多 ………………… 2. 柑桔属 Cirus

1. 酒饼簕属 Atalantia Corrêa

本属约17种，分布于亚洲的热带和亚热带地区。中国有6或7种，主产于北回归线以南地区。广东有2或3种。黑石顶1种。

1. 酒饼簕 Atalantia buxifolia（Poir）. Oliv

北回归线以南各地较常见。生于平地及低丘陵坡地的疏林或灌木丛中。分布海南、台湾、福建、广西等省区的南部。菲律宾、越南。

2. 柑桔属 Citrus Linn.

本属20余种，原产亚洲东南及南部。中国连引入栽培的约有16种。广东约有11种。黑石顶4种。

1. 嫩枝、叶背或至少在中脉下半段，花梗，花萼和子房均密被柔毛；种子多且大，有明显脊棱，单胚 …………………………………………………………………………… 1. 柚 C. grandis
1. 各部无毛或仅嫩叶的翼叶中脉被疏短毛或花萼裂片被稀疏缘毛；种子少且小或中等大，平滑或有少数细助纹，多或单胚。
   2. 至少在幼果期果顶端有短的乳头状突尖；果肉甚酸 …………… 2. 木黎檬 C. limonia
   2. 幼果与成熟果的顶端均无乳头状突尖；果肉甜或酸。
      3. 总状花序有花3数朵，兼有腋生单花或2花簇生；果皮不易剥离；子叶和胚乳白色 …………………………………………………………………………… 4. 甜橙 C. sinensis
      3. 单花腋生或2～3花簇生；果皮易剥离（一些杂交种的果皮较难剥离）；子叶和胚绿色，有时兼有乳白色的 ……………………………………………… 3. 柑桔 C. reticulata

1. 柚 Citrus grandis（L.）Osbeck 别名：抛（五杂俎）

    广东各地栽种。长江以南各地均种。

2. 黎檬 Citrus limonia Osbeck 别名：黎檬子

    广东各地有栽种。长江以南地区广泛栽培，广西、贵州、云南和海南有野生。

3. 甜橙 Citrus sinensis（L.）Osbeck

    广东各地栽种。秦岭以南各地普遍栽种。

4. 柑桔 Citrus reticulata Blanco

    广东各地栽种。秦岭以南各地普遍栽种。

3. 黄皮属 Clausena Burm. f.

本属约30种，分布于亚洲、非洲及大洋洲。中国约有10种及1变种，分布于长江以南各地。广东连引入栽种的共5种。黑石顶1种。

1. 假黄皮 Clausena excavatea Burm. f.

    广东西部及西南部。低海拔丘陵坡地。分布台湾、福建、广西、云南、海南。东南亚。

4. 吴茱萸属 Evodia J. R. et G. Forst.

本属约150种，分布于非洲、亚洲和澳大利亚。中国约25种，广布南北以区，以云南种类最多。广东有6种。黑石顶4种。

1. 叶具3小叶 ·· 1. 三叉苦 E. lepta
1. 叶为奇数羽状复叶。
    2. 花4基数 ·· 4. 牛纠吴萸 E. trichotoma
    2. 花5基数
        3. 小叶无油点或虽有但甚少且小，仅在放大镜下可见，无毛或仅在背面脉腋间有丛毛 ······
        ·· 2. 楝叶吴萸 E. meliaefolia
        3. 小叶密生大油点，肉眼可见，两面被毛，背面较密，至少沿脉被毛 ·······················
        ·· 3. 吴茱萸 E. rutaecarpa

1. 三叉苦 Evodia lepta（Spreng.）Merr. 别名：三桠苦、三枝枪、白芸香

    广东各地。生于低海拔丘陵山地。分布海南、福建、台湾、广西、云南。东南亚。

2. 楝叶吴萸 Evodia meliaefolia（Hance）Benth. 别名：山苦楝、才槁、贼仔树、假苦楝、鹤木

    广东各地。生于低海拔山坡、平地及村边路旁。分布台湾、福建、云南。

3. 吴茱萸 Evodia rutaecarpa（Juss.）Benth. 别名：茶辣、豉油仔

    广东各地。生于海拔800 m以下的疏林或村边路旁。分布长江以南。

4. 牛纠吴萸 Evodia trichotoma（Lour.）Pierre

    广东高要、封开。生于海拔600～800 m山地杂木林中。分布广西、云南、海南。越南。

5. 金橘属 Fortunella Swilngle

本属约4种，原产中国及邻近国家，分布于长江以南各地。广东有3种。黑石顶2种。

1. 单叶兼有单小叶；果圆或近圆球形；直径一般不超过1 cm（野生种） ········· 1. 山橘 F. hindsii
1. 单小叶（幼苗期具单叶）；果形椭圆，横径多在1.5 cm以上 ············· 2. 金橘 F. margarita

1. 山橘 Fortunella hindsii（Champ.）Swingle 别名：山金豆、香港金橘

    广东各地。生于低海拔坡地疏林。分布安徽、江西、湖南、台湾、福建、广西。

2. 金橘 Fortunella margarita（Lour.）Swingle. 别名：罗浮、金枣、长金柑

    广东各地。栽培种。中国南方各地栽培。

6. 小芸木属 Micromelum Bl.

本属约10种，产于亚洲热带及亚热带。中国有2种，1变种，广西及西南地区。广东有2种。黑石顶1种。

1. 小芸木 Micromelum integerrimum（Buch.-Ham.）Roem. 别名：半边枫

    广东西部及西南部。生于低海拔的坡地次生林。分布广西及西南地区。东南亚。

7. 茵芋属 Skimmia Thunb.

本属5～6种，产亚洲东南部，东至日本南部。中国有4或5种，分布于长江以南各地。广东有2种。黑石顶1种

1. 乔木茵芋 Skimmia arborescens Anderson ex. Gamble

    广东西部至南部。生于海拔450 m 以上的山地。分布广西、云南、西藏。印度、缅甸。

8. 飞龙掌血属 Toddalia Juss.

分布于非洲和亚洲。分布于中国秦岭南坡以南。黑石顶1种。

1. 飞龙掌血 Toddalia asiatica（Linn.）Lam. 别名：大救驾、三叉藤、牛麻簕

    广东各地。山坡灌丛或疏林。分布于中国秦岭南坡以南。

9. 花椒属 Zanthoxylum Linn.

本属约250种，主要分布于热带及亚热带地区。中国约45种，主产于西南部和南部。广东有13种，1变种。黑石顶5种。

1. 花被1轮；雄花的退化雌蕊半圆形而呈垫状凸起，顶端浅裂；雌花的花柱向外弯，明显分离；落叶乔木或灌木状 ·· 1. 竹叶花椒 Z. armatum
1. 花被2轮、外轮为萼片，内轮为花瓣，各为4或5片；雄花的退化雌蕊长棒状，2～3深裂；雌花的花柱挺直且相互靠合，柱头亦紧靠，头状。
    2. 落叶乔木或灌木；花序顶生；萼片绿色；花瓣和萼片均5片。
        3. 花序轴下部密生小锐刺；当年生枝梢顶部的髓部甚大且常中空 ·· 4. 大叶臭花椒 Z. rhetsoides
        3. 花序轴无刺或少刺；当年生枝梢的髓部极小，实心 ············ 2. 簕木党花椒 Z. avicennae
    2. 木质藤本或攀附性灌木；花序腋生或兼有顶生；萼片紫绿色；花瓣和萼片均4片，有时兼有5片。
        4. 小叶整齐对生，顶端骤狭，短或长尾状，基部圆，少有宽楔形；小叶柄甚短 ·· 3. 两面针 Z. nitidum
        4. 小叶互生或同时有不整齐对生，顶端长渐尖，若基部楔尖则小叶柄较长，若基部宽楔形则通常一侧近于圆而甚不对称 ·· 5. 花椒簕 Z. scandens

1. 竹叶花椒 Zanthoxylum armatum DC. 别名：胡椒簕、狗花椒、山胡椒

    主产于广东北部和西部。生于海拔800 m 以下的丘陵山地。分布山东、河南、陕西和甘肃各省南部以南各地。日本、东南亚。

2. 簕檔花椒 Zanthoxylum avicennae（Lam.）DC. 别名：画眉簕、画眉架、鸡醉树

    广东各地。生于低海拔丘陵坡地及路旁。分布台湾、福建、广西、云南、海南。菲律宾、越南。

3. 两面针 Zanthoxylum nitidum（Roxb.）DC. 别名：入地金牛、鞋底簕、满面针

    广东中部及以南。生于低海拔丘陵、山地及平地。分布台湾、福建、广西、海南及西南地区。菲律宾、越南。

4. 大叶臭花椒 Zanthoxylum rhetsoides Drake

广东各地。生于海拔 1 000 m 以下丘陵山地疏林中。分布台湾、福建、广西、湖南、贵州、云南。分布越南。

5. 花椒簕 Zanthoxylum scandens Bl. 别名：花椒藤、乌口簕藤

广东各地。生于中低海拔的向阳坡地。分布长江以南多数省区。东南亚。

153. 清风藤科 Sabiaceae

本科有3属，约155种，分布于亚洲和美洲的热带地区，有些种广布于亚洲东部温带地区。中国有2属，约70种，分布于西南部经中南部至台湾，长江以北较少见；广东有2属，18种，5变种。黑石顶有2属，8种，1变种。

1. 雄蕊仅2枚发育；圆锥花序；单叶或羽状复叶；乔木或直立灌木 ……… 1. 泡花树属 Meliosma
1. 雄蕊全部发育；聚伞花序或有时再呈圆锥花序或总状花序式排列，很少单生；单叶；攀援木 …………………………………………………………………………… 2. 清风藤属 Sabia

1. 泡花树属 Meliosma Bl.

本属约100种，分布于亚洲和美洲的温暖地带。中国约有30余种，广布于西南部经中甫部至东北部，但北部极少见；广东有10种，3变种。黑石顶4种，1变种。

1. 单叶。圆锥花序具2次（3次）分枝，密被绒毛，叶背密被柔毛；至少叶背中脉及侧脉密被柔毛。
   2. 叶背被柔毛；核直径5～8 cm，腹孔不凹入，稍张开。
      3. 叶背、叶柄被柔毛，无密的交织绒毛 …………………… 3. 笔罗子 M. rigida
      3. 叶背、叶柄及花序密被交织绒毛 ……………… 3a. 毡毛泡花树 M. rigida var. Pannosa
   2. 叶背面无毛，密被极微小的小鳞片，叶全缘，椭圆形或卵形，内花瓣深2裂至中部以下 … …………………………………………………………… 4. 樟叶泡花树 M. squamulata
1. 单叶。圆锥花序（2次）3或4次分枝，疏生柔毛；叶背面被稀疏短毛。
   4. 圆锥花序宽大。宽达15 cm 以上；叶侧脉每边11～20条，中脉在叶面微凸起或平；内轮花瓣深2裂，裂片尖 ………………………………………………… 1. 香皮树 M. fordii
   4. 圆锥花序狭窄，宽不及10 cm；叶侧脉每边7～10条，中脉在叶面凹下；内花瓣浅2裂，裂片钝 ……………………………………………………… 2. 狭序泡花树 M. paupera

1. 香皮树 Meliosma fordii Hemsl. 别名：过家见、过假麻

广东全境遍及。生于海拔300～1 000 m 的山地林间。分布湖南、江西、广西、贵州、云南。也分布于中南半岛、泰国。

2. 狭序泡花树 Meliosma paupera Hand-Mazz.

南雄、乐昌、翁源、英德、阳山、连南。生于山谷、溪边林中。分布江西、广西、贵州南部。越南。

3. 笔罗子 Meliosma rigida Sieb. et Zucc.

饶平、大埔、平远、梅县、龙川及高要等地。生于海拔 1 500 m 以下的阔叶林种。分布云南、贵州、广西、湖北西南部、湖南、福建、浙江、江西、台湾。日本。

3a. 毡毛泡花树 Meliosma rigida Sieb. et Zucc. var. **pannosa**（Hand. -Mazz.）Law

产地与原变种相同。生于海拔 800 m 以下的山地林间。分布福建南部、江西南部、湖南南部、广西东北部、贵州东南部。

4. 樟叶泡花树 Meliosma squamulata Hance 别名：绿樟

大埔、梅县、乐昌、乳源、曲江、阳山、英德、增城、惠阳、从化、仁化、饶平、信宜。生长于海拔 1 500 m 以下山地。分布福建南部、台湾、广西、贵州、海南岛及其沿海岛屿。日本（琉球群岛）。

2. 清风藤属 Sabia Colebr.

本属约 55 种，分布于亚洲南部及东南部。中国有 26 种，大部分布于西南部和东南部，西北部仅有少数；广东约有 7 种及 2 变种。黑石顶 4 种。

1. 花单生或 2 朵腋生 ………………………………………………… 2. 清风藤 S. japonica
1. 花组成聚伞花序。
   2. 叶背苍白，叶面深绿色，干时黑色，两面显著不同色 ………… 1. 白背清风藤 S. disclolor
   2. 叶背淡绿色，两面近同色。聚伞花序再组成长 7～15 cm 的圆锥花序式；果直径 10～14 mm；叶长 7～15 cm ………………………… 3. 毛萼清风藤 S. limoniacea var. ardisoides

1. **白背清风藤 Sabia disclolor** Dunn

本省中部从化县以北，东部至饶平，西部至信宜。攀援生长于海拔 300～1 000 m 山地灌木林中。分布浙江中部以南、福建、广西。

2. **清风藤 Sabia japonica** Maxim.

乐昌、仁化、曲江、英德、连平、平远等县。生长在海拔 800 m 以下，攀援于山谷、林边的灌木丛中。分布江苏、安徽、浙江、福建、江西、湖南、广西。日本。

3. **毛萼清风藤 Sabia limoniacea** var. **ardisoides** (Hook. et Arn.) L. Chen

广东北部至海南岛。生长于海拔 1 000 m 以下，攀援于树上或岩石上。分布福建、广西。

154. 杨柳科 Salicaceae

本科 3 属，约 620 多种，分布于寒温带、温带和亚热带。中国 3 属均有，约 347 种，产南北各省。广东产 5 种，黑石顶目前未有发现。

155. 天料木科 Samydaceae

本科约 17 属，400 种，主产热带地区，少数产亚热带地区。中国有 2 属，18 种，产西南部至台湾；广东有 2 属，12 种。黑石顶 2 属 3 种。

目前大多数学者均将本科置于大风子科（Flacourtiaceae）。

1. 花无花瓣，并有花瓣与萼片之分，组成团伞花序或退化为单花，雄蕊与花瓣同数，并对生；子房上位；叶常具透明、橙黄色腺点或线条 ……………………………… 1. 嘉赐树属 Casearia
1. 花有花瓣，组成总状花序或圆锥花序，雄蕊 8 或较多；子房多少下位 … 2. 天料木属 Homalium

1. 嘉赐树属 Casearia Jacq.

本属约 160 种，分布于热带美洲、非洲、亚洲和大洋洲。中国有 6 种，1 变种，产云南、广东、广西和台湾；广东有 4 种。黑石顶 2 种。

1. 长成的叶片下面和叶柄均被黄褐色长柔毛，小枝初时亦被锈色短柔毛；花小，数朵组成团伞花序；花梗有疏柔毛 ………………………………………… 2. 毛叶嘉赐树 C. willilimba
1. 长成的叶片下面和小枝无毛或仅沿主脉被小柔毛。花单生或 10 朵以下簇生；花梗无毛或近无毛 ……………………………………………………………… 1. 膜叶嘉赐树 C. membranacea

1. 膜叶嘉赐树 Casearia membranacea Hance

    信宜、阳春。常见于低海拔至中海拔的疏林中。分布广西、海南。越南北部。

2. 毛叶嘉赐树 Casearia villilimab Merr.

    广东除海丰和陆丰外各地常有分布，但以西南部为多。生于低海拔和中海拔地区的疏林中。分布广西、云南。

2. 天料木属 Homalium Jacq.

本属约180种，广布于热带地区，为热带雨林的主要树种。中国有12种和1变种，主产西南和南部，东部的台湾省亦有分布；广东有8种，黑石顶仅有天料木1种。

1. 天料木 Homalium cochinchinense（Lour.）Druce［*Astrunthus cochinchinensis* Lour.］

    广东各地。生于低海拔的森林中。分布湖南、广西、福建和台湾。分布越南北部。

156. 檀香科 Santalaceae

本科约30属，400种，分布于热带和温带地区。中国产8属，约30种；广东有6属，10种。黑石顶2属，2种。

1. 半寄生植物；茎、叶全部发育，具绿色叶片；核果顶端冠以宿存花被裂片，外果皮肉质，内果皮坚硬 ··· 1. 寄生藤属 Dendrotrophe
1. 寄生植物；茎、叶不发育，无绿色叶片；核果具脆骨质内果皮，内面的上部5～6室，下部1室 ·· 2. 重寄生属 Phacellaria

1. 寄生藤属 Dendrotrophe Miq.

本属约10种，分布于亚洲中南部，东南部至大洋洲南部。中国产6种，分布于西南和华南地区；广东有2种，黑石顶有1种。

1. 寄生藤 Dendrotrophe frutescens（Champ. ex Benth.）Danser［*D. frutesens*（Champ. ex Benth.）Danser var. *subquinquenervia*（Tam）Tam；*Henslowia frutesens* Champ. ex Benth；*H. frutesens* Champ. ex Benth. var. *subquinquenervia* Tam］别名：青公藤、左扭藤、鸡骨香藤

    广东及海南各地均有分布。生于海拔100～300 m山地灌丛中，常攀援于树上。分布云南、广西、福建。越南。

2. 重寄生属 Phacellaria Benth.

本属约8种，分布于亚洲东南部和亚热带地区。中国产5种，分布于西南和华南各省区；广东有2种，黑石顶有1种。

1. 长序重寄生 Phacellaria tonkinensis Lecomte 华南重寄生

    连山、曲江。分布云南、广西、福建、海南（崖县）。越南北部。

157. 无患子科 Sapindaceae[①]

本科约150属，2 000余种，分布于热带和亚热带地区，稀分布至温带。中国24属，约50种。广东19属，27种，1变种。黑石顶4属，5种。

---

① 无患子科 **Sapindaceae**，合并槭科（**Aceraceae**）、七叶树科（**Hippocastanaceae**）（Harrington et al., 2005）。

1. 核果。
   2. 花瓣5，具2个耳状小鳞片；果皮肉质，种皮骨质，种脐线形，无假种皮 ························ 4. 无患子属 Sapindus
   2. 花瓣无或1～5；果皮革质或脆壳质，种子有假种皮。
     3. 果皮外面通常具圆锥状小体或有时近平坦；假种皮仅与种子基部的种皮粘连，其余部分分离；萼裂片覆瓦状排列；花瓣1～4或无 ·············· 2. 龙眼属 Dimocarpus
     3. 果皮外面有或长或短的软刺；假种皮与全部种皮粘连；萼裂片镊合状或覆瓦状排列；无花瓣 ························ 3. 韶子属 Nephelium
1. 蒴果，膨胀，果皮膜质或纸质，有明显脉纹；果有3翅；花盘环状 ·············· 1. 黄梨木属 Boniodendron

1. 黄梨木属 Boniodendron Gagnep.

本属2种，中国1种，越南北部1种。广东1种。黑石顶1种。

1. **黄梨木** Boniodendron minus (Hemsl.) T. Chen [*Koelreuteria minor* Hemsl.] 别名：采木树、小栾树。

 广东北部、西部和东部。常生岩壁上或石灰岩山地。分布广西、云南、湖南和贵州。

2. 龙眼属 Dimocarpus Lour.

本属约20种，分布于亚洲东南部。中国4种。广东2种。黑石顶2种。

1. 叶背无毛；花有花瓣；果褐色或黄褐色 ····················· 1. 龙眼 D. longan
1. 叶背被毛；花无花瓣或花瓣发育不全；果绿色 ················ 2. 龙荔 D. confinis

1. **龙眼** Dimocarpus longan Lour. [*Euphoria longan* (Lour.) Steud.] 别名：桂圆

 广东中部和南部；北部少见。通常栽培或逸生。产中国西南部至东南部。亚洲热带地区多有栽培。

2. **龙荔** Dimocarpus confinis (How et Ho) H. S. Lo

 广东仅分布于封开。生海拔400～1 000 m的阔叶林中。分布云南南部、贵州南部、广西各地、广东西部和湖南西南部。越南北部。

3. 韶子属 Nephelium Linn.

本属约38种，分布在亚洲东南部。中国3种。广东3种。黑石顶1种。

1. **肖韶子** Nephelium chryceum Bl. [N. lappaceum sensu How et Ho]

 广东高要、信宜等地。密林中，不常见。分布云南南部和广西。亚洲东南部。

4. 无患子属 Sapindus Linn.

本属约13种，分布于美洲、亚洲和大洋洲温暖地区。中国4种，1变种。广东1种，黑石顶1种。

1. **无患子** Sapindus mukorossi Gaertn. 别名：木患子、油患子

 广东各地。山地林缘。常见于寺庙，庭院和村边。分布华西南、南部和东部。在印度、中南半岛、日本、朝鲜有栽培。

158. 山榄科 Sapotaceae

本科35～75属（属的界限目前学者们意见不一），800种，广布于热带和亚热带地区。中国连引种栽培的2属共有12属，约27种；广东有9属，12种，3变种，其中2属、4种、1变种

为栽培科。黑石顶有 3 属，4 种。

1. 无不育雄蕊，发育雄蕊多于 10 枚；花萼 4 裂，2 轮排列，花冠裂片 8～10 ··· 1. 紫荆木属 Madhuca
1. 有不育雄蕊；花萼 5 裂，1 轮排列，花冠裂片 5，稀 6。
   2. 叶互生，无托叶；子房 5 室；浆果卵圆形或球形，果皮厚 ········ 3. 铁榄属 Sinosideroxylon
   2. 叶对生或近对生，具托叶；子房 1～2 室；果核果状，椭圆形，果皮极薄 ··· 2. 肉实树属 Sarcosperma

1. 紫荆木属 Madhuca J. F. Gmel.

本属 80 余种，广布于亚洲东南部。中国有 3 种，产云南、广西和广东；广东有 2 种。黑石顶 2 种。

1. 叶顶端通常骤然短尖；钝头；花梗直，向上斜升；花冠 8 裂；雄蕊 16 枚 ··· 2. 紫荆木 M. pasquieri
1. 叶顶端圆或圆钝；花梗弯垂；花冠 8～10 裂；雄蕊 18～30 枚 ··· 1. 海南紫荆木 M. hainanensis

1. **海南紫荆木 Madhuca hainanensis** Chun et How 别名：铁色、刷空母树

    广东未有分布。在较高海拔的常绿林中常见，与陆均松等针叶树混生，在中海拔潮湿山谷亦较常见。仅分布于海南岛的西部和南部。

2. **紫荆木 Madhuka pasquieri**（Dubard）Lam. 别名：木花生。

    湛江和清远。生于山地常绿阔叶林中。分布广西。越南北部。

2. 肉实树属 Sarcosperma Hook.

本属约 8～9 种，分布于印度、马来西亚、印度尼西亚、菲律宾、中南半岛至中国南部。中国产 4 种。广东有 3 种。黑石顶 1 种。

4. **水石梓 Sarcosperma lourinum**（Benth.）Hook. f.

    广东除韶关外各地都有。分布浙江、福建、广西、云南，越南也有分布。

3. 铁榄属 Sinosideroxylon（Engl.）Anbr.

本属 3 种，分布于中国南部和西南部以及越南北部。中国仅见下述 1 种，黑石顶 1 种。

1. **铁榄 Sinosideroxylon wightianum**（Hook. et Arn.）Aubrn. [*Mastichodendron wightianum*（Hook. et Arn.）van Royen]

    广东中部、东部和南部。常生于阔叶林中。分布广西中部和南部、贵州南部、福建南部和云南东南部。越南北部。

159. 大血藤科 Sargentodoxaceae

本科 1 属，1 种，产中南半岛北部和中国华东、华中、华南及西南部；广东亦有。黑石顶 1 种。

1. 大血藤属 Sargentodoxa Rehd. et Wils.

1. **大血藤 Sargentodoxa cuneata**（Oliv.）Rehd. et Wils.（《植物名实图考》）[（Holboellia cuneata Oliv.）]

    新兴、仁化、乐昌、乳源、连州、高要。生于山坡和沟谷疏林下。分布河南、江苏、安徽、浙江、江西、湖南、湖北、四川、广西、云南东南部、香港。老挝和越南北部。

160. 水东哥科 Saurauiaceae

本科仅1属，约300种，分布于亚洲和美洲的热带和亚热带地区。中国有13种，6变种，主产于云南和广西，四川、贵州、广东、海南、福建和台湾也有少量分布。广东有1种，黑石顶亦有。

1. 水东哥属 Saurauia Willd.

1. 水东哥 Saurauia tristyla DC.

广东各地。生于山谷溪旁林下或山坡灌丛中，海拔100～960 m。分布福建、广西、贵州、云南、四川。越南、印度和马来西亚。

161. 三白草科 Saururaceae

本科共4属，约7种，分布于亚洲和北美。中国有3属，4种，主产东部、中部、南部和西南部各省区；广东有3属，3种。黑石顶有2属，2种。

1. 花排成稠密的穗状花序，花序基部有4片白色花瓣状的总苞片；雄蕊3枚 ·· 1. 蕺菜属 Houttuynia
1. 花排成总状花序，花序基部无总苞片；雄蕊6或8枚 ······················ 2. 三白草属 Saururus

1. 蕺菜属 Houttuynia Thunb.

本属1种，分布于亚洲东部及东南部。中国长江流域以南各省区常见。广东有1种。黑石顶也有。

1. 蕺菜 Houttuynia cordata Thunb. 别名：菹菜、鱼腥草、狗贴耳

广东各地广布。生于低湿沼泽地、沟边、溪旁或林下。分布中国中南部各省区、北至陕西、甘肃。亚洲东部及东南部。

2. 三白草属 Saururus Linn.

本属约3种，分布于亚洲东部和北美。中国有1种，主产黄河流域及其以南各省区。广东有1种。黑石顶也有。

1. 三白草 Saururus chinensis (Lour.) Baill. 别名：塘边藕 [*Spathium chinense* Lour.]

广东各地广布。生于低湿沟边、塘边或溪旁。分布河北、河南、山东、南至长江流域以南各省区。日本、菲律宾至越南。

162. 虎耳草科 Saxifragaceae

本科约30属，500余种，分布于北温带。中国有12属，263种，产南北各省。广东产16种，黑石顶目前未有发现。

163. 五味子科 Schisandraceae①

本科共2属，约47种，分布于亚洲东南部和北美东南部。中国2属，约30种，各地有分

---

① 五味子科从木兰科（**Magnoliaceae**）分出（Soltis et al., 2000；APG, 2003），包含狭义五味子科（**Schisandraceae** s. s.）和八角科（**Illiciaceae**）；仅3属：八角属（**Illicium**）、冷饭藤属（**Kadsura**）和五味子属（**Schisandra**）。

布，主产中南和西南部。广东2属，6种、1变种。黑石顶1属，4种。

1. 南五味子属 Kadsdura Kaempf. ex Juss.

本属共24种，分布于亚洲东部和东南部。中国8种，产东部至西南部。广东4种。黑石顶有4种。

1. 叶革质，边缘全缘；雄蕊柱顶端有条形附属物 ·················· 1. 黑老虎 K. coccinea
1. 叶纸质，边缘常有疏齿；雄蕊柱顶端无附属物
　2. 叶长度为宽度的3～4倍；雄蕊约25枚 ·················· 4. 冷饭藤 K. oblongifolia
　2. 叶长度为宽度1～2倍；雄蕊30枚以上。
　　3. 侧脉每边5～7条；雌花梗长1.5～15 cm；外果皮较薄 ························
　　·················· 3. 南五味子 K. longipedunculata
　　3. 侧脉每边7～11条；雌花梗长3～30 mm；外果皮较厚 ··········· 2. 海风藤 K. heteroclita

1. **黑老虎 Kadsura coccinea**（Lem.）A. C. Smith［*Kadsura chinensis* Hance ex Benth.］别名：臭饭团

　广东山地。常见。疏密林中。分布华东南至西南。越南。

2. **海风藤 Kadsura heteroclita**（Roxb.）Craib 别名：异型南五叶子

　广东各地。常生山谷林中。分布华东南至西南各省区。印度、马来西亚、斯里兰卡。

3. **南五味子 Kadsura longipedunculata** Finet et Gagnep.

　广东各地。低海拔的山地林中或灌木丛中。分布华东南至西南各省区。

4. **冷饭藤 Kadsura oblongifolia** Merr.

　广东南部。山地林缘。分布福建、广西南部。

164. 玄参科 Scrophulariaceae

本科约200属，300种，广布于世界各地。中国产56属；广东有29属，84种，4变种。黑石顶有8属，16种。

1. 乔木、直立或藤状灌木；嫩枝和叶被星状毛 ·················· 4. 泡桐属 Paulownia①
1. 草本；枝和叶无星状毛。
　2. 叶缘有齿。
　　3. 叶背有疏或密的凹陷腺点。
　　　4. 花萼裂片等大或后方1枚较大；雄蕊4枚全能育 ··········· 2. 石龙尾属 Limnophila
　　　4. 花萼裂片不等大；雄蕊1对能育，另1对不育或仅1药室发育 ···················
　　　·················· 1. 毛麝香属 Adenosma
　　3. 叶背无凹陷腺点。
　　　5. 花萼具翅或棱，顶端浅齿裂 ·················· 8. 蝴蝶草属 Torenia
　　　5. 花萼无翅或棱，如具棱，则中至深裂而非浅齿裂。
　　　　6. 花1～5朵簇生叶腋；花冠辐状，檐部非2唇形 ··········· 5. 野甘草属 Scoparia
　　　　6. 花单生叶腋或排成总状花序；花冠具长冠管，檐部2唇形 ········· 3. 母草属 Lindernia
　2. 叶缘无齿。
　　7. 叶线形，下部叶3裂，上部叶不裂；花冠裂片近等大，非2唇形 ··· 6. 短冠草属 Sopubia
　　7. 叶线形或披针状线形，花萼管状花冠高脚碟状，檐部2唇形 ··········· 7. 独脚金属 Striga

---

① 注：已单列为泡桐科 Paulowniaceae，见第207页。

1. 毛麝香属 Adenosma R. Br.

本属约10种，分布于东亚和大洋洲。中国有4各；广东及海南有3种。黑石顶1种。

1. 毛麝香 Adenosma glutinosum（Linn.）Druce [*Gerardia glutinosa* Linn.] 别名：凉草

广东各地。生于沟边、田边、荒地、路边和疏林下湿处。分布华南各省区。广布于东南亚和大洋洲。

2. 石龙尾属 Limnophila R. Br.

本属约35种，分布于东半球热带和亚热带地区。中国有9种，广东及海南均产。黑石顶1种。

1. 抱茎石龙尾 Limnophila connata（Buch.-Ham. ex D. Don）Hand.-Mazz. [*Cybbanthera connata* Buch.-Ham. ex D. Don.]

广东中部至北部。生于田边荒地、草地和水边湿地，有时生于水中。分布中国东南部至西南部。印度、尼泊尔和缅甸。

3. 母草属 Lindernia All.

本属约70种，主产亚洲热带和亚热带，美、欧两洲有少数种分布。中国产26种；广东有16种。黑石顶有6种。

1. 叶线形或披针状线形，长 10～40 mm；常具3基出脉或有中脉 …… 2. 狭叶母草 L. angustifolia
1. 叶形和脉非如上述。
  2. 花萼5浅至中裂，有时略呈2唇形；果椭圆形 …………………… 5. 母草 L. crustacea
  2. 花萼5深裂至近基部；果柱形、球形或卵形。
    3. 叶卵形或三角状卵形；叶两面无毛 ………………………………… 1. 长蒴母草 L. anagallis
    3. 叶椭圆形、长圆形至线状长圆形。
      4. 叶缘具细锯齿或近全缘；花梗长约 8 mm ……………………… 3. 泥花草 L. antipoda
      4. 叶缘具尖齿或有芒锯齿；花梗长约 4 mm。
        5. 叶长圆形至带状长圆形，无柄，两面无毛，叶缘具有芒锯齿 …… 4. 刺齿泥花草 L. ciliata
        5. 叶椭圆形、卵状长圆形或圆形，具柄，两面疏被粗短毛，叶缘无有芒锯齿 …………
          …………………………………………………………………………… 6. 旱母草 L. ruellioides

1. 长蒴母草 Lindernia anagallia（Burm. f.）Pennell [*Ruellia anagallis* Burm. f.]

广东各地。生于林下、溪旁和田野等潮湿处。分布华南和西南。亚洲热带和亚热地区。

2. 狭叶母草 Lindernia angustirfolia（Benth.）Wettst. [*Vandellia angustifolia* Benth.]

广东各地。生于田边、水田、草地或溪边。分布长江以南各省区。海南儋州、昌江、东方。自朝鲜南部经日本、菲律宾、中南半岛各国至印度和斯里兰卡。

3. 泥花草 Lindernia antipoda（Linn.）Alston [*Ruellia antipoda* Linn.] 别名：鸭利草

广东各地。生于田边湿地、田中和草地。分布长江以南各省区。印度、中南半岛和菲律宾。

4. 刺齿泥花草 Lindernia ciliata（Colsm.）Pennell [*Gratiola ciliata* colsm.]

广东各地。生于田边、草地和荒地。分布中国东南部至西南部各省区，海南澄迈、儋州、昌江等地。亚洲及大洋洲的热还和亚热带地区。

5. 母草 Lindernia crustacea（Linn.）F. Muell. [*Carparia crustacea* Linn.] 别名：四方拳草

广东各地。生于田边、旱田、草地或疏林下阴湿地。分布中国长江以南各省区。广布于亚洲热带和亚热带地区。

6. 旱母草 Lindernia ruellioides（Colsm.）Pennell [*Gratiola ruellioifdes* Colsm.]

广东各地。生于田边或山地疏林下和草丛中。分布长江以南各地。印度经中南半岛至菲律宾。

4. 泡桐属 Paulownia Sieb. et Zucc. ①

5. 野甘草属 Scoparia Linn.

本属约10种，主产美洲热带地区，仅1种分布至中国；广东及海南亦有。黑石顶有1种。

1. 野甘草 Scoparia dulcis Linn.

广东各地。生于路旁、荒地或林边湿地。分布南岭以南各地。

6. 短冠草属 Sopubia Buch. -Ham. ex D. Don

本属约20种，分布于亚洲东南部至非洲热带地区。中国有2种；广东产1种。黑石顶1种。

1. 短冠草 Sopubia trifida Buch. -Ham. ex D. Dun

从化和连州。生于山地草坡和荒地中。分布江西、湖南、广西、四川、贵州和云南。菲律宾至印度、非洲。

7. 独脚金属 Striga Lour.

本属约20种，分布于东半球热带和亚热带地区。中国产3种；广东及海南有2种，1变种。黑石顶1种。

1. 独脚金 Striga asiatica (Linn.) O. Kuntze [S. lutea Lour.; S. hirsuta Benth.] 别名：干草

广东各地。中部以南较常见。生于草地、田边和旱庄稼地，寄生于其他植物根上。分布长江以南各省区。亚洲热带和亚热带地区。

8. 蝴蝶草属 Torenia Linn.

本属约30种，主产亚洲和非洲热带地区。中国产11种；广东有8种。黑石顶有4种。

1. 叶两面光滑无毛。
    2. 花冠长3～4 cm ··· 1. 单色蝴蝶草 T. concolor
    2. 花冠长2.0～2.5 cm ·· 4. 光叶蝴蝶草 T. glabra
1. 叶多少被毛。
    3. 花萼具5棱，花冠长1.0～1.2 cm ························· 2. 黄花蝴蝶草 T. flava
    3. 花萼具5阔翅，花冠长约1.7 cm ························· 3. 紫斑蝴蝶草 T. fordii

1. 单色蝴蝶草 Torenia concolor Lindl 别名：同色蓝猪耳

广东各地。生于田边、河旁、草地、路旁和灌丛中。分布台湾、广西和贵州等省区。

2. 黄花蝴蝶草 Torenia flava Buch. -Ham. ex Benth. 别名：黄花翼萼

广东东部、中部至西南部。生于平地的田边、路旁、水边和山地的山坡阳处或疏林下。分布广西和台湾。海南三亚、保亭、陵水、白沙和儋州。印度和中南半岛至印度尼西亚。

3. 紫斑蝴蝶草 Torenia fordii Hook. f. 别名：福氏翼萼

广东各地。生于山地路旁、溪旁和疏林下。分布福建、江西和湖南。

4. 光叶蝴蝶草 Torenia glabra Osbeck 别名：光叶翼萼、光蝴蝶草

广东北部。生于山地路旁、林下或灌丛中。分布福建、浙江、江西、湖南、湖北、四川、云南和西藏。

---

① 注：已单列为泡桐科 Paulowniaceae，见第207页。

165. 苦木科 Simaroubaceae

本科约 30 属，150 种，分布于热带、亚热带及温带地区。中国有 5 属，11 种，2 变种，产南北各省。广东产 7 种，黑石顶目前未有发现。

166. 菝葜科 Smilacaceae

本科有 3 属，320 种，分布于热带至温带地区。中国有 2 属，60 余种，主要分布于长江流域及其以南各省区。广东 2 属，25 种。黑石顶 1 属，5 种，1 变种。

1. 菝葜属 Smilax Linn.

本属约 300 种，主产全球热带地区、东亚和北美的温暖地区。中国约有 60 种，主要分布于长江流域以南各省区。广东 22 种。黑石顶 5 种，1 变种。

1. 伞形花序单生。
  2. 茎和枝条光滑，无刺。
    3. 浆果成熟后红色 ………………………………………………………… 2. 筐条菝葜 S. corbularia
    3. 浆果成熟后紫黑色或蓝黑色。
      4. 总花梗长 1～2 cm 或更长；叶柄基部有狭鞘。
        5. 小枝常左右弯曲；叶纸质，无光泽或稍有光泽；总花梗通常短于叶柄 ……………………………………………………………………………………… 4. 马甲菝葜 S. lanceifolia
        5. 小枝不左右弯曲；叶革质，有光泽；总花梗一般长于叶柄 …………………………………………………………………………… 4a. 暗色菝葜 S. lanceifolia var. opaca
      4. 总花梗长 1～5 mm，总花梗短于叶柄；叶柄基部无鞘 ………… 3. 土茯苓 S. glabra
  2. 茎和枝条上多少具刺；叶圆形或卵形；总花梗长于 1 cm；浆果红色 …… 1. 菝葜 S. china
1. 伞形花序再组成圆锥花序。叶柄基部两则具耳状抱茎的叶鞘 ………… 6. 穿鞘菝葜 S. perfoliata

1. 菝葜 Smilax china Linn.

   广东各地。常见。海拔 800 m 以下的林下、灌丛中、路旁、河谷边或山坡上。分布长江流域及其以南各省区。缅甸、泰国、菲律宾和越南。

2. 筐条菝葜 Smilax corbularia Kunth 别名：粉叶菝葜

   广东各地。常见。海拔 800 m 以下的林下或灌丛中。分布江西、福建、贵州、广西、云南、海南。越南、缅甸。

3. 土茯苓 Smilax glabra Roxb.

   广东各地。常见。海拔 800 m 以下的丘陵或山地林中或灌丛。分布长江流域及其以南各省区。越南、泰国和印度。

4. 马甲菝葜 Smilax lanceifolia Roxb.

   广东各地。常见。海拔 100～800 m 处的山地林下、山坡阴处或旷野灌丛中。分布华南、西南和中南各省区。越南北部。

4a. 暗色菝葜 Smilax lanceifolia Roxb. var. **opaca** A. DC.

   广东各地。常见。海拔 100～800 m 林下、灌丛中或山坡阴处。分布湖南、江西、浙江、福建、台湾、广西、贵州和云南。越南、老挝、柬埔寨至印度尼西亚的亚洲热带地区。

5. 穿鞘菝葜 Smilax perfoliata Lour. 别名：翅柄菝葜

   连南、乳源、乐昌、英德、曲江、阳江、阳山、徐闻。海拔 300～800 m 处的山地坡地、沟谷林中、灌丛或阴处。分布海南、广西、四川、贵州和云南。越南、缅甸、尼泊尔、不丹和印度。

167. 茄科 Solanaceae

本科约85种，3 000种，广布于热带和温带地区；拉丁美洲是本科的分布中心。中国产24属，106种，35变种。广东产12属，42种，11变种。黑石顶2属，3种。

1. 一年生或多年生草本，极稀半灌木；花萼在开花后增大成灯笼状而包围果实 ·· 1. 酸浆属 Physalis
1. 灌木或小乔木；花萼在开花后不增大成灯笼状，通常托于果实基部，罕包围果实 ·· 2. 茄属 Solanum

1. 酸浆属 Physalis Linn.

本属约120种，大多数分布于北美洲热带至温带，约12种分布至南美洲，少数分布于欧亚大陆及东南亚。中国5种，2变种。广东有3种2变种。黑石顶1种。

1. 小酸浆 Physalis minina Linn.

广东南部、西部和北部。生于田边、湖边等湿地上。分布云南、广西和四川。印度。

2. 茄属 Solanum Linn.

本属约2 000种，分布于热带和亚热地区，少数分布至温带，主产南美洲热带。中国有39种，14变种。广东23种2变种。黑石顶2种。

1. 直立草本；茎无毛或近于无毛；叶卵状椭圆形或披针形；花序近伞形，腋外生 ·· 1. 少花龙葵 S. americanum
1. 蔓生草本，初时直立，后变藤状攀援；茎被长柔毛；叶心形、戟形或琴形；聚伞花序顶生或腋外生 ·· 2. 白英 S. lyratum

1. 少花龙葵 Solanum photeinocarpum Nakamura et Odashima

广东各地。常见。生于路旁、溪旁和村边荒地等荫湿处。分布台湾、福建、江西、湖南和广西等省、区。马来群岛有分布。
2. 白英 Solanum lyratum Thunb. 别名：山甜菜

广东中部至北部，但北部较常见。生于山谷草地或路旁、田边。分布除东北、西北、海南及台湾省外，其余各省区均有。日本、朝鲜和中南半岛有分布。

168. 黑三棱科 Sparganiaceae

本科1属，19种，分布于北半球温带或寒带，仅1或2种至东南亚、澳大利亚和新西兰等地。中国有11种，产南北各省，以温带地区较多。广东产1种，黑石顶目前未有发现。

169. 旌节花科 Stachyuraceae

本科有1属，约17种，10变种，分布于东亚及喜马拉雅地区。中国有11种，8变种，产秦岭以南各省区。广东产2种，黑石顶目前未有发现。

170. 省沽油科 Staphyleaceae

本科6属，60多种，分布于热带亚洲、美洲及北温带。中国有4属，22种，主产于西南部。

广东产4属，9种，3变种。黑石顶2属，5种。

1. 心皮仅在基部稍合生；雄蕊着生于花盘基部外缘；蓇葖果，果皮革质，具薄假种皮 …………………………………………………………………………………… 1. 野鸦椿属 Euscaphis
1. 心皮几完全合生；雄蕊着生于花盘裂齿下面；浆果，果皮肉质或革质，无假种皮 …………………………………………………………………………………… 2. 山香圆属 Turpinia

1. 野鸦椿属 Euscaphis Sieb. et Zucc.

本属约3种，分布于亚洲东部。中国有2种。广东2种。黑石顶2种。

1. 圆锥花序；蓇葖外面纹脉明显；叶具细尖锯齿，下面和叶柄长有毛 …… 1. 野鸦椿 E. japonica
1. 伞房状聚伞花序；外面脉纹不明显；叶具饨圆锯齿，下面和叶柄无毛 …………………………………………………………………………………… 2. 圆齿野鸦椿 E. konishii

1. **野鸦椿 Euscaphis japonica**（Thunb.）Dippel

阳山、连县、乳源。生于海拔200～800 m山坡疏林中。除西北各省区外，全国均有分布，主产长江以南各省区。日本、朝鲜有分布。

2. **圆齿野鸦椿 Euscaphis konishii** Hayata 别名：海南野鸭椿

封开、阳山、连县、和平、乐昌、茂名、新丰、龙门等地。生于海拔200～800 m的山谷、林缘或疏林下。分布广西、江西、福建、湖南、江苏、海南。

2. 山香圆属 Turpinia Vent.

本属约40种，产亚洲和美洲的热带地区。中国有13种，主产西南至台湾。广东有5种，3变种。黑石顶3种。

1. 单叶。
   2. 圆锥状聚伞花序；叶薄革质，干时上面黄绿色，具光泽，网脉稠密，两面均隆起；子房及花柱被柔毛 …………………………………………………… 3. 亮叶山香圆 T. simplicifolia
   2. 圆锥花序；叶纸质，干时上面灰绿色，无光泽，网脉较稀疏，上面平坦，下面隆起；子房及花柱无毛 …………………………………………………… 1. 锐尖山香圆 T. arguta
1. 羽状复叶 ………………………………………………………………… 2. 山香圆 T. montana

1. **锐尖山香圆 Turpinia arguta**（Lindl.）Seem. 别名：黄树、尖树

广东各地。生于海拔300～800 m山坡、山谷疏林中。分布福建、江西、湖南、广西、贵州、四川。

2. **山香圆 Turpinia montana**（Bl.）Kurz.

惠东、信宜、新丰、海丰、博罗。生于海拔100～800 m密林或山谷疏林中。分布中国南部和西南部。中南半岛、印度尼西亚的爪哇和苏门答腊有分布。

3. **亮叶山香圆 Turpinia simplicifolia** Merr.

阳江。生于海拔200～500 m山谷荫湿密林中。分布海南、广西。马来西亚、印度尼西亚和菲律宾有分布。

171. 百部科 Stemonaceae

本科3属，约30种，分布于亚洲东部，南部至澳大利亚及北美洲的亚热带地区。中国有2属，6种，产秦岭以南各省区。广东产1种，黑石顶目前未有发现。

172. 梧桐科 Sterculiaceae

本科有68属，约1 100种，分布于热带和亚热带地区。中国有19属，84种，3变种，主要分布在南部和西南部各省区。广东有15属，37种。黑石顶有4属，5种。

1. 花单性或杂性，无花瓣；种子无翅；蓇葖果的果皮革质，少为木质，成熟时始开裂 ………………………………………………………………………………… 4. 苹婆属 Sterculia
1. 花两性，有花瓣。
  2. 子房着生于长的雌雄蕊柄的顶端，柄长达子房本身长度的两倍以上。
    3. 种子有明显的膜质长翅，连翅长2 cm以上 ……………… 3. 梭罗树属 Reevesia
    3. 种子无翅，很小，长不超过4 mm ……………………… 1. 山芝麻属 Helicteres
  2. 子房有很短的雌雄蕊柄；种子顶端有一个膜质长翅；退化雄蕊线状；蓇葖果无翅 ………………………………………………………………………… 2. 翅子树属 Pterospermum

1. 山芝麻属 Helicteres Linn.

本属约60种，分布在热带地区。中国有9种，产于广东、广西、云南及长江以南各省区。广东有5种。黑石顶1种。

1. 山芝麻 Helicteres angustifolia Linn.

广东各地。生于山地和丘陵地常见的灌木，常生于草坡上。分布广西、福建、台湾、江西、湖南、云南、贵州。印度、缅甸、马来西亚、泰国、越南、老挝、柬埔寨、印度尼西亚、菲律宾等地。

2. 翅子树属 Pterospermum Schreb.

本属约40种，分布于亚洲热带和亚热带。中国有9种，产云南、广东、广西、福建和台湾。广东有2种。黑石顶1种。

1. 翻白叶树 Pterospermum heterophyllum Hance

曲江、阳山、翁源、英德、广宁、大埔、博罗、宝安、广州、高要、清远、信宜、茂名。生于山地或丘陵地森林中。分布海南、广西、福建。

3. 梭罗树属 Reevesia Lindl.

本属约18种，主要分布在中国和喜马拉雅山地区。中国有14种，产于广东、广西、贵州、云南、四川、湖南、江西、福建和台湾。广东有8种。黑石顶2种。

1. 小枝的幼嫩部分密被淡黄色星状短柔毛，干时黄白色；叶的基部为不等边的楔形 ……………………………………………………………………………… 1. 罗浮梭罗 R. lofouensis
1. 小枝的幼嫩部分无毛或被很稀疏的短柔毛，干时紫黑色或黑褐色；叶的基部圆形、钝或急尖，稀为楔形 ……………………………………………………… 2. 两广梭罗 R. thyrsoidea

1. 罗浮梭罗 Reevesia lofouensis Chun & Hsue

博罗、阳春、封开。生于山谷疏林中。

2. 两广梭罗 Reevesia thyrsoidea Lindl.

信宜、阳春、云浮、英德、翁源、博罗、惠阳、饶平、大埔、增城。生于山谷溪旁或山坡上密林中。分布海南、广西、云南。越南和柬埔寨。

4. 苹婆属 Sterculia Linn.

本属约300种，产热带和亚热带地区，尤以亚洲热带地区为最多。中国有23种。广东有6

种。黑石顶1种。

1. **假苹婆 Sterculia lanceolata** Cav.

英德、乳源、阳山以南。生于山谷溪旁。分布海南、广西、云南、贵州、四川。越南、泰国等地也有分布。

173. 安息香科 Styracaceae

本科约12属，130多种，分布于美洲、亚洲东南部和非洲西部，少数分布于欧洲南部温暖地区。中国9属，50多种，主产长江以南各地。广东8属21种2变种。黑石顶4属8种，1亚种。

1. 冬芽有鳞片；先开花后长叶；总状花序，宿存花萼几包围果实之全部 ·· 3. 木瓜红属 Rehderodendron
1. 冬牙裸露；先出叶后开花，极少先开花后长叶。
  2. 蒴果，种子常具翅。
    3. 花梗与花萼间有关节；花丝下部合生成管；药隔不延伸；花柱1；果5瓣 ·· 1. 赤杨叶属 Alniphyllum
    3. 花梗与花萼间无关节；花丝分离，药隔延伸，尖端2～3齿；花柱3；果3瓣裂 ·· 2. 山莉属 Huodendron
  2. 核果，不开裂或不规则3瓣裂；种子无翅 ··· 4. 安息香属 Styrax

1. 赤杨叶属 Alniphyllum Matsum

本属约3种，产长江以南省区及印度。广东产1种。黑石顶1种。

1. **赤杨叶 Alniphyllum fortunei**（Hemsl.）Makino 别名：拟赤杨

广东各地。海拔400～800 m，林中。分布长江以南各省区。越南、印度和缅甸。

2. 山茉莉属 Huodendron Rehd.

本属约3种，产中国和中南半岛。中国3种，2变种。广东产1变种。黑石顶1亚种。

1. **岭南山茉莉 Huodendron biaristatum**（W. W. Smith）Rehd. subsp. **parviflorum**（Merr.）C. Y. Tsang［*Styrax parviflora* Merr.］

广东西部、北部。生于海拔300～500 m，密林中。分布云南、广西、湖南、江西。

3. 木瓜红属 Rehderodendron Hu

本属约4种，产华南和西南，以及越南。广东产2种。黑石顶2种。

1. 叶下面脉上疏生星状短柔毛或无毛；果实具5～10棱，棱间平滑 ·· 1. 广东木瓜红 R. kwangtungenes
1. 叶下面脉上均密被灰黄色星状绒毛；果实具10棱，棱间具粗皱纹 ·· 2. 贵州木瓜红 R. kweichowense

1. **广东木瓜红 Rehderodendron kwangtungense** Chun

广东中部。生于海拔400～700 m，密林中。分布云南南部、广西、湖南。

2. **贵州木瓜红 Rehderodendron kweichowense** Hu

广东西部（云浮）。生于海拔200～600 m，密林中。分布广西、贵州、云南。越南。

4. 安息香属 Syrax Linn.

本属约120种，产热带和亚热带地区。中国30多种，除西北、东北外，各省均产，主产长江流域以南各省区。广东产13种。黑石顶5种。

1. 花冠裂片边缘平坦，花蕾时覆瓦状排列。
    2. 叶下面密被星状绒毛 ………………………………………………… 5. 越南安息香 S. tonkinensis
    2. 叶下面无毛，或密被星状柔毛后期脱落 ……………………… 3. 芬芳安息香 S. odoratissimus
1. 花冠裂片边缘常内卷，卷缘浅，蕾期镊合状或稍内向镊合状，或稍内向覆瓦状排列。
    3. 叶下面密被星状绒毛 ……………………………………………… 4. 栓叶安息香 S. suberifolius
    3. 叶下面无毛或被星状柔毛。
        4. 小乔木或灌木；叶革质，花通常2（～3）朵聚生叶腋或排成总状花序 ……………
        …………………………………………………………………………………… 1. 赛山梅 S. confusus
        4. 灌木，多分枝；叶膜质或纸质；花单生叶腋或排成总状花序 ………… 2. 白花龙 S. faberi

1. **赛山梅 Styrax confusus** Hemsl. ［*S. mollis* Dunn］别名：猛骨子
    广东各地。生于海拔300～600 m，林中或林缘。分布长江流域以南各省区。
2. **白花龙 Styrax faberi** Perk 别名：白龙条。
    广东各地。生于海拔100～600 m，灌丛中。分布长江流域以南各省区。
3. **芬芳安息香 Styrax odoratissimus** Champ. ［*S. prunifolius* Perk.］
    粤中、北、东北部。生于海拔600～800 m，林中。分布长江流域以南各省区。越南。
4. **栓叶安息香 Styrax suberifoius** Hook. et Arn. 别名：红皮树
    广东各地。生于海拔200～800 m，林中。分布长江流域以南各省区。越南。
5. **越南安息香 Styrax tonkiensis**（Pierre）Craib. ex Hartw. 别名：大青山安息香
    广东各地。生于密林中。分布广西、云南、福建、湖南。越南。

174. 山矾科 Symplocaceae

本科1属，约3 000种，广布于亚洲、大洋洲和美洲的热带或亚热带山区。中国约有79种。广东有43种。黑石顶1属，18种。

1. 山矾属 **Symplocos** Jacq.

本属约3 000种，广布于亚洲、大洋洲和美洲的热带或亚热带山区。中国约有79种。广东有43种。黑石顶18种。

1. 花冠不分裂至基部，有长的花冠筒，萼裂片呈浅圆裂，花丝扁平，基部连合成短筒状；叶先端急尖或短渐尖而尖头钝；总状花的花直立，花序轴、花萼均被柔毛 …………………………
    ………………………………………………………………………………………… 6. 南岭山矾 S. confusa
1. 花冠深裂至近基部或有极短的花冠筒；萼裂片与萼筒等长、稍长或稍短；花丝丝状，基部稍连生（银色山矾花丝基部连合部分长达2 mm），或连生成五体雄蕊。
    2. 芽、嫩枝、叶背及花序均被红褐色、丁字着生的微柔毛，但易碎成秕糠状；叶缘齿缝间及叶柄均 有椭圆形的腺点 ……………………………………………… 1. 腺叶山矾 S. adenophylla
    2. 芽、嫩枝、叶背及花序的被毛非如上述或无毛；叶缘通常具锯齿、腺齿或全缘。
        3. 叶柄有一与叶缘相同的腺质齿 ………………………………… 2. 腺柄山矾 S. adenopus
        3. 叶柄无与叶缘相同的腺质齿。
            4. 圆锥花序生于新枝顶端；子房2室；叶纸质，落叶性。
                5. 嫩枝、叶背及花序密被皱曲柔毛；上部的花几无梗，下部的花具短梗，排成狭长的圆锥花序；核果被紧贴的柔毛 ………………………………… 4. 华山矾 S. chinensis

5. 嫩枝、叶背面及花序被疏柔毛或无毛；花排成开展的圆锥花序；核果无毛 ………………………………………………………………………………… 14. 白檀 S. paniculata
4. 团伞花序、总状花序或穗状花序（有时在基部有 1～3 分枝）；子房 3 室或因退化而为 2 室。叶纸质或革质，落叶或常绿。
　6. 花排成团伞花序；叶片的中脉在叶面凹下。
　　7. 嫩枝被红褐色绒毛；小枝粗，髓心具横隔；叶片厚革质；披针状椭圆形或狭长圆状椭圆形 ……………………………………………………………… 16. 老鼠矢 S. stellaris
　　7. 嫩枝被展开的长毛（毛长 3～4 mm）或柔毛或无毛；小枝较细，髓心不具横隔；叶片纸质或革质，椭圆形或倒卵形 ……………………………………… 7. 密花山矾 S. congesta
　6. 花排成总状或穗状花序（有时基部有分枝）或穗状花序缩短在近于团伞状花序，但具明显的总花梗，尤其在果时；叶片的中脉在叶面凹下或凸起。
　　8. 花序较叶柄短或稍长或长过叶柄的 2 倍，但不超过叶柄的 3 倍。
　　　9. 穗状花序在花蕾时通常呈团伞状。叶背苍白色；萼裂片长与萼筒等长，被褐色短绒毛；核果长卵形，长 15～20 mm，顶端宿萼裂片直立 …………… 10. 羊舌树 S. glauca
　　　9. 总状花序或穗状花序在花蕾时不呈团伞状。
　　　　10. 嫩枝无毛，黄色，有棱；叶片革质至厚革质，全缘或有疏锯齿，或有尖锯齿；核果长圆状卵形或球形。
　　　　　11. 叶边缘有尖锯齿；雄蕊 25 枚；核果球形，近基部稍狭尖，径约 6 mm ……………………………………………………………………… 13. 枝穗山矾 S. multipes
　　　　　11. 叶全缘或有疏锯齿；雄蕊 60～80 枚；核果长圆状卵形，长 1～1.5 cm ……………………………………………………………… 8. 厚叶山矾 S. crassifolia
　　　　10. 嫩枝有短绒毛或有紧贴的细毛，褐色或有时灰黄色；叶片薄革质或纸质，全缘或有浅波状齿；核果倒卵形或卵形。
　　　　　12. 嫩枝有短绒毛；叶片先端渐尖，背面无毛；雄蕊 30 枚；核果倒卵形，外面被短柔毛，有明显的纵棱 …………………………………… 3. 薄叶山矾 S. anomala
　　　　　12. 嫩枝有紧贴的细毛；叶片先端短渐尖，急尖或钝圆，背面被紧贴的细毛；雄蕊 15～20 枚；核果卵形，外面无纵棱 ………………… 18. 微毛山矾 S. wikstroemiifolia
　　8. 花序通常长超过叶柄的 3 倍。
　　　13. 花排成穗状花序或总状花序；核果球形。
　　　　14. 穗状花序基部有分枝；叶片较大，长可达 20 cm。
　　　　　15. 嫩枝、叶柄、叶背中脉及花序均被红褐色绒 …………………………………………………………………………………… 5. 越南山矾 S. cochinchinensis
　　　　　15. 嫩枝、叶柄、叶背中脉均无毛；花序通常被柔毛，在结果时毛渐脱 …………………………………………………………… 12. 黄牛奶树 S. laurina
　　　　14. 穗状花序或总状花序基部不分枝；叶片较小，长不超过 13 cm …………………………………………………………………… 11. 光叶山矾 S. lancifolia
　　　13. 花排成总状花序；核果坛形、卵形或长卵形。
　　　　16. 总状花序轴无毛。
　　　　　17. 叶纸质，先端渐尖或尾状渐尖；总状花序基部分枝；核果卵形，绿色或黄色，长 6～8 mm ………………………………………… 15. 铁山矾 S. pseudobarberina
　　　　　17. 叶厚革质，先端具短尖而尖头钝，总状花序基部不分枝；核果长卵形或坛形 …………………………………………………………… 9. 美山矾 S. decora
　　　　16. 总状花序轴多少被柔毛 …… 17. 山矾 S. sumunia

1. 腺叶山矾 Symplocos adenophylla Wall.

   广东北部、东部、西南部。生于海拔 200～800 m 的路边、水旁、山谷或疏林中。分布广西、海南。越南、印度、马来西亚、印度尼西亚。

2. 腺柄山矾 Symplocos adenopus Hance

   广东西南部、中部、北部。生于海拔 400～1 600 m 的山地、路旁、水旁、山谷或疏林中。分布福建、湖南、广西、贵州、云南、海南。

3. 薄叶山矾 Symplocos anomala Brand

   广东西南部和北部。生于山地杂林中。分布长江流域及西南、南部各省区。

4. 华山矾 Symplocos chinensis (Lour.) Druce

   广东各地。生于海拔 800 m 以下的丘陵、山坡、杂木林中。分布安徽、江苏、浙江、台湾、福建、江西、湖南、广西、贵州、四川、云南等省区。

5. 越南山矾 Symplocos cochinchinensis (Lour.) Moore 别名：火灰树

   广东各地。生于海拔 800 m 以下的溪边、路旁及阔叶林中。分布台湾、广西、云南。中南半岛、印度尼西亚、印度。

6. 南岭山矾 Symplocos confusa Brand

   广东北部。生于海拔 500～800 m 的溪边、路旁、石山或山坡阔叶林中。分布台湾、福建、浙江、江西、湖南、广西、贵州、云南。越南。

7. 密花山矾 Symplocos congesta Benth.

   广东北部、西南部。生于海拔 200～800 m 的密林中。分布台湾、福建、江西、湖南、广西、云南、海南。

8. 厚叶山矾 Symplocos crassifolia Benth.

   广东南部。生于海拔 800 m 以下的阔叶林中。分布广西。

9. 美山矾 Symplocos decora Hance

   广东西南部、西北部及沿海岛屿。生于海拔 500～800 m 的杂木林或山谷边。

10. 羊舌树 Symplocos glauca (Thunb.) Koidz.

    广东东部、北部。生于山地林中。分布浙江、台湾、福建、广西、云南、海南。日本。

11. 光叶山矾 Symplocos lancifolia Sieb. & Zucc. 别名：甜茶

    广东各地。生于海拔 800 m 以下的林中。分布长江以南各省区。日本。

12. 黄牛奶树 Symplocos laurina (Retz.) Wall. 别名：花香木

    广东各地。生于村边、石山上或密林中。分布江苏、台湾、浙江、福建、湖南、贵州、四川、广西、云南、西藏。中南半岛、印度、斯里兰卡。

13. 枝穗山矾（新拟）Symplocos multipes Brand

    广东北部。生于海拔 500～800 m 的灌木丛中。分布四川东部、湖北。

14. 白檀 Symplocos paniculata (Thunb.) Miq.

    广东北部、西部、中部各地。生于山坡，路边、疏林或密林中。除西北外，几乎分布于全国各省区。朝鲜、日本、印度也有分布，北美洲有栽培。

15. 铁山矾 Symplocos pseudobarberina Gontsch.

    广东中部、北部。生于海拔 800 m 的密林中。分布云南、广西、湖南、海南。

16. 老鼠矢 Symplocos stellaris Brand

    广东北部、东部、中部。生于海拔 800 m 以下的山地、路旁、疏林中。分布长江以南各省区。

17. 山矾 Symplocos sumuntia Buch.-Ham. ex D. Don

    广东东部和北部。生于海拔 200～800 m 的山林间。分布长江以南各省区。印度。

18. 微毛山矾 Symplocos wikstroemiifolia Hayata

广东北部、中部。生于海拔 700 m 的密林中。分布云南、贵州、湖南、广西、浙江、福建、海南、台湾。

175. 蒟蒻薯科 Taccaceae

本科有 2 属，13 种，分布于热带地区。中国有 2 属，6 种。广东有 2 属，2 种。黑石顶 2 属，2 种。

1. 蒴果；叶较小，全缘，基部下延至叶柄 ································ 1. 裂果薯属 Schizocapsa
1. 浆果；叶大，全缘或分裂，基部楔形或圆楔形，不下延 ············· 2. 蒟蒻薯属 Tacca

1. 裂果薯属 Schizocapsa Hance

本属有 2 种，分布于越南、老挝、泰国等地。中国有 2 种，广东 1 种。黑石顶 1 种。

1. 裂果薯 Schizocapsa plantaginea Hance

广东各地。生于水边、山谷、林下、路边潮湿地方。分布香港、海南、江西、湖南、广西、贵州、云南。泰国、越南、老挝。

2. 蒟蒻薯属 Tacca J. R. Forster et J. G. A. Forster

本属约 11 种，分布于热带亚洲和大洋洲。中国有 4 种。广东 1 种。黑石顶亦有。

1. 箭根薯 Tacca chantrieri André

广东大部分地区。少见。生于水边、林下、山谷阴湿处。分布海南、湖南、广西、云南。越南、老挝、柬埔寨、泰国、新加坡、马来西亚。国家三级保护植物。

176. 山茶科 Theaceae

本科约 28 属，700 种，广布于热带和亚热带地区，尤以亚洲和美洲最为集中。中国有 15 属，500 余种。广东有 14 属 131 种 12 变种。黑石顶 9 属，40 种，5 变种。

1. 花两性，直径 2～12 cm；雄蕊多轮，花药短，常为背部着生，花丝长；子房上位，果为蒴果，稀核果状，种子大。
   2. 萼片常多于 5，宿存或脱落；种子大，无翅。
      3. 蒴果从茎部开裂，中轴脱落；苞片、萼片及花瓣不定数，常多于 5；种子并列，种皮薄而脆 ·· 3. 山茶属 Camellia
      3. 蒴果从茎部向上开裂，中轴宿存；苞片 2；萼片 10；花瓣 5；花柱多连合，种子上下叠置；种皮坚实 ·· 9. 石笔木属 Tutcheria
   2. 萼片 5 数，种子小，扁平，常有或无翅。
      4. 蒴果有宿存中轴，先端圆或钝，宿萼小，不包着蒴果；种子周围有翅；叶柄不对折 ·· 7. 木荷属 Schima
      4. 蒴果无中轴，先端尖，宿萼大，包着或托住蒴果；种子有翅；叶柄对折呈舟状 ·· 6. 折柄茶属 Hartia
1. 花两性或单性。直径常小于 2 cm（若大于 2 cm，则子房半下位）；子房上位或半下位；雄蕊 1～2 轮，花药长圆形，基部着生，花丝短；果为浆果或闭果；种子多而小。
   5. 子房上位，花直径小于 2 cm。
      6. 花全部两性，花药有毛。

  7. 花丝常合生；子房 3～5 室，胚珠多数；项芽有毛 ················· 1. 杨桐属 Adinandra
  7. 花丝离生；子房 2～3 室，胚珠少数；顶芽无毛················· 4. 红淡比属 Cleyera
 6. 花单性，或兼有两性，花药无毛。
  8. 花通常两性，稀单性。花大，直径 1～2 mm；胚珠每室 2～4 个，生于子房上角 ······
   ·· 8. 厚皮香属 Ternstroemia
  8. 花单性，花小，直径小于 8 mm；胚珠每室 10～60 个，生于中轴胎座···················
   ··· 5. 柃属 Eurya
 5. 子房半下位，花直径大于 2 cm ······································· 2. 红楣属 Anneslea

1. 杨桐属 Adinandra Jack

  本属约 100 种，产于亚洲、美洲及西南太平洋地区，少数产于非洲及大洋洲。中国有 25 种。广东有 9 种。1 变种。黑石顶 3 种。

1. 叶边缘有锯齿；叶背面初时被平伏短柔毛，后脱落变无毛，密被红褐色腺点；花单生叶腋，
 稀 2 朵腋生 ·· 2. 海南杨桐 A. hainanensis
1. 叶全缘。
 2. 叶背面及叶缘具长而密致的黄褐色绒毛和睫毛；花 2～3 朵簇生叶腋 ·······················
  ··· 1. 睫毛杨桐 A. glischroloma
 2. 叶背面及叶缘不具或略具长而密致的黄褐色绒毛；花单生或成对生于叶腋 ··················
  ··· 3. 杨桐 A. milettii

1. **睫毛杨桐 Adinandra glischroloma** Hand. -Mazz.
  广东各地。生于海拔 450～850 m 的林中阴湿地或近山顶疏林中。分布香港、江西、福建、广西、湖南、四川、贵州。

2. **海南杨桐 Adinandra hainanensis** Hayata
  广东山区县。生于海拔 250～800 m 的山地阳坡林中或沟谷路旁林缘及灌丛中。分布海南及广西。越南。

3. **杨桐 Adinandra milettii**（Hook. et Arn.）Benth. et Hook. f. ex Hance
  除湛江西部外，广东各地。常见。生于次生林中。分布安徽、浙江、台湾、福建、江西和广西。

2. 红楣属 Anneslea Wall.

  本属约 6 种，分布于南亚及东南亚。中国 1 种，4 变种。广东有 1 种，1 变种。黑石顶 1 种，1 变种。

1. 果较大，直径 2.0～3.5 cm，果梗长 3～7 cm ····························· 1. 红楣 A. fragrans
2. 果实较小，直径约 1.5 cm，果梗长 2～4 cm ··········· 1a. 海南红楣 A fragrans var. hainanensis

1. **红楣 Anneslea fragrans** Wall.
  广东各地。海拔 300～900 m 的山坡林中或林缘沟谷地以及山坡溪沟边阴湿地。分布福建、江西、湖南、广西、贵州及云南等地。越南、老挝、泰国、柬埔寨、缅甸、尼泊尔。

1a. **海南红楣 Anneslea fragrans** Wall. var. **hainanensis** Kobusk
  广东各地。生于海拔 400～800 m 的山坡沟谷林中。分布海南。

3. 山茶属 Camellia Linn

  本属 230 余种，分布于中国南部及其邻近地区。中国约 200 种。广东有 54 种。黑石顶 11 种。

1. 子房5室；苞片及萼片未分化，宿存；. 苞被片12片，长3.0～4.5 cm；花丝连生达6 mm；花柱5浅裂 ·· 5. 大苞山茶 C. granthamiana
1. 子房通常3室；苞片及萼片未分化而脱落或分化而宿存。
  2. 苞被片未分化苞片和萼片，总数多于10片，开花后脱落；花大、无花柄。
    3. 花丝离生，不形成花丝管；花瓣近于离生，白色。
      4. 花较大，直径4～10 cm；雄蕊长1.0～1.8 cm；蒴果较大，直径3～10 cm；花柱长1.0～1.5 cm。
        5. 苞被片革质；雄蕊3～5轮，花柱合生；蒴果无糠秕，果皮木质 ·· 8. 油茶 C. oleifera
        5. 苞被片易碎；雄蕊约3轮；花柱离生；蒴果有糠秕，果皮松软 ·· 4. 糙果茶 C. furfuracea
      4. 花小，花瓣离生；雄蕊长6～9 mm；蒴果小，直径2 cm。花柱长0.5～0.6 cm ·· 6. 落瓣短柱茶 C. kissii
    3. 花丝连生成花丝管，花瓣高度连生，红色，稀白色。
      6. 子房被茸毛；果皮被毛，较松软，不发亮；花丝及花丝管无毛；蒴果卵球形，直径4～8 cm ·· 10. 南山茶 C. semiserrata
      6. 子房无毛；果皮光滑，木质，干后发亮；蒴果球形，直径8～12 cm ·· 7. 大果红山茶 C. magnocarpa
  2. 苞被片分化为苞片及萼片（苞被如未分化则宿存），苞片脱落或宿存；萼片宿存，花较小，有花柄；雄蕊离生或连生；子房3室或1室。
    7. 子房3室均能育；果大，果皮较厚，有中轴；嫩枝及叶被无毛；叶长圆形，通常短于10 cm ·· 11. 茶 C. sinensis
    7. 子房3室中仅1室发育；果小，果皮薄，无中轴。花丝连生稀离生，有毛；萼片下半部连生或分离；花药基部着生。
      8. 叶基部圆。
        9. 萼片披针形，长1～1.7 cm；叶披针形，全缘 ············ 9. 柳叶毛蕊茶 C. salicifolia
        9. 萼片圆形，长2～5 mm；叶矩圆状披针形，边缘有锯齿 ·· 3. 心叶毛蕊茶 C. cordifolia
      8. 叶基部楔形。
        10. 花长1.5 cm，花柄长3～4 mm；萼长2～3 mm ············ 2. 长尾毛蕊茶 C. caudata
        10. 花长3 cm，花柄长5～6 mm；萼长3～4 mm ············ 1. 香港毛蕊茶 C. assimilis

1. **香港毛蕊茶 Camellia assimilis** Champ. ex Benth.

    乐昌、海丰、深圳。生于山地林中。分布香港、广西。

2. **长尾毛蕊茶 Camellia caudate** Wall.

    广东各地。常见。生于山地林中。分布香港、海南、广西、云南、四川、湖南、浙江和台湾。印度、缅甸、不丹和越南。

3. **心叶毛蕊茶 Camellia cordifolia**（Metc.）Nakai

    广东中部至北部。生于山地林中。分布广西、湖南、江西和台湾。

4. **糙果茶 Camellia furfuracea**（Merr.）Cob. Stuart

    广东各地。常见。生于山地林中。分布广西、湖南、福建、江西、海南。越南、老挝。

5. **大苞山茶 Camellia granthamiana** Sealy

    广东大埔、陆丰、惠阳等地。生于海拔150～300 m 的常绿林中。分布香港。

6. 落瓣短柱茶 Camellia kissi Wall.

英德、从化、新丰、清远、龙门、惠阳、惠东、博罗、深圳、阳春、阳江、茂名。生于常绿林或灌丛中。分布香港、海南、广西、湖南、云南等地。不丹、尼泊尔、印度、缅甸等地。

7. 大果红山茶 Camellia magnocarpa（Hu et Huang）Chang

乳源、阳山、博罗、广宁、封开、阳春、茂名。生于海拔 800 m 以下的常绿林中。分布广西。

8. 油茶 Camellia oleifera Abel.

各地山区各县多栽培。生于常绿林或灌丛中。中国长江以南各省均有栽培。

9. 柳叶毛蕊茶 Camellia salicifolia Champ. ex Benth.

广东中部至东部常见，西部至罗定。生于山地常绿阔叶林中。分布广西、福建、江西、湖南和台湾。

10. 南山茶 Camellia semiserrata Chi

广东西江沿岸，东至从化。生于土壤湿润、含腐殖质丰富的山地。分布广西。

11. 茶 Camellia sinensis（Linn.）O. Ktze.

粤北有野生种。广东各地有栽培。长江流域及其以南各省区有栽培。日本、印度、越南等国均有栽培。

4. 红淡比属 Cleyera Thunb.

本属约 10 种，分布于东亚，有 1 种分布菲律宾及印度尼西亚的爪哇，另有 1 种分布于马来西亚。中国有 8 种。广东有 3 种，2 变种。黑石顶 2 种。

1. 叶长 6～9 cm；萼片圆形；果柄长 1.0～1.5 cm ·················· 1. 红淡比 C. japonica
1. 叶长 4～6 cm；萼片卵状三角形；果柄短于 1 cm ············· 2. 小叶红淡比 C. parvifolia

1. 红淡比 Cleyera japonica Thunb.

广东中部及北部常见。分布广西、湖南、江西、福建、台湾、浙江、江苏、安徽及云南。

2. 小叶红淡比 Cleyera parvifolia（Kobuski）Hu ex L. K. Ling

乳源、从化、翁源、龙门、惠阳、大埔、饶平、博罗、增城、封开。生于山地林中。分布广西、湖南、台湾。

5. 柃属 Eurya Thunb.

本属约 150 种，分布于亚洲热带、亚热带地区及西南太平洋各岛屿，另有 2 种产夏威夷。中国产 80 种。广东有 32 种，7 变种，3 变型。黑石顶 18 种，2 变种。

1. 子房及果有毛。
  2. 叶基部楔形。
    3. 花药无分格；嫩枝初时被短柔毛，迅即脱落，叶下面无毛 … 2. 尖叶毛柃 E. acuminatissima
    3. 花药具分格；嫩枝被短柔毛，小枝几无毛；叶下面疏被短柔毛，侧脉在下面稍凸起。
      4. 嫩枝红褐色；萼片圆形，顶端有微凹，外面有短柔毛，边缘有纤毛；果实圆球形 ········· 17. 毛果柃 E. trichocarpa
      4. 嫩枝黄褐色；萼片卵形，顶端尖，无毛，边缘无纤毛；果常为卵状椭圆形 ··················· 1. 尖萼毛柃 E. acutisepala
  2. 叶基部圆形、心形或耳形。
    5. 叶披针形，长 3～6 cm，叶基圆形，等侧 ················ 5. 二列叶柃 E. distichophylla
    5. 叶卵状披针形，长 1.5～2.5 cm，基部耳形抱茎 ················ 3. 耳叶柃 E. auriformis
1. 子房及果无毛。

6. 叶基部耳形或心形。
　　7. 叶基部耳形，抱茎。
　　　　8. 叶长 2～3.5 cm ……………………………………………… 6. 秃小耳柃 E. disticha
　　　　8. 叶长 4～8 cm ………………………………………………… 18. 单耳柃 E. weissiae
　　7. 叶基部微心形；叶长 5～10 cm；叶面有金黄色腺点 …………………………………
　　　　……………………………………………… 7. 粗枝腺柃 E glandulosa var. dasyclados
6. 叶基部圆形或楔形。
　　9. 嫩枝圆柱形，无棱。
　　　　10. 嫩枝或顶芽有毛，至少有微毛。
　　　　　　11. 叶下面有毛，披针形，基部圆，先端长尖，下面无腺点 ………… 8. 岗柃 E. groffii
　　　　　　11. 叶下面无毛。
　　　　　　　　12. 嫩枝、顶芽仅被微毛。
　　　　　　　　　　13. 叶卵状披针形，干后下面红褐色；花柱长 2～3 mm … 11. 细枝柃 E. loquaiana
　　　　　　　　　　13. 叶长圆形至椭圆形，干后下面黄褐色；花柱长 1 mm … 9. 微毛柃 E. hebeclados
　　　　　　　　12. 嫩枝、顶芽被开展的柔毛或短柔毛，至少顶芽有柔毛 …………………………
　　　　　　　　　　……………………………………… 13a. 毛枝格药柃 E muricata var. huiana
　　　　10. 嫩枝及顶芽无毛。
　　　　　　14. 叶近全缘或上半部有细锯齿，干后下面暗褐色 ………… 12. 黑柃 E. macartneyi
　　　　　　14. 叶边有明显锯齿，干后下面黄绿色 ……………………… 13. 格药柃 E. muricata
　　9. 嫩枝有 2 棱。
　　　　15. 嫩枝及顶芽被短柔毛；叶倒卵形或倒卵状椭圆形，长 2～5.5 cm，宽 1～2 cm ……
　　　　　　………………………………………………………………… 4. 米碎花 E. chinensis
　　　　15. 嫩枝及顶芽不被毛。
　　　　　　16. 萼片边缘具腺点，萼片有短柔毛；叶长圆状椭圆形或椭圆形，宽 3～5 cm ……
　　　　　　　　………………………………………………………… 16. 假杨桐 E. subintegra
　　　　　　16. 萼片边缘无腺点。
　　　　　　　　17. 叶干后下面常为红褐色；萼片革质，干后褐色 ………… 15. 红褐柃 E. rubiginosa
　　　　　　　　17. 叶干后下面淡绿色或黄绿色；萼片膜质，干后淡绿色。
　　　　　　　　　　18. 叶倒卵披针形或倒披针形，边缘密生细锯齿；花柱长 2 mm …………
　　　　　　　　　　　　……………………………………… 4a. 光枝米碎花 E. chinensis var. glabra
　　　　　　　　　　18. 叶矩圆形或倒卵状椭圆形，边缘具疏锯齿。
　　　　　　　　　　　　19. 叶薄革质；侧脉在上面明显或不明显，但绝不凹下；花柱长 2.5～3 mm……
　　　　　　　　　　　　　　……………………………………………………… 14. 细齿柃 E. nitida
　　　　　　　　　　　　19. 叶厚革质或革质；侧脉在上面凹下；花柱长 1.5 mm … 10. 柃木 E. japonica

1. 尖叶毛柃 Eurya acuminatissima Merr. et Chun

广东各山区县。生于海拔 250 m 以上的山地沟谷密林、疏林。分布于香港、湖南、广西、贵州等地。

2. 尖萼毛柃 Eurya acutisepala Hu et L. K. Ling

广东北部。生于海拔 300～800 m 的山地密林中或沟谷溪边林下阴湿地。分布浙江、江西、福建、广西、贵州、湖南及云南等地。

3. 耳叶柃 Eurya auriformis Chang

龙门、平远、大埔、潮安、怀集、德庆、封开。多生于海拔 550～700 m 的沟谷林中或林缘。分布广西（贺县）。

4. 米碎花 Eurya chinensis R. Brown

广东各地。常见。生于向阳的丘陵、灌丛处。分布江西、福建、台湾、广西、湖南。中南半岛各国。

4a. 光枝米碎花 Eurya chinensis R. Br. var. **glabra** Hu et L. K. Ling

广东中部、西部及北部。生于向阳的丘陵、灌丛处。分布福建、广西。

5. 二列叶柃 Eurya distichophylla Hemsl.

广东南部、中部、东部及北部。喜生于山谷水边。分布广西、湖南、江西、福建。分布越南。

6. 秃小耳柃 Eurya disticha Chun

信宜花楼山、阳春河尾山和封开黑石顶。生于海拔 600～900 m 的山地林中或竹林中。

7. 粗枝腺柃 Eurya glandulosa Merr. var. **dasyclados** (Kobuski) H. T. Chang

广东东至西部。海拔 600～900 m 的山谷林中、林缘以及沟谷、溪旁路边灌丛中。分布福建等地。

8. 岗柃 Eurya groffii Merr.

广东各地普遍分布。多见于丘陵灌丛。分布福建、广西、贵州、四川和云南。越南北部、新几内亚。

9. 微毛柃 Eurya hebeclados Ling

广东北部及东部。生于山地林中。分布江苏、浙江、安徽、江西、福建、广西、湖南、贵州等省区。

10. 柃木 Eurya japonica Thunb.

生于滨海山地及山坡路旁或溪谷边灌丛中。分布浙江、台湾等地。朝鲜、日本。

11. 细枝柃 Eurya loquaiana Dunn

广东各地普遍分布。生于山地林中。分布长江以南各省区。

12. 黑柃 Eurya macartneyi Champ.

广东各地均有分布。生于常绿阔叶林中。分布广西、湖南、江西及福建。

13. 格药柃 Eurya muricata Dunn

广东中部至北部。生于常绿阔叶林中。分布江苏、安徽、浙江、江西、福建、湖南和广西。

13a. 毛枝格药柃 Eurya muricata Dunn var. **huiana** (Kobuski) L. K. Ling

广东中部、北部和南部。生于海拔 350～800 m 的山坡林中或林缘灌丛中。分布江苏、安徽、浙江、江西、福建、香港、湖北、湖南、四川及贵州等地。

14. 细齿柃 Eurya nitida Korth.

广东各地常见。生于低海拔的常绿林中。分布长江以南各省。中南半岛、印度、斯里兰卡、菲律宾、日本及印度尼西亚。

15. 红褐柃 Eurya rubiginosa Chang

连山、从化、新丰、龙门、增城。多生于海拔 600～800 m 的山坡疏林或山谷路旁。分布浙江。

16. 假杨桐 Eurya subintegra Kobuski

阳春、云浮、罗定、信宜、高州。生于海拔 200～700 m 的山地林中或林下。分布广西。越南北部。

17. 毛果柃 Eurya trichocarpa Korth.

广东西部至北部。生于海拔 700～1 200 m 的山谷林中或灌丛中。分布海南、广西及云南。菲律宾、印度支那半岛、泰国、印度、尼泊尔及印度尼西亚。

18. 单耳柃 Eurya weissiae Chun

广东中部至北部。生于海拔 350～900 m 的山谷密林下或山坡路边阴湿地。分布浙江、江西、福建、广西、湖南及贵州等地。

6. 折柄茶属 Hartia Dunn

本属12种，分布于中国南部及西南各省区，有3种达中南半岛北部。中国有11种。广东有5种及3变种。黑石顶2种2变种。

1. 枝叶的毛披散。
  2. 叶长15～17 cm；苞片长5～7 mm；萼片长7～12 mm …… 1. 南昆折柄茶 H. nankuanica
  2. 叶长8～13 cm；苞片长8～15 mm；萼片长15～18 mm ………… 2. 毛折柄茶 H. villosa
1. 枝叶的毛紧贴。
  3. 叶长15～21 cm ………………………………… 2a. 大叶毛折柄茶 H. villosa var. grandifolia
  3. 叶片长8～12 cm ………………………………… 4. 贴毛折柄茶 H. villosa var. kwangtungensis

1. 南昆折柄茶 Hartia nankwanica Chang et Yel.
    博罗、龙门县南昆山。生于常绿林中。

2. 毛折柄茶 Hartia villosa (Merr.) Merr.
    连山、翁源、英德、新丰、龙门、广宁、怀集。生于山地林中。分布香港、广西、江西。

2a. 大叶毛折柄茶 Hartia villosa (Merr.) Merr. var. **grandifolia** (Chun) Chang
    封开等地。生于山地林中。广西十万大山有分布。

2b. 贴毛折柄茶 Hartia villosa (Merr.) Merr. var. **kwangtungensis** (Chun) Yan
    广东西部信宜一带。生于山地林中。

7. 木荷属 Schima Reinw.

本属约30种，分布于东南亚。中国有20种。广东有4种。黑石顶3种。

1. 萼片半圆形，长2～3 mm；花直径3 cm，花柄长1～2.5 cm，纤细 ……… 3. 木荷 S. superba
2. 萼片圆形，长5～7 mm；花大，直径5～7 cm，花柄长2～5 cm。
  3. 叶长8～12 cm，椭圆形，锯齿浅波状；花瓣长2.5～3 cm …… 1. 广东木荷 S. kwangtungensis
  3. 叶长12～16 cm，叶边锯齿粗；花瓣长2～2.5 cm …………… 2. 疏齿木荷 S. remotiserrata

1. 广东木荷 Schima kwangtungensis Chang
    广东恩平黄竹坑。生于海拔500 m的疏林。

2. 疏齿木荷 Schima remotiserrata Chang
    乳源、英德、曲江、阳山、怀集。生于山地林中。分布福建、湖南、广西。

3. 木荷 Schima superba Gardn. et Champ.
    广东各地。生于低海拔次生林中。分布海南、台湾、浙江、福建、江西、湖南、广西及贵州等地。

8. 厚皮香属 Ternstroemia Mutis ex Linn. f.

本属约130种，分布于中美洲、南美洲、西南太平洋各岛屿及亚洲热和亚热带地区。中国有10余种。广东有7种。黑石顶5种。

1. 叶背面具红褐色腺点，厚革质，阔椭圆形，先端急尖；花梗粗壮；果扁球 …………………………
    ………………………………………………………………………… 1. 广东厚皮香 T. kwangtungensis
1. 叶背面不具红褐色腺点。
  2. 果实圆球形或扁球形。
    3. 萼片长圆形、卵圆形至几圆形，顶端钝或圆，无小尖头；果实较小，直径通常在1.5 cm
      以下，果梗长1～1.8 cm，较纤细 ……………………………………… 2. 厚皮香 T. gymnanthera

3. 萼片长卵形或卵状披针形，顶端尖，并有小尖头；果实直径约 2 cm，果梗长 2～3 cm，近萼片基部一端明显粗肥而下弯，向下逐渐而明显的变纤细 …… 3. 尖萼厚皮香 T. luteoflora

2. 果实卵形、长卵形或椭圆形。

4. 果实椭圆形，两端略钝，中部最宽；叶厚革质；果梗不粗壮；果实椭圆形，长 0.8～1 cm，直径 0.5～0.6 cm；果梗长约 0.6 cm …………………… 4. 小叶厚皮香 T. microphylla

4. 果实卵形或长卵形，顶端略尖或尖，基部最宽；叶薄革质；果实长卵形，长 1～1.2 cm，直径 0.8～0.9 cm；果梗长约 2 cm ………………………… 5. 亮叶厚皮香 T. nitida

1. 广东厚皮香 Ternstroemia kwangtungensis Merr.

广东博罗、高要、乳源等地。生于山地或山顶林中以及溪沟边路旁灌丛中。分布江西、湖南、福建、广西、海南和香港等地。

2. 厚皮香 Ternstroemia gymnanthera（Wight et Arn.）Beddome

广东各地常见。生于海拔 200～800 m 的山地林中、林缘路边或近山顶疏林中。分布安徽、浙江、江西、福建、湖北、湖南广西、云南、贵州、四川等省区。越南、老挝、泰国、柬埔寨、尼泊尔、不丹及印度。

3. 尖萼厚皮香 Ternstroemia luteoflora L. K. Ling

广东乳源。生于海拔 400～900 m 的沟谷疏林中、林缘路边及灌丛中。分布江西、福建、湖北、湖南、广东、广西、贵州及云南等省区。

4. 小叶厚皮香 Ternstroemia microphylla Merr.

广东东南部。生于山地溪沟边路旁灌丛中。分布福建、广西、海南、香港等地。

5. 亮叶厚皮香 Ternstroemia nitida Merr.

广东英德、翁源、仁化、乳源、乐昌等县。生于海拔 200～850 m 的山地林中、林下或溪边阴蔽地。分布广西、江西、浙江和湖南。

9. 石笔木属 Tutcheria Dunn

本属 14 种，分布中国长江以南各省区，特别集中于广东及广西，其中 1 种达越南北部。广东有 9 种。黑石顶 5 种。

1. 叶背有粗毛；嫩枝有长毛；叶基部圆；花直径 5～6 cm；果锥形，长 3.5 cm …………………………………………………………………………………… 5. 长毛石笔木 T. wuiana

1. 叶背无毛；嫩枝无毛或仅有微毛。

2. 花大，直径 4～7 cm；果大，径 3 cm 以上。

3. 叶长椭圆形，长 12～18 cm，宽 4～6 cm；叶柄长 1 cm；果球形 ………………………………………………………………………………………… 1. 石笔木 T. championii

3. 叶长圆形，叶长 10～14 cm，宽 2.5～4 cm；叶柄长 0.6～1.2 cm；果长圆形 ………………………………………………………………………………… 2. 长柄石笔木 T. greeniae

2. 花小，直径 1.5～3 cm；果小，长 3 cm 以下，宽 1～1.5 cm。

4. 花近无柄；蒴果三角状球形，先端钝 ………………………… 3. 小果石笔木 T. microcarpa

4. 花柄长 1 cm；蒴果三角锥形，先端有尖喙 ………………… 4. 尖喙石笔木 T. rostrata

1. 石笔木 Tutcheria championii Nakai

广东中部。生于海拔 500 m 左右的山谷、溪边和杂木林下。分布云南、广西和湖南。

2. 长柄石笔木 Tutcheria greeniae Chun

生于广东北部。分布广西东南部、湖南及江西南部。

3. 小果石笔木 Tutcheia microcarpa Dunn

生于广东东部。分布海南、广西、福建、江西东南部和浙江南部。

275

4. 尖喙石笔木 Tutcheria rostrata Chang

　　特产阳春八甲大山。生于山谷、溪边和杂木林下。

5. 长毛石笔木 Tutcheria wuiana Chang

　　广东罗定、肇庆。生于常绿林中。分布广西。

177. 瑞香科 Thymelaeaceae

　　本科有 42 属，约 800 种，分布于热带和温带地区，尤以非洲、大洋洲和地中海为多。中国有 10 属，90 余种，主产于长江流域以南各省区，北部少见。广东有 4 属 14 种。黑石顶 2 属 3 种。

1. 叶通常互生，稀对生；花序总状或近头状，常有苞片或总苞片；下位花盘环状偏斜或杯状 ·· 1. 瑞香属 Daphne
1. 叶通常对生，稀互生；花序总状、圆锥或穗状，稀头状，常无苞片或总苞片；下位花盘鳞片状或狭舌状 ·· 2. 荛花属 Wikstroemia

1. 瑞香属 Daphne Linn.

　　本属约 70 种，分布于欧洲、非洲北部以及亚洲温带和亚热带地区至大洋洲。中国有 38 种，主产于西南部和西北部。广东有 3 种。黑石顶 1 种。

1. 长柱瑞香 Daphne championii Benth.

　　广东东北部至西北部。生于海拔 200～650 m，密林中。分布广西、湖南、江西和福建。

2. 荛花属 Wikstroemia Endl.

　　本属约 70 种，分布于亚洲东南部、大洋洲和太平洋岛屿。中国有 40 余种，产于西南、华南至河北，尤以长江以南各省区较多。广东有 9 种。黑石顶 2 种。

1. 叶片长椭圆形至披针形，长 2～4 cm，宽不超过 2 cm；总花梗较粗短，长 0.5～1.0 cm，直立 ·· 1. 了哥王 W. indica
1. 叶片卵状披针形，长 3.0～6.5 cm，宽 1.5～2.5 cm；总花梗纤细，长约 1 cm 以上，常弯垂 ·· 2. 细轴荛花 W. nutans

1. 了哥王 Wikstroemia indica（Linn）C. A. Mey.

　　广东各地有分布。生于海拔 800 m 以下的山坡、路旁灌丛或草丛中以及旷野、田边等地。分布长江流域以南各省区。越南至印度等地有分布。

2. 细轴荛花 Wikstroemia nutans Champ.

　　广东大部分地区。常见于海拔 100～800 m 的山坡林边和灌丛中。分布广西、湖南、福建和台湾。

178. 椴树科 Tiliaceae

　　本科有 52 属，约 500 种，主产热带和亚热带地区。中国有 13 属，85 种，各省均有分布，但主产西南部。广东有 7 属，27 种，1 变种。黑石顶 3 属，4 种。

1. 乔木、小乔木或灌木。
　　子房 3 室；核果无沟槽 ·· 2. 破布叶属 Microcos
1. 草本或亚灌木。
　　2. 蒴果具针刺，刺的先端尖细劲直或有倒钩 ································ 3. 刺蒴麻属 Triumfetta
　　2. 蒴果无刺或刺毛。室背开裂为 2～5 果瓣 ···································· 1. 黄麻属 Corchorus

1. 黄麻属 Corchorus Linn.

本属 40 余种，主要分布于热带地区。中国有 4 种，主产长江以南各省区。广东有 3 种。黑石顶有 1 种。

1. 甜麻 Corchorus aestuans Linn. 别名：假黄麻、针筒草

广东和海南各地普遍分布。多见于荒地、旷野、村旁杂草丛中。分布长江以南各省区。亚洲热带地区、中美洲及非洲。

2. 破布叶属 Microcos Linn.

本属约 60 种，分布于非洲、印度、马来西亚和印度尼西亚等地。中国有 3 种，产西南部至南部。广东 3 种。黑石顶有 1 种。

1. 破布叶 Microcos paniculata Linn. 别名：布渣叶。

广东各地。生于山坡、沟谷及路边灌丛中，常见。分布广西及云南。印度、中南半岛、印度尼西亚。

3. 刺蒴麻属 Triumfetta Linn.

本属约 60 种，广布于热带亚热带地区。中国有 6 种，广西南部、南部及东部各省区。广东全产。黑石顶有 2 种。

1. 叶两面均被稀疏单长毛；蒴果扁球形 ………………………………… 1. 小刺蒴麻 T. annua
1. 叶下面密披星状短绒毛或者黄褐色厚星状茸毛，硕果球形 ………… 2. 毛刺蒴麻 T. tomentosa

1. 小刺蒴麻 Triumfetta annua Linn. 别名：单毛刺蒴麻

广东北部和西部。生于荒山坡及路旁。分布海南、浙江、江西、福建、湖南、湖北、广西、云南、贵州、四川。马来西亚、印度及非洲。

2. 毛刺蒴麻 Triumfetta tomentosa Bojer

广东中部以南地区。生于旷野、山坡和村旁路边的灌丛中。分布西藏、云南、贵州、广西、福建等省区。亚洲南部至东南部。

179. 香蒲科 Typhaceae

本科 1 属，16 种，分布于热带至温带，分布于欧亚和北美，3 种至大洋洲。中国有 11 种，产南北各省，以温带地区较多。广东产 2 种，黑石顶目前未有发现。

180. 榆科 Ulmaceae

本科 16 属，约 230 种，广布于热带、亚热带及温带地区。中国有 8 属，近 60 种，南北均产。广东有 7 属，19 种；黑石顶有 2 属 8 种。

1. 萼片彼此分离，覆瓦状排列，雄花萼片结果时脱落 ………………………… 1. 朴属 Celtis
1. 萼片基部稍合生，镊合状排列，雄花萼片结果时宿存 ……………………… 2. 山黄麻属 Trema

1. 朴属 Celits Linn.

本属约 50 种，广布于温带至热带地区。中国有 14 种，南北均产。广东有 6 种。黑石顶有 3 种。

1. 果小，直径 5～6 mm。

2. 叶中部以上有明显的粗齿；雌花单生或 2～3 朵簇生于叶腋内，通常无明显的总花梗 ……………………………………………………………………………………… 2. 朴树 C. sinensis
　　2. 叶仅在顶部有不明显的细齿；雌花排成具 2～3 分枝的聚伞花序，此花序于结果期长达 3.5～4 cm…………………………………………………………… 1. 假玉桂 C. cinnamomea
1. 果大，直径 10～13 mm ………………………………………… 3. 四川朴 C. vandervoetiana

1. 假玉桂 Celtis cinnamomea Linndl. ex Planch.，华南朴

　　茂名、紫金、博罗（罗浮山）、高要、封开。生于疏林或密林中。分布海南、台湾、福建、广西、贵州、云南、西藏。亚洲东部。

2. 朴树 Celtis sinensis Pers. 别名：中华朴

　　广东各地广布。生于路旁、溪边或疏林中。分布长江流域及其以南各省区，北达河南、山东。

3. 四川朴 Celtis vandervoetiana Schneid.

　　广东北部（和平、翁源、连南）和西部。生于山地疏林和密林中。分布浙江、福建、江西、湖南、贵州、广西、云南及四川。

2. 山黄麻属 Trema Lour.

　　本属约 50 种，分布于热带和亚热带地区，中国有 6 种，产东南至西南部。广东有 5 种。黑石顶 5 种。

1. 叶背面密被极短的浅灰色柔毛或银灰色丝质柔毛。
　　2. 叶大，长 6～22 cm，宽 1.5～8 cm。
　　　　3. 叶长 6～18 cm，宽 3～8 cm，基部心形，少有截平，背面密被长约 0.5 mm 的银色丝质柔毛 …………………………………………………………… 5. 山黄麻 T. orientalis
　　　　3. 叶长 7～22 cm，宽 1.5～3（～4.5）cm，基部对称或稍偏斜，叶背被贴生的银灰色或黄灰色有光泽的茸毛，脉上疏生短伏毛 …………………………… 4. 银叶山黄麻 T. nitida
　　2. 叶较小，长 4～8 cm，宽 8～20 mm，基部钝圆，背面密被长不足 0.1 mm 的浅灰色短柔毛 ………………………………………………………………… 1. 狭叶山黄麻 T. angustifolia
1. 叶背面无毛或被疏柔毛。
　　4. 叶纸质，干时变灰黑色，腹面粗糙，多乳头状突起，并有短糙毛，背面被疏毛；花萼背面被白色疏柔毛 …………………………………………………………… 3. 山油麻 T. dielsiana
　　4. 叶薄，近膜质，干时变淡黄色，通常两面平滑无毛，少有腹面微糙或背面沿脉上有疏柔毛 ………………………………………………………………… 2. 光叶山黄麻 T. cannabina

1. 狭叶山黄麻 Trema angustifolia（Planch.）Blume

　　博罗（罗浮山）、清远、高要、德庆、茂名。生于疏林或灌丛中。分布海南、广西、云南。印度、泰国、越南、马来西亚、印度尼西亚。

2. 光叶山黄麻 Trema cannabina Lour.

　　广东各地。常见。生于路旁、疏林或灌丛中。分布海南、台湾、福建、浙江、江西、湖南、广西、贵州。越南、泰国、马来西亚及大洋洲。

3. 山油麻 Trema dielsiana Hand.-Mazz.

　　增城及广州、高要、怀集、曲江、乳源、乐昌。生于山谷、路旁或灌丛中。分布海南、福建、江苏、浙江、安徽、江西、湖北、湖南、广西、贵州、四川。

4. 银毛叶山黄麻 Trema nitida C. J. Chen

　　广东连山。生于山谷林缘。分布广西、云南、贵州、四川。

5. 山黄麻 Trema orientalis（Linn.）Blume

广东中南部及沿少各岛屿常见，北达英德。生于山谷林中或空旷山坡上。分布台湾、福建、广西、贵州、云南、西藏。锡金、不丹、尼泊尔、印度、缅甸、越南、泰国、马来西亚、印度尼西亚、日本及大洋洲。

181. 伞形科 Umbelliferae

本科约250～440属，3 300～3 700种，广布于热带、亚热带和温带地区。中国有100属，约614种，广布于南北各省区。广东连栽培的共有21属，35种，3变种。黑石顶有5属，8种。

1. 花序头状，非明显的伞形花序；总苞片和叶有针刺状齿缺 ………………… 2. 刺芹属 Eryngium
1. 花序为明显的伞形花序；总苞片和叶无针刺状齿缺。
    2. 匍匐草本；叶全为单叶，圆形或肾形，具掌状脉；花排成单伞形花序，子房及果无刚毛、钩刺。
        3. 总苞片无或小；花瓣镊合状排列；心皮有纵棱3条，无网纹 …… 3. 天胡荽属 Hydrocotyle
        3. 总苞片明显；花瓣覆瓦状排列；心皮有纵棱5条，具风纹 ………… 1. 积雪草属 Centella
    2. 直立草本；叶为羽状复叶或分裂（少有单叶）；花排成复伞形花序。子房及果具刚毛、钩刺。
        4. 叶掌状分裂；萼齿明显 ……………………………………………… 4. 变豆菜属 Sanicula
        4. 叶为羽状复叶；萼齿小，不显 ……………………………………… 5. 窃衣属 Torilis

1. 积雪草属 Centella Linn.

本属约20种，分布于热带与亚热带地区，主产南非。中国有1种。黑石顶1种。

1. 积雪草 Centella asiatica（Linn.）Urban

广东各地。多生于荫湿草地或水沟边。分布华东、中南及西南诸省区。亚洲热带地区、澳大利亚、非洲中部和南部地区。

2. 刺芹属 Eryngium Linn.

本属约220～250种，广布于热带和温带地区。中国有2种。黑石顶有1种。

1. 刺芫荽 Eryngium foetidum Linn.

广东各地。生于低海拔的林下、路旁、沟边等湿润处。分布广西、云南、贵州等省区。原产美洲热带地区，现广布于东半球各热带地区。

3. 天胡荽属 Hydrocotyle Linn.

本属约75种，分布于热带和温带地区。中国有14种，产华东、中南及西南各省区。广东有5种，1变种。黑石顶有2种，1变种。

1. 花序数个簇生于枝顶，花序梗短于叶柄，密被柔毛 ………………… 1. 红马蹄草 H. nepalensis
1. 花序单生于茎节上，花序梗长于或短于叶柄，光滑或有毛。
    2. 叶较小，长0.5～1.5 cm，宽0.8～2 cm；花序梗短于叶柄。叶片3～5深裂几乎达基部
       …………………………………………………………… 2. 破铜钱 H. sibthorpioides var. batrachium
    2. 叶较大，长1～8 cm，宽2～11 cm；花序梗长于叶柄或与其近等长。叶片5～7掌状浅裂
       ……………………………………………………………………………… 3. 肾叶天胡荽 H. wilfordi

1. 红马蹄草 Hydrocotyle nepalensis Hook.

广东各地。常生于路旁湿地和溪边草丛中。分布长江以南各省区。印度、马来西亚、印度尼

西亚。

2. 破铜钱 Hydrocotyle sibthorpioides Lam. var. batrachium（Hance）Hand. -Mazz. ex Shan

粤北山区。生于路旁湿润的草地、河边、溪畔等处。分布华东及华南地区。分布越南。

3. 肾叶天胡荽 Hydrocotyle wilfordi Maxim.

广东各地。生于山谷、溪边、岩石的湿润处或河边砂地上。分布中国东南部和西南部各省区。朝鲜、日本、越南北部。

4. 变豆菜属 Sanicula Linn.

本属约40种，分布于热带和亚热带地区。中国约有17种。广东有2种。黑石顶2种。

1. 总苞片和茎生叶退化或细小；托叶小或无 ·················· 1. 薄片变豆菜 S. lamelligera
1. 总苞片和茎生叶发达；托叶大而明显 ·················· 2. 直刺变豆菜 S. orthacantha

1. 薄片变豆菜 Sanicula lamelligera Hance

从化、乳源、乐昌。生于山坡林下。分布四川、湖北、浙江、福建。

2. 直刺变豆菜 Sanicula orthacantha S. Moore

浮源、信宜。常生于山坡林下或溪边。分布华东、华中及西南各省区。日本。

5. 窃衣属 Torilis Adans.

本属约20种，分布于欧洲、非洲和亚洲。中国有2种。广东均产。黑石顶1种。

1. 窃衣 Torilis scabra（Thunb.）DC.

从化、平远、蕉岭。生于山坡、路旁或荒地。分布中国西北、华东、中南至西南。朝鲜、日本。

182. 荨麻科 Urticaceae

本科有48属，约1 300种，分布于世界热带至温带。中国有25属，352种，分布于全国各地。广东有14属，70种，6亚种，9变种。黑石顶8属，16种，2变种。

1. 叶互生（或有时与一微小的退化叶对生）。
  2. 茎、小枝或叶脉无刺毛和下倾硬毛。
    3. 叶基通常歪斜；雌花被片分离或基部合生；有退化雄蕊；雌蕊无花柱，柱头画笔头状；钟乳体大多线状或纺锤状，少为点状。
      4. 雄花序大多数具花序托，稀为聚伞花序；雌花花被片3，很小，比子房短，或极度退化 ·················· 3. 楼梯草属 Elatostema
      4. 花序轴顶部不膨大成花序托；雌花被片4～5，比子房长 ········ 6. 赤车属 Pellionia
    3. 叶基不歪斜；雌花被片合生呈管状，无退化雄蕊；雌蕊有花柱，外伸于花被管外，或无花柱，柱头画笔头状、丝状、舌状或盾状；钟乳体点状。
      5. 叶下面被白色绵毛（有时仅嫩叶有绵毛，老叶变无毛）。
        6. 叶非倒卵状长圆形。
          7. 枝具棕红色软皮刺和短柔毛；柱头画笔状 ·················· 2. 水麻属 Debregeasia
          7. 小枝被灰白色柔毛；柱头丝状 ·················· 1. 苎麻属 Boehmeria
        6. 叶倒卵状椭圆形 ·················· 5. 紫麻属 Oreocnide
      5. 叶下面无白色绵毛。
        8. 团伞花序在腋生短枝上排列呈穗状，短枝顶具2～4片叶 ······ 1. 苎麻属 Boehmeria
        9. 花序非如上述。

10. 团伞花序组成腋生头状花序；柱头丝状 ………………… 8. 雾水葛属 Pouzolzia
　　　10. 团伞花序组成2～6回二歧聚伞花序；柱头盾状 ………… 5. 紫麻属 Oreocnide
1. 叶对生，同对等大或不等大。
　11. 雌花花被片分离或基部合生，柱头画笔状。
　　12. 叶片基部两侧对称或近对称；托叶合生 ……………………… 7. 冷水花属 Pilea
　　12. 叶片基部极歪斜；托叶分离 ……………………………………… 6. 赤车属 Pelionia
　11. 雌花花被片合生呈管状、柱头丝状。
　　13. 叶全缘；柱头花后脱落。
　　　14. 叶基的一对侧脉无支脉，直达叶尖；雄花蕾陀螺状………… 4. 糯米团属 Gonostegia
　　　14. 叶基的一对侧脉上部具支脉，不直达叶尖；雄花蕾非陀螺状 ……………………
　　　　　…………………………………………………………………… 7. 雾水葛属 Pouzolzia
　　13. 叶缘具齿；柱头宿存 ……………………………………………… 1. 苎麻属 Boehmeria

1. 苎麻属 Boehmeria Jacq.

　　本属约120种，分布于热带、亚热带地区。中国有32种，大多分布于西南部至东南部，少数分布至东北部。广东有10种，6变种。黑石顶2种，1变种。

1. 叶互生或有时下部叶对生。
　2. 叶卵圆形或阔卵形，基部截平或圆形 ……………………………… 1. 苎麻 B. nivea
　2. 叶下面绿色，无白色绵毛或仅顶部有零星白色绵毛 … 1a. 青叶苎麻 B. nivea var. tenacissima
1. 叶对生穗状花序单生叶腋 ………………………………………… 2. 穗花苎麻 B. spicata

1. 苎麻 Boehmeria nivea（Linn.）Gaudich. 别名：野麻、苎

　　广东各地均有栽培和野生。生于村边、沟旁，路旁和平地草丛等肥湿处。分布中国秦岭以南各地有栽培或有野生。中南半岛北部有野生；南亚和欧美各国均有引栽培。

1a. 青叶苎麻 Boehmeria nivea（Linn.）Gaudich. var. **tenacissima**（Gaudich.）Miq. 别名：青叶苎

　　大埔、广州从化、阳山、连南、新兴、罗定、高要。栽培或野生于路旁，溪旁草丛中。分布安徽、浙江、台湾和广西。中南半岛至印度尼西亚。

2. 穗花苎麻 Boehmeria spicata（Thunb.）Thunb.

　　始兴、封开。生于丘陵或低山草坡、石上、沟边。分布江西、浙江、江苏、湖北西部、河南西部、山东东部。

2. 水麻属 Debregeasis Gaudich.

　　本属约6种，主要分布于亚洲热带地区及非洲东北部。中国6种均有，产长江流域及其以南各地，广东有1种。黑石顶1种。

1. 鳞片水麻 Debregeasia squamata King et Hook

　　大埔、和平、龙门、高要、阳春、新兴、封开。生于山地溪旁、山谷湿地灌丛中。分布海南、福建西部、广西、贵州南部、云南东南部。越南、马亚西亚。

3. 楼梯草属 Elatostema J. R. et G. Forst.

　　本属约350种，分布于非洲、亚洲至大洋洲的热带和亚热带地区。中国约有137种，产秦岭以南各地。广东有16种。黑石顶有3种，1变种。

1. 亚灌木；老枝木质化，干时坚硬。
　2. 嫩枝密被短糙毛；叶上面有稍密钟乳体，基部斜楔形 …… 3. 狭叶楼梯草 E. lineolatum var. majus
　2. 嫩枝无毛；叶上面无钟乳体，基部狭侧钝，宽侧圆形……… 2. 光叶楼梯草 E. laevissimum
1. 草本；老枝草质，干时不坚硬。

3. 嫩枝被短糙毛或短柔毛，叶上面被疏短粗毛，下面脉上被短毛 ⋯ 1. 楼梯草 E. involucratum
3. 嫩枝无毛。叶上面棕黄色或棕绿色，钟乳体明显，下面淡棕黄色或灰紫色 ⋯⋯⋯⋯⋯⋯⋯⋯⋯⋯⋯⋯⋯⋯⋯⋯⋯⋯⋯⋯⋯⋯⋯⋯⋯⋯⋯⋯ 4. 宽叶楼梯草 E. platyphyllum

1. **楼梯草 Elatostema involucratum** Franch. et Sav.

   阳山、乳源、乐昌、蕉岭。生于山地沟边、石边和林下。分布黄河流域至南岭山脉各地。日本。

2. **光叶楼梯草 Elatostema laevissimum** W. T. Wang

   龙门、封开。生于山谷阴湿处或林中。分布海南、广西、云南、西藏。

3. **狭叶楼梯草 Elatostema lineolatum** Wight var. **majus** Wedd.

   茂名、新兴、云浮、高要、博罗、清远、英德、乐昌、翁源。生于山地沟边、林边或灌丛中。分布台湾、福建、广西、云南、西藏东南部。印度至泰国。

4. **宽叶楼梯草 Elatostema platyphyllum** Weddell

   高要、封开。生于山地溪边密林下。分布海南、台湾。菲律宾。

4. 糯米团属 Gonostegia Turcz.

本属约 12 种。分布于亚洲热带和亚热带地区及澳大利亚。中国有 4 种，产西南部、南部、东部和中部。广东有 1 种，1 变种。黑石顶 1 种。

1. **糯米团 Gonostegia hirta**（Bl.）Miq. 别名：蚌巢草、大拳头

   广东各地有分布。生于丘陵地或山地水旁、路旁湿处或疏林下。分布中国东部至西南部及香港。亚洲热带、亚热带地区和澳大利亚。

5. 紫麻属 Oreocnida Miq.

本属约 19 种。分布于亚洲东南部至大洋洲北部的热带和亚热带地区。中国有 10 种，产东南部至西南部。广东有 4 种，1 亚种。黑石顶 2 种。

1. 叶卵状长圆形、卵状椭圆形或狭卵形 ⋯⋯⋯⋯⋯⋯⋯⋯⋯⋯⋯⋯⋯⋯⋯⋯⋯⋯ 1. 紫麻 O. frutescens
1. 叶倒卵状椭圆形、长圆状倒披针形或狭倒卵形 ⋯⋯⋯⋯⋯⋯⋯⋯⋯⋯ 2. 倒卵叶紫麻 O. obovata

1. **紫麻 Orecnide frutescens**（Thunb.）Miq.

   翁源、和平、始兴、乐昌、乳源、阳山、连南、连州、信宜、怀集、英德、曲江、新丰、广州、博罗、龙门、东莞。生于山谷、溪边林下或林缘阴湿处。分布长江流域及其以南各地。中南半岛各国和日本。

2. **倒卵叶紫麻 Oreocnide obovata**（C. H. Wright）Merr.

   封开、高要、博罗浮山。生于山地溪边、山谷林下阴湿处。分布云南东南部，广西和湖南南部。越南北部。

6. 赤车属 Pellionia Gaudich.

本属约 70 种，主要分布于亚洲热带、亚热带地区，少数分布至大洋州，中国约有 24 种，分布于长江流域及其他以南各省区，广东及海地有 10 种，1 变种。黑石顶 2 种。

1. 叶顶端渐尖或急尖。叶长 3～5 cm，宽 1～2 cm ⋯⋯⋯⋯⋯⋯⋯⋯⋯⋯⋯⋯⋯⋯ 1. 赤车 P. radicans
1. 叶顶端圆或钝 ⋯⋯⋯⋯⋯⋯⋯⋯⋯⋯⋯⋯⋯⋯⋯⋯⋯⋯⋯⋯⋯⋯⋯⋯⋯⋯⋯⋯⋯ 2. 吐烟花 P. repens

1. **赤车 Pellionia radicans**（Sieb. et Zucc.）Wedd.

   高要、新丰、始兴、翁源、曲江、乳源、阳山、连州、封平、罗定。生于中海拔山地林下、溪边、石边等阴湿处。分布中国东南部至西南部。越南、日本、朝鲜。

2. 吐烟花 Pellionia repens（Lour.）Merr.

　　封开、广州有栽培。生于山地林下，溪旁。分布云南。中南半岛各国。

7. 冷水花属 Pilea Lindl.

本属约有 400 种，分布于世界热带和亚热带地区。中国约 90 种，生产长江流域以南各地，东北和西北亦有。广东有 23 种，4 亚种，2 变种。黑石顶 4 种。

1. 叶近圆形、半圆形、扁卵形或菱状卵形，基部圆形或截平。
　2. 叶边缘呈波状 ………………………………………………………… 1. 波缘冷水花 P. cavaleriei
　2. 叶边缘粗锯或浅锯齿。
　　3. 叶长 0.5～1.6 cm，基部圆形或宽楔形，上部边缘常具浅锯齿 ………………………………
　　　　………………………………………………………… 2. 齿叶矮冷水花 P. peploides var. major
　　3. 叶长 1～4 cm，基部截平、心形或圆形，边缘具疏粗锯齿 … 4. 三角叶冷水花 P. swinglei
1. 叶椭圆形、卵状椭圆形或卵状披针形 ………………………… 3. 粗齿冷水花 P. sinofasciata

1. 波缘冷水花 Pilea cavaleriel Lévl.

　　生于林下石上、石缝中，溪边等湿地或流域疏阴处。仁化、乳源、阳山、连南封开。分布长江流域及其以南各地。

2. 齿叶矮冷水花 Pilea peploides var. major Wedd.

　　仁化、始兴、乐昌、英德、乳源、连州、连平。生于山地林下石边、石缝、沟边、路边等阴湿处。分布长江以南各地。印度北部至东南部亚各地。

3. 粗齿冷水花 Pilea sinofasciata C. J. Chen

　　连州、阳山、乳源、博罗。生于山地林下阴湿处或水边。分布黄河流域及其以南各地。

4. 三角叶冷水花 Pilea swinglei Merr.

　　博罗、蕉岭、紫金、和平、连州。生于山地林下石边、石缝、沟边、路边等阴湿处。分布长江流域至北回归线附近。

8. 雾水葛属 Pouzolzia Gaudich.

本属约有 70 种，分布于热带和亚热带地区。中国有 8 种，产西南部至东部，广东有 3 种，1 种变种。黑石顶 1 种。

1. 雾水葛 Pouzolzia zeylanica（Linn.）Benn.

　　广州、博罗、惠州、丰顺、始兴、乳源。生于路边、田边、旷野草丛中或林下灌丛中。分布黄河以南，亚洲东南部。

183. 越橘科 Vacciniaceae

本科约 22 属，400 种，分布于全球北温带。中国有 5 属，约 80 种。广东产 2 属，16 种和 2 变种。黑石顶 1 属，2 种。

1. 乌饭树属 Vaccinium Linn.

本属约 300 种，分布于全球北温带至热带高海拔山区。中国约产 65 种。广东有 15 种，2 变种。黑石顶 2 种。

1. 叶边缘有齿 ………………………………………………………………………… 1. 乌饭树 V. bracteatum
1. 叶全缘 …………………………………………………………………………………… 2. 越橘 V. sinicum

1. 乌饭树 Vaccinium bracteatum Thunb.

广东大部分山区。常见于海拔500 m以上丛林中或林谷沿溪边。分布云南至长江流域以南各省区。日本、朝鲜、中南半岛各国。

2. 越橘 Vaccinium sinicum Sleumer

封开、乳源。生于海拔900 m左右山谷疏林中，常附生岩隙间。分布湖南、广西。

184. 败酱科 Valerianaceae

本科约有13属，400种，大多数分布于北温带。中国产3属，30余种。广东有1属，4种。黑石顶1属，1种。

1. 败酱属 Patrinia Juss.

本属约15种，分布于中亚及东亚；欧洲有1种。中国产10种，3亚种，南北均产。广东有4种。黑石顶1种。

1. 攀倒甑 Patrinia villosa（Thunb.）Juss. 别名：苦斋菜、白花败酱

广东中部至北部。生于林缘、荒地、灌丛和疏林中。分布中国长江流域至北回归线之间。日本。

185. 马鞭草科 Verbenaceae

本科约80余属，3 000余种，分布于全世界的热带和亚热带，温带较少。中国有21属，175种，31变种，主要分布在长江以南各省区。广东有19属，84种，10变种，3变型。黑石顶6属25种，1变种。

1. 草本。
  2. 花无梗，多朵组成穗状花序 ………………………………………… 6. 马鞭草属 Verbena
  2. 花有梗，单生叶腋 ………………………………………………… 2. 莸属 Caryopteris
1. 灌木或乔木，有时为木质藤本。
  3. 花序紧密，头状或穗状。
    4. 花序腋生，同一花序上的花有几种颜色；茎和分枝上有刺或无刺 … 4. 马缨丹属 Lantana
    4. 花序顶生或兼有腋生；同一花序上的花只有一种颜色；茎和分枝上无刺 …………………
       …………………………………………………………………… 3. 大青属 Clerodendrum
  3. 花序不同于上述。
    5. 叶为掌状3～5出复叶，或复叶与单叶并存 ……………………… 7. 牡荆属 Vitex
    5. 叶为单叶。
      6. 果实全部包藏于增大的宿萼内 …………………………… 3. 大青属 Clerodendrum
      6. 果实不包藏或不完全包藏于宿萼内。
        7. 蒴果 …………………………………………………………… 2. 莸属 Caryopteris
        7. 核果或浆果状。
          8. 花序腋生；萼檐4裂或截平 ……………………………… 1. 紫珠属 Callicarpa
          8. 花序顶生，或兼有腋生。
            9. 花大，通常美丽，长在1.5 cm以上 ………………… 3. 大青属 Clerodendrum
            9. 花较小，长不超过1.5 cm ………………………………… 5. 豆腐柴属 Premna

1. 紫珠属 Callicarpa Linn.

本属约190余种，分布于亚洲的热带及亚热带及大洋洲。少数分布于美洲热带、亚洲和北美

洲的温带地区种类很少。中国约有 46 种，主产长江以南，少数种可延伸到华北至东北和西北。广东有 29 种，5 变种。黑石顶 11 种。

1. 花萼管状，檐部深 4 裂，裂片狭，比萼管长；果实几乎完全为宿萼包藏 ……… 6. 枇杷叶紫珠 C. kochiana
1. 花萼杯状或钟状，檐部深浅不等的 4 裂或近截平，裂片绝不比萼管长；果实露于宿萼之外。
  2. 雄蕊明显伸出花冠之上，药室纵裂。
    3. 聚伞花序较大，宽 4～9 cm，5 回以上分枝，总花梗长 3 cm 以上。
      4. 花梗和花萼被星状毛 ……………………………………… 5. 全缘叶紫珠 C. integerrima
      4. 花梗和花萼无毛 ………………………………………………… 10. 藤紫珠 C. peii
    3. 聚伞花序较小，宽不超过 4 cm，通常 2～5 回分歧，总花梗长不超过 3 cm。
      5. 叶基部楔形、钝或圆。
        6. 叶下面密被绵毛或贴伏的绢毛 …………………………… 8. 尖萼紫珠 C. loboapiculata
        6. 叶下面的毛被与上述不同，有时无毛。
          7. 叶和花均有黄色腺点，如腺点脱落则留下小凹点 ………… 3. 杜虹花 C. formosana
          7. 叶和花均有粒状红色或暗红色腺点，如腺点脱落则不留下小凹点。
            8. 小枝、花序和叶下面均覆有星状毛；叶大；长 7～18 cm，宽 4～7 cm ………………………………………………………………………………………………… 1. 紫珠 C. bodinieri
            8. 小枝、花序和叶下面无毛或仅下面中脉上被稀疏星状毛；叶明显较小，长不超过 8 cm，宽不超过 2.5 cm ……………………………………… 4. 厚萼紫珠 C. hungtaii
      5. 叶基部心形或耳形，中部以上最宽，倒卵形至倒披针形 ………… 11. 红紫珠 C. rubella
  2. 雄蕊内藏，极少稍伸出花冠之外。
    10. 植物被钩状短糙毛；花药纵裂；聚伞花序不分枝，通常有花 3 朵，很少简化至 1 朵或多至 5～7 朵 ………………………………………… 9. 钩毛紫珠 C. peichieniana
    10. 植物被毛与上述不同，或近无毛；花药顶孔开裂；聚伞花序通常 2 次以上分枝，有花多朵。
      11. 叶和花密生红色或暗红色腺点 …………………………… 2. 华紫珠 C. cathayana
      11. 叶和花均有黄色腺点或无腺点 …………………………… 7. 广东紫珠 C. kwangtungensis

1. **紫珠 Callicarpa bodinieri Lévl.**
   广东中部以北。生于林中、林缘和灌丛中。分布中国西南部、南部和东部，北至河南南部。越南北部也有。
2. **华紫珠 Callicarpa cahayana H. T. Chang**
   广东各地，以中部和北部较多。常生于山坡、谷地或溪边的灌丛中。分布中国特有，见于河南、湖北、安徽、浙江、江西、福建、广西和云南等省区。
3. **杜虹花 Callicarpa formosana Rolfe** 别名：老蟹眼
   广东各地。生于林中或灌丛中。分布云南东南部、广西、江西、福建、浙江和台湾。菲律宾也有。
4. **厚萼紫珠 Callicarpa hungtaii P'ei et S. L. Chen**
   广东特有，见于阳春等地。生于密林中。
5. **全缘叶紫珠 Callicarpa integerrima Champ.** [*C. integrifolia* Forbes et Hemsl.]
   广东中部、东部和北部各地山区。生于林缘、山谷和溪边等处。中国特有，分布于浙江、福建、江西、广西和云南等省区。
6. **枇杷叶紫珠 Callicarpa kochiana Makino** 别名：野枇杷、劳来氏紫珠
   广东除汕头地区外各地均有，尤以中部及北部常见。生于山谷、溪边和旷野灌丛中，亦见于

疏林下。分布我台湾、福建、浙江、江西、湖南，北至河南南部。

8. **尖萼紫珠 Callicarpa lobo-apiculata** Metc.

广东各地。生于山坡或溪畔林中。分布广西、湖南和贵州等省区。

9. **钩毛紫珠 Callicarpa peichieniana** Chun et S. L. Chen

广东中部和北部。常生于林中或林缘。分布广西和湖南南部。

10. **藤紫珠 Callicarpa peii** H. T. Chang

广东西北部和北部。生于林下、林缘和溪边。分布中国特有，见于湖北西部、四川东部、江西、广西东部。

11. **红紫珠 Callicarpa rubella** Lindl.

广东各地，但以中部和北部常见。生于山谷、林边，亦见于路旁。分布中国西南部、南部和东部。印度、锡金、中南半岛各国、马来半岛和南洋群岛。

3. 大青属 Clerodendrum Linn.

本属约400种，分布于全世界的热带和亚热带，东半球特多。中国有34种，6变种，主产长江以南中省、区。广东有14种。黑石顶5种。

1. 花冠管与萼近等长或稍长 ·· 2. 白花灯笼 C. fortunatum
1. 花冠管比花萼长一倍以上。
　2. 叶长圆形、卵状披针形或卵形，长为宽的2倍以上 ············ 3. 广东大青 C. kwangtungense
　2. 叶阔卵形、心形或近圆形，长与宽几相等，或长度略大于宽度。
　　3. 叶下面无盾状鳞片。
　　　4. 萼檐裂片披针状线形，比萼管长很多 ························ 5. 尖齿臭茉莉 C. lindleyi
　　　4. 萼檐裂片三角形或钻形，比萼管短。
　　　　5. 叶缘无浅裂的角，花萼长 1.0～1.5 cm ······················ 4. 赪桐 C. japonicum
　　　　5. 叶边缘具粗或细锯齿，花萼长 2～6 mm ····················· 1. 臭牡丹 C. bungei

1. **臭牡丹 Clerodendrum bungei** Steud.

封开。生于海拔 800 m 以下的山坡、林缘、沟谷、路旁、灌丛润湿处。分布华北、西北、西南以及江苏、安徽、浙江、江西、湖南、湖北、广西。印度北部、越南、马来西亚也有分布。

2. **白花灯笼 Clerodendrum fortunatum** Linn. 别名：灯笼草、鬼灯笼

广东各地。极常见。生于海拔 800 m 以下的村边、路旁、旷野、荒地或灌丛中。分布海南、江西南部、福建和广西。

3. **广东大青 Clerodendrum kwangungense** Hand.-Mazz.

广东大部分地区。生于林中或林缘。分布海南、湖南、广西、贵州和云南。

4. **赪桐 Clerodendrum japoicum**（Thunb.）Sweet 别名：状元红、百日红

广东各地。常生于林下和山溪边阴湿，亦见于平原旷野或村边，园圃也偶见栽培。分布广布于长江以南各省区，东至台湾省。亚洲东南部和日本。

5. **尖齿臭茉莉 Clerodendrum lindleyi** Decne. ex Planch. 别名：臭牡丹

广东各地。常生于村边、路旁、旷野和林缘。分布海南、江苏、浙江、安徽、湖南、江西、福建、云南、贵州和广西等省区。

4. 马缨丹属 Lantana Linn.

本属约150种，主产热带美洲。中国有2种，栽培或野生。广东全产。黑石顶1种。

1. **马缨丹 Lantana camara** Linn. 别名：五色梅、如意草

广东中部、南部和海南常见，偏北地区较少。栽培于庭园或逸生于村边、路旁和荒野。分布原产热带美洲，现广布于全世界的热带。

5. 豆腐柴属 Premna Linn.

本属约200种，分布于亚洲和非洲的热带和亚热带，南至大洋洲，东至太平洋东部岛屿。中国有44种，5变种，主产西南部和南部，少数种类延伸至华中和华东，西北部的陕西、甘肃和西藏也有。广东有11种。黑石顶4种。

1. 聚伞花序组成尖塔形圆锥花序。
    2. 叶基部截平、圆形或心形，虽偶有阔楔形，但绝不下延 ············· 1. 尖叶豆腐柴 P. chevalieri
    2. 叶基部楔形，下延 ··· 3. 豆腐柴 P. microphylla
1. 聚伞花序组成伞房状圆锥花序 ··· 2. 弯毛臭黄荆 P. maclurei

1. **尖叶豆腐柴 Premna chevalieri** P. Dop

   封开。生于疏林中。分布海南、云南东南部。越南北部和老挝。

2. **弯毛臭黄荆 Premna maclurei** Merr.

   高要、阳春等地。生于山地阳坡或灌木丛中。分布海南。

3. **豆腐柴 Premna microphylla** Turcz. 别名：豆腐木、臭黄荆

   广东北部、中部和东部各地以及海南崖县。常生于林下或林缘。分布华东、中南和华南，西南至四川和贵州。日本。

6. 马鞭草属 Verbena Linn.

本属约250种，主要分布在美洲的热带和温带。中国有1种。广东1种。黑石顶1种。

1. **马鞭草 Verbena officinalis** Linn. 别名：透骨草、蛤蟆棵

   广东各地。生于村边、路旁、荒芜地上或山地林缘。分布山西、陕西、甘肃、江苏、安徽、浙江、福建、江西、湖北、湖南、广东、广西、四川、贵州、云南、新疆、西藏。全世界的温带至热带均有分布。

7. 莸属 Caryopteris Bunge

本属约15种，分布亚洲中部和东部。中国有13种，2变种和1变型。广东有2种。黑石顶1种。

1. **兰香草 Caryoperis incana**（Thunb. ex Houtt.）Miq. 别名：山薄荷、婆绒花

   广东中部、北部和东部。常见。生于干燥山坡、路旁、旷野地方。分布海南、江苏、浙江、安徽、湖北、湖南、福建、广西。日本、朝鲜。

8. 牡荆属 Vitex Linn.

本属约250种，分布于全世界的热带、亚热带乃至温带。中国有14种，7变种，3变型，主要分布于工江以南，少数向西延伸至西藏，向北至辽宁。广东用有8种，4变种。黑石顶2种1变种。

1. 大乔木 ··· 2. 山牡荆 V. quinata
1. 灌木
    2. 叶边缘常全缘 ··· 1. 黄荆 V. negundo
    2. 叶边缘有粗锯齿 ··· 1a. 黄荆 V. negundo var. cannabifolia

1. **黄荆 Vitex negundo** Linn. 别名：五指柑、布惊

   广东各地。常生于山坡、路旁、平原和村寨边。分布长江流域及其以南各省区，北达秦岭和淮河。非洲东部、马达加斯加、亚洲东南部和东部及南美的玻利维亚。

1a. **牡荆 Vitex negundo** Linn. var. **cannabifolia**（Sieb. et Zucc.）Hand.-Mazz.

   广东各地。生于海拔100～800 m的山坡、路旁的灌丛中。分布华东各省及河北、湖南、湖北、广西、四川、贵州、云南。日本。

2. 山牡荆 Vitex quinata（Lour.）Will. 别名：五叶牡荆、莺哥公

生于林中。广东各地。分布中国南部和东部。日本、印度、马来西亚和菲律宾。

186. 堇菜科 Violaceae

本科约22属，900多种，广布于世界各地。中国有4属，130多种，南北各省区均有分布，以西南的种类最为丰富，为林下常见的植物。广东有4属，27种。黑石顶有1属，8种。

1. 堇菜属 Viola Linn.

本属500余种，广布于温带、热带及亚热带，以北半球温带的种类最多。中国约有111种，南北各省均有分布，尤以西南的种类最为丰富。广东有23种。黑石顶有8种。

1. 植物具茎或匍匐枝。
 2. 植物具茎，无匍匐枝 ……………………………………… 8. 堇菜 V. verecunda
 2. 植物无茎，具匍匐枝。
  3. 植物体无毛或近无毛。
   4. 叶边缘具圆齿，先端圆钝 ……………………… 7. 浅圆齿堇菜 V. schneideri
   4. 叶边缘具锯齿或圆锯齿，先端急尖或渐尖。
    5. 叶缘具明显的刺尖 ……………………… 5. 尖叶堇菜 V. mucroulifera
    5. 叶缘具有深圆齿，齿间具短刺 ……………… 4. 广东堇菜 V. kwangtungensis
  3. 植物体被白色长柔毛。
   6. 叶基下延于叶柄上 …………………………………… 2. 蔓茎堇菜 V. diffusa
   6. 叶基不下延于叶柄 …………………………………… 6. 柔毛堇菜 V. principis
1. 植物无茎，亦无匍匐枝，叶全部基生。
 7. 植株体通常无毛 …………………………………… 3. 长萼堇菜 V. inconspicua
 7. 植物体密被短柔毛 …………………………………… 1. 毛堇菜 V. confusa

1. 毛堇菜 Viola confusa Champ. ex Benth.

乳源、龙川等地。生于河边或山坡草丛中。分布长江以南各省区。日本、菲律宾、印度尼西亚、印度。

2. 蔓茎堇菜 Viola diffusa Ging

广东各地。常见。生于山地或丘陵林下、林缘、草坡、溪边或岩石缝中。分布长江以南各省区、陕西、甘肃、河北。印度、尼泊乐、菲律宾、马来西亚、日本。

3. 长萼堇菜 Viola inconspicua Bl.

广东各地。常见。生于田边、溪旁、村前屋后湿润地或山地林缘。分布长江以南各省区及陕西、甘肃。缅甸、菲律宾、马来西亚。

4. 广东堇菜 Viola kwangtungensis Melchior

广东北部。生于林缘、山坡、河谷、石上阴影处。分布福建、湖南、江西、四川。

5. 尖叶堇菜 Viola mucrounlifera Hand. Mazz.

封开、英德（龙头山）。生于山地林缘、草地。分布广西、湖南、湖北、福建、江西、浙江、云南、四川、贵州。

6. 柔毛堇菜 Viola principis H. de Boiss.

乳源、连山、始兴、南雄、大埔、封开、龙门、高要等地。生于山地疏林中。分布长江以南各省区。

7. 浅圆齿堇菜 Viola schnideri W. Beck.

平远、河源、从化、信宜、封开等地。生于 800 m 以下山谷林下。分布广西、湖南、湖北、江西、福建、四川、云南、贵州、西藏。

8. 堇菜 Viola verecunda A. Gray

乳源、阳山、连山、英德、乐昌、仁化、翁源、饶平、连平、平远、大埔、惠东、河源、丰顺、龙门、博罗、高要、清远、宝安、从化、信宜、云浮、封开、阳春等地。生于海拔 500～1 400 m 山谷河边。分布几遍全国。朝鲜、日本、蒙古、俄罗斯。

187. 葡萄科 Vitaceae

本科有 15 属，884 种，分布于热带和亚热带，少数分布于温带。中国有 9 属，150 余种，南北各省区均产，主要产华中、华南及西南各省区。广东有 8 属，65 种。黑石顶有 5 属，16 种。

1. 花瓣顶端互相粘合，基部分离，开花后整个呈帽状脱落；髓褐色 ………… 5. 葡萄属 Vitis
1. 花瓣全部分离；髓白色。
　2. 花通常 5 数 ……………………………………………………… 1. 蛇葡萄属 Ampelopsis
　2. 花通常 4 数。
　　3. 花序与叶对生 ……………………………………………………… 3. 白粉藤属 Cissus
　　3. 花序腋生或假腋生，稀对生。
　　　4. 花柱明显，柱头不分裂 ……………………………………… 2. 乌蔹莓属 Cayratia
　　　4. 花柱不明显或较短，柱头通常 4 裂 ………………… 4. 崖爬藤属 Tetrastigma

1. 蛇葡萄属 Ampelopsis Michaux

本属 30 余种，分布于亚洲、北美涌和中美洲。中国有 17 种，南北均产。广东有 7 种，3 变种。黑石顶有 4 种。

1. 叶为单叶；叶片 3～5 裂 …………………………………………… 3. 蛇葡萄 A. landulosa
1. 叶为羽状复叶。
　2. 小枝、叶柄和花序轴被短柔毛 ……………………………… 1. 粤蛇葡萄 A. cantoniensis
　2. 小枝、叶柄和花序轴无毛。
　　3. 卷须二叉，叶片大小 2～5×1.0～2.5 cm ……… 2. 显齿蛇葡萄 A. grossedentata
　　3. 卷须三叉，叶片大小 4～12×2～6 cm ……… 4. 大叶蛇葡萄 A. megalophylla

1. 粤蛇葡萄 Ampelopsis cantoniensis（Hook. et Arn.）Planch.

广东各地。常见。生于海拔 100～850 m 的山谷林中或山坡灌丛。分布安徽、浙江、福建、台湾、湖北、湖南、广西、海南、香港、贵州、云南、西藏。

2. 显齿蛇葡萄 Ampelopsis grossedentata（Hand.-Mazz.）W. T. Wang

广东山区县。常见。生于海拔 200～1 500 m 的沟谷林可或山坡灌丛。分布江西、福建、湖北、湖南、广西、贵州、云南。

3. 蛇葡萄 Ampelopsis sinica（Miq.）W. T. Wang

广东各地。生于低海拔山谷、林下，乔木或者灌丛之上。分布海南、安徽，福建，广西，贵州等皆有分布。印度、日本、缅甸、尼泊尔、菲律宾、越南。

4. 大叶蛇葡萄 Ampelopsis megalophylla Diels et Gilg 别名：大叶蛇葡萄

广东各地。常见。生于海拔 500 m 左右的山坡或沟谷灌丛。分布江西、云南、四川、贵州、陕西、湖北。

2. 乌蔹莓属 Cayratia Juss.

本属有 30 余种，分布于亚洲、大洋洲和非洲。中国有 16 种，南北均有分布。广东有 5 种，4 变种。黑石顶有 2 种。

1. 花瓣顶端有小角状凸起 ·· 1. 角花乌蔹莓 C. corniculata
1. 花瓣顶端无小角状凸起 ·· 2. 乌蔹莓 C. japonica

1. 角花乌蔹莓 Cayratia corniculata（Benth.）Gagnep.

广东各地。常见。生于海拔 200～600 m 的山谷溪边疏林或山坡灌丛。分布香港、海南、江西、福建、广西、湖南、湖北。

2. 乌蔹莓 Cayratia japonica（Thunb.）Gagnep.

广东各地。常见。生于海拔 300 m 以上的山谷林中或山坡灌丛。分布陕西、河南、山东、安徽、江苏、浙江、湖北、湖南、福建、台湾、香港、广西、海南、四川、贵州、云南。日本、菲律宾、越南、缅甸、印度、印度尼西亚和澳大利亚。

3. 白粉藤属 Cissus Linn.

本属 160 余种，分布于热带、亚热带。中国有 15 种，主产南部各省区。广东有 9 种，1 变种。黑石顶有 2 种。

1. 小枝无翅状棱 ·· 1. 风叶藤 C. assamica
1. 小枝有 4～6 条翅状棱 ·· 2. 六方藤 C. hexangularis

1. 风叶藤 Cissus assamica（Laws.）Craib.

广东各地。常见。生于海拔 200 m 以上的山谷、溪边林中或山坡灌丛。分布海南、江西、福建、湖南、广西、四川、贵州、云南、西藏。越南、柬埔寨、泰国和印度。

2. 六方藤 Cissus hexangularis Thorel ex Planch.

深圳、肇庆、徐闻。生于海拔 50～400 m 的溪边林中。分布海南、福建、广西。越南。

4. 崖爬藤属 Tetrastigma（Miq.）Planch.

本属 100 余种，分布于亚洲至大洋洲。中国有 45 种，主要分布于长江流域以南及各省区。广东有 9 种，3 变种。黑石顶有 5 种。

1. 叶为鸟足状 3 小叶，稀兼有 5 小叶 ·· 2. 三叶崖爬藤 T. hemsleyanum
1. 叶为鸟足状 4～5 小叶，稀兼有 3 小叶。
  2. 花梗被短柔毛。
    3. 茎、枝、花梗被瘤状突起 ·· 3. 厚叶崖爬藤 T. pachyphyllum
    3. 茎、枝、花梗被瘤状突起 ·· 5. 毛脉崖爬藤 T. pubinerve
  2. 花梗无毛或疏被短柔毛
    4. 总花梗无毛，长 3～4 cm ·· 4. 扁担藤 T. planicaule
    4. 总花梗被短柔毛，长 1～3.5 cm ·· 1. 尾叶崖爬藤 T. caudatum

1. 尾叶崖爬藤 Tetrastigma caudatum Merr. ex Chun

乐昌、英德、广州、肇庆、郁南、云浮、封开、阳春、信宜。常见。生于海拔 200～700 m 的山谷林中或山坡灌丛荫处。分布福建、广西、海南。越南。

2. 三叶崖爬藤 Tetrastigma hemsleyanum Diels & Gilg

广东各地。常见。生于海拔 300～800 m 以上的山坡灌丛、林谷岩石缝中。分布香港、海南、江西、福建、台湾、湖南、湖北、江苏、浙江、广西、云南、四川、贵州、西藏。

3. 厚叶崖爬藤 Tetrastigma pachyphyllum（Hemsl.）Chun [T. harmandii Planch.]

阳江、郁南、徐闻。少见。生于低海拔林中或灌丛。分布海南、广西。越南和老挝。

4. 扁担藤 Tetrastigma planicaule（Hook.）Gagnep.

广东各地。常见。生于海拔 100 m 以上的山谷林中或山坡岩石缝中。分布香港、海南、福建、广西、贵州、云南、西藏。老挝、越南、印度和斯里兰卡。

5. 毛脉崖爬藤 Tetrastigma pubinerve Merr. & Chun

茂名、封开。少见。生于海拔 300～600 m 的山谷或石山坡灌丛。分布广西、海南。越南和柬埔寨。

5. 葡萄属 Vitis Linn.

本属有 65 种，分布于世界温带或亚热带。中国有约 38 种。广东有 14 种，3 变种。黑石顶有 3 种。

1. 成长叶下面无毛或被毛，但非全部被蛛丝状绒毛或绒毛所覆盖。
  2. 叶长椭圆状卵形或卵状披针形，常被白粉；基出脉 3，网脉显露 …… 1. 闽赣葡萄 V. chungii
  2. 叶下面多少被毛或至少在脉上被短柔毛或蛛丝状绒毛 ………………… 3. 狭叶葡萄 V. tsoii
1. 成长叶下面全部被蛛丝状绒毛或绒毛所覆盖 ……………………………… 2. 绵毛葡萄 V. retordi

1. 闽赣葡萄 Vitis chungii Metcalf

乳源、连州、连山、连南、南雄、大埔、平远、高要、封开。常见。生于海拔 200～800 m 山坡、沟谷林中或灌丛。分布江西、福建、广西。

2. 绵毛葡萄 Vitis retordi Roman. du Caill. ex Planch.

惠东、博罗、珠海、深圳、高要、怀集、封开、德庆、新兴、信宜。常见。生于海拔约 200 m 以上的山坡、沟谷疏林或灌丛中。分布广西、香港、海南、贵州。

3. 狭叶葡萄 Vitis tsoii Merr.

始兴、乳源、乐昌、仁化、连州、连山、南雄、连平、龙门、龙川、和平、梅州、封开。常见。生于海拔 300～700 m 的山坡林中或灌丛。分布香港、福建、广西。

188. 黄眼草科 Xyridaceae

本科有 5 属，约 300 种，广布于热带和亚热带地区。中国有 1 属，6 种，主产南部地区。广东产 5 种，黑石顶目前未有发现。

189. 姜科 Zingiberaceae

本科约 49 属，1 500 种，分布于热带、亚热带地区，主产地为热带亚洲，中国有 19 属，近 200 种，产西南部至东南部各省区，以广东、广西、云南的种类最为丰富，为林下比较常见的草本之一。广东有 13 属，50 种，2 变种。黑石顶 4 属，9 种。

1. 侧生退化雄蕊大，花瓣状，与唇辩分离。
  2. 花药基部无距；花序包裹于钟状的总苞内，从根茎发出，无地直茎 …………………………………………………………… 3. 土田七属 Stahlianthus
  2. 药药基部有距；花序球果状，单独由花葶抽出或从顶部叶鞘抽出 ……… 2. 姜黄属 Curcuma
1. 侧生退化雄蕊小或不存在（在姜属中，侧生退化雄蕊与唇瓣相连合）。
  3. 花序顶生或侧生 ………………………………………………………… 1. 山姜属 Alpinia
  3. 花序生于单独由根茎发出的花葶上 …………………………………… 4. 姜属 Zingiber

1. 山姜属 Alpinia Roxb.

本属约 250 种，广布于亚洲热带地区。中国有 40 种及 2 变种，产东南部至西南部。广东有 20 种，1 变种。黑石顶 4 种。

1. 花有苞片和小苞片或仅有小苞片。
  2. 圆锥花序。
    3. 开展的圆锥花序，分枝长 8 mm 以上；花较大，唇瓣长 1 cm 以上 …… 3. 假益智 A. maclurei
    3. 狭窄的圆锥花序，分枝长 3～6 mm；花较小，唇瓣长 6～7 mm …… 1. 华山姜 A. chinensis
  2. 总状花序或穗状花序 ………………………………………… 2. 密苞山姜 A. densibracteata
1. 花无苞片或小苞片，若有亦极微小 ……………………………………… 4. 箭秆风 A. stachyoides

1. **华山姜 Alpinia chinensis**（Retz.）Rosc. [*Languas chinensis*（Rosc.）Merr.]
   广东北部、西部、东部。生于林荫下。分布中国东南部至西南部各省区。越南、老挝。
2. **密苞山姜 Alpinia densibracteata** T. L. Wu & Senjen
   广东北部及东部。生于山谷密林荫处。分布中国云南、广西、江西、贵州等省区。
3. **假益智 Alpinia maclurei** Merr. [*Languas machurei*（Merr）. Merr.]
   广东英德、从化、清远、怀集等地。生于山地疏林或密林中。分布中国广西、云南。越南。
4. **箭秆风 Alpinia stachyoides** Hance
   广东北部、西部、南部。多生于林下荫湿处。分布广西、湖南、江西、四川、贵州、云南等。

2. 姜黄属 Curcuma Linn.

本属 50 余种，分布于东南亚，大洋洲北部亦有分布。中国有 8 种，产东南部至西南部。广东有 4 种及 1 栽培种。黑石顶 2 种。

1. 叶较宽，背面有毛 ……………………………………………………………… 1. 郁金 C. aromatica
1. 叶两面均无毛。叶片中央有紫色带 …………………………………………… 2. 莪术 C. phaeocaulis

1. **郁金 Curcuma aromatica** Salisb.
   广东北部、西部及中部地区。野生于林下或栽培。分布中国东南部至西南部各省区。东南亚各地。
2. **莪术 Curcuma phaeocaulis** Val. 别名：山姜黄
   广东中部以南。野生于林荫下或栽培。分布台湾、福建、江西、广西、四川、云南等省区。印度至马来西亚亦有分布。

3. 土田七属 Stahlianthus O. Ktze.

本属 6 种，分布于印度、缅甸、老挝和越南。中国有 1 种，产云南、广西、广东、福建。广东 1 种。黑石顶 1 种。

1. **土田七 Stahlianthus involucratus**（King ex Bak.）Craib 别名：姜三七、姜田七
   广东西部、东部、南部。野生于林下、荒坡或栽培。分布海南、云南、广西、福建。印度、锡金。

4. 姜属 Zingiber Boehm.

本属约 80 种，分布于亚洲热带．亚热带地区。中国有 29 种，产西南部至东南部。广东有 6 种。黑石顶 2 种。

1. 总花梗无或短，通常不超过 10 cm；花序椭圆形 ……………………………… 1. 蘘荷 Z. mioga
1. 总花梗直立，粗壮，长 10～30 cm；花序球果状 ……………………………… 2. 红球姜 Z. zerumbet

1. 蘘荷 Zingiber mioga (Thunb.) Rosc. 别名：野姜。

   广东信宜、英德、连县、广州等地。生于山谷荫湿处或栽培。分布安徽、浙江、湖南、江西、广西、贵州等省区。日本。

2. 红球姜 Zingiber zerumbet (Linn) Smith

   广东西部、中部及南部等地。生于林下荫湿处。分布广西、云南等省区。亚洲热带地区广布。

附录一 中文名索引

A
矮扁莎 89
矮冬青 42
矮水竹叶 77
矮小天仙果 185
艾 54
庵耳柯 128
暗色菝葜 260
凹叶冬青 41

B
八角枫 33
八角莲 64
巴豆 104
巴戟天 243
巴西含羞草 114
菝葜 260
白背黄花稔 169
白背清风藤 252
白背算盘子 105
白背叶 106
白桂木 183
白果香楠 240
白花灯笼 286
白花鬼针草 56
白花蒿 55
白花苦灯笼 247
白花柳叶箬 217
白花龙 265
白花泡桐 207
白花蛇舌草 242
白花酸藤果 193
白花悬钩子 237
白酒草 59
白蜡树 196
白茅 217
白皮黄杞 141
白皮绣球 136
白檀 267

白头婆 59
白叶瓜馥木 37
白叶藤 49
白英 261
白子菜 59
百齿卫矛 73
百两金 192
百球薤草 90
百日青 28
柏拉木 172
败酱叶菊芹 58
稗荩 221
斑茅 220
斑叶野木瓜 150
板蓝（马蓝）31
板栗 125
半枫荷 135
半夏 44
半枝莲 149
半柱毛兰 202
苞舌兰 205
苞子草 221
宝巾 195
保亭槌果藤 68
保亭冬青 42
抱茎石龙尾 258
杯菊 57
北江杜鹃 98
北酸脚杆 173
北枳椇 230
笔管榕 187
笔罗子 251
蓖麻 108
薜荔 186
扁担藤 291
扁穗莎草 86
变叶胡椒 209
变叶榕 187
变叶树参 46

遍地黄金 116
滨海白绒草 145
滨盐肤木 35
槟榔青冈 126
柄果槲寄 165
波缘冷水花 283
伯乐树 66
驳骨丹 162
舶梨榕 186
薄果猴欢喜 96
薄荷 145
薄片变豆菜 280
薄叶红厚壳 132
薄叶猴耳环 114
薄叶柯 128
薄叶马蓝 31
薄叶山矾 267

C
重阳木 103
参薯 92
蚕茧蓼 224
苍白秤钩风 180
苍耳 62
糙果茶 270
糙苏 147
糙叶大头囊吾 60
草龙 198
草珊瑚 74
茶 271
茶秆竹 210
檫木 158
长瓣金花树 172
长柄石笔木 275
长柄野扁豆 119
长波叶山蚂蝗 118
长刺楤木 45
长萼堇菜 288
长萼马醉木 97

长萼野海棠 172
长梗粗叶木 242
长花厚壳树 66
长画眉草 216
长距虾脊兰 201
长毛石笔木 276
长囊苔草 85
长蒴母草 258
长尾毛蕊茶 270
长序重寄生 253
长叶冻绿 230
长叶雀稗 220
长叶酸藤子 193
长叶柞木 129
长柱瑞香 276
常绿荚蒾 71
常山 136
朝天罐 175
车前 210
车前虾脊兰 201
车筒竹 211
赪桐 286
橙黄玉凤花 203
秤钩风 180
匙萼柏拉木 172
匙羹藤 50
匙叶八角 140
齿瓣石豆兰 201
齿果草 223
齿叶矮冷水花 283
齿叶吊钟花 97
赤苍藤 99
赤车 282
赤楠 190
赤杨叶 264
翅茎蜂斗草 177
槲树桑寄生 164
臭荚蒾 71
臭牡丹 286

294

楮 183
楮头红 177
川鄂栲 126
穿鞘菝葜 260
穿鞘花 76
刺齿泥花草 258
刺瓜 49
刺芒野古草 214
刺毛柏拉木 172
刺楸 46
刺蕊锦香草 176
刺桐 119
刺苋 34
刺芫荽 279
刺芋 44
刺子莞 89
丛花厚壳桂 154
粗齿冷水花 283
粗糠柴 107
粗脉桂 154
粗叶耳草 242
粗叶木 242
粗叶榕 186
粗叶悬钩子 237
粗枝腺柃 273
酢浆草 206
簇蓼 224
催乳藤 50

D
大苞赤瓟 82
大苞寄生 165
大苞山茶 270
大苞香简草 144
大车前 210
大丁草 60
大果巴戟 243
大果红山茶 271
大果马蹄荷 134
大果木姜子 156
大花斑叶兰 203
大花叉柱花 30
大花忍冬 69
大节竹 211

大距花黍 217
大青薯 93
大头橐吾 60
大尾摇 66
大乌泡 237
大序隔距兰 201
大血藤 255
大叶桉 189
大叶臭花椒 251
大叶过路黄 226
大叶红叶藤 77
大叶黄杨 67
大叶毛折柄茶 274
大叶拿身草 118
大叶千斤拔 119
大叶蛇葡萄 289
大叶仙茅 139
大叶新木姜子 158
大叶云实 111
大猪屎豆 117
单耳柃 273
单色蝴蝶草 259
箪竹 211
淡红忍冬 69
淡黄荚蒾 71
淡竹叶 218
当归藤 193
倒卵叶野木瓜 151
倒卵叶紫麻 282
倒心叶珊瑚 79
稻 219
灯台兔儿风 54
灯心草 141
地胆草 58
地耳草 138
地埂鼠尾草 148
地菍 174
滇琼楠 152
滇粤山胡椒 155
吊皮锥 126
吊石苣苔 131
吊钟花 97
蝶花荚蒾 71
丁公藤 78

丁葵草 124
鼎湖钓樟 155
鼎湖铁线莲 228
鼎湖血桐 106
东方古柯 99
东方肉穗草 177
东风菜 55
东风草 56
东南茜草 246
东南悬钩子 237
东南野桐 107
冬桃 96
豆腐柴 287
豆梨 235
毒根斑鸠菊 62
独脚金 259
独蒜兰 205
独子藤 73
杜根藤 30
杜虹花 285
杜茎山 194
杜英 96
杜仲藤 39
短柄野海棠 172
短萼蜂斗草 177
短梗幌伞枫 46
短梗新木姜子 157
短冠草 259
短冠东风菜 55
短茎异药花 173
短矩苞叶兰 201
短脉杜鹃 98
短毛熊巴掌 176
短穗竹茎兰 205
短筒水锦树 247
短小蛇根草 245
短序润楠 157
短叶黍 219
短柱络石 39
椴叶山麻杆 102
对叶榕 186
钝齿尖叶桂樱 234
多花勾儿茶 229
多花瓜馥木 37

多花胡枝子 121
多花黄精 160
多花茜草 246
多花山竹子 133
多花野牡丹 174
多脉酸藤子 193
多毛茜草树 240
多蕊蛇菰 63
多香木 100
多须公 59

E
莪术 292
鹅肠菜 72
鹅掌柴 46
鄂羊蹄甲 110
耳草 242
耳稃草 217
耳叶柃 272
耳叶马兜铃 48
二花珍珠茅 90
二列叶柃 273
二裂狸藻 158
二色波罗蜜 183

F
番石榴 189
翻白叶树 263
繁缕 72
饭包草 76
饭甑青冈 127
梵天花 169
飞龙掌血 250
飞扬草 104
菲岛算盘子 105
肥荚红豆 122
肥肉草 173
分裂鳞蕊藤 78
芬芳安息香 265
粉防己 181
粉绿藤 181
粉叶柯 128
粉叶轮环藤 180
粉叶羊蹄甲 110

粪箕笃 181
丰花草 240
风车藤 168
风毛菊 61
风箱树 241
风叶藤 290
枫香槲寄生 165
枫香树 134
封开蒲葵 47
峰斗草 177
凤眼蓝 225
佛肚竹 211
扶芳藤 74
福建柏 26
福建青冈 127

G

干花豆 120
柑桔 249
橄榄 66
刚莠竹 218
岗柃 273
岗松 189
高斑叶兰 203
高秆珍珠茅 91
割鸡芒 88
革命菜 57
格木 112
格药柃 273
葛 123
钩刺雀梅藤 230
钩距虾脊兰 201
钩毛紫珠 286
钩藤 247
狗骨柴 241
构 183
菰腺忍冬 69
谷精草 99
谷木 175
谷木叶冬青 42
瓜馥木 37
观光木 168
冠盖藤 137
光柄筒冠花 149

光萼肥肉草 173
光萼茅膏菜 93
光风轮菜 143
光高粱 221
光海桐 209
光叶丁公藤 78
光叶红豆 122
光叶蝴蝶草 259
光叶楼梯草 282
光叶匍茎榕 186
光叶槭 31
光叶山矾 267
光叶山黄麻 278
光叶石楠 233
光叶铁仔 194
光叶紫玉盘 37
光枝勾儿茶 229
光枝米碎花 273
广东大青 286
广东冬青 41
广东杜鹃 98
广东厚皮香 275
广东金叶子 97
广东堇菜 288
广东木瓜红 264
广东木荷 274
广东蒲桃 190
广东琼楠 152
广东山胡椒 155
广东石豆兰 201
广东苔草 85
广东西番莲 207
广东崖豆藤 121
广东叶下珠 108
广东玉叶金花 244
广防风 144
广防己 48
广藿香 147
广寄生 165
广西八角枫 33
广西过路黄 226
广西新木姜子 158
广州槌果藤 68
广州蛇根草 245

鬼针草 56
贵定桤叶树 75
贵州木瓜红 264
贵州鼠尾草 148
桂北木姜子 156
桂林乌桕 109
桂南木莲 167
过山枫 73

H

海滨槭 31
海风藤 257
海红豆 113
海南槽裂木 245
海南地不容 181
海南红楣 269
海南鸡脚参 146
海南荚蒾 71
海南链珠藤 38
海南柳叶箬 217
海南马唐 216
海南木犀榄 198
海南琼楠 152
海南忍冬 69
海南树参 46
海南栀子 241
海南杨桐 269
海南玉叶金 244
海南紫荆木 255
海芋 43
含羞草 114
含羞草决明 111
韩信草 149
蕹菜 81
旱母草 258
合萌 116
合柱金莲木（辛木，线齿木） 196
褐苞薯蓣 93
褐绿苔草 86
褐毛四照花 79
鹤顶兰 204
黑老虎 257
黑柃 273

黑面神 103
黑莎草 88
黑叶谷木 175
黑叶小驳骨 30
黑叶锥 126
红背山麻杆 102
红淡比 271
红苓蛇菰 63
红敷地发 176
红褐柃 273
红花八角 140
红花酢浆草 206
红花寄生 164
红花青藤 136
红蕉 187
红楝子 178
红鳞扁莎 89
红马蹄草 279
红楣 269
红楠 157
红楠刨 156
红球姜 293
红绒毛羊蹄甲 110
红腺悬钩子 237
红芽大戟 242
红叶藤 77
红枝蒲桃 190
红锥 126
红紫珠 286
侯钩藤 247
猴耳环 113
猴欢喜 96
厚边木犀 198
厚萼紫珠 285
厚壳桂 154
厚皮香 275
厚叶白花酸藤果 193
厚叶冬青 41
厚叶山矾 267
厚叶素馨 197
厚叶算盘子 105
厚叶铁丝莲 228
厚叶崖爬藤 291
胡蔓藤 162

胡枝子 121	黄花美冠兰 202	寄树兰 205	剑叶耳草 242
葫芦茶 124	黄花小二仙草 133	蓟 57	箭秆风 292
蝴蝶果 103	黄花羊耳蒜 203	鲫鱼草 216	箭根薯 268
虎皮楠 91	黄花远志 222	鲫鱼胆 194	浆果苔草 85
虎舌红 192	黄荆 287	檵木 135	交让木 91
虎颜花 177	黄猄草 31	荚蒾 71	角花胡颓子 95
虎杖 224	黄葵 168	假淡竹叶 215	角花乌蔹莓 290
花椒簕 251	黄梨木 254	假地豆 118	绞股蓝 81
花榈木 122	黄毛榕木 45	假地蓝 117	接骨草 70
花葶苔草 86	黄毛冬青 41	假福王草(堆莴苣) 60	节节菜 166
华风车子 75	黄毛猕猴桃 32	假桂乌口树 246	睫毛杨桐 269
华凤仙 63	黄毛榕 186	假黄皮 249	截叶胡枝子 121
华湖瓜草 88	黄棉木 243	假九节 245	金不换 222
华擂鼓苈 88	黄牛木 138	假蒟 209	金刚纂 104
华南杜仲藤 39	黄牛奶树 267	假苹婆 264	金花树 172
华南谷精草 99	黄杞 141	假杨桐 273	金剑草 246
华南桂 153	黄色五月茶 102	假益智 292	金锦香 175
华南胡椒 209	黄桐 104	假鹰爪 37	金橘 249
华南画眉草 216	黄叶树 223	假玉桂 278	金莲木 195
华南木姜子 156	黄樟 154	尖齿臭茉莉 286	金茅 216
华南蒲桃 190	黄珠子草 108	尖萼厚皮香 275	金钱豹 67
华南青皮木 196	灰莉 162	尖萼毛柃 272	金钱蒲 43
华南忍冬 69	灰毛杜英 96	尖萼乌口树 246	金丝草 219
华南省藤 47	灰色紫金牛 192	尖萼紫珠 286	金线草 223
华南悬钩子 237	喙果崖豆藤 122	尖喙石笔木 276	金线兰 200
华南云实 111	喙荚云实 111	尖脉木姜子 156	金腺荚蒾 70
华女贞 197	活血丹 144	尖山橙 38	金叶含笑 167
华润楠 157	火棘 235	尖水丝梨 135	金樱子 236
华山矾 267	火炭母 224	尖尾芋 43	金珠柳 194
华山姜 292	藿香 143	尖叶长柄山蚂蝗 120	筋藤 38
华素馨 197		尖叶槌果藤 68	堇菜 289
华夏子楝树 189	**J**	尖叶豆腐柴 287	锦香草 175
华腺萼木 244	鸡柏紫藤 95	尖叶桂樱 234	近无柄雅榕 185
华紫珠 285	鸡冠花 35	尖叶堇菜 288	荩草 214
画眉草 216	鸡桑 187	尖叶毛柃 272	九丁树 186
怀德柿 94	鸡矢藤 244	尖叶木 247	九管血 192
黄鹌菜 63	鸡头薯 119	尖叶唐松草 229	九节 245
黄丹木姜子 156	鸡眼草 120	尖叶土蜜树 103	九龙盘 159
黄独 93	鸡眼藤 243	尖嘴林檎 233	酒饼簕 248
黄葛树 187	鸡仔木 246	菅 221	菊三七 59
黄果厚壳桂 154	积雪草 279	见霜黄 56	矩叶鼠刺 100
黄花草 75	笋石菖 141	见血青 203	聚花草 76
黄花鹤顶兰 204	蕺菜 256	建兰 202	聚花桂 153
黄花蝴蝶草 259	寄生藤 253	剑叶冬青 42	卷毛柯 128

297

绢毛杜英 96
决明 111
蕨状苔草 85
爵床 30

K

开口箭 160
糠黍 219
糠藤 243
柯 128
壳菜果 135
可爱花 30
空心泡 237
苦楝 178
宽卵叶长柄山蚂蝗 120
宽叶楼梯草 282
宽叶拟鼠麴草 61
筐条菝葜 260
栝楼 83
阔裂叶羊蹄甲 110
阔叶八角枫 33
阔叶假排草 227
阔叶猕猴桃 32
阔叶山麦冬 160

L

兰香草 287
蓝果树（紫树） 195
蓝花参 68
蓝叶藤 50
郎伞木 192
狼尾草 220
老鼠矢 267
乐昌含笑 167
簕欓花椒 250
簕古子 207
雷公橘 68
雷公青冈 127
类芦 218
类头状花序藨草 90
棱果谷木 175
棱果花 171
棱果柯 128
棱枝槲寄生 165

冷饭藤 257
狸尾豆 124
离瓣寄生 164
梨 235
梨叶悬钩子 237
黎檬 249
篱竹 210
蠡蓣 126
李 234
里白算盘子 105
鳢肠 57
枥子青冈 127
栗寄生 164
帘子藤 39
莲座紫金牛 192
镰翅羊耳蒜 203
链荚豆 116
楝叶吴萸 249
凉粉草 146
梁子菜 58
两广栝楼 83
两广梭罗 263
两广锡兰莲 228
两面针 250
两歧飘拂草 87
亮叶猴耳环 113
亮叶厚皮香 275
亮叶桦 65
亮叶雀梅藤 230
亮叶山香圆 262
亮叶素馨 197
亮叶崖豆藤 122
亮叶月季 236
了哥王 276
裂苞铁苋菜 101
裂果薯 268
裂叶牵牛 79
裂叶秋海棠 64
裂颖茅 86
临时救 226
鳞斑荚蒾 71
鳞片水麻 281
岭南槭 31
岭南青冈 127

岭南山茉莉 264
岭南山竹子 133
柃木 273
菱叶冠毛榕 186
菱叶鹿藿 124
留兰香 145
留行草 172
流苏贝母兰 202
流苏卫矛 74
流苏蜘蛛抱蛋 159
流苏子 241
瘤果槲寄生 165
柳叶杜茎山 194
柳叶毛蕊茶 271
柳叶箬 217
柳叶石斑木 235
柳叶绣球 137
六方藤 290
六棱菊 60
龙荔 254
龙师草 87
龙须藤 110
龙芽草 232
龙眼 254
龙眼睛 108
龙眼柯 128
隆凸苔草 85
楼梯草 282
芦荟 159
芦竹 214
鹿藿 124
鹿角锥 126
露兜草 207
吕宋荚蒾 71
绿冬青 42
绿蓟 57
绿穗苋 34
卵苞血桐 106
轮环藤 180
轮钟花 68
罗浮粗叶木 243
罗浮杜鹃 98
罗浮栲 125
罗浮买麻藤 27

罗浮槭 31
罗浮柿 94
罗浮梭罗 263
罗汉果 82
罗蒙常山 136
罗伞树 192
罗星草 130
螺旋鳞莎草 87
裸花水竹叶 77
络石 39
落瓣短柱茶 271
落萼叶下珠 108
落花生 116

M

麻栎 129
麻楝 178
麻竹 211
马𭺋儿 83
马鞭草 287
马齿苋 225
马甲菝葜 260
马甲子 230
马兰 55
马尾松 28
马缨丹 286
蚂蟥七 131
脉叶虎皮楠 91
满山爆竹 212
满山红 98
满树星 41
蔓草虫豆 117
蔓胡颓子 95
蔓茎堇菜 288
蔓九节 245
蔓生莠竹 218
芒 218
猫尾草 124
毛八角枫 33
毛臂形草 214
毛柄肥肉草 173
毛柄锦香草 176
毛草龙 198
毛唇独蒜兰 205

毛唇芋兰　204
毛刺蒴麻　277
毛冬青　42
毛萼锦香草　176
毛萼清风藤　252
毛秆野古草　214
毛茛　229
毛钩藤　247
毛狗骨柴　241
毛桂　153
毛果巴豆　104
毛果柃　273
毛果青冈　127
毛果算盘子　105
毛花猕猴桃　32
毛鸡矢藤　244
毛俭草　218
毛堇菜　288
毛蒟　209
毛脉崖爬藤　291
毛囊苔草　86
毛葱　174
毛排钱树　123
毛麝香　258
毛柿　94
毛穗杜茎山　194
毛桃木莲　167
毛桐　106
毛相思子　116
毛杨梅　188
毛叶冬青　42
毛叶嘉赐树　253
毛叶轮环藤　180
毛叶芋兰　204
毛折柄茶　274
毛枝格药柃　273
毛柱铁线莲　228
毛锥　126
茅瓜　82
茅莓　237
梅花　234
美丽胡枝子　121
美丽猕猴桃　32
美丽新木姜子　158

美脉花楸　238
美山矾　267
美叶柯　128
美洲商陆　208
米碎花　273
米槠　125
密苞山姜　292
密苞叶苔草　86
密花孛荠　87
密花胡颓子　95
密花假卫矛　74
密花山矾　267
密花舌唇兰　204
密花树　195
密花虾脊兰　201
绵毛葡萄　291
闽赣葡萄　291
闽粤千里光　61
膜叶嘉赐树　253
墨兰　202
母草　258
牡蒿　55
牡荆　287
木豆　116
木防己　179
木芙蓉　169
木荷　274
木荚红豆　123
木姜润楠　157
木姜叶柯　128
木槿　169
木蜡树　36
木莲　167
木麻黄　72
木棉　65
木油桐　109

N
南方红豆杉　29
南方荚蒾　71
南昆折柄茶　274
南岭黄檀　117
南岭山矾　267
南岭柞木　129

南平野桐　107
南山茶　271
南蛇藤　73
南酸枣　35
南五味子　257
楠腾　244
囊颖草　220
泥花草　258
泥柯　128
拟榕叶冬青　42
拟鼠麹草　61
柠檬桉　189
牛白藤　242
牛轭草　77
牛耳朵　131
牛耳枫　91
牛筋草　216
牛纠吴萸　249
牛奶菜　50
牛皮消　49
牛虱草　216
牛藤果　150
牛膝　34
牛眼马钱　163
纽榕　186
女贞　197
糯米团　282

P
排钱树　123
攀倒甑　284
攀茎钩藤　247
旁杞木　231
佩兰　59
蟛蜞菊　62
披针叶乌口树　246
枇杷　233
枇杷叶紫珠　285
平南冬青　42
瓶头草　60
破布叶　277
破铜钱　280
铺地黍　219
朴树　278

Q
七层楼　50
七叶莲　150
七叶一枝花　170
畦畔莎草　86
荠　81
千根草　104
千斤拔　120
千里光　61
浅圆齿堇菜　289
茜树　240
乔木茵芋　250
荞麦　223
鞘花　164
茄叶斑鸠菊　62
窃衣　280
琴叶榕　186
琴叶紫菀　55
青冈　127
青蒿　54
青江藤　73
青藤公　186
青香茅　215
青稞　35
青杨梅　188
青叶苎麻　281
清风藤　252
清香藤　197
琼南五月茶　102
琼楠　152
秋枫　103
求米草　219
球菊（鹅不食草）　58
球穗扁莎　89
球穗草　217
曲枝马蓝　31
全缘栝楼　83
全缘叶紫珠　285
雀梅藤　230
雀舌草　72
雀舌黄杨　67

R

人参娃儿藤 50
日本杜英 96
日本景天 80
日本蛇根草 245
日本薯蓣 93
日照飘拂草 87
茸荚红豆 122
绒毛润楠 157
绒叶斑叶兰 203
榕树 186
柔毛堇菜 288
柔弱斑种草 65
肉桂 153
软荚红豆 122
软条七蔷薇 236
锐尖山香圆 262
瑞木 134
箬叶竹 211
箬竹 211
蘘荷 293

S

赛山梅 265
三白草 256
三叉苦 249
三点金 118
三花冬青 42
三角叶冷水花 283
三裂叶野葛 123
三脉马钱 163
三脉野木瓜 151
三脉紫菀 55
三蕊草 177
三蕊兰 204
三叶崖爬藤 290
三叶野木瓜 150
伞花马钱 163
散穗弓果黍 215
桑 187
桑寄生 165
沙坝冬青 41
山白前 49
山慈菇 48

山杜英 96
山矾 267
山桂花 129
山黑豆 119
山黄麻 279
山鸡椒 156
山菅兰 160
山橘 249
山蒟 209
山绿柴 230
山麦冬 160
山莓 237
山牡荆 288
山蟛蜞菊 62
山石榴 241
山薯 93
山乌桕 109
山香圆 262
山血丹 192
山樱花 234
山油麻 278
山芝麻 263
杉木 29
珊瑚树 71
鳝藤 38
商陆 208
少花柏拉木 172
少花谷木 175
少花桂 154
少花龙葵 261
少穗飘拂草 88
少药八角 140
舌叶苔草 85
蛇莓 232
蛇葡萄 289
射干 140
深裂锈毛莓 237
深山含笑 167
沈氏十大功劳 65
肾叶打碗花 78
肾叶天胡荽 280
升马唐 215
胜红蓟 54
狮子尾 44

湿地松 28
十字苔草 85
石斑木 235
石笔木 275
石菖蒲 43
石柑子 44
石胡荽 56
石龙芮 229
石芒草 214
石楠 233
石荠苎 146
石榕树 185
石山巴豆 104
石上莲 132
石仙桃 204
石香薷 146
石岩枫 107
柿 94
瘦风轮菜 143
疏齿木荷 274
疏花蛇菰 63
疏花卫矛 74
疏毛白绒草 145
疏毛半边莲 161
疏穗竹叶草 219
鼠刺 100
鼠尾草 148
鼠尾囊颖草 220
鼠尾粟 221
薯莨 93
树参 45
栓叶安息香 265
双花鞘花 164
水东哥 255
水红木 71
水锦树 247
水蓼 224
水石榕 96
水石梓 255
水蓑衣 30
水同木 185
水团花 239
水蜈蚣 88
水珍珠菜 147

丝毛艾纳香 56
丝铁线莲 228
四川冬青 42
四川朴 278
苏铁 27
宿根画眉草 216
粟褐苔草 85
粟米草 182
酸藤子 193
酸味子 102
酸叶胶藤 40
算盘子 105
碎米莎草 86
穗花杉 29
穗花苎麻 281

T

台北艾纳香 56
台湾冬青 41
台湾泡桐 207
台湾榕 185
台湾相思 113
太平杜鹃 98
桃 234
桃金娘 190
桃叶石楠 233
桃叶石楠齿叶变种 233
藤槐 116
藤黄檀 117
藤金合欢 113
藤紫珠 286
天料木 253
天门冬 51
天南星 44
天仙藤 180
天香藤 113
天星藤 49
天竺桂 153
甜橙 249
甜果藤 139
甜麻 277
甜槠 125
条穗苔草 86
条叶猕猴桃 32

贴毛折柄茶 274
铁冬青 42
铁榄 255
铁山矾 267
铁苋菜 101
铁轴草 149
通城虎 48
通奶草 104
通天连 51
通脱木 46
铜锤玉带草 161
铜钱树 230
筒冠花 149
头花蓼 224
头序楤木 45
秃瓣杜英 96
秃柄锦香草 176
秃小耳柃 273
土丁桂 78
土茯苓 260
土蜜树 103
土牛膝 34
土人参 225
土田七 292
吐烟花 283
兔耳兰 202
兔耳一枝箭 61
退色香薷 144
臀果木 235
驼峰藤 50

W

娃儿藤 51
弯毛臭黄荆 287
弯曲碎米荠 81
网脉琼楠 152
网脉山龙眼 228
网脉酸藤子 193
望江南 111
威灵仙 227
葳芝 183
微毛柃 273
微毛山矾 268
卫矛 73

尾叶冬青 42
尾叶崖爬藤 290
蚊母树 134
乌材 94
乌饭树 284
乌冈栎 129
乌桕 109
乌蔹莓 290
乌檀 244
乌药 155
无根藤 152
无花果 185
无患子 254
无叶兰 200
吴茱萸 249
五彩苏 144
五花紫金牛 193
五节芒 218
五列木 208
五岭龙胆 130
五蕊寄生 163
五叶薯蓣 93
五月茶 102
五月瓜藤 150
雾水葛 283

X

西藏桃叶珊瑚 79
西瓜 81
西南飘拂草 88
锡兰蒲桃 190
锡叶藤 92
溪边九节 245
溪边桑箣草 177
溪黄草 148
溪畔杜鹃 98
豨莶 61
喜旱莲子草 34
细柄草 215
细长柄山蚂蝗 120
细齿柃 273
细梗苔草 86
细花丁香蓼 198
细毛鸭嘴草 218

细叶谷木 175
细叶野牡丹 174
细叶远志 222
细圆藤 181
细枝冬青 42
细枝柃 273
细轴荛花 276
细竹篙草 77
虾公树 103
虾钳菜 34
狭序泡花树 251
狭叶海桐 209
狭叶楼梯草 282
狭叶落地梅 227
狭叶母草 258
狭叶蓬莱葛 162
狭叶葡萄 291
狭叶山黄麻 278
狭叶水竹叶 77
狭叶桃叶珊瑚 79
狭叶卫矛 74
狭叶沿阶草 161
下田菊 54
夏枯草 147
夏飘拂草 87
仙茅 139
纤花耳草 242
纤细苦荬菜 60
显齿蛇葡萄 289
显脉冬青 41
显脉山绿豆 118
显脉新木姜子 158
苋 34
线萼金花树 171
线萼山梗菜 161
线叶蓟 57
线叶台湾榕 185
线柱苣苔 132
陷脉石楠 233
腺柄山矾 267
腺毛金花树 172
腺叶桂樱 234
腺叶山矾 267
香茶菜 148

香椿 178
香港大沙叶 245
香港瓜馥木 37
香港毛蕊茶 270
香港双蝴蝶 130
香港四照花 79
香港鹰爪花 36
香港远志 222
香桂 154
香果兰 205
香花枇杷 233
香花秋海棠 64
香花崖豆藤 121
香蕉 187
香楠 240
香皮树 251
香蒲桃 190
香丝草 58
香叶树 155
湘桂栝楼 83
响铃豆 117
小刺蒴麻 277
小二仙草 133
小果冬青 42
小果山龙眼 227
小果石笔木 275
小果野桐 107
小果皂荚 112
小花八角枫 33
小花柏拉木 172
小花金钱豹 67
小花蓼 224
小花龙芽草 232
小花蒲桃 190
小花青藤 135
小花蜘蛛抱蛋 159
小槐花 118
小金梅草 139
小蜡 197
小蓼 224
小毛叶石楠 233
小木通 228
小盘木 107，206
小蓬草 58

301

小酸浆 261	蕈树 134	异叶山蚂蝗 118	圆秆珍珠茅 90
小型珍珠茅 91		异株木犀榄 198	圆果化香树 141
小叶红淡比 271	**Y**	益母草 145	圆果雀稗 220
小叶厚皮香 275	鸭公树 158	翼核果 231	圆叶豺皮樟 156
小叶假糙苏 147	鸭脚茶 172	银合欢 114	圆叶节节菜 166
小叶买麻藤 27	鸭舌草 225	银桦 227	圆叶乌桕 109
小叶爬崖香 209	鸭跖草 76	银毛叶山黄麻 278	圆叶细辛 48
小叶青冈 127	崖豆藤野桐 107	银穗湖瓜草 88	圆叶野扁豆 119
小叶五月茶 102	雅榕 185	银杏 27	圆锥绣球 137
小叶月桂 198	雅致翅子藤 136	隐脉琼楠 152	缘毛齿果草 223
小一点红 58	烟斗柯 128	隐穗苔草 85	月光花 78
小鱼仙草 146	烟叶唇柱苣苔 131	印禅三宝木 109	月季花 236
小玉叶金花 244	岩生远志 222	印禅铁苋菜 101	越橘 284
小芸木 250	盐肤木 35	印度崖豆 122	越南安息香 265
小紫金 192	眼树莲 49	英德羊蹄甲 110	越南冬青 41
肖梵天花 169	燕尾山槟榔 47	鹰爪花 36	越南勾儿茶 229
肖蒲桃 189	羊耳菊 57	萤兰 90	越南横蒴苣苔 131
肖韶子 254	羊角拗 39	楤树 113	越南山矾 267
楔叶豆梨 235	羊舌树 267	映山红 98	越南叶下珠 108
楔颖草 214	杨梅 188	硬秆子草 215	粤蛇葡萄 289
斜萼草 145	杨桃 206	硬壳桂 154	粤西绣球 137
斜脉暗罗 37	杨桐 269	硬壳柯 128	云开红豆 122
斜脉假卫矛 74	野百合 160	油茶 271	云南樟 153
心叶稷 219	野甘草 259	油茶离瓣寄生 164	云实 111
心叶荆芥 146	野菰 205	油柿 94	云台南星 44
心叶毛蕊茶 270	野含笑 167	油桐 109	
心叶球柄兰 203	野黄桂 153	柚 249	**Z**
心叶异药花 173	野牡丹 174	疣果花楸 238	杂色榕 187
心叶紫金牛 192	野漆树 36	有芒毛鸭嘴草 218	泽珍珠菜 226
新木姜子 157	野桐 107	莠狗尾草 221	窄叶台湾榕 185
星毛鹅掌柴 46	野鸦椿 262	余甘子 108	毡毛泡花树 252
星毛冠盖藤 137	叶底红 176	鱼骨木 240	粘木 140
星宿菜 226	叶下珠 108	鱼尾葵 47	展毛野牡丹 174
杏香兔儿风 54	夜花藤 181	鱼眼草 57	樟 153
秀柱花 134	夜香牛 62	榆柯 128	樟叶泡花树 251
锈荚藤 110	一串红 148	羽叶金合欢 113	蟑翼藤 223
锈毛钝果寄生 165	一点红 58	玉叶金花 244	柘树 183
锈毛莓 237	一枝黄花 62	芋 44	针齿铁仔 194
锈毛石斑木 235	仪花 112	芋叶栝楼 83	珍珠茅 90
锈叶新木姜子 158	异块茎薯蓣 93	郁金 292	枝花李榄 196
萱草 160	异色猕猴桃 32	元宝草 138	枝穗山矾（新拟） 267
雪见草 148	异型莎草 86	圆柏 26	蜘蛛抱蛋 159
血见愁 149	异药花 173	圆齿野鸦椿 262	直刺变豆菜 280
血散薯 181	异叶南洋杉 26	圆唇苣苔 131	枳椇 230

栀子 241	皱果刺子莞 89	竹叶花椒 250	紫荆木 255
中华白玉簪 80	皱果苋 34	竹叶兰 200	紫麻 282
中华杜英 96	皱叶狗尾草 220	竹叶榕 186	紫茉莉 195
中华栝楼 83	皱叶忍冬 70	苎麻 281	紫苏 147
中华鹿霍 123	皱叶酸模 224	柱果铁线莲 228	紫玉盘 37
中华青牛胆 182	朱砂根 192	砖子苗 89	紫玉盘柯 128
中华水锦树 248	珠芽景天 80	子楝树 189	紫枝绣球 137
中华卫矛 74	猪肚木 240	子凌蒲桃 190	紫珠 285
中华锥花 144	猪毛草 90	紫斑蝴蝶草 259	紫竹 211
中平树 106	猪屎豆 117	紫背三七 59	棕叶狗尾草 221
柊叶 170	竹柏 28	紫背天葵 64	棕叶芦 222
钟花草 30	竹节草 76,215	紫花杜鹃 98	走马胎 192
钟花樱桃 234	竹节树 231	紫花络石 39	钻地风 137
周毛悬钩子 237	竹叶草 219	紫花珍珠茅 91	醉香含笑 167

附录二 拉丁名索引

A

Abelmoschus moschatus 168
Abrus mollis 116
Acacia concinna 113
Acacia confusa 113
Acacia pennata 113
Acalypha australis 101
Acalypha brachystachya 101
Acalypha wui 101
Acer fabri 31
Acer laevigatum 31
Acer sino-oblongum 31
Acer tutcheri 31
Achyranthes aspera 34
Achyranthes bidentata 34
Acmena acuminatissima 189
Acorus gramineus 43
Acorus tatarinowii 43
Actinidia callosa 32
Actinidia eriantha 32
Actinidia fortunatii 32
Actinidia fulvicoma 32
Actinidia latifolia 32
Actinidia melliana 32
Adenanthera pavonina 113
Adenosma glutinosum 258
Adenostemma lavenia 54
Adina pilulifera 240
Adinandra glischroloma 269
Adinandra hainanensis 269
Adinandra millettii 269
Aeginetia indica 205
Aeschynomene indica 116
Agastache rugosa 143
Ageratum conyzoides 54
Agrimonia nipponica 232
Agrimonia pilosa 232
Aidia canthioides 240
Aidia cochinchinensis 240

Aidia pycantha 240
Ainsliaea fragrans 54
Ainsliaea kawakamii 54
Alangium chinense 33
Alangium faberi 33
Alangium kurzii 33
Alangium kwangsiense 33
Albizia chinensis 113
Albizia corniculata 113
Alchornea tiliifolia 102
Alchornea trewioides 102
Alleizettella leucocarpa 240
Alniphyllum fortunei 264
Alocasia cucullata 43
Alocasia macrorhiza 43
Aloe vera 159
Alpinia chinensis 292
Alpinia densibracteata 292
Alpinia maclurei 292
Alpinia stachyoides 292
Alternanthera philoxeroides 34
Alternanthera sessilis 34
Altingia chinensis 134
Alysicarpus vaginalis 115
Alyxia levinei 38
Alyxia odorata 38
Amaranthus hybridus 34
Amaranthus spinosus 34
Amaranthus tricolor 34
Amaranthus viridis 34
Amentotaxus argotaenia 29
Amischotolype hispida 76
Ampelopsis cantoniensis 289
Ampelopsis grossedentata 289
Ampelopsis megalophylla 289
Ampelopsis sinica 289
Anneslea fragrans 269
Anodendron affine 38
Anoectochilus roxburghii 200

Antidesma bunius 102
Antidesma fordii 102
Antidesma japonicum 102
Antidesma maclurei 102
Antidesma microphyllum 102
Aphyllorchis montana 200
Apocopis paleacea 214
Arachis duranensis 116
Arachis hypogaea 116
Aralia dasyphylla 45
Aralia decaisneana 45
Aralia spinifolia 45
Araucaria heterophylla 26
Archidendron clypearia 113
Archidendron lucidum 113
Archidendron utile 114
Ardisia brevicaulis 192
Ardisia chinensis 192
Ardisia crenata 192
Ardisia crispa 192
Ardisia fordii 192
Ardisia gigantifolia 192
Ardisia hanceana 192
Ardisia maclurei 192
Ardisia mamillata 192
Ardisia primulaefolia 192
Ardisia punctata 192
Ardisia quinquegona 192
Ardisia triflora 193
Arisaema duboisreymondiae 44
Arisaema heterophyllum 44
Aristolochia fangchi 48
Aristolochia fordiana 48
Aristolochia tagala 48
Arivela viscosa 75
Artabotrys hexapetalus 36
Artabotrys hongkongensis 36
Artemisia argyi 54
Artemisia caruifolia 54

Artemisia japonica   55
Artemisia lactiflora   55
Arthraxon hispidus   214
Artocarpus hypargyreus   183
Artocarpus styracifolius   183
Arundina graminifolia   200
Arundinaria amabilis   210
Arundinaria hindsii   210
Arundinella hirta   214
Arundinella nepalensis   214
Arundinella setosa   214
Arundo donax   214
Asarum caudigerum   48
Asarum sagittarioides   48
Asparagus cochinchinensis   51
Aspidistra elatior   159
Aspidistra fimbriata   159
Aspidistra lurida   159
Aspidistra minutifiora   159
Aster indicus   55
Aster marchandii   55
Aster panduratus   55
Aster scaber   55
Aster trinervius   55
Atalantia buxifolia   248
Aucuba chinensis   79
Aucuba himalaica   79
Aucuba obcordata   79
Autenoron filiforme   223
Averrhoa carambola   205

B

Baeckea frutescens   189
Balanophora harlandii   63
Balanophora laxiflora   63
Balanophora polyandra   63
Bambusa sinospinosa   211
Bambusa ventricosa   211
Bambusacerosissima   209
Barthea barthei   171
Bauhinia apertilobata   110
Bauhinia aurea   110
Bauhinia championii   110
Bauhinia championii   110

Bauhinia erythropoda   110
Bauhinia glauca   110
Beccarinda tonkinensis   131
Begonia fimbristipula   64
Begonia handelii   64
Begonia palmata   64
Beilschmiedia fordii   152
Beilschmiedia intermedia   152
Beilschmiedia obscurinervia   152
Beilschmiedia tsangii   152
Beilschmiedia wangii   152
Beilschmiedia yunnanensis   152
Belamcanda chinensis   140
Bennettiodendron leprosipes   129
Berchemia annamensis   229
Berchemia floribunda   229
Berchemia polyphylla   229
Betula luminifera   65
Bidens pilosa   56
Bischofia javanica   103
Bischofia polycarpa   103
Blastus apricus   171
Blastus cavaleriei   172
Blastus cochinchinensis   172
Blastus cogniauxii   172
Blastus dunnianus   172
Blastus emae   172
Blastus pauciflorus   172
Blastus setulosus   172
Blumea formosana   56
Blumea lacera   56
Blumea megacephala   56
Blumea sericans   56
Boehmeria nivea   281
Boehmeria spicata   281
Bombax ceiba   65
Boniodendron minus   254
Borreria stricta   240
Bothriospermum zeylanicum   65
Bougainvillea glabra   195
Bowringia callicarpa   116
Brachiaria villosa   214
Brachyemythis galeandra   201
Bredia longiloba   172

Bredia sessilifolia   172
Bredia sinensis   172
Bretschneidera sinensis   66
Breynia fruticosa   103
Bridelia balansae   103
Bridelia fordii   103
Bridelia tomentosa   103
Broussonetia kazinoki   183
Broussonetia papyrifera   183
Buddleja asiatica   162
Bulbophyllum kwangtungense   201
Bulbophyllum levinei   201
Buxus bodinieri   67
Buxus megistophylla   67

C

Caesalpinia crista   111
Caesalpinia decapetala   111
Caesalpinia magnifoliolata   111
Caesalpinia minax   111
Cajanus cajan   116
Cajanus scarabaeoides   117
Calamus rhabdocladus   47
Calanthe densiflora   201
Calanthe graciliflora   201
Calanthe plantaginea   201
Calanthe sylvatica   201
Callicarpa bodinieri   285
Callicarpa cahayana   285
Callicarpa formosana   285
Callicarpa hungtaii   285
Callicarpa integerrima   285
Callicarpa kochiana   285
Callicarpa lobo-apiculata   286
Callicarpa peichieniana   286
Callicarpa peii   286
Callicarpa rubella   286
Calonyction aculleatum   78
Calophyllum membranaceum   132
Calystegia soldanella   78
Camellia assimilis   270
Camellia caudate   270
Camellia cordifolia   270
Camellia furfuracea   270

Camellia granthamiana 270	*Cassia tora* 111	*Cinnamomum jensenianum* 153
Camellia kissi 271	*Cassytha filiformis* 152	*Cinnamomum parthenoxylin* 154
Camellia magnocarpa 271	*Castanea mollissima* 125	*Cinnamomum pauciflorum* 154
Camellia oleifera 271	*Castanopsis carlesii* 125	*Cinnamomum subavenium* 154
Camellia salicifolia 271	*Castanopsis eyrei* 125	*Cinnamomum validinerve* 154
Camellia semiserrata 271	*Castanopsis fabri* 125	*Cirsium chinense* 57
Camellia sinensis 271	*Castanopsis fargesii* 126	*Cirsium japonicum* 57
Campanumoea javanica 67	*Castanopsis fissa* 126	*Cirsium lineare* 57
Campylandra chinensis 160	*Castanopsis fordii* 126	*Cissus assamica* 290
Canarium album 66	*Castanopsis hystrix* 126	*Cissus hexangularis* 290
Canscora melastomacea 130	*Castanopsis kawakamii* 126	*Citrullus lanatus* 81
Canthium dicoccum 240	*Castanopsis lamontii* 126	*Citrus grandis* 249
Canthium horridum 240	*Castanopsis nigrescens* 126	*Citrus limonia* 249
Capillipedium assimile 215	*Casuarina equisetifolia* 72	*Citrus reticulata* 249
Capillipedium parviflorum 215	*Catunaregam spinosa* 241	*Citrus sinensis* 249
Capparis acutifolia 68	*Cayratia corniculata* 290	*Clausena excavatea* 249
Capparis cantoniensis 68	*Cayratia japonica* 290	*Cleidiocarpon cavaleriei* 103
Capparis membranifolia 68	*Celastrus aculeatus* 73	*Cleisostoma paniculatum* 201
Capparis versicolor 68	*Celastrus hindsii* 73	*Clematis armandii* 228
Capslla bursa-pastoris 80	*Celastrus monospermus* 73	*Clematis chinensis* 228
Carallia brachiata 231	*Celastrus orbiculatus* 73	*Clematis crassifolia* 228
Carallia pectinifolia 231	*Celosia argentea* 35	*Clematis filamentosa* 228
Cardamine flexuosa 81	*Celosia argenteaata* 35	*Clematis meyeniana* 228
Carex adrienii 85	*Celtis cinnamomea* 278	*Clematis tinghuensis* 228
Carex baccans 85	*Celtis sinensis* 278	*Clematis uncinata* 228
Carex brunnea 85	*Celtis vandervoetiana* 278	*Clerodendrum bungei* 286
Carex cruciata 85	*Centella asiatica* 279	*Clerodendrum fortunatum* 286
Carex cryptostachys 85	*Centipeda minima* 56	*Clerodendrum japoicum* 286
Carex filicina 85	*Centotheca lappacea* 215	*Clerodendrum kwangungense* 286
Carex gibba 85	*Cephalanthus tetrandrus* 241	*Clerodendrum lindleyi* 286
Carex harlandii 85	*Chionanthus ramiflorus* 196	*Clethra cavaleriei* 75
Carex ligulata 85	*Chirita eburnean* 131	*Cleyera japonica* 271
Carex maubertiana 86	*Chirita fimbrisepalus* 131	*Cleyera parvifolia* 271
Carex nemostachys 86	*Chirita heterotricha* 131	*Clinopoidum confine* 143
Carex phyllocephala 86	*Choerospondias axillaris* 35	*Clinopodium gracile* 143
Carex scaposa 86	*Chrysopogon aciculatus* 215	*Cocculus orbiculatus* 179
Carex stipitinux 86	*Chukrasia tabularia* 178	*Codonacanthus pauciflorus* 30
Carex teinogyna 86	*Cinnamomum appelianum* 153	*Coelogyne fimbriata* 202
Caryoperis incana 287	*Cinnamomum aromaticum* 153	*Coleus sutellarioides* 144
Caryota ochlandra 47	*Cinnamomum austrosinense* 153	*Colocasia esculenta* 44
Casearia membranacea 253	*Cinnamomum camphora* 153	*Combretum alfredii* 75
Casearia villilimab 253	*Cinnamomum contractum* 153	*Commelina bengalensis* 76
Cassia mimosoides 111	*Cinnamomum glanduliferum* 153	*Commelina communis* 76
Cassia occidentalis 111	*Cinnamomum japonicum* 153	*Commelina diffusa* 76

Coptosapelta diffusa 241
Corchorus aestuans 277
Corsiopsis chinensis 80
Corylopsis multiflora 134
Craibiodendron kwangtungense 97
Crassocephalum crepidioides 57
Cratoxylum cochinchinense 138
Crotalaria albida 117
Crotalaria assamica 117
Crotalaria ferruginea 117
Crotalaria pallida 117
Croton euryphyllus 104
Croton lachnocarpus 104
Croton tiglilum 104
Cryptocarya chinensis 154
Cryptocarya chingii 154
Cryptocarya concinna 154
Cryptocarya densiflora 154
Cryptolepis sinensis 49
Cudrania cochinchinensis 183
Cudrania tricuspidata 183
Cunninghamia lanceolata 29
Curculigo capitulata 139
Curculigo orchioides 139
Curcuma aromatica 292
Curcuma phaeocaulis 292
Cyathocline purpurea 57
Cycas revoluta 27
Cyclea barbata 180
Cyclea hypoglauca 180
Cyclea racemosa 180
Cyclobalanopsis bella 126
Cyclobalanopsis blakei 127
Cyclobalanopsis championii 127
Cyclobalanopsis chungii 127
Cyclobalanopsis fleuryi 127
Cyclobalanopsis glauca 127
Cyclobalanopsis hui 127
Cyclobalanopsis myrsinaefolia 127
Cyclobalanopsis pachyloma 127
Cyclocodon lancifolius 67
Cymbidium ensifolium 202
Cymbidium lancifolium 202
Cymbidium sinense 202

Cymbopogon caesius 215
Cynanchum auriculatum 49
Cynanchum corymbosum 49
Cynanchum fordii 49
Cyperus compressus 86
Cyperus difformis 86
Cyperus haspan 86
Cyperus iria 86
Cyrtococcum accrescens 215

D

Dalbergia balansae 117
Dalbergia hancei 117
Daphne championii 276
Daphnikphyllum calycinum 91
Daphniphyllum macropodum 91
Daphniphyllum oldhami 91
Daphniphyllum paxianum 91
Debregeasia squamata 281
Decaspermum esquirolii 189
Decaspermum gracilentum 189
Dendrobenthamia ferruginea 79
Dendrobenthamia hongkongensis 79
Dendrocalamus latiflorus 211
Dendropanax dentiger 45
Dendropanax hainanensis 46
Dendropanax proteus 46
Dendrophthoe pentandra 163
Dendrotrophe frutescens 253
Desmodium caudatum 118
Desmodium heterocarpon 118
Desmodium heterophyllum 118
Desmodium laxiflorum 118
Desmodium reticulatum 118
Desmodium sequax 118
Desmodium triflorum 118
Desmos chinensis 37
Dianella ensifolia 160
Dichroa febrifuga 136
Dichroa yaoshanensis 136
Dichrocephala integrifolia 57
Digitaria ciliaris 215
Digitaria setigera 216
Dimocarpus confinis 254

Dimocarpus longan 254
Dioscorea benthamii 93
Dioscorea bulbifera 93
Dioscorea cirrhosa 93
Dioscorea fordii 93
Dioscorea japonica 93
Dioscorea pentaphylla 93
Dioscorea persimilis 93
Diospyros eriantha 94
Diospyros kaki 94
Diospyros morrisiana 94
Diospyros strigosa 94
Diospyros tsangii 94
Diplacrum caricinum 86
Diploclisia affinis 180
Diploclisia glaucescens 180
Diplospora dubia 241
Diplospora fruticosa 241
Dischidia chinensis 49
Disocorea alata 92
Distylium racemosum 134
Drosera peltata 93
Duchesnea indica 232
Duhaldea cappa 57
Dumasia truncata 119
Dunbaria punctata 119
Dunbria podocarpa 119
Dysosma versipellis 64

E

Eclipta prostrata 57
Ehretia longiflora 66
Eichhornia crassipes 225
Elaeagnus conferta 95
Elaeagnus glabra 95
Elaeagnus gonyanthes 95
Elaeagnus loureirii 96
Elaeocarpus chinensis 96
Elaeocarpus decipiens 96
Elaeocarpus duclouxii 96
Elaeocarpus glabripetalus 96
Elaeocarpus hainanensis 96
Elaeocarpus japonicus 96
Elaeocarpus limitaneus 96

Elaeocarpus nitentifolius 96
Elaeocarpus sylvestris 96
Elatostema involucratum 282
Elatostema laevissimum 282
Elatostema lineolatum 282
Elatostema platyphyllum 282
Eleocharis congesta 87
Eleocharis spiralis 87
Eleocharis tetraquetra 87
Elephantopus scaber 58
Eleusine indica 216
Elsholtzia ciliate 144
Embelia laeta 193
Embelia longfolia 193
Embelia oblongifolia 193
Embelia parviflora 193
Embelia ribes 193
Embelia rudis 193
Emilia prenanthoidea 58
Emilia sonchifolia 58
Endospermum chinense 104
Engelhardtia fenzelii 141
Engelhardtia roxburgiana 141
Enkianthus quinqueflorus 97
Enkianthus serrulatus 97
Epaltes australis 58
Epimeredi indica 144
Eragrostis nevinii 216
Eragrostis perennans 216
Eragrostis pilosa 216
Eragrostis tenella 216
Eragrostis unioloides 216
Eragrostis zeylanica 216
Eranthemum pulchellum 30
Erechtites hieracifolia 58
Erechtites valerianifolius 58
Eria corneri 202
Erigeron bonariensis 58
Erigeron canadensis 58
Eriobotrya fragrans 233
Eriobotrya japonica 233
Eriocaulon buergerianum 99
Eriocaulon sexangulare 99
Eriosema chinense 119

Erycibe obtusifolia 78
Erycibe schmidtii 78
Eryngium foetidum 279
Erythrina varieata 119
Erythropalum scandens 99
Erythrophleum fordii 112
Erythroxylum sinense 99
Eschenbachia japonica 59
Eucalyptus citriodora 189
Eucalyptus robusta 189
Eulalia speciosa 216
Eulophia flava 202
Euonymus alatus 73
Euonymus centidens 73
Euonymus fortunei 74
Euonymus gibber 74
Euonymus laxiflorus 74
Euonymus nitidus 74
Euonymus tsoi 74
Eupatorium chinense 59
Eupatorium fortunei 59
Eupatorium japonicum 59
Euphorbia antiquorum 104
Euphorbia hirta 104
Euphorbia hypericifolia 104
Euphorbia thymifolia 104
Eurya acuminatissima 272
Eurya acutisepala 272
Eurya auriformis 272
Eurya chinensis 273
Eurya disticha 273
Eurya distichophylla 273
Eurya glandulosa 273
Eurya groffii 273
Eurya hebeclados 273
Eurya japonica 273
Eurya loquaiana 273
Eurya macartneyi 273
Eurya muricata 273
Eurya nitida 273
Eurya rubiginosa 273
Eurya subintegra 273
Eurya trichocarpa 273
Eurya weissiae 273

Euscaphis japonica 262
Euscaphis konishii 262
Eustigma oblongifolium 134
Evodia lepta 249
Evodia meliaefolia 249
Evodia rutaecarpa 249
Evodia trichotoma 249
Evolvulus alsinoides 78
Exbucklandia tonkinensis 134

F

Fagopyrum esculentum 223
Fagraea ceilanica 162
Fibraurea recisa 180
Ficus abelii 185
Ficus carica 185
Ficus concinna 185
Ficus erecta 185
Ficus fistulosa 185
Ficus formosana 185
Ficus fulva 186
Ficus gasparriniana 186
Ficus hirta 186
Ficus hispida 186
Ficus langkokensis 186
Ficus microcarpa 186
Ficus nervosa 186
Ficus pandurata 186
Ficus pumila 186
Ficus pyriformis 186
Ficus sarmentosa 186
Ficus stenophylla 186
Ficus variegate 187
Ficus variolosa 187
Ficus virens 187
Fimbristylis aestivalis 87
Fimbristylis dichotoma 87
Fimbristylis miliacea 87
Fimbristylis schoenoides 88
Fimbristylis thomsonii 88
Fissistigama oldhamii 37
Fissistigma glaucescens 37
Fissistigma polyanthum 37
Fissistigma uonicum 37

Flemingia macropylla 119
Flemingia prostrata 120
Floscopa scandens 76
Fokienia hodginsii 26
Fordia cauliflora 120
Fordiophyton brevicaule 173
Fordiophyton cordifolium 173
Fordiophyton faberi 173
Fordiophyton fordii 173
Fortunella hindsii 249
Fortunella margarita 249
Fraxinus chinensis 196

G

Gahnia tristis 88
Garcinia multiflora 133
Garcinia oblongifolia 133
Gardenia hainanensis 241
Gardenia jasminoides 241
Gardneria angustifolia 162
Garnotia patula 217
Gelsemium elegans 162
Gentiana davidii 130
Ginkgo biloba 27
Glechoma longituba 144
Gleditsia australis 112
Glochidion eriocaraum 105
Glochidion hirsutum 105
Glochidion philippicum 105
Glochidion puberum 105
Glochidion triandrum 105
Glochidion wrightii 105
Gnetum lofuense 27
Gnetum parvifolium 27
Gomphostemma chinense 144
Gonostegia hirta 282
Goodyera biflora 203
Goodyera procera 203
Goodyera velutina 203
Graphistemma pictum 49
Grevillea robusta 227
Gymnema sylvestre 50
Gynostemma pentaphyllum 81
Gynura bicolor 59

Gynura divaricata 59
Gynura japonica 59
Gyrocheilos chorisepalum 131

H

Habenaria rhodocheila 203
Hackelochloa granularis 217
Haloragis chinensis 133
Haloragis micrantha 133
Hartia nankwanica 274
Hartia villosa 274
Hedyotis auricularia 242
Hedyotis caudatifolia 242
Hedyotis diffusa 242
Hedyotis hedyotidea 242
Hedyotis tenelliflora 242
Hedyotis verticillata 242
Helicia cochinchinensis 227
Helicia reticulata 227
Helicteres angustifolia 263
Heliotropium indicum 66
Helixanthera parasitica 164
Helixanthera sampsoni 164
Hemerocallis fulva 160
Heteropanax brevipedicellatus 46
Heterostemma oblongifolium 50
Hibiscus mutabilis 169
Hibiscus syriacus 169
Hiptage benghalensis 168
Holboellia angustifolia 150
Homalium cochinchinense 253
Houttuynia cordata 256
Hovenia acerba 230
Hovenia dulcis 230
Huodendron biaristatum 264
Hydrangea kwangsiensis 137
Hydrangea paniculata 137
Hydrangea stenophylla 137
Hydrocotyle nepalensis 279
Hydrocotyle sibthorpioides 280
Hydrocotyle wilfordi 280
Hygrophila ringens 30
Hylodesmum leptopus 120
Hylodesmum podocarpum 120

Hypericum japonicum 138
Hypericum sampsonii 138
Hypolytrum nemorum 88
Hypoxis aurea 139
Hypserpa nitida 181

I

Ichnanthus pallens 217
Ilex aculeolata 41
Ilex championii 41
Ilex chapaensis 41
Ilex cochinchinensis 41
Ilex dasyphylla 41
Ilex editicostata 41
Ilex elmerrilliana 41
Ilex formosana 41
Ilex kwangtungensis 41
Ilex lancilimba 42
Ilex liangii 42
Ilex lohfauensis 42
Ilex memecylifolia 42
Ilex micrococca 42
Ilex pingnanensis 42
Ilex pubescens 42
Ilex pubilimba 42
Ilex rotunda 42
Ilex subficoidea 42
Ilex szechwanensis 42
Ilex triflora 42
Ilex tsangii 42
Ilex viridis 42
Ilex wilsonii 42
Illicium dunnianum 140
Illicium oligandrum 140
Illicium spathulatum 140
Illigera parviflora 135
Illigera rhodantha 136
Impatiens chinensis 63
Imperata cylindrica 216
Indocalamus longiauritus 211
Indocalamus tessellatus 211
Indosasa crassiflora 211
Isachne albens 217
Isachne globosa 217

Isachne hainanensis 217
Ischaemum aristatum 218
Ischaemum ciliare 218
Itea chinensis 100
Itea oblonga 100
Ixeridium gracile 60
Ixonanthes chinensis 140

J

Jasminum lancelarium 197
Jasminum pentaneurum 197
Jasminum seguinii 197
Jasminum sinense 197
Juncus effuses 141
Juncus prismatocarpus 141
Juniperus chinensis 26
Justicia procumbens 30
Justicia quadrifaria 30
Justicia ventricosa 30

K

Kadsura coccinea 257
Kadsura heteroclita 257
Kadsura longipedunculata 257
Kadsura oblongifolia 257
Kalopanax septemlobus 46
Keiskea elsholtzioides 144
Knoxia corymbosa 241
Korthalsella japonica 164
Kummerowia striata 120
Kyllinga brevifolia 88

L

Lagenophora stipitata 60
Laggera alata 60
Lantana camara 286
Lasia spinosa 44
Lasianthus chinensis 242
Lasianthus filipes 242
Lasianthus fordii 243
Leibnitzia anandria 60
Leonurus artemiaia 145
Lepistemon lobatum 78
Lespedeza bicolor 121

Lespedeza cuneata 121
Lespedeza floribunda 121
Lespedeza formosa 121
Leucaena leucocephala 114
Leucas chinensis 145
Leucas mollissima 145
Ligularia japonica 60
Ligularia japonica 60
Ligustrum lianum 197
Ligustrum lucidum 197
Ligustrum sinense 197
Lilium brownii 160
Limnophila connata 258
Lindera aggregata 155
Lindera chunii 155
Lindera communis 155
Lindera kwangtungensis 155
Lindera metcalfiana 155
Lindernia anagallia 258
Lindernia angustirfolia 258
Lindernia antipoda 258
Lindernia ciliata 258
Lindernia crustacea 258
Lindernia ruellioides 258
Liparis bootanensis 203
Liparis luteola 203
Liparis nervosa 203
Lipocarpha chinensis 88
Lipocarpha senegalensis 88
Liquidambar formosana 134
Liriope muscari 160
Liriope spicata 160
Lithocarpus amoenus 128
Lithocarpus calophyllus 128
Lithocarpus corneus 128
Lithocarpus fenestratus 128
Lithocarpus floccosus 128
Lithocarpus glaber 128
Lithocarpus haipinii 128
Lithocarpus hancei 128
Lithocarpus litseifolius 128
Lithocarpus longanoides 128
Lithocarpus macilentus 128
Lithocarpus taitoensis 128

Lithocarpus tenuilimbus 128
Lithocarpus uvariifolius 128
Litsea acutivena 156
Litsea cubeba 156
Litsea elongata 156
Litsea greenmaniana 156
Litsea kwangsiensis 156
Litsea lancilimba 156
Litsea rotundifolia 156
Litsea subcoriacea 156
Livistona fengkaiensis 47
Lobelia melliana 161
Lobelia zeylanica 161
Loeseneriella concinna 136
Lonicera acuminata 69
Lonicera calvescens 69
Lonicera confusa 69
Lonicera hypoglauca 69
Lonicera macrantha 69
Lonicera reticulata 70
Lophatherum gracile 218
Loranthus delavayi 164
Loropetalum chinense 135
Loxocalyx urticifolius 145
Ludwigia hyssopifolia 198
Ludwigia octovalvis 198
Ludwigia perennis 198
Lysidice rhodostegia 112
Lysimachia alfredii 226
Lysimachia candida 226
Lysimachia congestiflora 226
Lysimachia fordiana 226
Lysimachia fortunei 226
Lysimachia paridiformis 227
Lysimachia sikokiana 227
Lysionotus pauciflorus 131

M

Macaranga denticulate 106
Macaranga sampsonii 106
Macaranga trigonostemonoides 106
Machilus breviflora 157
Machilus chinensis 157
Machilus litseifolia 157

Machilus thunbergii 157
Machilus velutina 157
Macrosolen bibracteolatus 164
Macrosolen cochinchinensis 164
Madhuca hainanensis 255
Madhuka pasquieri 255
Maesa insignis 194
Maesa japonica 194
Maesa montana 194
Maesa perlarius 194
Maesa salicifolia 194
Mahonia shenii 65
Mallotus apelta 106
Mallotus barbatus 106
Mallotus dunnii 107
Mallotus japonicus 107
Mallotus lianus 107
Mallotus microcarpus 107
Mallotus millietii 107
Mallotus philippensis 107
Mallotus repandus 107
Malus melliana 232
Manglietia chingii 167
Manglietia fordiana 167
Manglietia moto 167
Mapania wallichii 88
Mappianthus iodoides 139
Mariscus umbellatus 89
Marsdenia sinensis 50
Marsdenia tinctoria 50
Medinilla septentrionalis 173
Melastoma affine 174
Melastoma candidum 174
Melastoma dodecandrum 174
Melastoma intermedium 174
Melastoma normale 174
Melastoma sanguineum 174
Melia azedarach 178
Meliosma fordii 251
Meliosma paupera 251
Meliosma rigida 251
Meliosma squamulata 252
Melodinus fusiformis 38
Memecylon ligustrifolium 175

Memecylon nigrescens 175
Memecylon octocostatum 175
Memecylon pauciflorum 175
Memecylon scutellatum 175
Mentha haplocalyx 145
Mentha spicata 145
Merrillanthus hainanensis 50
Mesona chinensis 146
Metadina trichotoma 243
Michelia chapensis 167
Michelia foveolata 167
Michelia macclurei 167
Michelia maudiae 167
Michelia skinneriana 167
Microcos paniculata 277
Microdesmis casearifolia 107, 206
Micromelum integerrimum 250
Microstegium ciliatum 218
Microstegium vagans 218
Microtropis gracilipes 74
Microtropis obliquinervia 74
Millettia dielsiana 121
Millettia fordii 121
Millettia nitida 122
Millettia pulchra 122
Millettia tsui 122
Mimosa diplotricha 114
Mimosa pudica 114
Mirabilis jalapa 195
Miscanthus floridulus 218
Miscanthus sinensis 218
Mischobulbum cordifolium 203
Mnesithea mollicoma 218
Mollugo pentaphylla 182
Monochoria vaginalis 225
Morinda cochinchinensis 243
Morinda howiana 243
Morinda officinalis 243
Morinda parvifolia 243
Morus alba 187
Morus australis 187
Mosla chinensis 146
Mosla dianthera 146
Mosla scabra 146

Murdannia kainantensis 77
Murdannia loriformis 77
Murdannia nudiflora 77
Murdannia simplex 77
Murdannia spirata 77
Musa acuminatac 187
Musa coccinea 187
Mussaenda erosa 244
Mussaenda hainanensis 244
Mussaenda kwangtungensis 244
Mussaenda parviflora 244
Mussaenda pubescens 244
Mycetia sinensis 244
Myosoton aquaticum 72
Myrica adenophora 188
Myrica esculenta 188
Myrica rubra 188
Myrsine semiserrata 194
Myrsine stolonifera 194
Mytilaria laosensis 135

N

Nageia nagi 28
Naravelia pilulifera 228
Nauclea officinalis 244
Neolitsea aurata 157
Neolitsea brevipes 157
Neolitsea cambodiana 158
Neolitsea chuii 158
Neolitsea kwangsiensis 158
Neolitsea levinei 158
Neolitsea phanerophlebia 158
Neolitsea pulchella 158
Nepeta fordii 146
Nephelium chryceum 254
Nervilia fordii 204
Nervilia plicata 204
Neuwiedia singapureana 204
Neyraudia reynaudiana 218
Nyssa sinensis 195

O

Ochna integerrima 195
Olea hainanensis 198

Olea tsongi 198
Ophiopogon stenophyllus 161
Ophiorrhiza cantonensis 245
Ophiorrhiza japonica 245
Ophiorrhiza pumila 245
Oplismenus compositus 219
Oplismenus patens 219
Oplismenus undulatifolius 219
Oreocharis benthamii 132
Orecnide frutescens 282
Oreocnide obovata 282
Ormosia fordiana 122
Ormosia glaberrima 122
Ormosia henryi 122
Ormosia merrilliana 122
Ormosia pachycarpa 122
Ormosia semicastrata 122
Ormosia xylocarpa 123
Orthosiphon rubicundus 146
Oryza sativa 219
Osbeckia chinensis 175
Osbeckia opipara 175
Osmanthus marginatus 198
Osmanthus minor 198
Oxalis corymbosa 206
Oxlis corniculata 206

P

Pachygone sinica 181
Paederia scandens 244
Paliurus hemsleyanus 230
Paliurus ramosissimus 230
Pandanus austrosiensis 207
Pandanus forceps 207
Panicum bisulcatum 219
Panicum brevifolium 219
Panicum notatum 219
Panicum repens 219
Paraphlomis javanica 147
Paraprenanthes sororia 60
Paris polyphylla 170
Paspalum longifolium 220
Paspalum orbiculare 220
Passiflora kwangtungensis 207

Patrinia villosa 284
Paulownia fortunei 207
Paulownia kawakamii 207
Pavetta hongkongensis 245
Pellionia radicans 282
Pellionia repens 283
Pennisetum alopecuroides 220
Pentaphylax euryoides 208
Pericampylus glaucus 181
Perilla frutescens 147
Pertusadina hainanensis 245
Phacellaria tonkinensis 253
Phaius flavus 204
Phaius tankervilleae 204
Pharbitis nil 79
Phlomis umbrosa 147
Pholidota chinensis 204
Photinia glabra 233
Photinia impressivena 233
Photinia prunifolia 233
Photinia serrulata 233
Photinia villosa 233
Phrynium capitatum 170
Phyllagathis anisophylla 176
Phyllagathis cavaleriei 176
Phyllagathis elattandra 176
Phyllagathis fordii 176
Phyllagathis nudipes 176
Phyllagathis setotheca 176
Phyllanthus cochinchinensis 108
Phyllanthus emblica 108
Phyllanthus flexuosus 108
Phyllanthus guangdongensis 108
Phyllanthus reticulates 108
Phyllanthus urinaris 108
Phyllanthus virgatus 108
Phyllodium elegans 123
Phyllodium pulchellum 123
Phyllostachys nigra 211
Physalis minina 261
Phytolacca acinosa 208
Phytolacca americana 208
Pieris swinhoei 97
Pilea cavaleriel 283

Pilea peploides 283
Pilea sinofasciata 283
Pilea swinglei 283
Pileostegia tomentella 137
Pileostegia viburnoides 137
Piloselloides hirsuta 61
Pinanga sinii 47
Pinellia ternata 44
Pinus elliottii 28
Pinus massoniana 28
Piper arboricola 209
Piper austrosinense 209
Piper hancei 209
Piper mutabile 209
Piper puberulum 209
Piper sarmentosum 209
Pittosporum glabratum 209
Plantago asiatica 210
Plantago major 210
Platanthera hologlottis 204
Platycarya longipes 141
Pleione bulbocodioides 205
Pleione hookeriana 205
Podocarpus neriifolius 28
Pogonatherum crinitum 220
Pogostemon auricularius 147
Pogostemon cablin 147
Polyalthia plagioneura 37
Polygala fallax 222
Polygala glomerata 222
Polygala hongkongensis 222
Polygala latouchei 222
Polygala wattersi 222
Polygonatum cyrtonema 160
Polygonum capitatum 224
Polygonum chinense 224
Polygonum cuspidatum 224
Polygonum hydropiper 224
Polygonum japonicum 224
Polygonum minus 224
Polygonum muricatum 224
Polygonum posumbu 224
Polyosma cambodiana 100
Portulaca oleracea 225

Pothos chinensis 44
Pottsia laxiflora 39
Pouzolzia zeylanica 283
Pratia nummularia 161
Premna chevalieri 287
Premna maclurei 287
Premna microphylla 287
Prunella vulgaris 147
Prunus campanulata 234
Prunus mume 234
Prunus persica 234
Prunus phaeosticta 234
Prunus salicina 234
Prunus serrulata 234
Prunus undulata 234
Pseudognaphalium adnatum 61
Pseudognaphalium affine 61
Psidium guajava 189
Psychotria asiatica 245
Psychotria fluviatilis 245
Psychotria serpens 245
Psychotria tutcheri 245
Pterospermum heterophyllum 263
Pueraria lobata 123
Pueraria phaseoloides 123
Pycreus flavidus 89
Pycreus pumilus 89
Pycreus sanguinolentus 89
Pygeum topengii 235
Pyracantha fortuneana 235
Pyrus calleryana 235
Pyrus pyrifolia 235

Q

Quercus acutissima 129
Quercus phillyraeoides 129

R

Rabdosia serra 148
Ranunculus japonicus 229
Ranunculus sceleratus 229
Rapanea neriifolia 195
Raphiolepis ferruginea 235
Raphiolepis indica 235

Raphiolepis salicifolia 235
Rebdosia amethystoides 148
Reevesia lofouensis 263
Reevesia thyrsoidea 263
Rehderodendron kwangtungense 264
Rehderodendron kweichowense 264
Rhamnus brachypoda 230
Rhamnus crenata 230
Rhaphidophora hongkongensis 44
Rhododendro brevinerve 98
Rhododedron championae 98
Rhododendron henryi 98
Rhododendron kwangtungense 98
Rhododendron levinei 98
Rhododendron mariae 98
Rhododendron mariesii 98
Rhododendron rivulare 98
Rhododendron simsii 98
Rhodomyrtus tomentosa 190
Rhus chinensis 35
Rhynchosia chinensis 123
Rhynchosia volubilis 124
Rhynchosia dielsii 124
Rhynchospora rubra 89
Rhynchospora rugosa 89
Rhynchotechum ellipticum 132
Ricinus communis 108
Robiquetia succisa 205
Rorippa indica 81
Rosa chinensis 236
Rosa henryi 236
Rosa laevigata 236
Rosa lucidissima 236
Rotala indica 166
Rotala rotundifolia 166
Rourea microphylla 77
Rourea minor 77
Rubia alata 246
Rubia argyi 246
Rubia wallichiana 246
Rubus alceaefolius 237
Rubus amphidasys 237
Rubus corchorifolius 237
Rubus hanceanus 237

Rubus leucanthus 237
Rubus multibracteatus 237
Rubus parvifolius 237
Rubus pirifolius 237
Rubus reflexus 237
Rubus rosaefolius 237
Rubus sumatranus 237
Rubus tsangorum 237
Rumex crispus 224

S

Sabia disclolor 252
Sabia japonica 252
Sabia limoniacea 252
Saccharum arundinaceum 220
Sacciolepis indica 220
Sacciolepis myosuroides 220
Sageretia hamosa 230
Sageretia lucida 230
Sageretia thea 230
Salomonia cantoniensis 223
Salomonia oblongifolia 223
Salvia cavaleriei 148
Salvia japonica 148
Salvia plebeia 148
Salvia scapiformis 148
Salvia splendens 148
Sambucus javanica 70
Sanicula lamelligera 280
Sanicula orthacantha 280
Sapindus mukorossi 254
Sapium chihsinianum 109
Sapium discolor 109
Sapium rotundifolium 109
Sapium sebiferum 109
Sarcandra glabra 74
Sarcopyramis bodinieri 177
Sarcopyramis nepalensis 177
Sarcosperma lourinum 255
Sargentodoxa cuneata 255
Sassafras tzumu 158
Saurauia tristyla 256
Saururus chinensis 256
Saussurea japonica 61

Schefflera minutistellata 46
Schefflera octophylla 46
Schima kwangtungensis 274
Schima remotiserrata 274
Schima superba 274
Schizocapsa plantaginea 268
Schizophragma integrifolium 137
Schoepfia chinensis 196
Scirpus juncoides 90
Scirpus rosthornii 90
Scirpus subcapitatus 90
Scirpus wallichii 90
Scleria biflora 90
Scleria harlandii 90
Scleria levis 90
Scleria parvula 91
Scleria purpurascens 91
Scleria terrestris 91
Scoparia dulcis 259
Scurrula parasitica 164
Scutellaria barbata 149
Scutellaria indica 149
Securidaca inappendiculata 223
Sedum bulbiferum 80
Sedum japonicum 80
Semiliquidambar cathayensis 135
Senecio scandens 61
Senecio stauntonii 61
Setaria geniculata 221
Setaria palmifolia 221
Setaria plicta 220
Sida rhombifolia 169
Sigesbeckia orientalis 61
Sinia rhodoleuca 196
Sinoadina racemosa 246
Sinobambusa tootsik 212
Sinosideroxylon wightianum 255
Siphocranion macranthum 149
Siphocranion nudipes 149
Siraitia grosvenorii 82
Skimmia arborescens 250
Sloanea leptocarpa 96
Sloanea sinensis 96
Smilax china 260

Smilax corbularia 260
Smilax glabra 260
Smilax lanceifolia 260
Smilax perfoliata 260
Solanum lyratum 261
Solanum photeinocarpum 261
Solena amplexicaulis 82
Solidago decurrens 62
Sonerila alata 177
Sonerila cantonensis 177
Sonerila rivularis 177
Sonerila tenera 177
Sopubia trifida 259
Sorbus caloneura 238
Sorbus granulosa 238
Sorghum nitidum 221
Spathoglottis pubescens 205
Sphaerocaryum malaccense 221
Sphagneticola calendulacea 62
Sporobolus fertilis 221
Stahlianthus involucratus 292
Stauntonia brunoniana 150
Stauntonia chinensis 150
Stauntonia elliptica 150
Stauntonia maculata 150
Stauntonia obovata 151
Stauntonia trinervia 151
Staurogyne sesamoides 30
Stellaria alsine 72
Stellaria media 72
Stephania dielsiana 181
Stephania hainanensis 181
Stephania longa 181
Stephania tetrandra 181
Sterculia lanceolata 264
Striga asiatica 259
Strobilanthes cusia 31
Strobilanthes dalzielii 31
Strobilanthes labordei 31
Strobilanthes tetrasperma 31
Strophanthus divaricatus 39
Strychnos angustiflora 163
Strychnos cathayensis 163
Strychnos umbellata 163

Styrax confusus 265
Styrax faberi 265
Styrax odoratissimus 265
Styrax suberifoius 265
Styrax tonkiensis 265
Sycopsis dunnii 135
Symplocos adenophylla 267
Symplocos adenopus 267
Symplocos anomala 267
Symplocos chinensis 267
Symplocos cochinchinensis 267
Symplocos confusa 267
Symplocos congesta 267
Symplocos crassifolia 267
Symplocos decora 267
Symplocos glauca 267
Symplocos laurina 267
Symplocos lancifolia 267
Symplocos multipes 267
Symplocos paniculata 267
Symplocos pseudobarberina 267
Symplocos stellaris 267
Symplocos sumuntia 267
Symplocos wikstroemiifolia 268
Syzygium austro-sinense 190
Syzygium buxifolium 190
Syzygium championii 190
Syzygium hancei 190
Syzygium kwangtungense 190
Syzygium odoratum 190
Syzygium rehderianum 190
Syzygium zeylanicum 190

T

Tacca chantrieri 268
Tadehagi triquetrum 124
Talinum paniculatum 225
Tarenna acutisepala 246
Tarenna attenuata 246
Tarenna lancilimba 246
Tarenna mollissima 247
Taxillus chinensis 165
Taxillus levinei 165
Taxillus sutchuenensis 165

Taxus wallichiana 29
Ternstroemia gymnanthera 275
Ternstroemia kwangtungensis 275
Ternstroemia luteoflora 275
Ternstroemia microphylla 275
Ternstroemia nitida 275
Tetracera sarmentosa 92
Tetrapanax papyrifer 46
Tetrastigma caudatum 290
Tetrastigma hemsleyanum 290
Tetrastigma pachyphyllum 291
Tetrastigma planicaule 291
Tetrastigma pubinerve 291
Teucrium quadrifarium 149
Teucrium viscidum 149
Thalictrum acutifolium 229
Themeda caudata 221
Themeda villosa 221
Thladiantha cordifolia 82
Thysanolaena maxima 222
Tigridiopalma magnifica 177
Tinospora sinensis 182
Toddalia asiatica 250
Tolypanthus maclurei 165
Toona ciliata 178
Toona sinensis 178
Torenia concolor 259
Torenia flava 259
Torenia fordii 259
Torenia glabra 259
Torilis scabra 280
Toxicodendron succedaneum 36
Toxicodendron sylvestre 36
Trachelospermum axillare 39
Trachelospermum brevistylum 39
Trachelospermum jasminoides 39
Trema angustifolia 278
Trema cannabina 278
Trema dielsiana 278
Trema nitida 278
Trema orientalis 278
Trichosanthes homophylla 83
Trichosanthes hylonoma 83
Trichosanthes kirilowii 83

Trichosanthes ovigera 83
Trichosanthes reticulinervis 83
Trichosanthes rosthornii 83
Trigonostemon wui 109
Tripterospermum nienkui 130
Triumfetta annua 277
Triumfetta tomentosa 277
Tropidia curculigoides 205
Tsoongiodendron odorum 168
Tucheria championii 275
Turpinia arguta 262
Turpinia montana 262
Turpinia simplicifolia 262
Tutcheia microcarpa 275
Tutcheria greeniae 275
Tutcheria rostrata 276
Tutcheria wuiana 276
Tylophora floribunda 50
Tylophora kerrii 50
Tylophora koi 51
Tylophora ovata 51

U

Uncaria hirsuta 247
Uncaria rhynchophylla 247
Uncaria rhynchophylloides 247
Uncaria scandens 247
Uraria crinita 124
Uraria lagopodioides 124
Urceola micrantha 39
Urceola quintaretii 39
Urceola rosea 40
Urena lobata 169
Urena procumbens 169
Urophyllum chinense 247
Utricularia bifida 158
Uvaria boniana 37
Uvaria macrophylla 37

V

Vaccinium bracteatum 284
Vaccinium sinicum 284
Vanilla annamica 205
Ventilago leiocarpa 231

Verbena officinalis 287
Vernicia fordii 109
Vernicia montana 109
Vernonia cinerea 62
Vernonia cumingiana 62
Vernonia solanifolia 62
Viburnum chunii 70
Viburnum cylindricum 71
Viburnum dilatatum 71
Viburnum foetidum 71
Viburnum fordiae 71
Viburnum hainanense 71
Viburnum hanceanum 71
Viburnum lutescens 71
Viburnum luzonicum 71
Viburnum odoratissimum 71
Viburnum punctatum 71
Viburnum sempervirens 71
Viola confusa 288
Viola diffusa 288
Viola inconspicua 288
Viola kwangtungensis 288
Viola mucrounlifera 288
Viola principis 288
Viola schnideri 289
Viola verecunda 289
Viscum diospyrosicolum 165
Viscum liquidambaricolum 165
Viscum multinerve 165
Viscum ovalium 165
Vitex negundo 287
Vitex quinata 288
Vitis chungii 291
Vitis retordi 291
Vitis tsoii 291

W

Wahlenbergia marginata 67
Wendlandia brevituba 247
Wendlandia uvariifolia 247
Wikstroemia indica 276
Wikstroemia nutans 276
Wollastonia montana 62

X

Xanthium strumarium 62
Xanthophyllum hainanensis 222
Xylosma controverum 129
Xylosma longifolium 129

Y

Youngia japonica 63

Z

Zanthoxylum armatum 250
Zanthoxylum avicennae 250
Zanthoxylum nitidum 250
Zanthoxylum rhetsoides 251
Zanthoxylum scandens 251
Zehneria indica 83
Zingiber mioga 293
Zingiber zerumbet 293
Zornia gibbosa 124

附录三　生僻字表

菝	bá	笄	jī	䕘	mí	葨	wèi
藨	biāo	蕺	jí	葜	qiā	豨	xī
飑	bó	檵	jì	蘘	ráng	蓇	xiān
赪	chēng	猄	jīng	荛	ráo	葙	xiāng
酢	cù	蒟	jǔ	薷	rú	芫	yán
欓	dǎng	簕	lè	蒻	ruò	蓣	yù
莪	é	藜	lí	箬	ruò	甑	zèng
稃	fū	鳢	lǐ	楤	sǒng	柘	zhè
菰	gū	蔹	liǎn	荽	suī	柊	zhōng
栝	guā	柃	líng	橐	tuó	楮	zhū
蔊	hàn	牻	máng